21世纪重点大学系列教材

TCP/IP协议分析及应用

杨延双　张建标　王全民　编著

机 械 工 业 出 版 社

本书系统介绍了 TCP/IP 协议族中主要协议的原理、功能及应用。全书共分 11 章，内容包括网络协议、标准以及网络标准化的有关概念；OSI 参考模型和 TCP/IP 协议族的基本知识；TCP/IP 协议族的主要协议：网际协议、路由选择协议、Internet 控制协议、Internet 组管理协议、传输层协议、面向应用的协议、网络管理协议和网络安全协议等。每章的小结对该章的重点内容进行了简要概括，各章后均附有习题。本书内容丰富、概念清晰、系统性强、重点突出、注重理论联系实际。

本书适合作为大专院校计算机专业及相关专业的本科生、研究生教材，也可作为从事计算机网络研究和应用的开发人员、网络管理人员的参考书，本书还适合于其他需要了解 TCP/IP 技术的人员阅读。

图书在版编目（CIP）数据

TCP/IP 协议分析及应用/杨延双，张建标，王全民编著.—北京：机械工业出版社，2007.2（2024.1 重印）
（21 世纪重点大学系列教材）
ISBN 978-7-111-20898-3

Ⅰ.T…　Ⅱ.①杨…②张…③王…　Ⅲ.计算机网络-通信协议-高等学校-教材　Ⅳ.TN915.04

中国版本图书馆 CIP 数据核字（2007）第 021634 号

机械工业出版社（北京市百万庄大街 22 号　邮政编码 100037）
策　　划：胡毓坚
责任编辑：韩　菲
责任印制：单爱军

北京虎彩文化传播有限公司印刷
2024 年 1 月第 1 版 · 第 15 次印刷
184mm×260mm · 17.75 印张 · 435 千字
标准书号：ISBN 978-7-111-20898-3
定价：49.00 元

电话服务
客服电话：010-88361066
　　　　　010-88379833
　　　　　010-68326294

网络服务
机　工　官　网：www.cmpbook.com
机　工　官　博：weibo.com/cmp1952
金　　书　　网：www.golden-book.com
机工教育服务网：www.cmpedu.com

出版说明

“211工程”是“重点大学和重点学科建设项目”的简称，是国家“九五”期间惟一的教育重点项目。

进入“211工程”的100所学校拥有全国32%的在校本科生、69%的硕士、84%的博士生，以及87%的有博士学位的教师；覆盖了全国96%的国家重点实验室和85%的国家重点学科。相对而言，这批学校中的教授、教师有着深厚的专业知识和丰富的教学经验，其中不少教师对我国高等院校的教材建设做过很多重要的工作。为了有效地利用“211工程”这一丰富资源，实现以重点建设推动整体发展的战略构想，机械工业出版社推出了“21世纪重点大学系列教材”。

本套教材以重点大学、重点学科的精品教材建设为主要任务，组织知名教授、教师进行编写。教材适用于高等院校计算机及其相关专业，选题涉及公共基础课、硬件、软件、网络技术等，内容紧密贴合高等院校相关学科的课程设置和培养目标，注重教材的科学性、实用性、通用性，在同类教材中具有一定的先进性和权威性。

为了体现建设“立体化”精品教材的宗旨，本套教材为主干课程配备了电子教案、学习指导、习题解答、课程设计、毕业设计指导等内容。

机械工业出版社

前　言

计算机网络技术的迅猛发展和广泛应用，对培养和造就学生提出了更高的要求。面对基于TCP/IP协议族的Internet在网络技术中的重要地位，学生需要更深入地了解网络协议，对TCP/IP协议族中各协议的结构、工作原理和功能有进一步的认识。近年来，许多高校计算机专业已陆续为研究生和本科生开设了TCP/IP协议及应用的相关课程，我们为了适应这种教育发展形势而编写了本书。

本书在内容章节安排上，一方面涵盖需学生掌握的网络协议概念、TCP/IP协议族的主要协议的原理、功能及应用，另一方面注意书的内容结构、形式，符合教学规律和认知规律，易于教师组织教学环节，又有利于学生自主使用教材。使用本书的参考学时为40～48学时。

全书共分为11章。第1章为概述，介绍网络协议和标准以及网络标准化的有关的概念；第2章TCP/IP协议族与OSI参考模型，介绍了分层的体系结构和协议分层的概念、著名的OSI参考模型和TCP/IP协议族的基本知识以及客户－服务器模型；第3章网际协议，介绍了TCP/IP协议族中最重要的协议之一：IP协议、下一代IP：IPv6和移动IP；第4章路由选择协议，介绍了路由选择技术、分类寻址路由表、无分类域间路由选择CIDR以及内部和外部路由协议；第5章Internet控制协议，介绍了地址解析协议ARP、Internet控制报文协议ICMP；第6章介绍IP多播与Internet组管理协议IGMP；第7章介绍用户数据报协议UDP；第8章介绍传输控制协议TCP，这是TCP/IP协议族中另一个最重要的协议；第9章面向应用的协议，介绍了最常用的一些应用层协议，包括文件传输协议FTP、域名系统DNS、Telnet和远程登录、HTTP、简单邮件传输协议(SMTP)等；第10章介绍网络管理协议；第11章介绍网络安全协议，介绍了网络层的安全协议IPSec协议、SSL安全传输协议、应用层提供的安全协议(PGP)等。

本书作者都是具有多年教学经验和实践经验的教师、研究生导师，近年承担完成了多项计算机网络技术开发与应用方面的科研课题，公开发表了几十篇学术论文。本书是作者在总结多年教学经验和科研实践的基础上编写的。

本书的特点是内容丰富、概念清晰、重点突出、图文并茂、注重理论联系实际，每章的小结对该章的重点内容进行了简要概括；每章后均附有习题，用以强化和应用重要概念，测验学生对基本概念、重要内容的理解和掌握。

本书由杨延双拟定了编写内容和大纲，并编写了第1、2、7、8章；第3、4、5、6章由张建标编写；第9、10、11章由王全民编写。杨兔珍、艾蓉、尹子赓、郑爽、尹志忠、崔宪珍、张艺、李俐、林涛参加了书稿文图的录入和校对等工作。全书由肖创柏教授审阅，并提供了宝贵意见。在本书的编写过程中，得到了蒋宗礼教授的大力支持和帮助。谨在此一并表示衷心的感谢。

本书另配有电子教案，可到http://www.cmpbook.com网站免费下载。

由于作者水平所限，书中内容难免有不当或错误之处，敬请专家和广大读者批评指正。

编　者

目　录

第1章 概 述

计算机网络是通信技术与计算机技术紧密结合的产物,目前它已成为计算机应用的一个重要领域。计算机网络异常迅猛的发展速度以及不断扩大的应用深度和广度,使它对社会发展起着越来越重要的作用。计算机网络为信息化社会的发展奠定了技术基础,其发展水平是衡量一个国家现代化程度的重要标志。

1977 年,国际标准化组织(ISO)为了适应计算机网络向标准化方向发展的趋势,提出了著名的开放系统互连(OSI,Open System Interconnection)模型。OSI 模型是一个试图使各种计算机在世界范围内互连成网的标准框架。“开放”指只要遵循 OSI 标准,一个系统就可以与世界上的任何其他系统(也遵循 OSI 标准)进行通信。从此计算机网络的发展进入了标准化的时代。

在 20 世纪 90 年代初,Internet 覆盖了全世界的相当范围,它基于 TCP/IP 协议族。任何计算机只要遵循 TCP/IP 协议族的标准并申请到 IP 地址,都可以通过信道接入 Internet。Internet 应用的急剧增长使非国际标准的 TCP/IP 成为事实上的国际标准。TCP/IP 协议族可以为各种各样的应用提供服务,同时也可以连接到各式各样的网络上,它的这种特点使Internet 成为功能最强的信息网络。

进入 21 世纪,计算机网络的应用已深入到社会的各个方面,人类已步入信息社会,人们的生活和工作已经越来越依赖于计算机网络,这预示着计算机网络的发展已进入了一个新的历史阶段。

研究计算机网络就要研究网络协议;当开发新的网络服务功能时,就要研究、应用网络协议;当一种新的网络服务出现时,就要制定新的网络协议。掌握计算机网络领域知识的过程就是理解网络协议构成、原理和工作的过程。

本章介绍网络协议和标准以及网络标准化的有关概念。

1.1 协议和网络标准

1.1.1 协议

在计算机网络中,通信是在不同系统的实体之间进行的。为了能在两个实体之间正确地进行通信,通信双方必须共同遵守一些规则和约定,如交换数据的格式、编码方式、同步方式等,这些规则的集合称为协议。

协议定义进行通信的方式,以及进行通信的时间。协议由 3 个关键要素组成:语法、语义和同步。

1. 语法

定义了所交换的数据的格式或结构,以及数据出现的顺序的意义。例如,著名的网际协议 IP 规定数据报首部的第 1 个 4 bit 是版本,第 2 个 4 bit 是首部长度等。

2. 语义

定义了发送者或接收者所要完成的操作,即对协议控制报文组成成份的含义的约定。例如,IP 协议首部中给出目的 IP 地址,即表达的语义是根据目的 IP 地址进行路由;而其协议字段定义使用 IP 层服务的高层协议,指明 IP 数据报必须交付到的最终目的协议。

3. 同步

定义了事件实现顺序以及速度匹配。体现在当两个实体进行通信时,数据发送的时间以及发送的速率。

协议的主要目的是要保证两个通信实体能够发送、接收并解释所交换的信息。

协议可以是面向连接的,也可以是无连接的。大多数网络支持层次协议,在协议层次中每一层使用它的下一层向它提供的服务,而向与它相邻的上一层提供服务,并且使低层所使用的协议的细节与上面的层相隔离。

为完成一项功能,多个相互协调工作的一系列的协议称为协议族。

协议就是一组控制数据通信的规则。

1.1.2 网络标准

网络标准确立了需要遵循的特定的规章和准则。标准推进了各厂商不同硬件和软件产品的互操作性,它不仅可以使不同的计算机之间相互通信,也扩大了产品的市场。所有标准可以分为两大类:事实标准和法律标准。

1. 事实标准

事实标准就是根据现实或按约定形成的标准。这种标准被广泛地采用但并没有被某个标准化机构批准。它通常是由业界所接受的某个特定厂商的标准发展而来的。这种标准往往最初被一些厂家在试图定义某个新产品或技术的功能时采用。例如,网络文件系统(NFS)是由 SUN Mircosystems 公司开发的,该公司公开了 NFS 的规范,以便其他厂商实现。其结果是获得了普遍的应用而成为事实上的文件共享协议标准。另一个事实标准的例子是 Java,它是 SUN Mircosystems 公司开发的一种基于 Web 的编程语言。

2. 法律标准

法律标准是指由某个权威的、公认的标准化组织认可的、正式的、合法的标准。例如,由电气和电子工程师学会(IEEE)开发的局域网标准;由国际电信联盟(ITU)开发的调制解调器协议标准等。

网络标准是数据通信中遵循的特定的规章和准则。

1.2 网络标准化

网络标准化是一项很重要的工作,如果这项工作没有做好,那么不但会由于多种体制的并存且互不兼容使用户无所适从,带来使用上的不便,而且会由于技术发展无章可循而影响技术的发展。网络标准的制定是非常复杂的工作,它不但涉及标准的技术问题,还要考虑具体标准制定的时间,才会使网络标准的制定促进网络的发展。

1.2.1 网络协议标准化组织

网络标准的开发是通过一些标准创建委员会、论坛以及政府管理机构之间的合作完成的。

网络标准化组织的成员包括政府代表、学术界代表和那些基于被提议的标准开发产品的厂商代表。正式的标准化组织有 4 个主要的类别：国际的标准化组织、国家的标准化组织、工业和专业的标准化组织以及地区的标准化组织。一些有影响的标准化组织有：

1）国际的标准化组织。

- 国际标准化组织（ISO，International Standards Organization）。ISO 于 1947 年创建，它是一个完全志愿的、非条约性的组织。其成员来自世界上许多国家的标准创建委员会，包括美国、英国、法国等 89 个国家的代表性团体。它为大量的学科制定标准，其中包括网络通信中著名的 OSI（开放系统互连）模型。其目标是使国际范围的商品和服务交换更加容易，同时提供一些模型以促进兼容性、质量改进、生产率增长和价格下降。
- 国际电信联盟（ITU，International Telecommunication Union）。其中电信标准化部门（ITU-T）致力于研究和建立电信的通用标准，特别是为电话和数据通信接口提供技术性的建议。它的前身 CCITT（国际电报电话咨询委员会）于 20 世纪 70 年代早期成立，1993 年 3 月改名为 ITU-T。另外，无线通信部门（ITU-R）负责为远程通信分配电子波频谱及推荐无线通信相关的标准。

2）国家的标准化组织。

- 美国国家标准协会（ANSI，American National Standards Institute）。它完全是民间的、非赢利组织，它的成员有制造商、公共承运商等。ANSI 的目标是作为美国标准化志愿机构的协调组织，进一步采纳标准以加快美国经济的发展，并确保公众利益的分享与保护。ANSI 标准常被 ISO 采纳为国际标准。
- 国家标准和技术协会（NIST，National Institute of Standards and Technology）。它是美国商业部的一个部门。它颁发美国政府采购的强制性标准（美国国防部除外）。
- 法国标准化组织协会（AFNOR）。
- 英国标准协会（BSI）。
- 德国标准协会（DIN）。

3）工业和专业的标准化组织。

- 电气和电子工程师学会（IEEE，Institute of Electrical and Electronics Engineers）。它是世界上最大的、最有影响的专业工程师学会，其范围是国际性的，IEEE 的标准化组专门制定电气工程和计算领域中的标准。标准化的实际工作是由许多工作组来完成的。例如，IEEE 的 802 委员会已经将许多种类的 LAN 标准化了，如表 1-1 所示。

表 1-1　IEEE 802 工作组制定的部分标准

标准序号	主　题
802.1	LAN 的总体介绍和体系结构
802.2	逻辑链路控制协议
802.3	CSMA/CD 局域网
802.4	令牌总线标准
802.5	令牌环标准
802.6	城域网标准
802.7	宽带技术

（续）

标准序号	主　题
802.8	光纤技术
802.9	同步 LAN
802.10	虚拟 LAN 和安全性
802.11	无线 LAN
802.12	100VG-AnyLAN
802.14	交互式电视网（包括 cable modem）
802.15	个人区域网（包括蓝牙）
802.16	宽带无线网

- 电子工业协会（EIA，Electronic Industries Alliance）。它是推进电子学应用的非赢利组织，它的活动包括开发标准、对公众的教育培训以及促进政府对标准的制定等。EIA 在定义数据通信的电子信令的规约和物理接口上做出了很大的贡献。如，有关物理层的标准 EIA RS-232-C 目前仍在广泛使用。
- 国际电工委员会（IEC，International Electrotechnical Commission）。它是世界上最早成立的一个标准化国际机构，是一个官方组织。IEC 旨在促进电子、电工和相关技术方面的标准化和国际合作。
- 电信工业协会（TIA）。

4）地区的标准化组织。

- 欧洲标准化委员会（CEN）。
- 欧洲邮政和电报委员会（CEPT）。
- 欧洲计算机制造商协会（ECMA）。

1.2.2 Internet 管理机构

Internet 管理机构负责协调 Internet 的各种问题，领导着 Internet 的增长和发展。Internet 管理的一般性机构如下：

- Internet 协会（ISOC，Internet Society）。ISOC 对 Internet 全面管理，提供对标准化过程的支持。它是一个推动和促进 Internet 发展的专业组织。
- Internet 体系结构委员会（IAB，Internet Architecture Board）。IAB 是一个监督和协调的机构。它负责 Internet 标准的最后编辑和技术审核。
- Internet 工程部（IETF，Internet Engineering Task Force）。IETF 是一个面向近期标准的组织。它的具体工作由 Internet 工程指导小组（IESG，Internet Engineering Steering Group）管理。它被划分成为 9 个领域，每一领域负责某个特定的题目，如 Internet 协议、路由选择、网络管理、用户服务、运行、远输、安全、下一代 IP 等。IETF 开发成为 Internet 标准的规范，它提出的许多协议规范成为了标准。
- Internet 研究部（IRTF，Internet Research Task Force）。IRTF 主要负责对长远的项目进行研究。它的具体工作由 Internet 研究指导小组（IRSG，Internet Reseach Steering Group）管理。IRTF 主要从事有关协议、应用、体系结构和技术等题目的长期研究。

IETF 和 IRTF 都隶属于 IAB。这些 Internet 管理机构之间的隶属关系如图 1-1 所示。

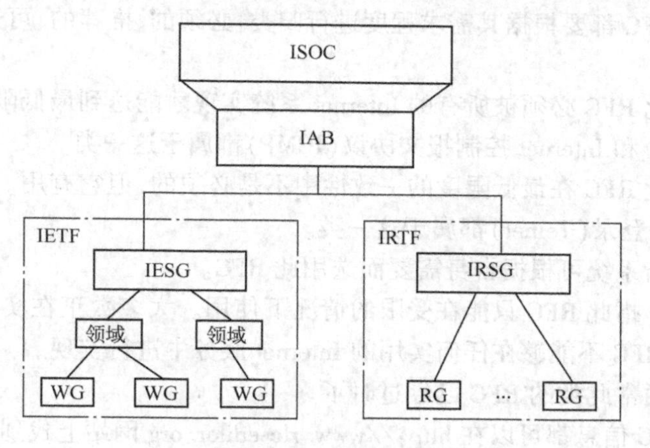

图 1-1　Internet 管理机构

1.3　标准化过程和 RFC 文档

Internet 能够得到广泛的应用是与它有一系列的标准分不开的。Internet 标准是必须遵守的正式规约，它的标准化过程是经过精心设计的，遵循严格的程序，以便尽可能得到使用 Internet 的用户的广泛同意和支持。首先由厂商和组织提交提案，Internet 管理机构决定是否需要建立标准，如果需要则进入标准化程序。Internet 标准化过程从Internet 草案开始，如图 1-2 所示。

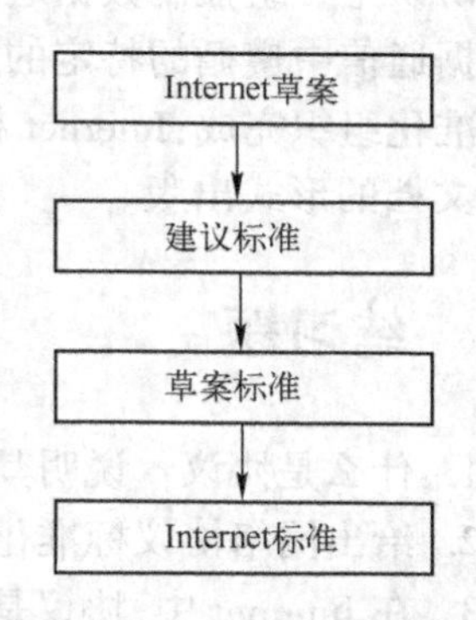

图 1-2　Internet 标准化过程

1）Internet 草案。Internet 管理机构将草案以请求评论（RFC，Request For Comment）的形式发表，并对所有感兴趣的用户开放。

2）建议标准。建议标准是被广泛了解的规约。通常需经过 6 个月的全面测试和至少经过两个独立的、成功的、可互操作的实现，才可以进入草案标准阶段。

3）草案标准。建议标准经过测试和试用、修订、成功的实现后形成草案标准，并提交审批。已提议的草案标准可从 Internet 上免费获取，任何人都可对其进行阅读和评论。

4）Internet 标准。组织所有的成员对草案标准进行表决，最终如被批准成为 Internet 标准则进行公布。

Internet 体系结构委员会（IAB）通过下属的两个机构：IETF 和 IRTF 对 RFC 进行编辑、管理，所有关于 Internet 的正式标准都以 RFC 文档出版。

每一个 RFC 在编辑时都指派给一个编号，数字越大说明 RFC 内容越新。如 RFC 826［1982］是 ARP 规范描述文档，ICMP 的正式规范见 RFC 792［1981］，RFC 1350［1992］是第 2 版 TFTP 的正式规范等。而著名的 IP 的文档编号是 RFC 791，TCP 的文档编号是 RFC 793。也就是说，每个 Internet 标准都有一个 RFC 编号。但并非每一个 RFC 都是 Internet 标准，有的 RFC 只是提出一些新的建议或思想。

更新的 Internet 标准不使用老的 RFC 编号,而是赋予一个新的 RFC 编号。

另外,对每个 RFC 都要根据其需求程度进行归类:必须的、推荐的、可选择的、限制使用的或不推荐的。

- 必须的。指此 RFC 必须被所有的 Internet 系统实现才能达到最低限度的一致性。例如网际协议(IP)和 Internet 控制报文协议(ICMP)都属于这一类。
- 推荐的。指此 RFC 在最低限度的一致性中不是必须的,但它有用。例如文件传输协议(FTP)和远程登录(Telnet)都属于这一类。
- 可选择的。指系统可根据自身需要而选用此 RFC。
- 限制使用的。指此 RFC 只能在受限的情况下使用。大多数正在实验的 RFC 都属于这类。实验的 RFC 不能够在任何实用的 Internet 服务中进行实现。
- 不推荐的。通常此类的 RFC 已经过时了。

所有类型的 RFC 信息都可以在 http://www. rfc-editor. org 网站上找到。

1.4 本章小结

协议是一组控制数据通信的规则,它由 3 个关键要素组成:语义、语法和同步。网络标准是数据通信中遵循的特定的规章和准则,分为事实标准和法律标准两大类。网络协议标准化由标准化组织完成,Internet 标准化过程遵循严格的程序,所有关于 Internet 的正式标准都以 RFC 文档的形式出版。

1.5 练习题

1. 什么是协议? 说明其 3 个要素的含义。
2. 给出网络协议标准化的主要优点。
3. 在 Internet 中,协议是必须的吗? 为什么?
4. 试说出两个最有影响的网络协议标准化组织。
5. 试举出由 ISO 制定的两个标准。
6. 试举出由 IEEE 制定的两个标准。
7. 简述 Internet 标准化的过程。
8. 每个 RFC 如何进行归类?
9. 当一个 Internet 标准被更新后,其是否仍使用原来的 RFC 编号?
10. 在 Internet 上查找两个你感兴趣的 RFC 的信息。

第2章　TCP/IP协议族与OSI参考模型

计算机网络的基本概念中，分层的体系结构和协议分层是最重要的概念。本章介绍了分层的体系结构和协议分层的概念，并对著名的OSI参考模型和TCP/IP协议族的基本知识以及客户-服务器模型进行了介绍。

2.1　分层的体系结构与协议分层

Internet是一个非常复杂的系统，它有着大量的应用程序和协议，以及各种类型的端到端之间的连接。为了降低网络的这种复杂性，网络设计者以分层的方式组织协议以及实现这些协议的软硬件。从底层硬件提供的服务开始，每一层都建立在其下一层的基础上并负责完成明确定义的功能，同时向它的上一层提供特定的服务。不同机器上包含对应层的实体叫做对等体。

实体利用协议来实现它们的服务定义。在协议的控制下，两个对等体之间的通信使得每一层使用下一层对它提供的服务，实现本层协议，还要向它的上一层提供服务。协议涉及服务的具体实现，而对该服务的对象是不可见的。具体的协议定义了服务以及提供服务的方式。

在硬件层，对等实体之间直接通过一条链路进行通信，而其他层的对等实体之间进行通信是将消息传给更低的层，这时的对等实体之间的通信是间接的。在每对相邻层之间是接口，接口定义了下层向上一层提供的服务，而服务的实现细节对上层是屏蔽的。分层的体系结构中，层、协议和接口的关系如图2-1所示。

对等层的通信必须使用该层的协议。当主机A的第n层和主机B的第n层进行对话时使用的是第n层协议。一个协议提供高层对象（如一个应用进程或更高层的协议）用来交换信息的通信服务。每个协议定义两种不同的接口，一个是为同一计算机上想使用它的通信服务的其他对象定义一个服务接口；另一个是为另一系统上的对等实体定义一个对等接口。服务接口定义了本地对象可以在协议上执行的操作，而对等接口定义了在实现通信服务的协议对等体之间交换的信息的格式和含义。

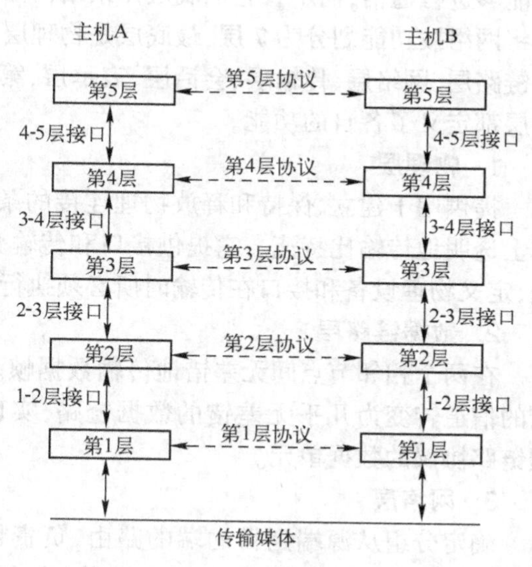

图2-1　层、协议和接口的关系

在任一层都有可能提供不同通信服务的多种协议。各层的所有协议被称为协议栈。Internet的协议栈由5个层次组成：物理层、数据链路层、网络层、传输层和应用层，如图2-2所示。

一个协议层可以用软件、硬件或两者结合的方式来实现。物理层和数据链路层协议通常在与给定链路相关的网络接口卡中实现；网络层协议经常是软件、硬件结合的混合体；传输层协议通常是在端系统中用软件实现的，应用层也是如此。

5	应用层
4	传输层
3	网络层
2	数据链路层
1	物理层

图 2-2　Internet 的 5 个层次

网络的层及其协议的集合称为网络体系结构。网络体系结构总的层次数目应足够多，以保证不同的功能不被混杂在一个层次中；而层数也不能太多，功能划分得太细会使整个体系结构变得庞大复杂。

分层带来的好处：

1）提供更为模块化的设计，灵活性强。每一层实现相对独立的功能。每一层不必知道它的下一层是如何实现的，仅需要知道下层通过层间接口所提供的服务是什么及本层应向上一层提供什么服务，就能独立地进行设计。如当任一层想要增加一些新的服务时，只需要修改这一层，其他各层均不受影响。

2）结构上可分开。层与层之间相对独立和相互隔离，各层都可以采用最合适的技术来实现。当某些新技术对某层可用时，可以在该层实现而不影响其他层。

3）方便实现和维护。系统已被分解成相对简单的若干层次，每一层都是相对独立的一个子系统。

4）有利于标准化。标准化的目的是为了便于在各种具体环境下的技术实现。

2.2 OSI 参考模型

国际标准化组织（ISO）是最早正式定义连接计算机的通用方法的组织之一。OSI（开放系统互连）参考模型是由 ISO 制定的标准化、开放式的网络层次结构模型，使两个不同的系统之间能够进行通信，而不管它们底层体系结构如何。OSI 模型是设计网络系统的分层次的框架，它将网络按功能划分为 7 层，最底层是物理层，接下来从下至上的顺序是第 2 层到第 6 层：数据链路层、网络层、传输层、会话层、表示层，第 7 层是最高层应用层，如图 2-3 所示，其中的每一层都定义了各自的功能。

1. 物理层

提供用于建立、保持和释放物理连接的条件，以保证在物理媒体上透明地传输比特流。它提供接口和传输介质的机械和电气规范，定义物理设备和接口在传输时所必须执行的过程和功能。

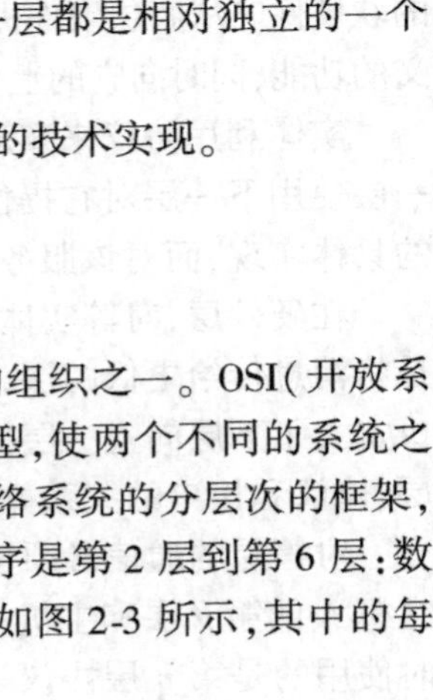

图 2-3　OSI 参考模型

2. 数据链路层

在两个相邻节点间无差错地传输数据帧。将一条有可能出差错的信道转变为几乎无差错的数据链路，实现可靠传输。帧是数据链路协议的数据单元。

3. 网络层

确定分组从源端到目的端的路由，负责将从发送端来的分组能够按照地址到达接收端，实现主机到主机的传输。当分组需要跨越多个通信子网才能到达目的端时，网络层还负责解决网际互连的问题。网络层协议数据单元称为分组。

4. 传输层

为上层用户应用程序提供端到端的透明的数据传输。传输层是一个真正的端到端的通信。传输层协议数据单元称为报文段。

5. 会话层

用来在两个通信的应用进程之间建立、维持和同步其交互。它不参与具体的数据传输，只是对数据传输进行管理。

6. 表示层

主要解决所传输的信息的语法表示。实现数据格式的转化、加密、解密以及压缩等功能。

7. 应用层

直接为用户的应用进程提供服务，对应用进程经常使用的一些功能以及实现这些功能所要使用的协议标准化。Internet 的应用主要有远程登录、文件传输、WWW、电子邮件等。

OSI 的体系结构复杂而不实用，它并没有定义每一层上所用到的协议和服务，给出的仅是一个概念上和功能上的标准框架，是将异型网络互连的一种标准分层结构。几乎没有厂家生产符合 OSI 标准的的网络产品，它在市场和商品化方面是失败的。但它的特点是概念清晰，指明了每一层上应该做什么事情，也为每一层制定了相应标准，理论较完整。OSI 模型为描述网络提供了详细的标准，对统一网络体系结构和协议起到了积极的作用，是开发网络协议标准和体系结构的理论框架。

应用 OSI 参考模型传输数据的基本过程如图 2-4 所示。

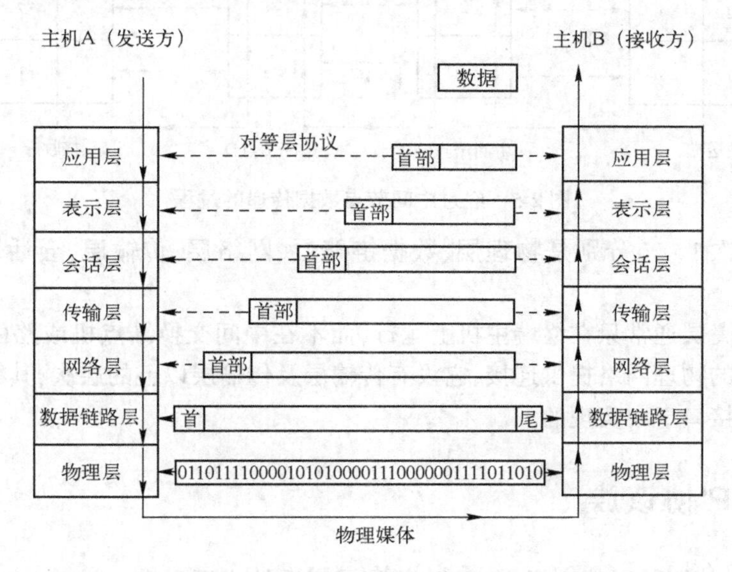

图 2-4 应用 OSI 模型传输数据的基本过程

当发送端每一层收到从相邻的上一层送来的数据后，都要加上本层协议的首部再传送到下一层。这一层并不知道也不应该知道上一层给它的数据中哪一部分是真正的数据，哪一部分是协议加的首部，而是把从上一层接收到的信息全部看成给本层的数据，再加上自己层的协议首部，传送给它的下一层。这一过程被称为封装。这个封装的过程在每一层重复进行，直到数据到达物理层，然后通过物理媒体传输到接收端。

在接收端每一层收到从相邻的下一层送来的数据后，都要把本层协议的首部去掉再向上一层送交，即各首部被逐层地剥去。数据到达应用层时，报文变成应用层所需的形式送交给接收进程。

在传输过程中,数据的实际传输方向是垂直的,如图2-4中实线所示,在物理媒体上进行的是实通信(物理通道)。在各对等层实体之间进行的是虚通信(逻辑通道),如图2-4中虚线所示,它是对等层之间控制信息的通信,它只在同层实体中处理,对端用户是透明的。

如图2-5所示是从主机A到主机B通信经过中间节点(如路由器)C和D传输数据的过程。

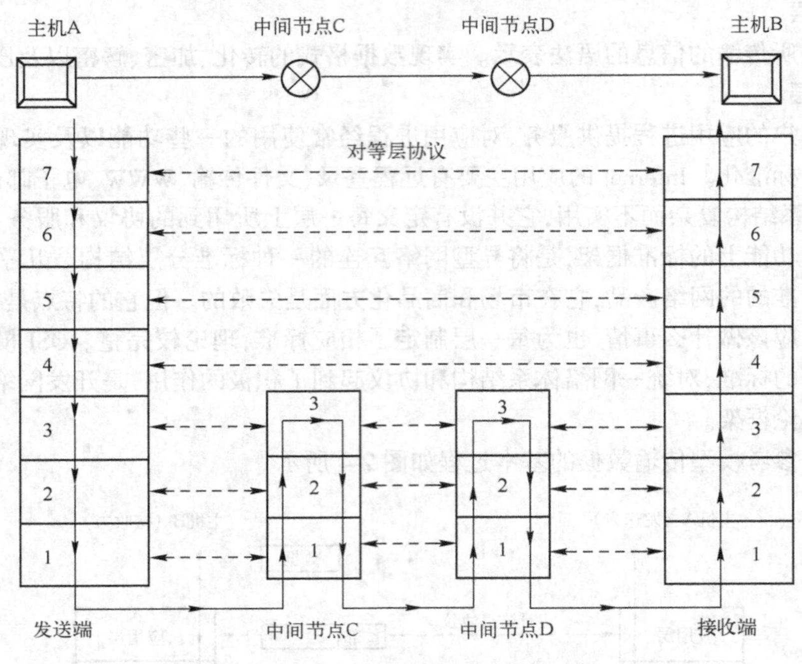

图2-5　经过中间节点数据传递的过程

图中所示层次1~7分别是物理层、数据链路层、网络层、传输层、会话层、表示层和应用层。

传输层和更高层通常只在终端主机上运行,而不在中间交换结点机或路由器上运行。路由器为不同类型的物理网络提供连接,它没有传输层及传输层以上的层次,其物理层和数据链路层也是在网络接口卡中实现的。

2.3　TCP/IP协议族

作为Internet使用的通信协议,TCP/IP得到了广泛的应用和推广。TCP/IP既能在局域网中使用,也能应用于广域网。TCP/IP是非国际标准,但是目前各主要计算机公司和一些软硬件厂商的计算机网络产品几乎都支持TCP/IP,而且其应用非常广泛,可以说TCP/IP已成为事实上的国际标准和公认的工业标准,它满足了科研开发人员、商业及教育工作者等不同群体对联网的要求。

TCP/IP协议族是一个Internet协议系列,TCP(传输控制协议)和IP(网际协议)只是它的两个最著名和最重要的协议,它还包括多种其他协议,如应用协议、管理性协议及一些工具性协议。TCP/IP协议族由应用层、传输层、网络层、数据链路层和物理层构成,每一层的功能由一个或多个协议实现,其层次结构如图2-6所示。

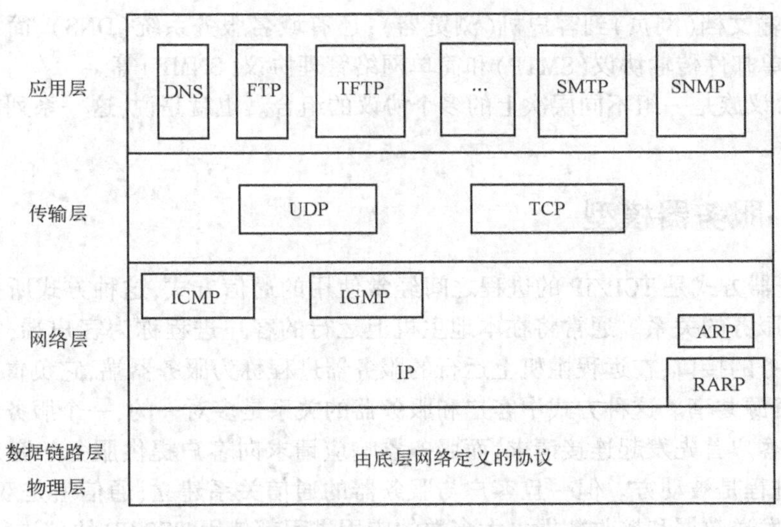

图 2-6　TCP/IP 协议族的层次结构

TCP/IP 的每层都包含了一些相对独立的协议，根据对系统的需要可以将这些协议配套使用或混合使用。对每一个层的协议来说，都是被它的一个或多个下层协议所支持，这就是协议分层次的概念。其中数据链路层和物理层的协议由底层网络定义，而 TCP/IP 并没有定义任何特定的协议。

1. 网络层

著名的 IP(网际协议)是网络层的协议，它支持多种网络技术互联为一个逻辑网络。IP 是主机到主机的协议，即把分组从一个物理设备交付到另一个物理设备。IP 协议提供的是一种不可靠的服务，是尽最大努力交付。IP 之上可以有多个传输协议，每个协议为应用程序提供不同的服务。所有具有网络层的因特网部件都必须运行 IP 协议。

网络层还包含了一些其他协议，如地址转换协议(ARP)、逆地址转换协议(RARP)、Internet 控制报文协议(ICMP)、Internet 组管理协议(IGMP)以及路由选择协议：路由信息协议(RIP)、开放最短路由优先协议(OSPF)和边界网关协议(BGP)等。

2. 传输层

有两种传输层的协议，传输控制协议(TCP)和用户数据报协议(UDP)。TCP 提供面向连接的服务，提供高可靠性的数据通信；UDP 提供无连接服务，这是一种非常简单的服务，不能保证数据报能可靠地交付。TCP 和 UDP 都使用 IP 作为网络层协议，即这两个协议在发送数据时，其协议数据单元都是被封装在 IP 数据报中；在接收端，将 IP 数据报首部剥去后，根据上一层所用的是哪一种协议，则把数据交给上一层的 UDP 或 TCP。

TCP 和 UDP 是进程到进程的协议，也被称为端到端的协议。它们在不同的应用程序中有不同的用途。

3. 应用层

负责处理特定的应用程序细节。应用层包含了各种各样的直接针对用户需求的协议。应用层协议并不是解决用户各种具体应用的协议，是规定应用进程在通信时所遵循的协议。每个应用层协议都是为了解决某一类应用问题。在 Internet 中应用层的协议很多，如文件传输协议(FTP)用来说明如何传输文件；超文本传送协议(HTTP)用于万维网(WWW)，它定义了服务器如何传输文档(网页)到客户机(浏览器);还有域名服务系统(DNS)、简单文件传输协议(TFTP)、简单邮件传输协议(SMTP)和简单网络管理协议(SNMP)等。

TCP/IP 协议族是一组不同层次上的多个协议的组合。也就是说,这一系列的协议统称为TCP/IP 协议族。

2.4 客户-服务器模型

客户-服务器方式是 TCP/IP 的进程之间经常使用的通信方式,这种方式所描述的是进程之间服务和被服务的关系。通常将在本地主机上运行的客户进程称为客户端,它为用户提供向网络请求服务的接口;在远程主机上运行的服务器进程称为服务器端,它负责接受用户的服务请求,提供资源共享。这种方式中客户和服务器的关系是多对一的,一个服务器可向多个客户提供服务。客户首先发起连接请求,而服务器响应请求向客户提供服务。客户进程是主动方,而服务器进程是被动方。但一旦客户与服务器的通信关系建立,通信就是双向的,客户和服务器都可以发送数据和接收数据。大多数的应用进程都使用 TCP/IP 协议进行通信。

客户-服务器方式的基本工作过程如下:

1）服务器进程在一台主机上启动,等待客户进程的服务请求。

2）一个客户进程向服务器发出建立连接的请求。

3）服务器端收到来自客户的请求连接报文后,按照预定的通信协议做出响应。

4）如果服务器同意这一连接请求,则由服务器进程向客户返回一个同意连接的报文。

5）客户进程收到服务器发回的同意连接的报文后,即可通过所建立的连接向服务器进程发送客户访问服务器资源的具体要求和参数。

6）服务器进程收到客户访问服务器的具体要求后,响应这个请求。

7）服务器进程完成客户请求后返回等待状态,等待同一个或其他客户进程的服务请求。

通常请求服务的客户程序仅在需要时才运行,而提供服务的服务器程序启动后就一直运行着,等待并接受客户的服务请求。

图 2-7 是客户进程和服务器进程使用 TCP/IP 进行通信的示意图。

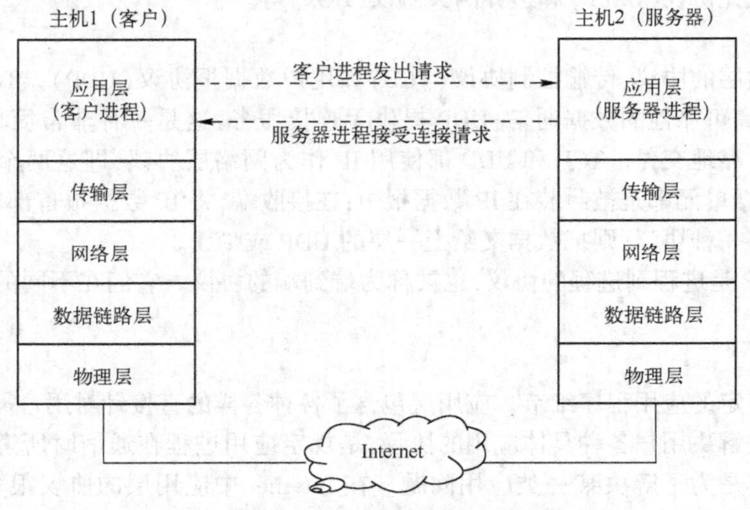

图 2-7　客户-服务器使用 TCP/IP 进行通信

在客户进程和服务器进程使用 TCP/IP 协议进行通信时，客户进程首先发起建立连接的请求，服务器进程接受连接请求，然后就逐级使用下一层所提供的服务。例如应用进程使用传输层的 TCP 的服务，TCP 使用网络层 IP 所提供的服务等。许多流行的应用程序采用了客户-服务器模式，如文件传输、电子邮件、Web、远程登录等。

2.5 本章小结

为了降低网络的复杂性，使用分层的体系结构，以分层的方式组织协议。每一层使用下一层对它提供的服务，实现本层负责的功能，还要向它的上一层提供服务。OSI 参考模型将网络按功能划分为 7 层：物理层、数据链路层、网络层、传输层、会话层、表示层和应用层，它是开发网络协议标准和体系结构的理论框架。TCP/IP 协议族由应用层、传输层、网络层、数据链路层和物理层这 5 层构成，每层都包含了一些相对独立的协议，每一层的功能由一个或多个协议实现。TCP/IP 虽然不是国际标准，但得到了广泛的应用和推广，它是 Internet 使用的通信协议。客户-服务器方式是使用 TCP/IP 的进程之间经常使用的通信方式，它描述的是进程之间服务和被服务的关系，很多流行的应用程序都采用了客户-服务器模型。

2.6 练习题

1. 给出协议使用分层结构的两个理由。
2. 协议和服务的区别是什么？它们之间有何关系？
3. 物理层的主要功能是什么？物理媒体是否包含在物理层？
4. 画出 OSI 参考模型的层次结构图，并简述各层的主要功能。
5. 在 OSI 参考模型中是分组封装帧，还是帧封装分组？为什么？
6. TCP 和 UDP 都是传输层的协议，它们最主要的区别是什么？
7. 为什么 TCP/IP 是非国际标准，却得到了广泛的应用？
8. 简述客户-服务器模式的基本工作过程。
9. 试举出在 TCP/IP 协议族中有哪些协议采用了客户-服务器模式。

第3章 网际协议

网际协议(IP,Internet Protocol)是TCP/IP协议族使用的网络层传输协议。IP是TCP/IP一系列协议的核心,主要负责网络层IP分组的传输,从而实现广域异构网络的互连。目前,IP第4版(即IPv4)是基于TCP/IP技术构建的全球因特网(Internet)所使用的主要IP版本,是由因特网标准制定组织在1981年9月确定的正式标准(RFC 791 Internet Protocol)。IPv6是为了适应当前因特网应用的飞速发展,为了克服IPv4存在的缺点(如IP地址空间的耗尽、缺乏对实时音频和视频应用的支持以及缺乏对数据加密和鉴别的支持等)而提出的下一代网际协议。移动IP是用于移动通信的技术,它是对当前基于固定网络环境设计的IP的一种扩展,使其能够用于从一个网络转移到另一个网络的移动主机。

本章介绍了当前流行的IPv4、下一代的网际协议IPv6和移动IP技术。在本章中如不特别说明,IP就是指IPv4。

3.1 IPv4

IP提供不可靠的、无连接的、尽最大努力交付的分组传输机制。"不可靠的"含义是指它不能保证IP分组成功地传送到达目的站。如果IP分组经过的某个中间路由器暂时用完了缓冲区,路由器就会丢弃该IP分组。任何要求的可靠性必须通过上层协议(如TCP)来提供。"无连接的"含义是指IP并不维护任何后续分组的状态信息,每个IP分组的处理都是相互独立的。换言之,IP分组可以不按发送顺序接收。如果一个发送站向同一目的站发送两个IP分组A和B,那么每个分组都是独立地进行路由选择,可能选择不同的传送路径,因此分组B有可能比先发送的A更早到达目的站。最后,IP提供的是"尽最大努力交付"的服务,也就是说,IP协议尽力发送每个IP分组,并不随意地放弃分组,只有当资源用完或底层网络出现故障时才可能出现不可靠性。

IP提供了3个重要的定义:

1) IP定义了数据传输所用的基本单元,即规定了传输的数据格式。

2) IP规定了IP分组的路由机制。

3) 除了数据格式和路由机制以外,IP还包括了一组体现不可靠分组交付思路的规则。这些规则指明了主机和路由器应该如何处理IP分组、何时及如何发出错误信息以及在什么情况下可以放弃分组等。IP是TCP/IP互联网设计中最基本的部分,因此有时称TCP/IP互联网为基于IP的技术。

在本书中,区分互联网和因特网两个术语。采用TCP/IP技术实现的多个物理网络间的互连,称作互联网(internet),而因特网(Internet)是指全球性的互联网。

3.1.1 IP分类编址

基于TCP/IP技术构建的互联网可以看作是一个虚拟网络,它把处于不同物理网络的所有主机都互连起来，并通过这个虚拟网络进行通信，这样就隐藏了不同物理网络的底层结构，简化了不同网络间的互连。为了能够进行有效的通信，在虚拟网络中的每一个设备（主机或路由器）都需要一个全局的地址标识，这个地址就是 IP 地址。

1. IP 地址表示

IP 地址常采用二进制和点分十进制两种表示方式。二进制表示的 IP 地址共有 32 bit，例如 11000011 01000101 00010011 00010100。点分十进制表示是从二进制转换得到的，目的是便于用户和网络管理人员使用和记忆。把 32 bit 的 IP 地址以 8 bit（1 Byte）为单位分成 4 组，把每组 8 bit 的二进制数转换为十进制数表示，并在每组之间用小数点隔开，就得到了点分十进制表示的 IP 地址。

一个二进制数转换为十进制数的方法就是：把二进制数中为 1 的位对应的十进制数值相加起来即可获得。如表 3-1 所示为二进制数与十进制数之间的关系。如二进制数 11000011 转换为十进制表示为$(11000011)_2 = 128 + 64 + 2 + 1 = 195$。上述二进制表示的 IP 地址对应的点分十进制表示为 195.69.19.20。

表 3-1　二进制数与十进制数之间的关系

位	7	6	5	4	3	2	1	0
二进制	1	1	1	1	1	1	1	1
十进制数	128	64	32	16	8	4	2	1

同样地，把十进制数转换为二进制表示，需要把这个十进制数表示为不同二进制位对应的十进制数之和。如十进制数 69 可表示为 $69 = 64 + 4 + 1$，即对应的二进制数为 01000101。

【例 3-1】把下列 IP 地址的二进制表示转换为点分十进制表示，把点分十进制表示转换为二进制表示。

（1）00110101 01001011 11001010 10101100

（2）10011100 11100011 10100001 11000110

（3）211.12.51.173

（4）224.0.0.9

解：把每组 8 bit 转换成十进制数表示，并用点隔开。同样，把点隔开的每一个十进制数表示为二进制数。

（1）53.75.202.172

（2）156.227.161.198

（3）11010011 00001100 00110011 10101101

（4）11100000 00000000 00000000 00001001

2. IP 地址分类

在 IPv4 中，采用了一个两级的地址结构。32 bit 长度的 IP 地址包括两个部分：网络号和主机号。网络号标识一个网络，主机号标识该网络上的主机。针对网络规模的不同，把 IP 地址划分为 5 个不同的类别，分别称为 A、B、C、D 和 E 类，如图 3-1 所示。

（1）A 类地址。A 类地址用于支持特大型的网络。在 A 类地址中，第 1 个字节表示网络号，但最左边的第一位必须为 0，剩下 3 个字节用来表示主机号。在整个 A 类地址中，共包括 126（即2^7-2）个不同的网络，网络号 0 和 127 被保留用作特殊用途。在 3 个字节（即 24 bit）

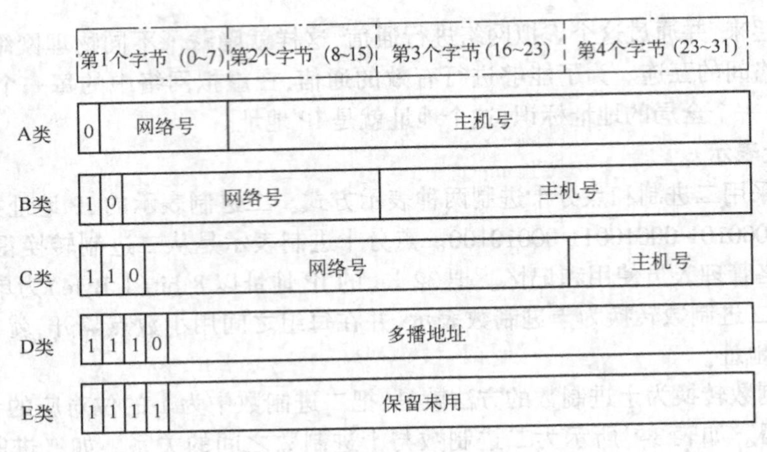

图 3-1　IP 地址的 5 种类别

的主机号中，共有 2^{24} 个不同组合，能够产生 16 777 216 个可能的主机地址。在所有这些可能地址中，主机号全 0 和全 1 被留作特殊用途，主机号全 0 的地址被用作代表该网络地址，主机号全 1 的地址表示该网络的广播地址，所以每个 A 类地址能够支持 16 777 214（即 $2^{24}-2$）个主机地址。

（2）B 类地址。B 类地址用于支持大型和中型的网络。在 B 类地址中，前两个字节用来表示网络号，但是最左边的两位必须为 10，再后面的 14 位定义不同的网络，共可定义 $2^{14}=16$ 384 个 B 类网络，剩下的两个字节用来代表主机号，能够支持 65 534（$2^{16}-2$）个主机地址，这里有两个地址用作特殊用途，主机号全 0 和全 1 分别代表本网络地址和本网络的广播地址。

（3）C 类地址。C 类地址用于支持小型的网络。在 C 类地址中，前 3 个字节用来表示网络号，但最左边的 3 位必须是 110，后面的 21 位定义不同的网络，共可定义 $2^{21}=2$ 097 152 个 C 类网络。剩下的 1 个字节用来代表主机号，能够支持 254（$2^{8}-2$）个主机地址。同样，有两个地址用作特殊用途，主机号全 0 和全 1 分别代表本网络地址和本网络的广播地址。

（4）D 类地址。D 类地址也称作多播地址。D 类地址不是用于单独的主机地址，是专为 IP 网络中的多播而设置的。当需要向一组地址发送 IP 分组时，它不必将分组发送给每一个地址，只需将分组发送到一个特定的多播地址，所有加入该多播群组的设备（主机或路由器）均可以收到这个 IP 分组。这样对源发送站而言，分组只需发送一次就可以发送到所有目的站，大大减轻了网络和源发送站的负担。在 D 类地址中没有网络号和主机号之分，整个地址都用作多播。最左边的 4 位 1110 定义这个类，剩下的 28 位定义不同的多播地址。需要注意，D 类地址只能用作目的地址，不能用作源地址。

（5）E 类地址。E 类地址没有网络号和主机号之分，最左边的 4 位 1111 定义这个类。整个 E 类地址都保留作为特殊用途，即被留作实验用途。

互联网上的每个 IP 地址标识的不是某台设备（主机或路由器），而是设备和网络之间的一个连接。与多个网络有连接的设备必须为每个连接分配一个 IP 地址。一个路由器必须连接到一个以上的网络，否则它就不能转发 IP 分组。因此，一个路由器肯定拥有一个以上的 IP 地址，每一个地址对应路由器中的一个接口。

在如图 3-2 所示的互联网中有 3 个物理网络：广域网 80.0.0.0、以太网 172.16.0.0 和令牌环网 192.168.10.0。每个网络连接分配得到一个 IP 地址。主机 A 和主机 B 只与以太网连接，分别分配得到 172.16.1.2 和 172.16.1.3 地址。主机 C 的 172.16.1.4 地址用于和以太网的连接，192.168.10.5 地址用于和令牌环网络的连接，这种连接到多个网络的主机称作多接口主机。路由器 R1 既连接以太网又连接令牌环网，有两条连接，所以路由器两个接口上的 IP 地址分别为 172.16.1.1 和 192.168.10.1。同样地，路由器 R2 连接了两个网络，两个接口上的 IP 地址分别为 192.168.10.2 和 80.0.0.2。

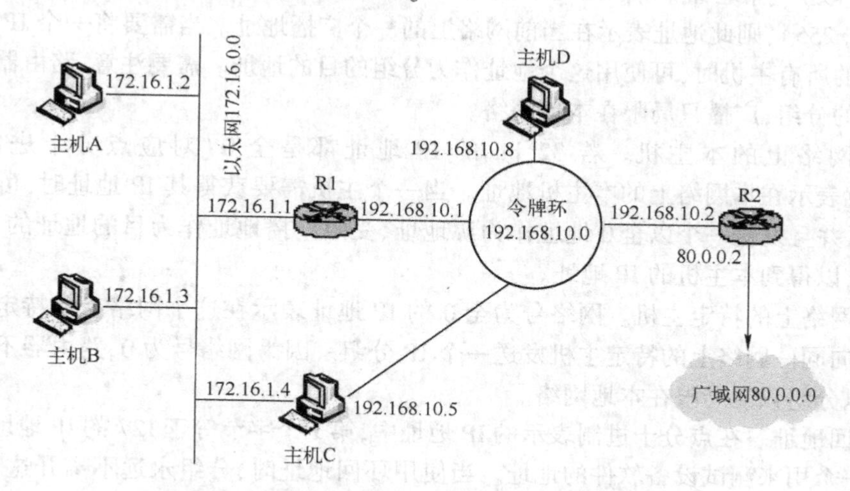

图 3-2　某互联网上的 IP 地址对应连接关系

在同一个物理网络上，或者更确切地说，应该是指一个物理网段（或子网）上，所有设备（主机或路由器）的 IP 地址对应的网络地址相同，一台设备连接了多个网络，则分别有对应不同网络的 IP 地址。需要注意，IP 地址标识了一个设备的网络位置，而不是标识一个设备本身。因此，当一个主机从一个网络改接到另一个网络时，其 IP 地址必须改变。

3. 特殊地址

在 A 类、B 类和 C 类地址中，有一部分地址被用作特殊用途，这些地址也称为特殊地址，表 3-2 列出了这些特殊地址。

表 3-2　特殊地址

特殊地址	网络号	主机号	源地址/目的地址
网络地址	特定的	全0	都不是
直接广播地址	特定的	全1	目的地址
受限广播地址	全1	全1	目的地址
本网络上的本主机	全0	全0	源地址
本网络上的特定主机	全0	特定的	目的地址
环回地址	127	任意	目的地址

(1) 网络地址。在 A 类、B 类和 C 类地址中，具有全 0 主机号的地址不指派给任何主机，这个地址保留用来定义本网络的地址。在路由选择中用网络地址标识一个网络。

网络号和网络地址并不相同。网络号只是IP地址中的一部分,网络地址是一个主机号为全0的IP地址。

(2) 直接广播地址。在A类、B类和C类地址中,若主机号是全1,则此地址称为直接广播地址,用于将IP分组发送到一个特定网络上的所有主机。

(3) 受限广播地址。若32 bit的IP地址都是全1(对应点分十进制表示为255.255.255.255),则此地址表示在当前网络上的一个广播地址。当需要将一个IP分组发送到本网络上的所有主机时,可使用这个地址作为分组的目的地址。需要注意,路由器不会转发此类型地址的分组,广播只局限在本地网络。

(4) 本网络上的本主机。若32 bit的IP地址都是全0(对应点分十进制表示为0.0.0.0),就表示在本网络上的本主机地址。当一个主机需要获得其IP地址时,可以运行一个引导程序,并且发送一个以全0地址作为源地址、受限广播地址作为目的地址的IP分组给引导服务器,以得到本主机的IP地址。

(5) 本网络上的特定主机。网络号为全0的IP地址表示在这个网络上的特定主机。用于一个主机向同一网络上的特定主机发送一个IP分组。因为网络号为0,路由器不会转发这个分组,所以分组只能局限在本地网络。

(6) 环回地址。在点分十进制表示的IP地址中,第1个字节等于127的IP地址用作环回地址,它是一个用来测试设备软件的地址。当使用环回地址时,分组永远不离开这个设备,只简单地返回到协议软件。例如,常用的"ping"命令,发送一个将环回地址作为目的地址的分组,以便测试IP软件能否接收和处理一个分组。

考虑到每一类地址中的一些特殊地址,表3-3给出了每一类地址对应的地址范围、网络数量和主机数量。

表3-3　每一类网络中的网络数量和主机数量

类	第1个字节	地址范围	网络数量	主机数量
A	1~126	1.0.0.1~126.255.255.254	$2^7-2=126$	$2^{24}-2=16\ 777\ 214$
B	128~191	128.0.0.1~191.255.255.254	$2^{14}=16\ 384$	$2^{16}-2=65\ 534$
C	192~223	192.0.0.1~223.255.255.254	$2^{21}=2\ 097\ 152$	$2^8-2=254$
D	224~239	224.0.0.0~239.255.255.255	不适用	不适用
E	240~255	240.0.0.0~255.255.255.255	不适用	不适用

在IP地址的分类编制中,根据IP地址可以分析出所属的网络类别以及这个网络所包含的地址范围。

【例3-2】给定网络地址为135.69.0.0,分析该地址所属类别和该网络对应主机地址的范围。

解:因为第1个字节值135在128和191之间,所以这个地址为B类地址,对应主机地址范围从135.69.0.1到135.69.255.254。

【例3-3】给定一个IP地址为140.68.10.22,试计算该IP地址所对应的网络地址和广播地址。

解:因为该IP地址的第1个字节值为140,在128和191之间,所以它是一个B类地址,IP地址中后两个字节对应主机号,主机号全0对应网络地址,主机号全1对应广播地址。网络地址为 140.68.0.0,广播地址为 140.68.255.255。

4. **私有地址**

在 A 类、B 类和 C 类 IP 地址中都有部分地址被保留,没有分配给任何因特网用户。换言之,任何用户都可以使用这部分地址,这些地址称为私有地址。表 3-4 给出了 A 类、B 类和 C 类地址中被保留的私有地址。

表 3-4 私有地址

类	网络地址	网络数
A	10.0.0.0	1
B	172.16.0.0 ~ 172.31.0.0	16
C	192.168.0.0 ~ 192.168.255.0	256

如果给一个单独的互联网(如校园网或企业网)分配 IP 地址,原则上网络管理员可自行规定网络上各主机的 IP 地址。如果该网络是与因特网相连接的,那么首先要向因特网编号管理局(IANA)的有关机构申请网络地址,然后再自行分配该网络上的主机地址。当为路由器分配 IP 地址时,为便于网络管理员记忆,一般可以为路由器接口分配较特殊的 IP 地址,例如该网络可用的最大或最小的 IP 地址。

一种比较好的 IP 地址使用方案是,内部的互联网不管是否与因特网相连接,最好使用私有地址。若要与因特网相连接,只需要在网络的出口处作网络地址转换(NAT),转换为分配到的合法 IP 地址。这样一方面可以解决 IP 地址紧缺的问题,另一方面有利于提高网络的安全性。

3.1.2 子网划分

1. **子网划分的原因**

一个互联网是由许多物理网络(局域网或广域网等)和连接它们的路由器所组成的。路由器在网络层实现路由功能,互连不同的物理网络(网段)。根据 IP 协议的路由机制,在同一个物理网络(网段)中的各主机必须具有相同的网络地址。换言之,一个物理网络(网段)对应一个网络地址,大的物理网络(网段)对应能够容纳大量主机地址的网络地址,小的物理网络(网段)对应能够容纳少量主机地址的网络地址,这就是 IP 分类编址的初衷。事实上,所有的物理网络(如以太网)中,几乎不可能包含一个 B 类网络地址所容纳的 6 万多台主机,更不可想象有 A 类网络所容纳的 1 600 多万台主机。如果还是用一个物理网络(网段)对应一个网络地址,那么就会导致大量的 IP 地址被浪费。在因特网迅速发展的今天,网络地址已经成为珍贵的资源,如何有效利用 IP 地址空间成为一个至关重要的问题。能否打破 IP 地址类的界限,使得每一个物理网络(网段)都有合适大小的网络地址段相对应呢?换言之,网络地址中容纳的 IP 地址数如何匹配物理网络(网段)中包含的实际主机数量?这就引出了子网划分的概念。子网划分就是将一个网络地址下的大段主机地址划分成较小的被称为子网络的组,使得划分后子网络的大小接近实际物理网络(网段)的规模,这样可以有效利用 IP 地址空间,划分后的每一个子网都有自己的子网地址(网络地址)。

所有的 A 类和 B 类地址都要进行子网划分,这样一方面提高了 IP 地址的使用效率,另一方面便于控制网络中的分组广播、策略应用和故障排除。

采用子网划分的方法，可以将一个大的网络地址分成多个更小的子网络地址。这些子网络地址可以被分布到整个组织机构中，使得每一个子网络地址对应一个物理网络（网段），便于有效地利用地址空间，体现更好的逻辑组织性。在1985年，子网在RFC 950文档中被正式定义。

子网划分使IPv4地址从两级结构变成了3级结构，如图3-3所示。

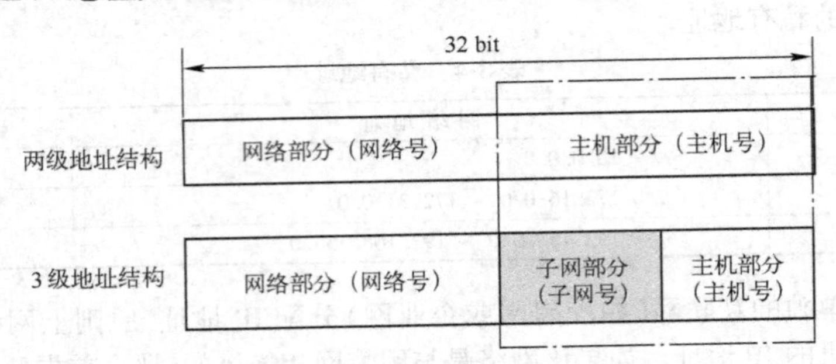

图3-3　具有子网划分的3级地址结构

如图3-3所示的3级地址结构中，由子网号所占的位数决定子网的数量。对于一个B类网络地址，在16 bit的主机号中，如果划分出8 bit作为子网号，那么可以生成2^8（即256）个潜在的子网地址。剩下的8 bit作为子网中的主机号，在每个子网中可以包含254（2^8-2）个主机地址，这里除掉了一个被保留用作子网地址的全0主机地址和一个保留用作子网广播地址的全1主机地址。

在上述256个潜在的子网地址中，第1个子网号（子网号0）可能与类网络号混淆，所以不应该被使用。例如，如果B类网络地址为172.16.0.0，那么子网号0的子网地址为172.16.0.0，这与子网划分之前的B类网络地址（172.16.0.0）相同。同样，对于最后一个子网号（全1子网号），它的子网广播地址（172.16.255.255）与划分子网前的网络广播地址（172.16.255.255）相同，也不应该被使用。因此，在计算子网数量时，假定子网部分占n位，则划分出的子网数量为2^n-2个，这里去掉了子网部分为全0和全1的两个子网号。

对于某些路由器产品，虽然不能使用最后一个子网的空间，但仍可以使用子网号0的空间。目前，对子网号0的使用已经相当普遍，如思科路由器从IOS版本12.0开始，已默认支持使用子网号0。

通过子网划分之后，属于同一网络地址下的两个主机地址172.69.100.37和172.69.101.38（第3字节用作子网号）已处在不同的逻辑子网上，所以不能进行直接通信，子网间的通信必须借助于路由器提供的路由功能。

2. 子网掩码

如果给定了一个IP地址，能否容易地计算出所对应的网络地址呢？这一点是非常重要的，当路由器在转发网络层的IP分组时，首先要从IP分组的目的IP地址中得到目的网络地址，再根据目的网络地址来查找路由表实现分组的转发。

在没有划分子网的情况下，已知一个IP地址找出其网络地址的方法之一就是首先找出这个地址所属的类，根据所属类，计算出网络号和主机号，对应的主机号置全0，就得到网络地址。如给定IP地址是140.68.10.22，那么可以知道它是一个B类地址，B类地址网络号占2个字节，所以该网络号为140.68，主机号所占的2个字节置全0，得到相应的网络地址为140.68.0.0。

一般地，对于某类地址，计算一个IP地址所属的网络地址，可以首先判断它所处的类，得到网络号，再把主机号置为全0，就得到了相应的网络地址。

现在，对于有子网划分的情况，如何确定一个IP地址的子网地址呢？换言之，如何确定IP地址中的网络部分（包括子网部分）和主机部分？更一般地，区分IP地址中网络部分（包括子网部分）和主机部分的另一种方法就是采用子网掩码。

如图3-4所示，子网掩码是一个32 bit的二进制数，子网掩码中的各位分别与IP地址中的各位一一对应。如果IP地址中的某一位对应的子网掩码位为1，那么该位就属于地址的网络部分或子网部分；相反，如果IP地址中的某一位对应的子网掩码位为0，那么该位就属于地址的主机部分。由此可见，子网掩码实际上代替了传统的地址类别来决定一个位是否属于地址的网络或主机部分。通过IP地址和子网掩码的结合，管理员可以更加灵活地配置网络地址。

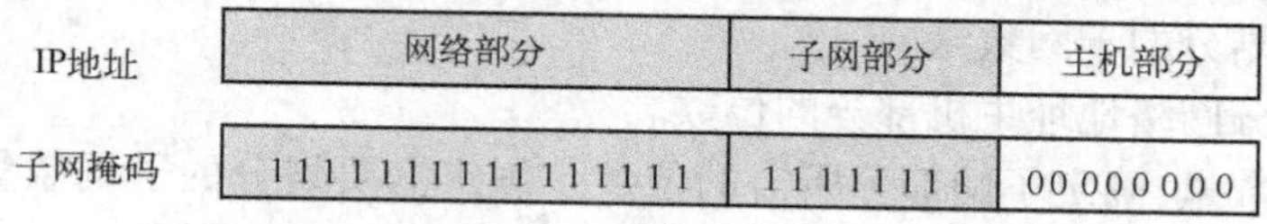

IP地址	网络部分	子网部分	主机部分
子网掩码	1111111111111111	11111111	00000000

图3-4 IP地址与子网掩码的关系

如图3-5所示为通过子网掩码计算子网地址的一个例子。首先把点分十进制表示的IP地址和子网掩码转换为二进制表示，再对二进制数进行按位的"与"操作，最后再把二进制表示的子网地址转换成点分十进制表示。该图中已知IP地址为172. 69. 11. 20，子网掩码为255. 255. 255. 0，计算得到的子网地址为172. 69. 11. 0。

		二进制数按位"与"操作			
IP地址172.69.11.20	二进制	10101100	01000101	00001011	00010100
	点分十进制	172	69	11	20
子网掩码255.255.255.0	二进制	11111111	11111111	11111111	00000000
	点分十进制	255	255	255	0
子网地址172.69.11.0	二进制	10101100	01000101	00001011	00000000
	点分十进制	172	69	11	0

图3-5 采用子网掩码计算子网地址

IP协议关于子网掩码的定义中并没有要求0和1位必须连续。换言之，并不要求图3-3所示中子网部分必须集中出现在主机部分的左侧。但是，不连续的子网掩码不便于分配主机地址和路由表的理解，而且现在的路由器也极少支持这种子网掩码，因此，在实际应用中通常采用连续方式的子网掩码。如不使用255. 255. 255. 96和255. 255. 255. 112等的子网掩码，而用255. 255. 255. 192和255. 255. 255. 224来代替。

子网掩码除了点分十进制表示之外，有时也使用一种"斜杠"的格式表示，斜杠后面的数字表示子网掩码中1的个数。

例如，172. 69. 11. 20/16表示IP地址172. 69. 11. 20的网络部分占16 bit，另外的16 bit为主机部分，子网掩码为255. 255. 0. 0。172. 69. 11. 20/24则表示IP地址172. 69. 11. 20的网

络和子网部分共占 24 bit，另外的 8 bit 为主机部分，对应的子网掩码为 255.255.255.0。在此，B 类地址的 16 bit 主机部分中有 8 bit 用于划分子网。

实际上，子网划分的逻辑结构对外部网络来说是隐蔽的。在发送 IP 分组时，子网掩码并不随之一起发送。因此，在这个网络外的路由器不会知道网络内配置的子网掩码是什么。

在划分子网时，根据划分出的各个子网的子网掩码值的相同与否，可以分成定长子网掩码和变长子网掩码两种方法。下面分别进行介绍。

3. 定长子网掩码

所谓定长子网掩码，是指划分出的各个子网的子网掩码值都是相同的。在此，“定长”的含义是指子网掩码中 1 的个数是相同的，即子网掩码中连续 1 的长度是一定的。

采用定长子网掩码划分子网，一般需要以下几个步骤：

1）确定需要划分的子网数量。

2）确定被划分网络地址主机部分的位数。

3）根据子网数量，确定子网部分所需的位数。假定需要划分的子网数量为 m，则所需的位数 n 为满足不等式 $2^n \geqslant m+2$ 时的最小值。

4）计算子网掩码。根据子网部分的位数，确定子网掩码值。把网络部分和子网部分的位设为全 1，剩下主机部分的位设全 0，得到 32 位的子网掩码。

5）确定每一个子网的地址范围。子网掩码确定之后，根据主机部分所占的位数，确定每一个子网的地址范围。

【例 3-4】某机构分到一个 C 类地址 200.68.10.0，该机构需要划分 6 个子网。试划分子网，计算子网地址、子网掩码及每个子网中的主机地址范围。

解：

1）需要划分的子网数量是 6。

2）C 类地址中网络部分占 24 bit，主机部分占 8 bit。

3）子网部分所占的位数 n 为满足不等式 $2^n \geqslant 6+2$ 时的最小值。

得到 n 为 3，即子网部分占 3 位。

4）子网掩码中有 $24+3=27$ 个连续的 1 和 $8-3=5$ 个连续的 0。即

11111111 11111111 11111111 11100000

用点分十进制表示为 255.255.255.224。

5）总的子网地址如表 3-5 所示。

表 3-5 例 3-4 的总的子网地址

子网地址	第 1 字节	第 2 字节	第 3 字节	第 4 字节
200.68.10.0	11001000	01000100	00001010	00000000
200.68.10.32				00100000
200.68.10.64				01000000
200.68.10.96				01100000
200.68.10.128				10000000
200.68.10.160				10100000
200.68.10.192				11000000
200.68.10.224				11100000

6）在上述8个子网地址中，去掉全0和全1的两个子网号后，得到的6个子网地址、子网掩码和主机地址范围如表3-6所示。

表3-6　例3-4的子网地址、子网掩码和主机地址范围

子网地址	子网掩码	主机地址范围
200.68.10.32	255.255.255.224	200.68.10.33 ~ 200.68.10.62
200.68.10.64		200.68.10.65 ~ 200.68.10.94
200.68.10.96		200.68.10.97 ~ 200.68.10.126
200.68.10.128		200.68.10.129 ~ 200.68.10.158
200.68.10.160		200.68.10.161 ~ 200.68.10.190
200.68.10.192		200.68.10.193 ~ 200.68.10.222

根据上面定长子网掩码的划分方法，得到的各个子网的子网掩码都是相同的。定长子网掩码一般适合于这样的场合：有多个物理网络（网段），各个物理网络（网段）需要的IP地址数相当。另外，物理网络（网段）中的主机数越多，则划分出的子网数量就越少。

在定长子网掩码划分中，若划分的子网数一定，则首先根据子网数确定子网部分的位数，然后剩下的主机位数作为子网的主机部分。另外，若子网中包含的最大主机数已知，则首先确定子网的主机部分位数，然后剩下的位数作为子网部分的位数。

4. 变长子网掩码

现在考虑如图3-6a所示的情况。假定某机构已经分到一个C类地址200.69.11.0，需要划分3个子网，每个子网包含的主机数分别为60、14和14。另外，路由器A和B、B和C之间需要2个通过点对点链路连接（即2个IP地址）的子网。根据上面的定长子网掩码划分方法，共需要划分5个子网，子网部分需要3 bit，主机部分占5 bit，这样每个子网最多能够包含30台主机，不能满足其中一个子网需要60台主机的要求。相反，要使子网能够容纳60台主机，即主机部分就要占6 bit，子网部分还剩下2 bit，那么只能划分2个子网（不考虑启用子网号0），也不能满足划分5个子网的要求。所以，采用定长子网掩码划分方法，不能解决这个子网划分问题。为什么会出现这种情况呢？一个包含254个主机地址的C类地址却不能给总数只有60 + 14 + 14 + 2 + 2 = 92的主机分配地址。现在来仔细分析一下上面的划分过程。实际上，即使只有一个子网包括60台主机，但划分出的各个子网却都包含同样的主机数，造成大量地址的浪费。这样，一方面一个子网最多只能包含30台主机而不能满足需要60台主机的要求，另一方面，有两个子网只有14台主机，甚至2台主机，却也要分配30个地址，这就造成大量地址的浪费。能否根据每个物理网络（网段）实际的主机数量来确定划分子网主机部分的位数呢？答案是肯定的，但是这样得到的每个物理网络（网段）的子网掩码的长度是不相等的，即所谓的变长子网掩码。

变长子网掩码允许以每个物理网络（网段）为基础来选择子网部分，一旦选定了某种子网划分方法，则该网络上的所有设备都必须遵守。其优点在于：一个机构能够混用大型和小型网络，能够更高效地利用IP地址空间。

如图3-6a所示网络中变长子网掩码的划分步骤如下：

1）按每个子网所含主机地址数从小到大排列，得到2、2、14、14和60。

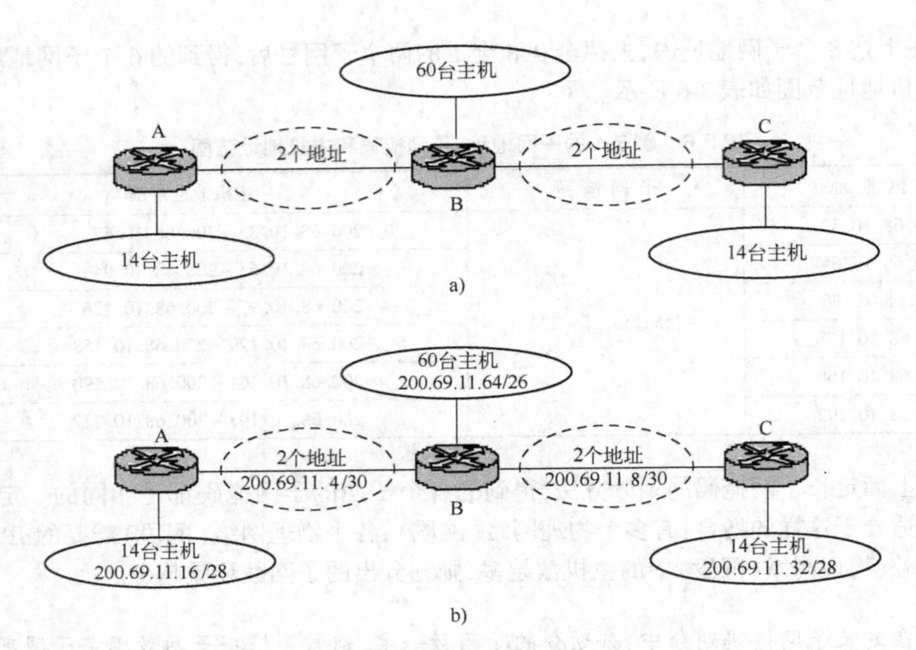

图 3-6　变长子网掩码划分实例

a) 5 个子网的拓扑结构　b) 变长子网掩码

2）计算每个子网所需主机部分位数，分别得到 2、2、4、4 和 6。

3）对主机部分位数以从小到大的顺序进行编码，首先对所含主机部分位数为 2 的子网号进行编码，在此，忽略子网号为 0 的编码，得到如表 3-7 所示编码。

表 3-7　主机号占 2 位的子网号编码

网 络 号	子 网 号	主 机 号
200.69.11	000001	hh
	000010	hh
已用地址	0000hh	hh

注：这里的 hh 表示主机部分。下表均同。

在已用地址的计算中，主机部分所占的位数以下一个子网所需的主机部分位数为标准，如此处的 4 bit 即为下一个子网所需的主机部分位数。得到子网号的编码为 0000，即该子网号就是在主机号占 4 bit 的子网编码中已被使用的地址。

4）对所包含主机地址位数为 4 的子网部分进行编码，得如表 3-8 所示编码。

表 3-8　主机号占 4 位的子网号编码

网 络 号	子 网 号	主 机 号
200.69.11	0000	hhhh
	0001	hhhh
	0010	hhhh
已用地址	00hh	hhhh

注：阴影部分表示已被使用。

5）对所包含主机部分位数为 6 的子网号进行编码，得到如表 3-9 所示编码。

表 3-9 主机号占 6 位的子网号编码

网络号	子网号	主机号
200.69.11	0 0	h h h h h h
	0 1	h h h h h h

6）划分得到的子网地址和子网掩码如表 3-10 所示。最终的地址划分如图 3-6b 所示。

表 3-10 划分得到的子网地址和子网掩码

主机数	子网地址	子网掩码	子网号
2	200.69.11.4	255.255.255.252（/30）	000001
2	200.69.11.8	255.255.255.252（/30）	000010
14	200.69.11.16	255.255.255.240（/28）	0001
14	200.69.11.32	255.255.255.240（/28）	0010
60	200.69.11.64	255.255.255.192（/26）	01

假如把上表第 4 行的子网号稍作修改，得到划分的子网如表 3-11 所示。从子网号的编码来看，似乎并没有什么问题。现仔细分析一下，这样的变长子网掩码划分是否合理？有没有二义性呢？

表 3-11 一种变长子网掩码划分方案

子网地址	子网掩码	子网号
200.69.11.4	255.255.255.252（/30）	000001
200.69.11.8	255.255.255.252（/30）	000010
200.69.11.16	255.255.255.240（/28）	0001
200.69.11.96	255.255.255.240（/28）	0110
200.69.11.64	255.255.255.192（/26）	01

现在，假定有一个 IP 地址 200.69.11.100，采用子网掩码 255.255.255.192，得到的子网地址为：200.69.11.64。若采用子网掩码 255.255.255.240，得到的子网地址为：200.69.11.96。即一个地址采用不同的子网掩码时与两个子网地址相匹配，出现二义性。所以如表 3-10 所示的子网掩码划分就是不合理的，必须要避免。

采用本节介绍的方法生成变长子网掩码，能够得到一种可行的方案，但方案并不惟一。必须仔细分配子网的值，避免地址的二义性。例如，一个地址可能与两个不同的子网匹配，最终导致无效的变长子网造成所有主机无法通信。另外，路由器在进行路由选择的时候，就会出现错误的路由。

【例 3-5】某机构得到一个 C 类网络地址 200.68.10.0，需要分配给 5 个子网和 6 个点对点链路连接的子网。每个子网的主机数分别为 10、14、20、30 和 60，点对点链路子网的地址数为 2。试采用变长子网掩码划分子网。

解：

1）共有 11 个子网，按每个子网所含主机地址数从小到大排列，得到 2、2、2、2、2、2、10、14、20、30、60。

2）计算每个子网所需主机部分位数，分别得到2、2、2、2、2、2、4、4、5、5和6。

3）对主机部分位数以从小到大的顺序进行编码，首先对所含主机部分位数为2的子网号进行编码，得到如表3-12所示编码。

表3-12　主机号占2位的子网号编码

网络号	子网号	主机号
200.68.10	000001	hh
	000010	hh
	000011	hh
	000100	hh
	000101	hh
	000110	hh
已用地址	0001hh	hh

4）对所含主机部分位数为4的子网号进行编码，得到如表3-13所示编码。

表3-13　主机号占4位的子网号编码

网络号	子网号	主机号
200.68.10	0001	hhhh
	0010	hhhh
	0011	hhhh
已用地址	001h	hhhh

5）对所含主机部分位数为5的子网号进行编码，得到如表3-14所示编码。

表3-14　主机号占5位的子网号编码

网络号	子网号	主机
200.68.10	001	hhhhh
	010	hhhhh
	011	hhhhh
已用地址	01h	hhhhh

6）对所含主机部分位数为6的子网号进行编码，得到如表3-15所示编码。

表3-15　主机号占6位的子网号编码

网络号	子网号	主机
200.68.10	01	hhhhhh
	10	hhhhhh

7）划分得到的子网如表3-16所示。

表 3-16　划分得到的子网

主机数	子网地址	子网掩码
2	200.68.10.4	255.255.255.252 (/30)
2	200.68.10.8	255.255.255.252 (/30)
2	200.68.10.12	255.255.255.252 (/30)
2	200.68.10.16	255.255.255.252 (/30)
2	200.68.10.20	255.255.255.252 (/30)
2	200.68.10.24	255.255.255.252 (/30)
10	200.68.10.32	255.255.255.240 (/28)
14	200.68.10.48	255.255.255.240 (/28)
20	200.68.10.64	255.255.255.224 (/27)
30	200.68.10.96	255.255.255.224 (/27)
60	200.68.10.128	255.255.255.192 (/26)

3.1.3　IP 分组

1. IP 分组格式

在 IP 层传输的分组叫做 IP 分组(Packet)。如图 3-7 所示为 IP 分组的格式,由首部和数据两部分组成。IP 分组首部中包含选项字段,所以它是可变长度的,基本首部的长度为20 B,包含选项的最大长度为 60 B。下面简单地介绍各个字段的含义。

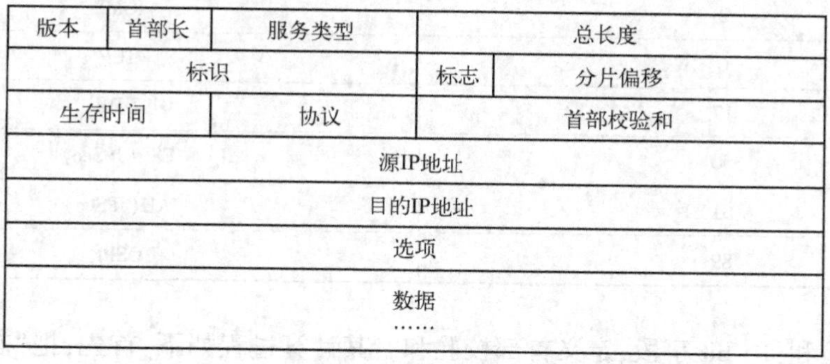

<table>
<tr><td>版本</td><td>首部长</td><td>服务类型</td><td colspan="2">总长度</td></tr>
<tr><td colspan="3">标识</td><td>标志</td><td>分片偏移</td></tr>
<tr><td colspan="2">生存时间</td><td>协议</td><td colspan="2">首部校验和</td></tr>
<tr><td colspan="5">源IP地址</td></tr>
<tr><td colspan="5">目的IP地址</td></tr>
<tr><td colspan="5">选项</td></tr>
<tr><td colspan="5">数据
……</td></tr>
</table>

图 3-7　IP 分组格式

- 版本:4 bit 字段,定义 IP 协议的版本号,IPv4 的版本号是 4,IPv6 的版本号是 6。IP 分组处理软件根据此版本号来解释分组的格式。
- 首部长:4 bit 字段,定义 IP 分组首部的长度,以 4 B 为单位进行计数。IP 分组首部的长度是可变的,当没有选项时,首部长度是 20 B,对应该字段值为 5。当有选项时,该字段最大值为 15,对应 60 B 的首部长度。
- 服务类型:8 bit 字段,最初设计用于表示 IP 分组需要的不同的服务质量。图 3-8 表示了服务类型字段的格式。最左边 3 位表示优先级,从 0 到 7 共 8 个等级,0 表示最低优先级,7 表示最高优先级。"D"、"T"、"R"和"C"位表示该分组期望得到的服务类型,分别代表最小时延、最大吞吐量、最高可靠性和最小费用。值为 1 时,期望的服务类型有效,但最多只能有一个值为 1。

实际中，不同的应用有不同的服务质量要求，体现在网络层的 IP 分组有不同的服务类型，如 Telnet 和 Rlogin 应用要求最小的传输时延，FTP 应用要求最大的吞吐量，SNMP 和路由协议要求最高的可靠性，NNTP 要求最小的费用等。这样，当路由器转发 IP 分组时，可根据服务类型进行路由选择。但遗憾的是，大多数的 TCP/IP 实现中并不支持服务类型，这些位都置为 0，路由器也都忽略该字段。20 世纪 90 年代后期，IETF 重新定义了该字段，以适应一系列的有差别服务。

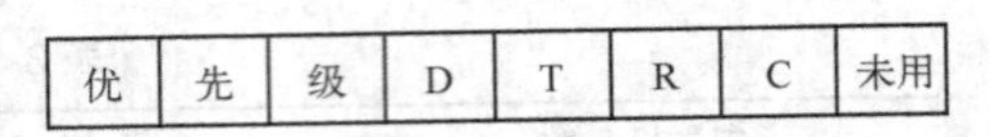

图 3-8　服务类型

- 总长度：16 bit 字段，定义以字节为单位的 IP 分组的总长度，包括 IP 分组首部和数据。由于总长度占用 16 位，所以 IP 分组的总长度最大为 65 535（即 $2^{16}-1$）个字节。
- 生存时间（TTL）：8 bit 字段，定义了该 IP 分组在网络中允许存在的时间。实际中，该字段实现了跳限制，分组每经过一个路由器，其值减 1。当该字段值为 0 时，路由器就丢弃该分组。通过生存时间的限制避免了循环路由，使得分组不会在网络中无休止地循环流动。
- 协议：8 bit 字段，定义 IP 分组封装的高层协议，如 TCP、UDP、ICMP 和 IGMP 等，即指出 IP 分组数据中存放的高层协议类型。如表 3-17 所示为不同值对应的高层协议。

表 3-17　协议字段值与高层协议的对应关系

值	协　议
1	ICMP
2	IGMP
6	TCP
17	UDP
50	ESP（IPSec）
51	AH（IPSec）
89	OSPF

- 首部校验和：16 bit 字段，定义首部校验和。其计算过程如下：首先，把"首部校验和"字段值置为 0；然后，把整个分组首部划分为 16 位的段，把各段按位相加（不带进位的二进制加法，1 + 1 = 0，1 + 0 = 1）；最后，把相加的结果取反码，写入到"首部校验和"字段中。需要注意，本字段的校验和只对分组的首部进行校验，而不对分组的数据进行校验。
- 源 IP 地址：32 bit 字段，定义分组源站的 IP 地址。
- 目的 IP 地址：32 bit 字段，定义分组目的站的 IP 地址。
- 选项：IP 分组的首部中除了固定部分的 20 B 长度外，还包括一个最大长度为 40 B 的选项部分，该选项对每个分组来说并不是必需的。

2. 选项类型

选项是 IP 分组的可选部分，可用于网络的控制和测试。但是选项处理作为 IP 协议的组成部分，在所有的 IP 协议实现中都是不可缺少的。主要包括以下 3 种类型的选项：

1）记录路由。记录路由就是记录下IP分组从源站到目的站所经过路径上各个路由器的IP地址。记录地址的区域大小是由源站预先分配并初始化的，最多可记录9个路由器的IP地址。如果预先分配的区域不足以记录下全部路径，那么IP协议将放弃记录余下的地址。此外，只有在源站和目的站双方都同意的情况下，记录路由选项中的各个IP地址才能得到处理，该选项才是有效的。

互联网中的每一个路由器都有多个接口，对应多个IP地址。在记录路由中，路由器将该IP分组离开的接口的IP地址加入到选项中。

2）源路由。源路由是指传送IP分组的路由由源站指定，而不是由IP协议通过路由表确定的。源路由选项分为两类：一类是严格源路由，另一类是不严格源路由。

所谓严格源路由，就是由发送IP分组的源站给出一条完整的路径，即规定该分组必须依次所经过的每一个路由器的IP地址。换言之，若分组经过了一个路由器，其IP地址未在严格源路由选项中，则该路由器将丢弃此分组并发出差错报文。若分组到达目的站时仍有严格源路由选项中未经过的路由器，则目的站也将该分组丢弃并发出差错报文。严格源路由是一个很有用的选项，可以用于发送站选择一条具有特定服务类型（最小时延、最大吞吐量或高可靠性）的路由发送分组，或者用于测试某特定网络的性能。

不严格源路由与严格源路由相似，区别在于不严格源路由并未给出该分组完整的路径信息，只是给出必须通过的路由器IP地址，分组还可通过其他的路由器传输。

3）时间戳。时间戳选项用来记录IP分组经过每一个路由器时的时间。时间戳中的时间采用环球时间表示，以毫秒为单位。通过时间戳能够估计分组从一个路由器到另一个路由器所需的时间，可用于分析网络的吞吐量、拥塞情况、负载情况等。由于各路由器中的时钟并不严格同步，所以时间戳只是一种大致的参考值。此外，在选择时间戳选项时，可以设置成时间和地址同时记录，缺省为只记录时间。

互联网上的普通用户通常并不知道网络的物理拓扑结构，因此IP分组中的多个选项并不是大多数用户都会使用的。选项的使用一般只用于一些特定的场合，如网络的性能测试和故障检测中。

3.1.4 分片

实际上，网络层的每一个IP分组都需要通过底层的物理网络进行传输，当分组通过不同的物理网络时，如何保证传输的高效率呢？因此，IP协议需要解决分组大小与不同物理网络帧数据大小的匹配问题。

1. 最大传输单元（MTU）

任何一个物理网络的数据链路层都有其自己的帧格式，在帧格式中规定了一个物理帧中允许传输数据量的上限值，这个上限值称作网络最大传输单元（MTU，Maximum Transfer Unit）。例如，以太网限制传输1 500 B的数据，而FDDI允许每帧4 352 B的数据。如表3-18所示为不同物理网络的MTU值。

当IP分组通过不同的物理网络时，会受到不同网络MTU值的限制，如果把分组大小限制在最小网络的MTU值，那么经过大MTU值的网络时，这时传输是不经济的。相反，如果一个分组的大小超过网络的 MTU 值，就不能在该网络中传输。

表 3-18　不同网络的 MTU 值

物理网络	MTU/B
超级通道（Hyperchannel）	65 535
令牌环（16 Mbps）	17 914
令牌环（4 Mbps）	4 464
FDDI	4 352
以太网	1 500
X.25	576
PPP	296

2. 分片

IP 规定的分组的最大长度为 65 535 B，远大于大多数物理网络的 MTU 值。IP 在对待分组大小时，采用以下的处理方式：选择一个方便的初始分组大小，同时提供了这样一种机制，当一个较长的 IP 分组经过一个 MTU 值较小的物理网络时，把长分组分割成较小的分组进行传输，这个划分过程叫做分片，划分得到的每一部分也叫做分片。IP 规定分片可以在任何需要的中间路由器上进行，而重组仅在目的站进行。这种方案的优点是：这些分片可以走不同的路径，减少路由器中保存的信息及路由器的工作量。

如图 3-9 所示，路由器 R1 和 R2 连接了具有不同 MTU 值的 3 个网络，两台主机 A 和 B 直接连接到 MTU 值为 1 500 B 的网络 1 和网络 3 上，每台主机都可以产生和发送最多 1 500 B 的分组。当路由器 R1 从主机 A 接收分组转发到 MTU 值为 620 B 的网络 2 时，必须进行分片。同样，当路由器 R2 从主机 B 接收分组转发到 MTU 值为 620 B 的网络 2 时，也要进行分片。

图 3-9　具有不同 MTU 值的互联网

分片意味着把原始分组中的数据分成几个部分，每片的格式都与原始分组相同，每个分片都包含一个分片首部，除了标志字段中的一个位外，它基本上复制了原始分组的首部，如图 3-10 所示，给出了如图 3-9 所示互联网中路由器 R1 上进行分片的例子。分片的总长度等于网络 2 的 MTU 值。

下面介绍在 IP 分组首部中与分片有关的字段。

- 标识：16 bit 字段，标识该分组从源站发出。当分组被分片时，标识字段的值被复制到所有的分片中，也就是说，所有的分片与原始分组的标识相同。在目的站，所有具有相同标识的分片必须组装成一个分组。
- 标志：3 bit 字段，第 1 位保留未用。第 2 位表示是否分片，该位为 1，表示该分组不能分片，若这个分组不能通过任何可用的物理网络进行转发，则丢弃该分组，并向源站发送 ICMP 差错报文；该位为 0，表示该分组可以分片。第 3 位表示是否还有分片，若该位为 1，则表示本分片不是最后的分片；若该位为 0，则表示这是最后的分片或惟一分片。

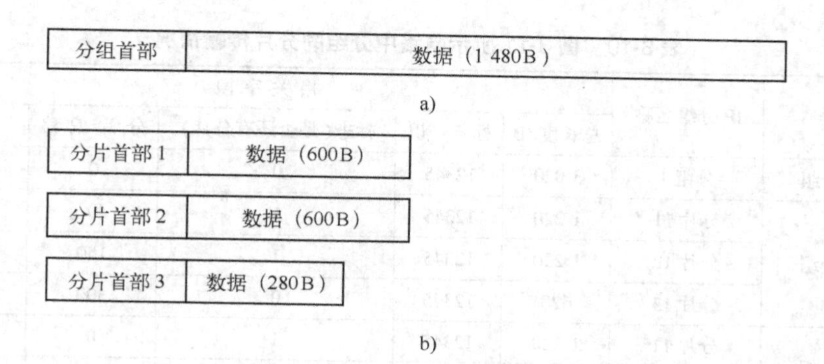

图 3-10　发生在路由器 R1 上的分片

a）1 500B 的原始分组　b）得到的分片

- 分片偏移：13 bit 字段，定义了该分片在原始分组中的偏移量，因为只用 13 位来表示最大为65 535 的字节数，所以以 8 B 为单位计数，即要求分片的第一个字节的偏移量能被 8 整除。需要注意，当分片再次被分片后，再次分片后的分片偏移值还是相对于原始分组。

在互联网中，各个分片与 IP 分组一样，进行独立的传输，它们在经过中间路由器转发时可能选择不同的路由。到达目的站的各分片顺序与发送的顺序可能不一致。

3. **重组**

在分片重组时，目的站的 IP 根据分片中相关字段（总长度、分片偏移及标志）以及相同的标识、协议号、源 IP 地址和目的 IP 地址，并且在一定的时间内分片全部到齐后，将其重新组装成完整的原始分组。IP 协议将满足上述条件的分片按分片偏移顺序排队，且只保留第 1 个分片首部，删除其余分片的首部，组装成一个完整的原始 IP 分组，并重新计算分组总长度，填入 IP 分组首部的总长度字段。最后将重组后的 IP 分组按协议字段中的协议号提交给上层协议。

【例 3-6】图 3-11 给出了具有不同 MTU 值的一个互联网的拓扑结构，主机 A 向主机 B 发送一个满足最大 MTU 值的 IP 分组 1，当该分组通过网络 2 和网络 3 时发生分片，表 3-19 给出了分组 1 经过此网络时的分片情况，给出了分片总长度、标识、标志和分片偏移的关系。

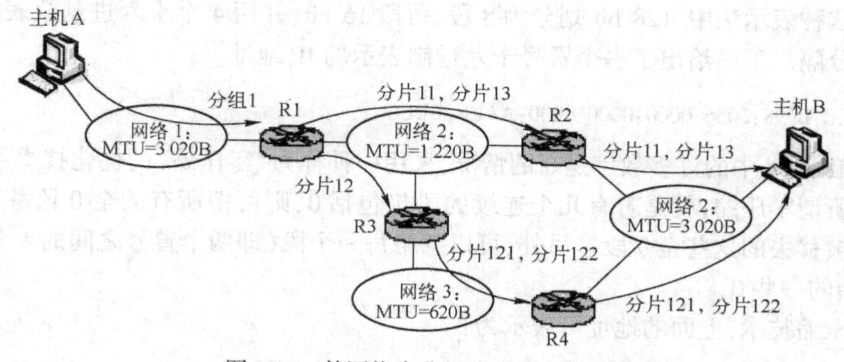

图 3-11　某网络中分组分片传输的过程

表 3-19　图 3-11 所示网络中分组的分片传输情况

经过路由器	IP 分组名称	相关字段				
		总长度/B	标　识	标志(是否还有分片)	分片偏移	数据范围/B
从 R1 进入分组	分组 1	3 020	12345	0	0	0 ~ 2 999
从 R1 转发分组	分片 11	1 220	12345	1	0	0 ~ 1 199
	分片 12	1 220	12345	1	150	1 200 ~ 2 399
	分片 13	620	12345	0	300	2 400 ~ 2 999
从 R2 转发分组	分片 11	1 220	12345	1	0	0 ~ 1 199
	分片 13	620	12345	0	300	2 400 ~ 2 999
从 R3 转发分组	分片 121	620	12345	1	150	1 200 ~ 1 799
	分片 122	620	12345	1	225	1 800 ~ 2 399
从 R4 转发分组	分片 121	620	12345	1	150	1 200 ~ 1 799
	分片 122	620	12345	1	225	1 800 ~ 2 399

在如图 3-11 所示网络中，当已被分片的分片 12 经过路由器 R3 时，又一次进行了分片，分成分片 121 和分片 122。一个分片再进行分片时，分片偏移值永远相对于原始分组。

3.2　下一代 IP(IPv6)

上节介绍的 IP 是 IPv4。IPv4 自从 20 世纪 70 年代问世以来，对数据通信有了很大的发展。随着因特网迅速地发展，现有的 IPv4 在地址空间、信息安全和区分服务等方面显露出明显的缺陷。为了解决因特网目前和将来可预测的问题，Internet 工程任务组(IETF) 提出了下一代 IP——IPv6。IPv6 在 IP 地址空间、路由协议、安全性、移动性以及服务质量(QoS)支持等方面都作了较大的改进，增强了 IP 的功能，下面主要对 IPv6 的地址结构和分组格式等进行简单介绍。

3.2.1　IPv6 地址

1. 冒号十六进制表示法

为了使地址具有更好的可读性，在地址表示上，128 bit 长的 IPv6 地址采用冒号十六进制表示法。在这种表示法中，128 bit 划分为 8 段，每段 16 bit，并用 4 个十六进制数表示，段与段之间用冒号分隔。下面给出了一个冒号十六进制表示的 IP 地址。

FACC:B998:0056:0000:0000:0000:AAEE:BBCC

考虑到 IP 地址中的许多数字是 0 的情况，采用一种称为“零压缩”的优化技术可以进一步减小地址。所谓零压缩，就是若有几个连续的段仅包括 0，则可把所有的全 0 段移去，用两个冒号来代替被移去的这些全 0 段。另外，可以忽略每一个段(即两个冒号之间的 4 个十六进制数字)中开始的一些 0。

使用零压缩技术，上面的地址可表示为：

FACC:B998:56::AAEE:BBCC

在零压缩中，一个 IP 地址只能使用一次全 0 段的压缩。换言之，若有多个不连续的全 0 段，则只能忽略其中一个连续的全 0 段。另外，只能忽略每一段开始的一些 0，而不能忽略每一段末尾的一些 0。在展开压缩地址时，只要把未压缩的部分对齐，插入一些 0 就可得出原来的地址。

零压缩技术非常有用，许多 IPv6 地址均含有全 0 字段。特别是将 IPv4 地址转换成 IPv6 地址时，任何一个以 96 个 0 开始的 IPv6 地址的低 32 bit 就是一个 IPv4 地址。

2. 地址类型

IPv6 定义了单播、多播和任播 3 种类型的地址。

- 单播地址（Unicast Address）：单播地址标识了作用域内的单个接口。作用域是指 IPv6 网络的一个区域，在此区域中，此地址是惟一的。发送给单播地址的分组必须交付到一个惟一的接口。
- 多播地址（Multicast Address）：多播地址标识零个或多个接口。发送给多播地址的分组必须交付到该组中的所有接口。
- 任播地址（Anycast Address）：任播地址标识多个接口。发送给任播地址的分组最终只交付到一个惟一的接口，该接口与源站在路由距离上最近。

任播地址用于一对多中之一的通信，而多播地址用于一对多的通信。

IPv6 地址用于标识接口，而不是站点（主机或路由器等）。一个站点可以包含多个接口（例如路由器），站点通过分配给其接口的单播地址来标识。在 IPv6 中没有定义广播地址，IPv4 中的广播地址用 IPv6 中的多播地址来实现。

3. 地址结构

如图 3-12 给出了 IPv6 的地址结构，128 bit 的地址由两部分构成：第一部分是可变长度的类型前缀，定义了地址的目的，表 3-20 给出了类型前缀的代码及含义；第二部分是地址的其余部分，其长度是可变的。只要给出了地址，就能很容易地确定类型前缀。

128 bit

可变长度	可变长度
类型前缀	地址的其余部分

图 3-12　IPv6 的地址结构

表 3-20　IPv6 地址的类型前缀

类 型 前 缀	类　　型	占总地址空间的比例
0000 0000	保留	1/256
0000 0001	保留	1/256
0000 001	NSAP（网络服务接入点）	1/128
0000 010	IPX（Novell）	1/128
0000 011	保留	1/128
0000 1	保留	1/32

（续）

类型前缀	类　型	占总地址空间的比例
0001	保留	1/16
001	可聚合的全球单播地址	1/8
010	保留	1/8
011	保留	1/8
100	保留	1/8
101	保留	1/8
110	保留	1/8
1110	保留	1/16
1111 0	保留	1/32
1111 10	保留	1/64
1111 110	保留	1/128
1111 1110 0	保留	1/512
1111 1110 10	本地链路单播地址	1/1 024
1111 1110 11	本地网点单播地址	1/1 024
1111 1111	多播地址	1/256

4. 单播地址

在 IPv6 中,主要有以下几种类型的单播地址:可聚合全球单播地址、本地单播地址、特殊地址、兼容地址等。

1）可聚合全球单播地址。可聚合全球单播地址的类型前缀是 001。从名称上可知,首先,它是一个全球地址,其作用范围为整个使用 IPv6 的因特网,使用该地址可在全球范围内路由和可达。其次,该地址是可聚合的,从而可以产生一个有效的因特网路由结构。图 3-13 给出了可聚合全球单播地址的结构。

001	TLA 标识	保留	NLA 标识	SLA 标识	接口标识
网络部分（48bit）				子网部分（16bit）	接口部分（64 bit）

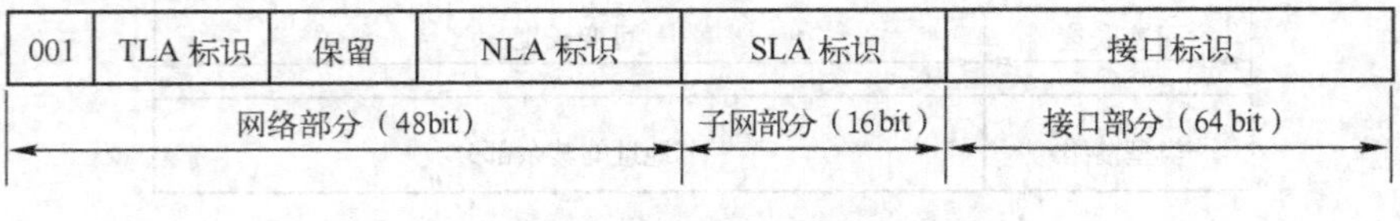

图 3-13　可聚合全球单播地址的结构

图 3-13 中各个字段的含义如下:

- TLA 标识(Top-Level Aggregation):13 bit 字段,也称作顶级聚合标识,表示了路由层次的最高层。因特网地址授权机构(IANA)负责将 TLA 标识分配给地区因特网注册机构,如北美、欧洲和亚太注册中心,由他们再把每个 TLA 标识分配给那些大的、永久的因特网服务提供商(ISP,Internet Service Provider)。
- 保留:8 bit 字段,目前未用。
- NLA 标识(Next-Level Aggregation):24 bit 字段,也称作下一级聚合标识,用于分配给下一级的 ISP。具有 TLA 标识的 ISP 可在其网络中建立多级的寻址结构,该 ISP 既可以为其下级的 ISP 寻址和路由,也可以识别其下级 ISP 的网点。

• SLA 标识(Site-Level Aggregation):16 bit 字段,也称作网点级聚合标识,一个机构采用 SLA 标识可以表示本网络中的不同子网。

• 接口标识:64 bit 字段,标识子网上的接口。

实际上,在可聚合全球单播地址中,128 bit 地址可以分成3 个层次:第1 层次,前48 bit,对应网络部分,标识一个机构分配得到的网络地址;第2 层次,中间16 bit,对应子网地址,标识该机构下不同的子网;第3 层次,64 bit,对应接口部分,标识子网下的接口地址。

2) 本地单播地址。本地单播地址在本地使用,包括两种类型:本地链路地址和本地网点地址。本地链路地址用于在同一条链路上的相邻站点之间的通信。本地网点地址相当于 IPv4 中的私有地址。对于没有连接到 IPv6 因特网的私有网络,可以使用本地网点地址,这样就不会与全球地址相冲突。图 3-14 给出了本地单播地址的结构。

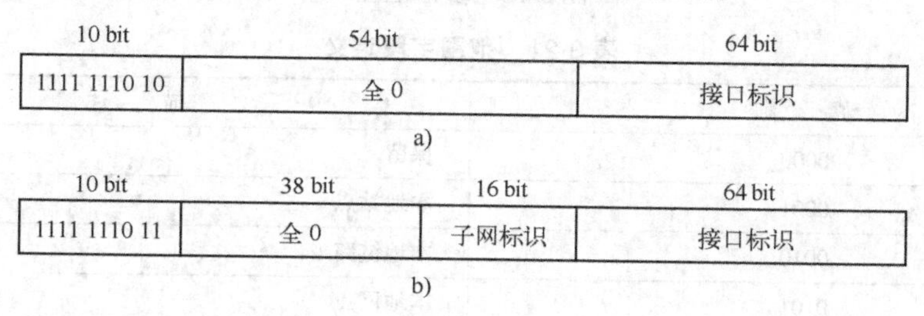

图 3-14 本地单播地址结构
a) 本地链路地址 b) 本地网点地址

3) 特殊地址。IPv6 中有两个特殊地址:不指明地址和环回地址。不指明地址是一个全 0 地址(即::),若主机不知道它自己的地址,就要使用这个地址发送查询以便找出它自己的地址。需要注意,不指明地址不能用作目的地址。环回地址(即::1),相当于 IPv4 中的 127. 0. 0. 1 地址。

4) 兼容地址。在 IPv4 和 IPv6 协议共存的网络中,涉及到不同协议的主机之间通信时,需要解决地址兼容问题。针对如下两种不同的情况,可以分别采用兼容地址和映射地址两种格式。

• 情况 1:使用 IPv6 的源站要把分组发送给另一个使用 IPv6 的目的站,但分组必须通过使用 IPv4 地址的网络。源站必须使用与 IPv4 网络兼容的地址,才能使分组通过 IPv4 网络。兼容地址的格式如图 3-15 所示。在 128 bit 的 IPv6 地址中,前 96 bit 为 0,后接 32 bit 的 IPv4 地址。

• 情况 2:使用 IPv6 的源站要把分组发送给另一个使用 IPv4 的目的站。因此,源站要把 IPv6 的地址映射为 IPv4 的地址。映射地址的格式如图 3-15 所示。在 128 bit 的 IPv6 地址中,前 80 bit 为 0,后接 16 bit 的 1,最后是 32 bit 的 IPv4 地址。

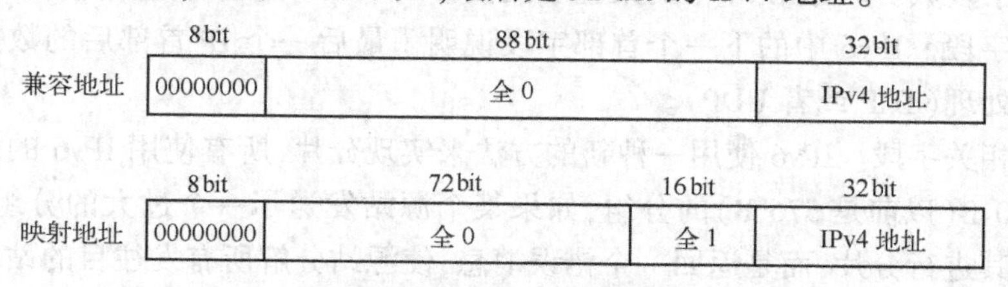

图 3-15 兼容地址和映射地址

5. **多播地址**

与 IPv4 中的多播地址类似,IPv6 多播地址也是定义一组地址。图 3-16 给出了多播地址的格式。第 1 个字段中的 8 个 1 标识多播类型。第 2 个标志字段是定义“永久/临时地址”的标志。永久地址,标志为 0,由因特网管理机构定义,是一个永久分配的多播地址;临时地址,标志为 1,是使用时临时分配的地址,例如,参加视频会议的系统可以使用临时多播地址;第 3 个范围字段是定义地址的范围,如表 3-21 所示;最后一个字段标识不同的多播地址群组。

8 bit	4 bit	4 bit	112 bit
11111111	标志	范围	群组标识

图 3-16　多播地址

表 3-21　范围字段定义

范　围	描　述
0000	保留
0001	本地站点
0010	本地链路
0101	本地网点
1000	本地机构
1110	全球范围
1111	保留

3.2.2　IPv6 分组格式

IPv6 分组由基本首部、零个或最多 6 个扩展首部和数据组成,如图 3-17 所示。

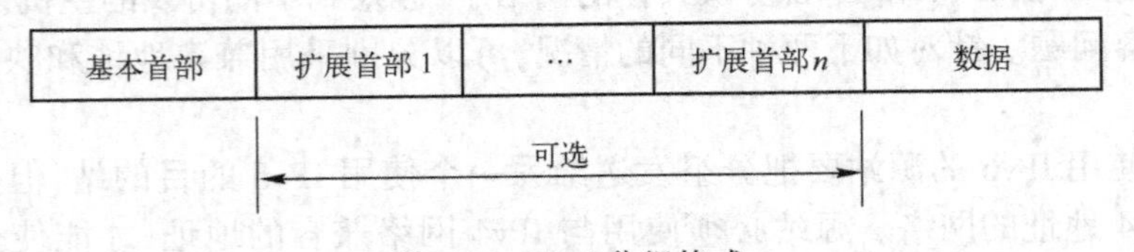

图 3-17　IPv6 分组格式

1. **IPv6 基本首部**

基本首部的长度是固定的 40 B,其格式如图 3-18 所示,共由 8 个字段构成。与 IPv4 的首部相比较,有如下几个方面的简化:

- 减少了字段数目。原 IPv4 中的某些字段被移到 IPv6 的扩展首部中。
- 无协议字段。IPv6 中的下一个首部字段说明了最后一个 IP 首部后的数据应当交给哪个协议处理(TCP 或者 UDP)。
- 无分片相关字段。IPv6 使用一种新的方法来实现分片,所有使用 IPv6 的站点都必须支持 1 280 B(以前是 576 B)的分组,如果某个源站发送了一个过大的分组,中间路由器不再对其进行分片,而是返回一个错误消息,使源站分解所有发往目的站的分组。这种方法比在分组传输过程中对其进行分片更加有效。

● 无首部校验和字段。因为校验这项工作大大降低了性能，考虑到现在网络的可靠性很高，而且链路层和传输层通常都有自己的校验和，所以，IPv6 省略了这个字段。

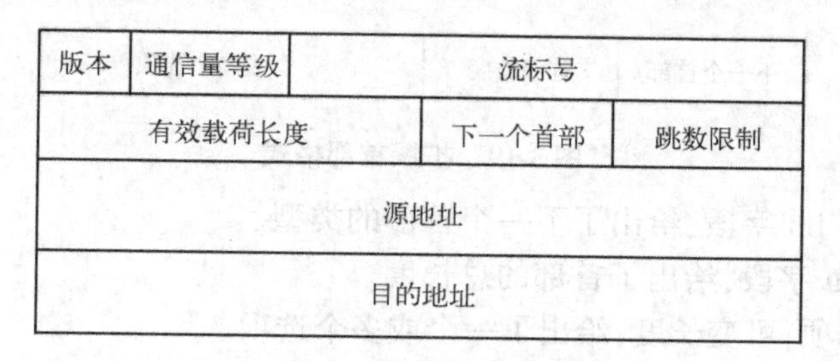

图 3-18　IPv6 基本首部格式

IPv6 基本首部中各个字段的含义如下：

● 版本：4 bit 字段，定义 IP 的版本号。IPv6 的版本字段值是 6，IPv4 的版本字段值是 4，IP 通过该字段确定分组类型。

● 通信量等级：4 bit 字段，定义当发生通信拥塞时，从相同源站发出的每一个分组相对于其他分组的优先等级。例如，若由于拥塞的原因使两个连续的分组中必须丢弃一个，那么具有较低优先等级的分组将被丢弃。IPv6 把通信量划分为两大类：有拥塞控制的通信量和无拥塞控制的通信量。

有拥塞控制的通信量，当拥塞出现时，源站能够适应这种情况，使它的通信量下降，分组可能延迟到达、丢弃或不按序接收。拥塞控制的数据被指派为从低到高（从 0 到 7）的优先级。

无拥塞控制的通信量是需要最小时延的通信量类型。当拥塞出现时，源站不能使自己适应拥塞。例如，实时音频和视频通信量，丢弃分组是不希望出现的，在大多数情况下重传也是不可能的。无拥塞控制的数据被指派为从低到高（从 8 到 15）的优先级。

● 流标号：24 bit 字段，为需要作特殊处理的实时分组流进行标识。与一个已分配的资源相联系。

IPv6 支持资源预留，允许路由器将每一个分组与一个给定的资源相联系。从特定的源站向特定的目的站发送的分组序列称为分组流，并由源地址与流标号的组合惟一定义。一个分组流包含了互联网上的一条路径以及其上的路由器，它保证一定的服务质量。例如，在实时音频或视频的传输中，需要网络提供高带宽、大缓存、长处理时间等资源，可以事先对这些资源进行预留，以保证实时数据不会因资源不够而产生时延。在使用实时数据和预留资源时，除 IPv6 外，还需要实时协议（RTP）和资源预留协议（RSVP）等一起协同工作。

● 有效载荷长度：16 bit 字段，定义了 IP 分组除基本首部外的总长度。一个 IPv6 的分组可以容纳 65 535 B 的数据。

● 下一个首部：8 bit 字段，定义了分组中跟随在基本首部后面的首部。下一个首部或者是扩展首部，或者是上层协议（如 TCP 或 UDP）的首部。

● 跳数限制：8 bit 字段，和 IPv4 中的 TTL 字段的目的是一样的。

● 源地址：128 bit 字段，定义了分组的源地址。

● 目的地址：128 bit 字段，通常定义了分组的目的地址。但是，如果使用了源路由选择，这个字段就包含下一个路由器的地址。

2. IPv6 扩展首部

在基本首部之后增加了最多 6 个扩展首部，分别是逐跳选项、源路由选择、分片、鉴别、加密的安全有效载荷和目的站选项,使 IP 分组具有了更多的功能。某些扩展首部就是 IPv4 的选项。如图 3-19 所示为扩展首部的格式。

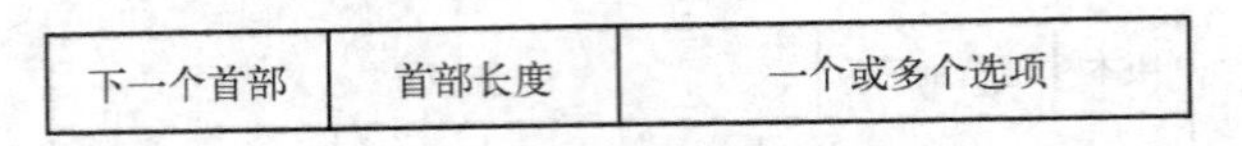

图 3-19　扩展首部格式

- 下一个首部:8 bit 字段,给出了下一个首部的类型。
- 首部长度:8 bit 字段,给出了首部的总长度。
- 一个或多个选项:可变长度,给出了一个或多个选项。

(1) 逐跳选项。当源站需要将某些信息传递给分组经过的所有路由器时,就要采用逐跳选项扩展首部。它必须直接接在基本首部后面,是该分组经过的路径上每个路由器必须查看的。例如,IP 分组的最大有效载荷长度是 65 535 B。当需要使用更长的有效载荷时,特大有效载荷选项可以支持 $2^{32}-1=4\ 294\ 967\ 295$ B 的最大长度。

(2) 目的站选项。当源站需要将信息仅传递给目的站时,使用目的站选项扩展首部。中间的各路由器不允许读取这些信息。IPv6 定义了两个目的站选项,分别为一个填充字节和 n 个填充字节选项。

(3) 源路由选择扩展首部。源路由选择扩展首部选项的功能与 IPv4 中的源路由选项功能相同,由源站列出分组要经过的中间路由器地址。可设置为严格源路由和不严格源路由。严格源路由要求分组必须通过且只能通过列出的所有中间路由器,不严格源路由列出要求分组必须通过的中间路由器,但分组还可以经过其他的路由器。

IP 分组每经过一个路由器后,在基本首部中的源地址不变,始终是最初源站的地址,目的地址都发生改变,指向要到达的下一个路由器的地址。

(4) 分片。在 IPv6 中,分片只能由最初的源站来完成。源站有两种选择:

1) 在发送数据前,源站采用一种"路径 MTU 发现"技术来确定沿着这条路径到目的站的最小 MTU,称作路径 MTU。换言之,路径 MTU 是一条特定路径上的所有 MTU 中的最小值。

2) 使用 1 280 B 的最小保证 MTU,这是连接到因特网的每一个网络必须支持的 MTU 的最小值。

在发送分组前,源站根据得到的 MTU 将分组分片,以保证每个分片都小于此路径上所有的 MTU。因此,分片是端到端的,中间的路由器不需要进行分片。

图 3-20 给出了分片扩展首部的格式。每个字段的含义如下:

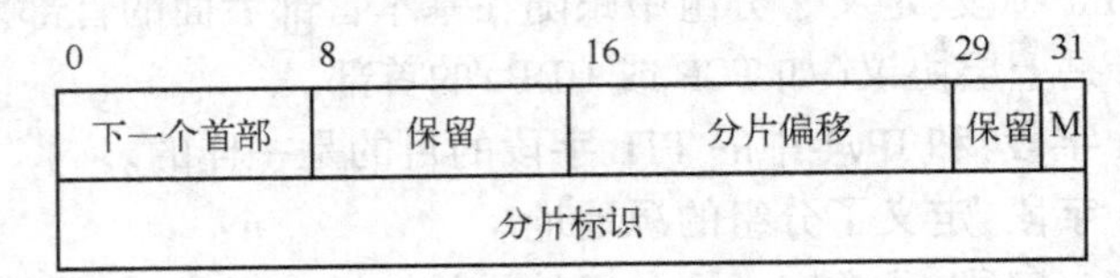

图 3-20　分片扩展首部的格式

- 下一个首部:8 bit 字段,指出此扩展首部的下一个首部。
- 保留:共 10 bit,包括第 8 ~ 15 bit 和第 29 ~ 30 bit,为以后使用。

● 分片偏移:13 bit 字段,指出本分片在原分组中的偏移量,以 8 B 为单位计数。

● M:1 bit 字段,M = 1 表示后面还有分片,M = 0 表示这是最后一个分片。

● 分片标识:32 bit 字段,用于惟一标识一个分组,由源站产生。

端到端分片的优点是可以减少路由器的开销,允许路由器在单位时间内能处理更多的分组。但是,端到端分片产生的一个严重后果是:不能适应路由变更,违背了因特网的"允许在任何时候改变路由"的基本假设。例如,如果一个网络或者路由器出故障了,通信流可以重新选择另一条不同的路径,而且不中断服务,也不必通知源站和目的站,这样就具有很好的灵活性。然而在 IPv6 中,就不能这样容易地改变路由,因为改变路由可能也要改变路径 MTU。如果新路径上的路径 MTU 小于原来的路径 MTU,要么中间的路由器必须对分组分片,要么必须通知最初的源站。

IPv6 要适应路由改变,必须解决"新路径 MTU 小于原路径 MTU"的问题。IPv6 通过隧道技术解决传输大于路径 MTU 的分组。当中间的路由器需要对分组进行分片时,路由器创建一个全新的分组,它把原来的整个分组(包括首部和数据)进行分片作为数据封装到新的分组中。路由器将每个分片单独发送到最终目的站,在目的站重组分片,得到的数据部分就是原分组。图 3-21 表示了这种隧道技术的分片方法。

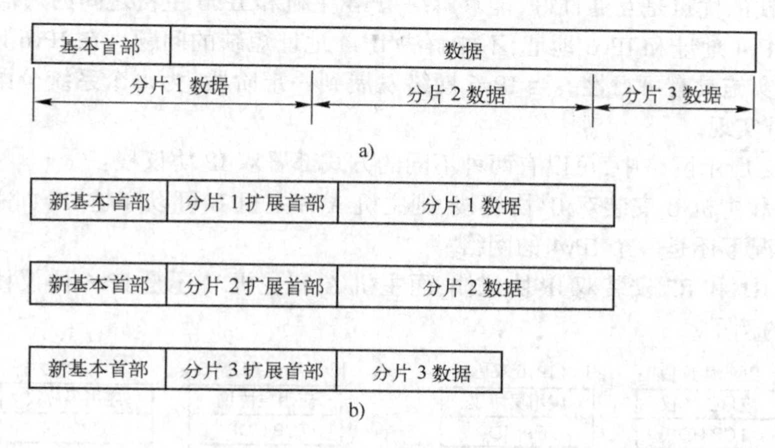

图 3-21　使用隧道技术实现分片

a）原始分组　b）分片

3.2.3　IPv4 向 IPv6 的过渡

尽管 IPv6 比 IPv4 拥有明显的先进性,但在短时间内将因特网和企业网络直接升级到 IPv6 还是不现实的,从 IPv4 过渡到 IPv6 一定是循序渐进的过程。换言之,IPv6 与 IPv4 系统在相对较长的一段时间内共存是不可回避的事实。如图 3-22 所示为 IPv4 和 IPv6 共存的一个网络。主机 A 和主机 B 安装 IPv6,主机 C 安装 IPv4。现在网络上的主机之间通信可能有这样两种情况:

1）运行 IPv6 的主机 A 和主机 B 之间通信,但中间需要穿越 IPv4 的网络。

2）运行 IPv6 的主机 A 和运行 IPv4 的主机 C 之间通信。

如何解决这些问题呢？IETF 制定了从 IPv4 平滑过渡到 IPv6 的几种策略:双 IP 协议栈和基于 IPv4 隧道的 IPv6。

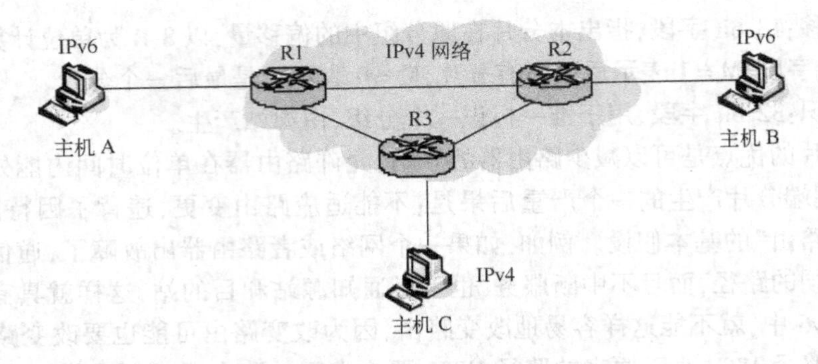

图 3-22　IPv4 和 IPv6 共存的网络

1. 双 IP 协议栈

IPv6 和 IPv4 是网络层(IP 层)两个不同版本的协议,具有类似的功能,两者基于相同的下层物理链路层协议和上层的传输层协议(TCP 和 UDP)。所谓双 IP 协议栈,即主机和路由器在同一网络接口上运行 IPv4 和 IPv6 两个协议栈,分别有一个 IPv4 地址和一个 IPv6 地址。这样,双协议栈的主机或路由器既可以接收和发送 IPv4 分组,也可以接收和发送 IPv6 分组。

双 IP 协议栈的优点是互通性好,能够解决 IPv4 主机和 IPv6 主机之间的通信,缺点是这类系统同时需要 IPv4 地址和 IPv6 地址,不能解决 IPv4 地址短缺的问题。在 IPv6 网络建设的初期,这种方案的实施具有可行性。当 IPv6 网络发展到一定阶段,为每个系统分配两个全局 IP 地址的方案很难实现。

在如图 3-22 所示网络中,可以有两种不同的方式部署双 IP 协议栈:

1）主机 A 和主机 B 安装双 IP 协议栈,则主机 A 和主机 B 可以穿越 IPv4 网络进行通信。实际上,这种情况下还是一个 IPv4 的网络。

2）路由器 R1 和 R2 安装双 IP 协议栈,而主机 A 和主机 B 还是 IPv6 协议栈。图 3-23 给出了这种部署的例子。

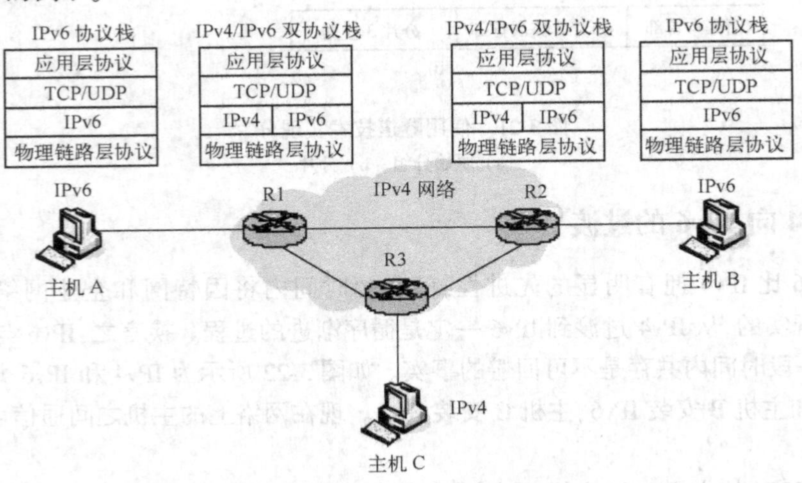

图 3-23　路由器中安装双协议栈

2. 基于 IPv4 隧道的 IPv6

随着 IPv6 网络的发展,出现了许多局部的 IPv6 网络,这些 IPv6 网络需要通过当前主流的 IPv4网络进行连接。在如图 3-22 所示网络中,主机 A 和主机 B 两端是 IPv6 的网络,而中间需要穿越一个 IPv4 的网络。在这种情况下,可以在 IPv4 的网络上建立一条隧道,即把传输的整个 IPv6 分组作为数据封装在新建的 IPv4 分组中,并在 IPv4 的网络中进行传输,在 IPv4 网络的出口处,从 IPv4 分组的数据中取出 IPv6 分组,从而继续在 IPv6 的网络上传输,这就是所谓的基于 IPv4 隧道的 IPv6 技术。

基于 IPv4 隧道的 IPv6 实现过程分为封装、解封和隧道管理 3 个步骤。封装,就是由隧道起始点创建一个 IPv4 分组,将整个 IPv6 分组作为数据装入该 IPv4 分组中。解封,就是由隧道终结点移去 IPv4 分组首部,还原原始的 IPv6 分组。隧道管理,就是由隧道起始点维护隧道的配置信息。

根据隧道的两端(主机和路由器)的不同,建立隧道可以有 4 种方案:路由器-路由器隧道、主机-路由器隧道、主机-主机隧道、路由器-主机隧道。图 3-24 给出了在路由器 R1 和 R2 之间建立路由器-路由器隧道的例子。

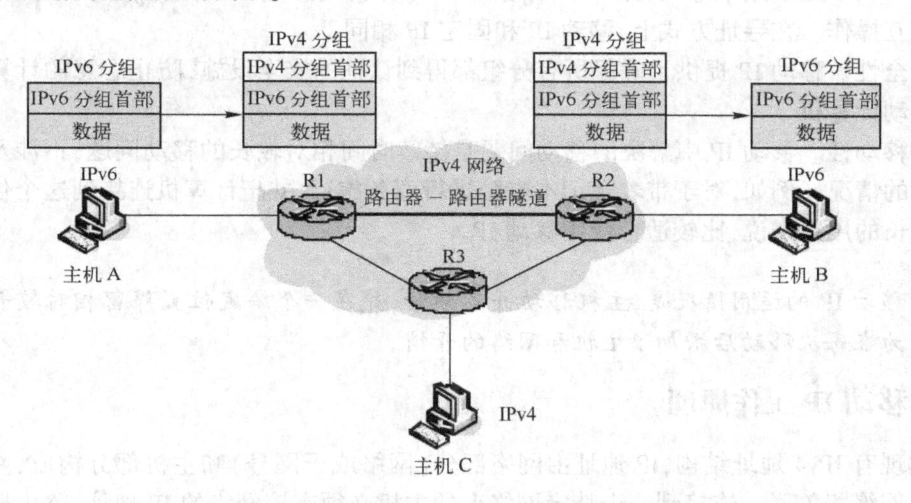

图 3-24　路由器-路由器之间建立隧道

隧道技术的优点是具有透明性。两端 IPv6 主机之间的通信可以忽略隧道的存在,隧道只起到物理通道的作用,不需要大量的 IPv6 专用路由器设备和专用链路,可以明显地减少投资。隧道技术是目前国际 IPv6 试验床(例如 6BONE)所采用的技术,也是 IPv4 向 IPv6 过渡初期最易采用的技术。其主要缺点是在 IPv4 网络上配置 IPv6 隧道过程比较复杂,而且隧道技术不能解决 IPv4 主机和 IPv6 主机之间的通信。

3.3　移动 IP

因特网的飞速发展和移动设备(如笔记本电脑、掌上电脑)的大量涌现,推动了移动计算机接入网络的研究。移动计算机用户希望能够和桌面固定用户一样接入同样的网络,共享网络资源和服务。根据 IP 地址结构和寻址模式的特点,每一个 IP 地址都归属一个网络,当把一台桌面计算机从一个网络移动到另一个网络时,需要首先从原网络上断开,再连接到新的网络上,并且重新配置 IP 地址。这样的方式对于一个需要频繁移动的移动计算机来说,显然不能适用。能否利用动态主机配置协议(DHCP)来自动地为移动的计算机分配IP地址呢？如果只是地址分配的问题,采用DHCP可以解决,但是,这种方法仍然存在不少问题：

- 由于不知道新的IP地址,其他计算机不易连接到该移动计算机。
- 更改IP地址通常需要重新启动计算机,并且会切断现有的所有传输层连接。
- 因特网是以IP地址为基础的,每一个IP地址标识一个特定的计算机。如果动态地分配IP地址,整个DNS系统需要不断地刷新,这将可能导致网络不能正常工作。
- 现有的路由选择机制(在第4章中介绍)也是基于固定IP地址的。

如何解决移动计算机能够方便地接入网络的问题,IETF为此设计了一个解决方案,克服了原来IP寻址模式的一些限制,这就是移动IP技术。它具有如下特征：

- 透明性。对于移动过程中涉及不到的路由器,移动性是透明的。另外,在移动过程中,应该能够保留传输层的TCP连接,使对应用程序和传输层协议具有透明性。
- 与IPv4的互操作性。移动IP和固定IP的计算机之间能够互操作,移动计算机之间能够互操作。在寻址方式上,移动IP和固定IP相同。
- 安全性。移动IP提供了确保所有分组都得到认证的安全设施,防止恶意的计算机假冒移动计算机。
- 宏移动性。移动IP中解决的移动问题是持续时间相对较长的移动问题,不涉及迅速移动的情况。例如,对于带着笔记本电脑进行商务旅行,并把计算机连接到这个位置相对较长的用户来说,比较适合使用移动IP。

移动IP的适用情况是,主机移动并不频繁,并在一个给定位置停留相对较长的一段时间。因为在每次移动后增加了主机和网络的开销。

3.3.1 移动IP工作原理

根据现有IPv4地址结构,IP地址由网络部分(网络或子网号)和主机部分构成,网络部分使主机和网络相关联。连接到一个特定网络上的主机必须有该网络的IP地址,路由器使用层次结构的IP地址转发IP分组,最终把分组交付到这个主机所连接的网络。

因特网上的主机不能携带它的IP地址从一个位置(网络)移动到另一个位置(网络)。仅当主机连接到这个网络上时,这个IP地址才有效。如果网络改变了,这个IP地址就不再有效。换言之,当主机临时移动到新的网络时,就必须有新网络的IP地址,尽管这只是一个临时使用的地址。

在移动IP的设计中,一台主机可以改变其接入因特网的位置(网络),但不改变它的IP地址。换言之,该主机必须有固定的IP地址,或称永久地址。永久地址是该主机在网络上的标识,其他主机通过这个永久地址进行通信。这样,不管它移动到什么位置,永久地址是不变的。但是一旦该主机移动到新的网络,就必须有新网络上的地址,这是一个临时地址。考虑到移动主机的可移动性,这个临时地址是可变的,不同的地点对应不同的临时地址。现在的问题就是,一个主机可以拥有两个地址:一个永久地址和一个临时地址。那么永久地址如何与临时地址保持联系呢?

在移动IP技术中,永久地址也称作主机的归属地址,它是永久的、固定的,这是应用程序和传输层所用的地址,永久地址所在的网络称作主机的归属网络。临时地址也称作主机的转交地址,它是临时的,随着主机的移动而改变,只在主机访问给定位置(网络)时有效。

- 当移动主机在原始位置,即归属网络时,获得归属地址。
- 当移动主机移动到外地网络时,获得转交地址,移动主机必须把转交地址发送给位于归属网络的归属代理(通常是路由器)。归属代理充当移动主机的代理,截取发送给移动主机归属地址的 IP 分组。
- 归属代理把每个 IP 分组以隧道方式传输到外地网络所在的外地代理,外地代理通常位于外地网络的路由器上。
- 外地代理接收归属代理发送过来的 IP 分组,并把这些 IP 分组交付给转交地址(移动主机)。另外,移动主机也可充当外地代理。
- 如果移动主机再次更换地址,它会获得一个新的转交地址,并将它的新位置通知给归属代理。
- 当移动主机返回到归属网络,它必须与归属代理进行联系,以撤消注册,这意味着该代理将停止截取分组。移动主机可以选择在任何时候撤消注册。

在移动 IP 中,移动主机有两个地址:归属地址和转交地址。归属地址是永久的,它使主机和它的归属网络(即这个主机的永久归属)相关联。转交地址是临时的,当主机从一个网络移动到另一个网络时,转交地址就改变了,转交地址与外地网络(即这个主机转移到的网络)相关联。

图 3-25 给出了移动 IP 的工作原理。

图 3-25 中给出了远程主机和移动主机之间的通信过程。当远程主机(IP 地址:200. 66. 20. 2)向移动主机发送 IP 分组时,以移动主机的归属地址(IP 地址:169. 11. 20. 88)作为目的地址发送分组,所以 IP 分组发送到归属网络所在的归属代理(即步骤 1),由于归属代理已经知道移动主机从归属地址(IP 地址:169. 11. 20. 88)移动到新的地址,而且它也知道外地代理的地址,因此归属代理收到该 IP 分组后,就通过隧道技术将该分组发送到外地代理(IP 地址:179. 10. 1. 1)(即步骤 2),由于外地代理就在外地网络上,通过外地代理把 IP 分组交付到移动主机新的位置(IP 地址:196. 15. 18. 10)(即步骤 3)。

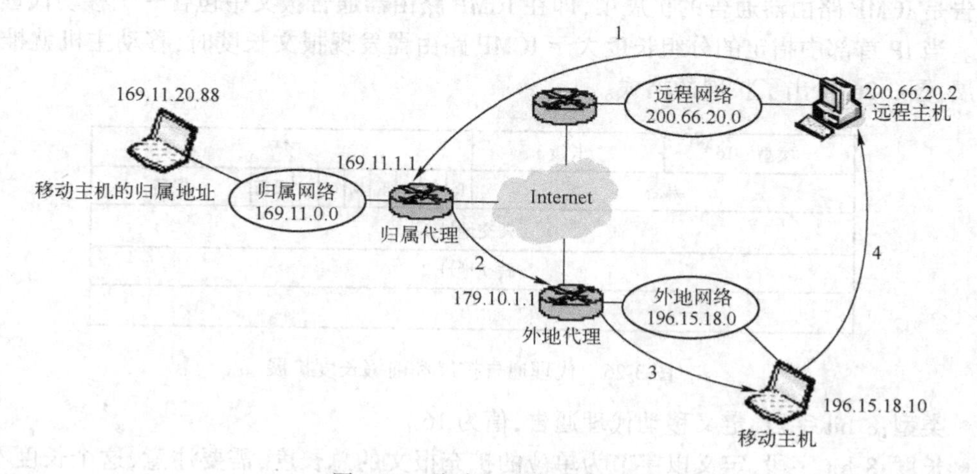

图 3-25　移动 IP 工作原理

当移动主机向远程主机发送 IP 分组时，该 IP 分组的目的地址就是远程主机的地址（IP 地址:200.66.20.2）。根据目的地址进行路由，并不需要经过归属代理（即步骤 4）。

由上述的通信过程可知，当移动主机移动到新的位置时，它首先要知道外地网络上的外地代理，并通过外地代理得到转交地址，另外，需要把外地代理地址告诉给归属代理。所以，在移动 IP 技术中，需要解决代理的发现和注册问题。

数据传送的透明性：远程主机并不知道移动主机的任何移动，远程主机发送 IP 分组时使用移动主机的归属地址作为目的地址，它收到的分组也是用移动主机的归属地址作为源地址的，移动完全是透明的，Internet 的其余部分都不知道这个移动主机的移动性。

3.3.2 代理发现

上面介绍的移动 IP 工作原理中，涉及到归属代理和外地代理。对于一个移动主机来说，如果在归属网络上，并不需要这两个代理。只有当它移动到其他网络的时候，才需要这两个代理参与工作。那么移动主机如何发现这两个代理呢？实际上，发现代理就是要得到代理的地址。代理发现包括了两个步骤：第一步就是移动主机在离开它的归属网络之前必须发现归属代理；第二步就是移动主机移动到外地网络之后，必须发现外地代理，即知道转交地址和外地代理地址。

在因特网上，主机可利用 ICMP 路由器发现报文中定义的路由器通告报文和路由器请求报文发现子网上正在运行的路由器。每一个路由器周期性地在它的接口上广播路由器通告报文，通告该接口的 IP 地址，主机可在周期性收到的通告中获取邻接路由器的地址。另外，主机也可广播一个路由器请求，要求立即获取路由器通告报文。

代理发现是移动主机在一个新的链路上发现代理、检测自己当前所在位置的重要控制机制。移动主机用它来检测自己是在归属网络还是在外地网络。当移动主机访问外地网络时，可以从代理通告中获取由外地代理提供的转交地址。

移动 IP 的代理发现是在 ICMP 路由器发现报文的基础上扩充的。移动代理在它所服务的链路上发送代理通告报文。移动主机用这些通告报文确定它当前所接入的因特网位置。代理通告是 ICMP 路由器通告的扩展项，即在 ICMP 路由器通告报文中包含一个移动代理通告扩展项。当 IP 首部中指定的分组长度大于 ICMP 路由器发现报文长度时，移动主机就推断出存在扩展，图 3-26 给出了扩展的格式。

<table>
<tr><td>类型: 16</td><td>长度</td><td colspan="9">序号</td></tr>
<tr><td colspan="2">寿命</td><td>R</td><td>B</td><td>H</td><td>F</td><td>M</td><td>G</td><td>V</td><td>保留</td><td>保留</td></tr>
<tr><td colspan="11">转交地址 1</td></tr>
<tr><td colspan="11">转交地址 2</td></tr>
<tr><td colspan="11">……</td></tr>
</table>

图 3-26　代理通告扩展和前缀长度扩展

- 类型：8 bit 字段，定义移动代理通告，值为 16。
- 长度：8 bit 字段，定义以字节为单位的扩充报文的总长度，需要注意，这个长度不是 ICMP 通告报文的长度。

- 序号:16 bit 字段,保存报文的编号。接收者使用这个编号判断是否有报文丢失。
- 寿命:16 bit 字段,定义代理接受请求的秒数。如果这个字段是一串 1,那么寿命就是无穷大。
- 代码:8 bit 标志字段,每一位都可以置 1 或置 0。每一位的意义如表 3-22 所示。
- 转交地址:这个字段包括可供用户使用的转交地址表。移动主机可选择其中的一个地址。转交地址的选择在注册请求中宣布。需要注意,这个字段仅为外地代理使用。

表 3-22　代码字段各位的含义

位	含　义
R	需要注册,没有同地点转交地址
B	忙,外地代理不接受新的移动主机
H	归属代理,本链路提供归属代理服务
F	外地代理,本链路提供外地代理服务
M	代理使用最小封装
G	代理使用通用路由封装(Generic Routing Encapssulation)接收隧道分组
V	在和移动主机进行通信时,代理支持首部压缩
保留	未用,值为 0

当移动主机已经移动到外地网络而没有收到代理通告时,它可以发起代理请求。使用 ICMP 路由器请求报文通知代理,使代理知道它需要帮助。

移动 IP 没有使用新的报文类型进行代理通告,它通过在 ICMP 路由器通告报文后附加上代理通告报文来实现。移动 IP 没有为代理请求使用新的报文类型,它使用了 ICMP 的路由器请求报文。

3.3.3　代理注册

移动 IP 定义了两种注册控制报文:注册请求和注册响应。利用注册控制报文,移动主机能够向它的移动代理注册,动态地向它的归属代理报告当前移动主机的转交地址。移动 IP 的注册操作为移动主机向归属代理报告它的当前位置提供了一个灵活的机制。注册过程包括了移动主机向外地代理和归属代理的注册,具体过程如下:

1) 在外地网络上通过接收到的代理通告报文获取转交地址。
2) 移动主机向归属代理注册,通知其转交地址。
3) 如果截止期到了,移动主机必须更新注册。
4) 如果移动主机回到归属网络,就取消它的注册。

移动主机、外地代理(可选)和归属代理之间通过交换注册控制报文实现代理注册。注册操作在归属代理上产生或更新一个移动绑定,这个移动绑定在规定的生存时间内将移动主机的归属地址与它的转交地址联系在一起。

移动 IP 定义了两种不同的注册过程:

1) 通过外地代理向移动主机的归属代理代为注册,例如,如果移动主机用外地代理转交地址注册，则必须通过外地代理来注册。

2）移动主机直接向归属代理注册。例如，如果移动主机返回归属网络，它必须直接向它的归属代理注册（即注销归属代理）。图3-27给出了两个注册过程。

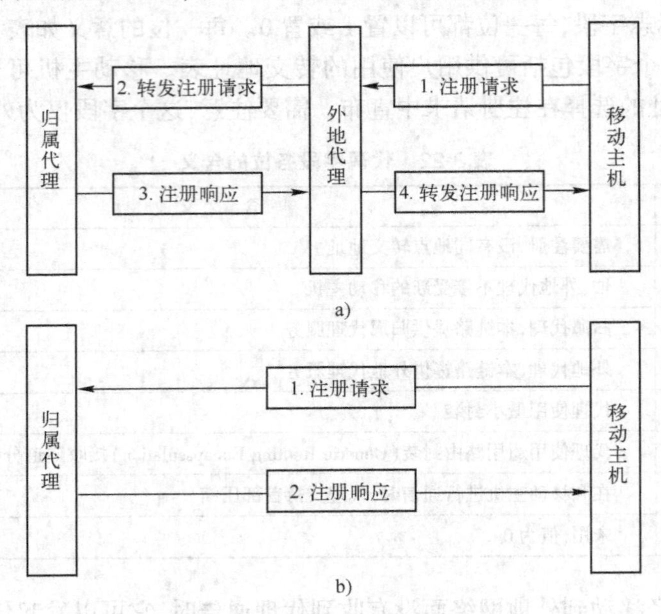

图3-27 移动主机的注册过程

a）通过外地代理进行注册 b）移动主机直接注册

（1）注册报文格式。注册报文包括注册请求和注册响应两种类型的报文。所有的注册报文都是通过UDP发送的，使用熟知端口434。图3-28给出了注册请求报文的格式。

类型：1	标志：S B D M G V 保留	寿命
归属地址		
归属代理地址		
转交地址		
标识		
扩展		

图3-28 注册请求报文的格式

- 类型：8 bit字段，定义报文的类型。对于注册请求报文，字段值为1。
- 标志：8 bit字段，定义转发的信息。每一位都可以置1或置0。每一位的意义如表3-23所示。
- 寿命：16 bit字段，定义注册的时间，以秒为单位。如果这个字段值为0，表示请求报文要求注销。如果这个字段是全1，表示无寿命限制。
- 归属地址：这个字段包含移动主机的永久地址。
- 归属代理地址：这个字段包含归属代理的地址。
- 转交地址：这个地址是移动主机的临时地址。

● 标识:64 bit 字段,由移动主机产生,用来匹配响应报文。
● 扩展:可变长度,使用在鉴别过程中,是归属代理用来鉴别移动主机的。

表 3-23　注册请求标志字段的各位意义

位	意　义
S = 1	移动主机请求归属代理保留它以前的转交地址
B = 1	移动主机请求归属代理用隧道技术转发所有广播分组
D = 1	发往转交地址的分组由移动主机解封装,移动主机使用配置转交地址
M = 1	移动主机请求归属代理使用最小封装从隧道转发分组
G = 1	移动主机请求归属代理使用通用路由封装(GRE)从隧道转发分组
V = 0	移动主机请求首部压缩
保留	保留未用,值为 0

(2) 注册响应。当归属代理收到注册请求报文后,向外地代理返回注册响应报文,然后再转发给移动主机。这个响应报文表明归属代理是否同意接受注册请求。图 3-29 给出了注册响应报文的格式。

类型: 3	代码	寿命
归属地址		
归属代理地址		
标识		
扩展		

图 3-29　注册响应报文的格式

图 3-29 中的各个字段和注册请求中的字段基本相同,但是,类型字段值改为 3;用代码字段代替了标志字段,给出注册请求的结果(接受或拒绝)。

3.3.4　两次穿越的效率问题

考虑这样的一种情况,如图 3-30 所示,假定移动主机 M 移动到远程主机 D 所在的外地网络。现在分析移动主机和远程主机之间的通信效率问题。

移动主机 M 已经从自己原来的归属网络移到了一个外地网络上。假定移动主机已经在自己的归属代理(路由器 R1)上进行了注册,归属代理已经同意转发分组。现在考虑移动主机 M 和在同一外地网络中的远程主机 D 之间的通信。当移动主机 M 向远程主机 D 发送分组时,通信就在外地网络内进行,没有低效率的问题。但是,当远程主机 D 向移动主机 M 发送分组时,因为从 D 发送给 M 的分组中包含 M 的归属地址,这些分组会通过互联网到达移动主机 M 归属网络上的路由器 R1。当分组到达 R1 后,使用隧道技术通过互联网再次传回外地网络。由于通过互联网的传输比本地交付费用高得多,所以,即使在同一个本地网络(外地网络)内的通信,也要两次穿越互联网才能到达,造成通信的低效率,上面描述的情况称为两次穿越问题。

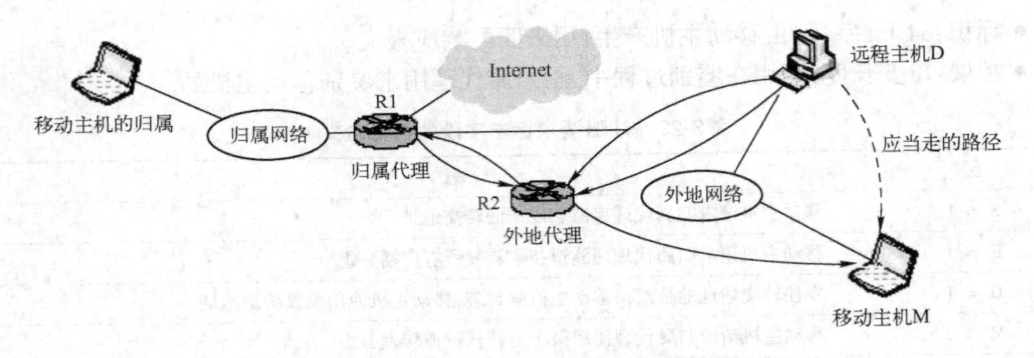

图 3-30　两次穿越问题

实际上,计算机通信常常表现出本地性特征,这意味着访问外地网络的移动主机趋向于和该网络上的主机进行通信。下面介绍解决两次穿越问题的一些方法。

1. 优化路由

如果一个网络允许来访的移动主机和本地主机进行大量交互,网络管理员可以为该移动主机设置一条特定于具体主机的路由。例如,假设移动主机在网络 A 和网络 B 之间频繁移动,两个网络的网络管理员同意为所有来访的移动主机设置特定于主机的路由,这意味着当一台移动主机与外地网络中的其他主机进行通信时,通信量一直在外地网络内部。

2. 地址绑定

远程主机保留移动主机的转交地址和归属地址绑定信息,这样,当远程主机向归属地址发送分组时,通过查询绑定信息,直接把分组发送到转交地址。例如,当归属代理收到要发送给移动主机的第一个分组时,它就把这个分组转交给外地代理,外地代理可以向远程主机发送更新绑定分组,使以后发送给这个移动主机的分组都发送到这个转交地址。远程主机可以把这个绑定信息存放在高速缓存中。

当移动主机移动到外地网络,并且外地网络上的远程主机同移动主机进行通信时,会产生两次穿越的低效率通信问题。每个发送给移动主机的分组会通过互联网到达移动主机的归属代理,然后由归属代理把分组转发回外地网络。解决两次穿越问题的方法可以通过路由优化和地址绑定来实现。需要注意,移动主机同远程主机的通信不会产生这样的低效率。

3.4　本章小结

IP 是 TCP/IP 一系列协议的核心,主要负责网络层 IP 分组的传输,目前有 IPv4 和 IPv6 两个版本。IPv4 是基于 TCP/IP 技术构建的全球因特网所使用的主要 IP 版本,是由因特网标准制定组织在 1981 年 9 月确定的正式标准。

IP 是一个不可靠的、尽最大努力交付的无连接协议,一个 IP 分组的最大长度是65 535 B,包括首部和数据两个部分。IP 首部由一个固定的 20 B 和最大为 40 B 的选项部分构成。IP 首部中的选项部分是用来测试和排错的,常用的选项包括记录路由、源路由和时间戳等。

IP 地址定义了设备(主机和路由器)到网络上的连接。例如,一台路由器连接了多个网络,就有多个 IP 地址。

32 bit 长度的 IP 地址包括网络号和主机号两个部分。网络号标识一个网络,主机号标识该网络上的主机。针对网络规模的不同,IP 地址划分为 A、B、C、D 和 E 共 5 个不同的类别。

采用子网划分的方法,可以将一个大的网络地址分成多个更小的子网络地址,使得每一个子网络地址对应一个物理网络(网段),便于有效地利用地址空间和更好的逻辑组织性。子网划分包括定长子网掩码划分和变长子网掩码划分两种方法。

MTU 是指网络最大传输单元,不同的网络有不同的 MTU 值。分片就是将一个 IP 分组划分为若干个更小的单元,使得每一个单元能够封装在 MTU 中进行传输。

IPv6 是 IP 的最新版本,使用 128 bit 的地址空间,修改了首部格式,增加了新的选项。IPv6 有单播、任播和多播共 3 种类型的地址。

移动主机有两个地址:归属网络上的归属地址和外地网络上的转交地址。当移动主机在外地网络上时,归属代理把发给移动主机的分组转发给外地代理,外地代理再把转发过来的分组发送给移动主机。在移动 IP 中,存在两次穿越的低效率问题。

3.5 练习题

1. 试把以下的 IP 地址从二进制表示转换成点分十进制表示,点分十进制表示转换成二进制表示。

a) 10101100 11001100 11010100 01011101

b) 11011001 10110000 00011011 01011101

c) 168. 10. 22. 96

d) 196. 5. 18. 59

2. 试指出以下 IP 地址的类别。

a) 200. 42. 54. 62

b) 236. 52. 20. 10

c) 110. 56. 12. 80

d) 146. 35. 19. 17

3. 试找出产生以下数目 B 类子网的掩码。假定掩码是连续的。

a) 4

b) 30

c) 62

d) 125

4. 把下列掩码写成/n 格式

a) 255. 255. 255. 0

b) 255. 0. 0. 0

c) 255. 255. 224. 0

d) 255. 255. 240. 0

5. 使用以下掩码时,A 类子网的最大数目是多少?

a) 255. 255. 128. 0

b) 255. 240. 0. 0

c) 255. 255. 224. 0

d) 255.255.255.0

6. 路由器的 IP 地址是 108.5.18.20。它发送一个直接广播分组给该网络上的所有主机。在这个分组首部中的源 IP 地址和目的 IP 地址各是什么？

7. IP 地址为 108.5.18.20 的主机发送受限广播分组给该网络上的所有主机。在这个分组首部中的源 IP 地址和目的 IP 地址各是什么？

8. 在 B 类子网中，已知某主机的 IP 地址和掩码如下：

IP 地址：135.160.123.76

掩码：255.255.240.0

试求这个子网的网络地址和广播地址各是什么？

9. 在 C 类子网中，已知主机的 IP 地址和掩码如下：

IP 地址：195.56.182.16

掩码：255.255.255.224

试求这个子网的网络地址和广播地址各是什么？

10. 给定一个 C 类网络地址 192.168.5.0，需要划分 4 个子网，使每个子网能够容纳较多的主机数，计算 4 个子网的地址、子网掩码值和子网中主机 IP 地址的范围。

11. 给定一个 C 类网络地址 192.168.5.0，需要划分 4 个子网，每个子网容纳的主机数分别为 60、30、20 和 20，计算 4 个子网的地址、子网掩码值和子网中主机 IP 地址的范围。

12. 试用冒号十六进制表示法给出与 IPv4 地址 159.16.23.134 兼容的 IPv6 地址。

13. IPv4 兼容地址和 IPv4 映射地址有什么区别？试求 110.254.254.254 的 IPv4 兼容地址和映射地址各是多少。

14. 试分析移动 IP 中的传输效率。

第4章 路由选择协议

网络层的IP分组从源站传送到达最终的目的站,需要经过一个具体的交付过程,即分组的转发过程。所谓路由选择就是要解决IP分组的转发问题,即为网络层的IP分组寻找路由,找出分组的下一跳地址。路由器基于路由表实现IP分组的转发,路由表可分为基于手工设置的静态路由表和基于路由协议生成的动态路由表。本章主要讨论IP分组的交付方式、路由选择技术,路由表的结构及用于生成动态路由表的路由选择协议等内容。

4.1 路由选择技术

所谓路由选择技术,就是寻找一条将IP分组从源站传输到目的站的最佳路径的技术,而传输路径往往由一系列路由器组成。因此,路由选择实质是在不同的路由器之间做出选择,选择分组传输过程中的下一个路由器。如图4-1所示为一个互联网的拓扑结构。源站主机A向目的站主机B发送一个IP分组,需要通过多个路由器的接力传递,如首先从主机A到R1,再从R1到R2,R2到R4,R4到R6,最后从R6到主机B。路由选择的任务就是在这个互联网拓扑结构中找出一条从主机A到主机B传输分组的最佳路径,即A-R1-R2-R4-R6-B。这样,在传输分组时,根据这条路径信息完成IP分组的路由。

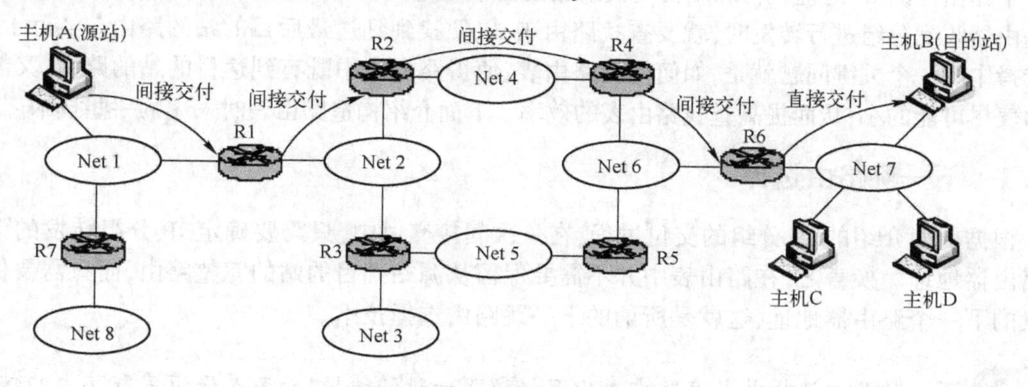

图4-1 一个互联网的拓扑结构

在如图4-1所示网络中,网络层的一个IP分组从源站需要经过一系列的传递过程,才能到达最终的目的站。在此,IP分组在网络中的一次传递过程称作一次交付,这样的交付一般分为主机到主机、主机到路由器、路由器到路由器和路由器到主机4种情况。根据一次交付的对象是否是IP分组的目的站,可以区分两种不同的交付方式:直接交付和间接交付。

所谓直接交付,就是指分组的最终目的站与交付者(一般指源站主机或路由器)在同一个网络上时实现的交付方式。在这里,“直接”的含义是指分组可以交付到目的站主机。如图4-1中,路由器R6到主机B的交付就是直接交付。

直接交付的两种情形:1)分组的源站和目的站主机都在同一个物理网络上的交付,即主机到主机的交付。2)在目的网络上实现的交付,即IP分组在目的网络上的路由器与目的站主机之间的交付,即路由器到主机的交付。

直接交付的判断:发送IP分组的站点(源站主机或路由器)提取出交付分组的目的IP地址,计算目的网络地址,如果与本网络的网络地址一致,则就是直接交付。

在直接交付时,通过地址解析协议(ARP),发送站使用目的IP地址找到目的主机的物理地址,IP软件把目的IP地址和目的主机的物理地址一起交付给数据链路层,组成链路层的帧,实现在物理网络上的交付。ARP实现的详细过程将在第5章中介绍。

当目的站主机与交付者不在同一个物理网络上时,分组就实现间接交付。在这里,"间接"的含义是指分组不能直接到达目的站主机,而只能通过中间的路由器进行转发。一般地,主机到路由器、路由器到路由器的交付就是间接交付。如图4-1所示网络中,主机A到R1,R1到R2,R2到R4,R4到R6实现的就是间接交付。

分组从源站到目的站主机的一个交付过程总是包含一个直接交付和零个或多个间接交付,并且最后一次的交付总是直接交付。

在间接交付中,发送站使用IP分组的目的IP地址和路由表来找出下一个路由器的IP地址,分组必须要交付到这个路由器。发送站依据路由器的IP地址,使用ARP协议找出这个路由器对应的物理地址,然后把转发的IP分组封装在数据链路层的帧中传输。

一次间接交付就要确定分组到达的下一个路由器的IP地址。那么,怎样得到分组要交付的下一个路由器的IP地址呢?利用在主机或路由器中的路由表就可以实现。当主机发送分组时,或路由器收到分组进行转发时,就要查找路由表,以便找到到达最后目的站的路由。实际上,路由选择中的一个关键问题就是,如何构造路由表,使得路由表中既有到达目的站的路由,又能使路由表尽可能的小,从而提高查找路由表的效率。下面介绍构造路由表时采用的一些技术。

4.1.1 下一跳路由选择

根据前面介绍的IP分组的交付过程,在一次间接交付中,只需要确定IP分组转发的下一个路由器地址。换言之,在路由表中并不需要保留从源站到目的站的完整路由,而只需要保留转发的下一个路由器地址,这就是所谓的下一跳路由选择技术。

下一跳路由选择就是在路由表中只保留下一跳的地址,而不是保留完整路由的信息,通过各路由表之间的彼此协作,实现IP分组转发的完整路由。

针对图4-1的例子,图4-2给出了使用下一跳路由选择的各路由器中的路由表的例子。

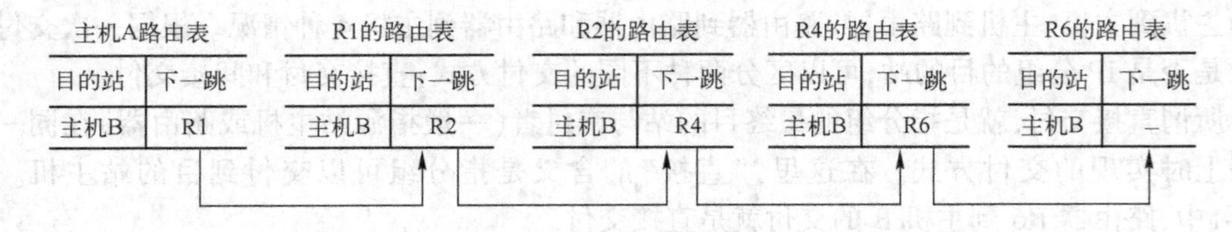

图4-2 基于下一跳的路由选择

4.1.2 特定网络路由选择

对于交付到同一目的网络上的多台主机，根据 IP 分组的交付过程，分组首先要交付到目的网络上，再在目的网络上实现直接交付，从而交付到特定的目的站主机。这就是说，在路由表中并不需要为每一个目的站主机保留一个路由表项，而只需对目的网络保留一个路由表项，这就是所谓的基于特定网络的路由选择技术。

特定网络路由选择就是在路由表中仅用一个路由表项来定义该网络，而不是为网络中的所有主机定义路由表项，这样可以减小路由表的大小，简化路由表的查找过程。例如，有100 台主机连接在同一个目的网络上，那么在路由表中仅需一个到目的网络的路由表项而不是100 个主机的路由表项。

针对如图 4-1 所示的网络，在网络 Net7 上连接了 3 台主机 B、C 和 D。通过修改图 4-2 中基于下一跳路由选择的路由表，得到如图 4-3 表示的特定网络路由选择的路由表。

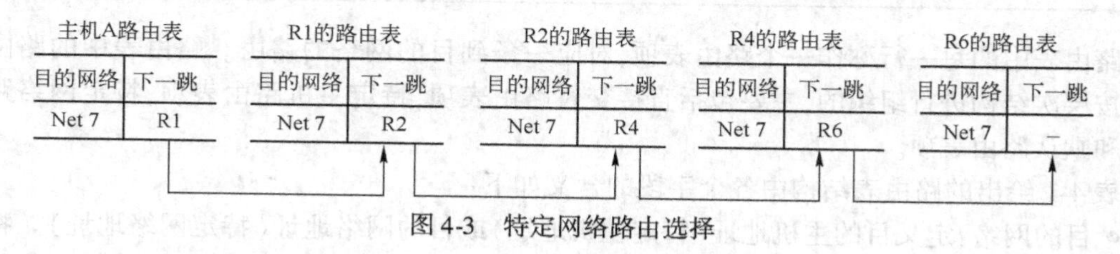

图 4-3 特定网络路由选择

4.1.3 特定主机路由选择

在特定主机路由选择中，路由表中给出的是主机的路由表项，而不是目标网络的路由表项。这似乎与特定网络路由选择技术相矛盾，不利于路由表的简化。但在某些特殊情况下，就是用牺牲路由表的空间和查询效率来换取对路由选择的更多控制。例如，在检查路由或提供安全措施等的一些特殊情况下，特定主机路由选择就是一种很好的选择。如图 4-1 所示网络中，网络管理人员希望所有到达主机 B 的分组都经过路由器 R2 而不是 R3，因此在路由器 R1 的路由表中有一个主机 B 的单个路由表项来显式定义这个路由。如图 4-4 所示为基于特定主机路由选择的路由器 R1 的路由表。

目的网络	下一跳
主机 B	R2
Net4	R2
Net5	R3
……	……

图 4-4 特定主机路由选择——路由器 R1 的路由表

4.1.4 默认路由选择

默认路由选择是另一种简化路由表的技术。如图 4-1 所示网络中，主机 A 通过两个路由器 R1 和 R7 连接到互联网上。通过路由器 R7 连接网络 Net8，通过路由器 R1 连接到剩余的互联网。这样，在主机 A 的路由表中可以不必列出整个互联网中所有网络的路由表项，仅需使用一个网络地址为 0.0.0.0 的默认路由表项表示这些剩余的互联网路由表项。这就是所谓的默认路由选择技术。如图 4-5 所示为主机 A 的路由表。

目的网络	下一跳
Net8	R7
0.0.0.0	R1

图 4-5 默认路由选择——主机 A 的路由表

4.2 分类寻址路由表

主机或路由器根据自身保留的路由表实现网络层IP分组的转发。在路由表中,每一个路由表项对应到一个目的站的路由。

4.2.1 路由表表项

表4-1给出了一个路由表的结构,路由表一般包括目的网络、掩码(子网掩码)、下一跳地址、接口和度量等字段。

表4-1 路由表的结构

目的网络	掩　码	下一跳地址	接　口	度　量
168.10.0.0	255.255.0.0	195.11.20.0	f0	10
……	……	……	……	……

路由表中的每一行称作一个路由表项,对应一条到目的网络的路由。路由表中的路由表项是按层次结构进行组织的,主要包括直接交付路由表项,特定主机路由表项,特定网络路由表项和默认路由表项。

表4-1给出的路由表结构中各个字段的含义如下:

- 目的网络:定义目的主机地址(特定主机地址)或目的网络地址(特定网络地址)。特定主机地址给出了完整的目的地址,特定网络地址只给出了目的主机所连接的网络地址或子网地址。
- 掩码(子网掩码):定义掩码值,通过把掩码应用到分组的目的IP地址,可以找到目的站的网络地址或子网地址。在特定主机路由选择中,掩码是255.255.255.255。在默认路由选择中,掩码是0.0.0.0。在不划分子网的网络中,A类、B类和C类地址的掩码分别是255.0.0.0,255.255.0.0和255.255.255.0。
- 下一跳地址:定义分组应交付到的下一跳路由器的地址。
- 接口:定义本条路由表项对应接口的IP地址。
- 度量:定义本条路由表项的度量值,如跳数等。

【例4-1】查看Windows中的路由表。

路由表是Windows操作系统中TCP/IP协议栈的一个重要组成部分。但是,路由表不是Windows操作系统向普通用户直接显示的信息。如果需要查看路由表,首先要打开命令提示符窗口,然后输入“route print”命令,将显示出一个类似于图4-6所示的界面。

由如图4-6所示的路由表可知,Windows路由表分为5列。

- 网络目的地址(Network Destination):列出了路由器连接的所有网段。
- 网络掩码(Netmask):列出了对应目的网络地址的子网掩码,需要注意,这里的网络掩码并不是本主机中设置的子网掩码值。
- 网关(Gateway):列出了要到达目的网络需要把分组转发的下一跳地址。
- 接口(Interface):列出了哪一个网卡连接到了合适的目的网络。需要注意,本主机可能有多块网卡,连接了不同的网络。

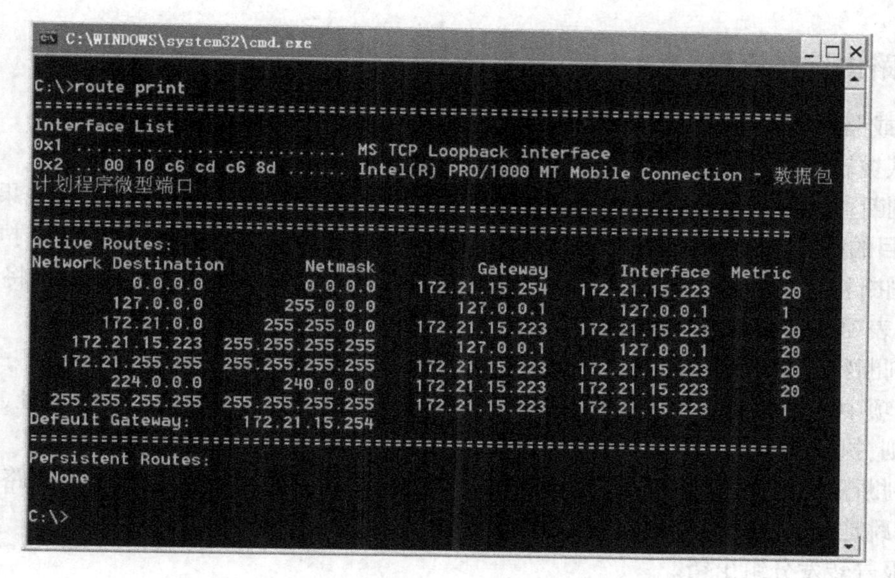

图 4-6　Windows 路由表

- 度量(Metric):若有多条路径发送一个分组,则可以根据度量值选择一条最佳路径。

在 Windows 系统中"Route"命令的格式如下:

ROUTE [-f] [-p] [command [destination] [Mask netmask] [gateway] [METRIC metric] [IF interface]

- -f:清除路由表中所有的网关输入记录。如果-f 开关与其他命令一起使用,那么在执行这个命令中的其他指令之前,首先清除所有的网关输入记录。
- -p:使指定的路由保持不变。一般地,当服务器重新启动的时候,通过"route"命令指定的任何路由都会被删除。-p 开关告诉 Windows 系统,即使系统重新启动,仍保留这条路由。
- -command:print、add、delete 和 change 4 个命令选项。
- destination:指定主机。
- Mask netmask:指定路由入口的子网掩码值。
- gateway:指定网关。
- METRIC metric:指定度量值,如指定路由跳数的数量。
- IF interface:指定路由接口。IF 参数告诉 Windows 系统使用哪一个网卡。

【例 4-2】查看路由器中的路由表。

通过 Windows 系统中的超级终端登录到路由器,进入路由器的特权用户状态,输入命令"show ip route"查看路由表,显示如图 4-7 所示的路由表。

network (目的网络)	mask (掩码)	via (下一跳)	interface (接口)	metric (度量)
127. 0. 0. 1	255. 0. 0. 0	127. 0. 0. 1	loopback	0
192. 168. 10. 0	255. 255. 255. 0	192. 168. 10. 4	f0	0
198. 16. 21. 16	255. 255. 255. 255	120. 96. 5. 18	f1	3
……	……	……	……	……

图 4-7　路由器中的路由表

4.2.2 路由选择流程

主机或路由器根据路由表实现 IP 分组的转发,IP 分组路由选择流程如下:

1)从被转发的 IP 分组首部中提取目的 IP 地址 D。

2)判断直接交付路由表项。对每一条路由表项用子网掩码和 D 逐位相“与”,若结果与本路由表项中的目的网络地址相同,则进行直接交付,完成该 IP 分组转发;否则就是间接交付,执行 3)。

3)判断特定主机路由表项。若路由表中有目的地址为 D 的特定主机地址,则将分组传送给该路由表项所指明的下一跳地址,完成分组转发;否则,执行 4)。

4)判断特定网络路由表项。对每一条路由表项用子网掩码和 D 逐位相“与”,若结果与本路由表项中的目的网络地址相同,则将分组传送给该路由表项指明的下一跳地址,完成分组转发;否则,执行 5)。

5)判断默认路由表项。若路由表中有一个默认路由表项,则将分组传送给该路由表项指明的下一跳地址,完成分组转发;否则,执行 6)。

6)报告转发分组出错。

路由器转发 IP 分组时,从某一条路由表项中得到下一跳地址后,并不是将下一跳地址填入到该 IP 分组首部,而是把它送交给下层的网络接口软件。网络接口软件负责将下一跳地址映射到硬件地址(使用 ARP 协议),通过数据链路层的帧把该 IP 分组发送到下一跳路由器。

下面给出根据路由表计算分组下一跳地址的例子。

【例 4-3】路由拓扑结构如图 4-8 所示,表 4-2 给出了路由器 R1 的路由表。试根据以下接收分组的情况,计算分组的下一跳地址(转发地址):

(1)路由器 R1 接收到了一个目的地址为 194. 25. 16. 8 的 IP 分组。

(2)路由器 R1 接收到了一个目的地址为 192. 12. 10. 200 的 IP 分组。

(3)路由器 R1 接收到了一个目的地址为 200. 100. 100. 100 的 IP 分组。

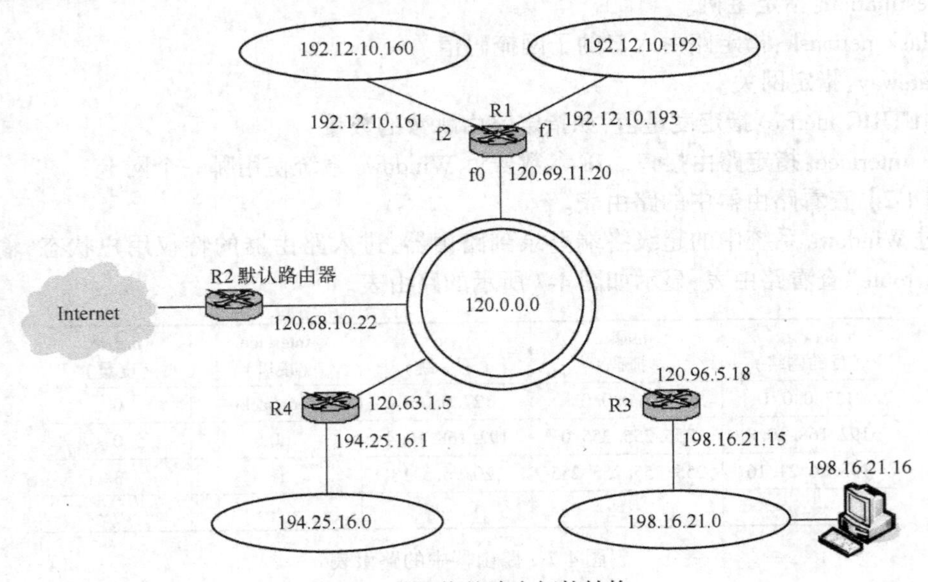

图 4-8 某网络的路由拓扑结构

表 4-2　图 4-8 所示网络拓扑结构中路由器 R1 的路由表

目的地址	掩　码	下一跳	接　口	度　量
120. 0. 0. 0	255. 0. 0. 0	-	f0	0
192. 12. 10. 160	255. 255. 255. 224	-	f2	0
192. 12. 10. 192	255. 255. 255. 224	-	f1	0
……	……	……	……	……
198. 16. 21. 16	255. 255. 255. 255	120. 96. 5. 18	f0	1
194. 25. 16. 0	255. 255. 255. 0	120. 63. 1. 5	f0	1
198. 16. 21. 0	255. 255. 255. 0	120. 96. 5. 18	f0	1
0. 0. 0. 0	0. 0. 0. 0	120. 68. 10. 22	f0	0

解：

（1）因为目的地址为 194. 25. 16. 8，基于路由器 R1 的路由表，逐行将掩码和目的 IP 地址逐位相"与"（记为 AND 操作，下同），直到找到与路由表中某一行匹配的目的地址为止。

194. 25. 16. 8 AND 255. 0. 0. 0 = 194. 0. 0. 0 不匹配（120. 0. 0. 0）
194. 25. 16. 8 AND 255. 255. 255. 224 = 194. 25. 16. 0 不匹配（192. 12. 10. 160）
194. 25. 16. 8 AND 255. 255. 255. 224 = 194. 25. 16. 0 不匹配（192. 12. 10. 192）
194. 25. 16. 8 AND 255. 255. 255. 255 = 194. 25. 16. 8 不匹配（198. 16. 21. 16）
194. 25. 16. 8 AND 255. 255. 255. 0 = 194. 25. 16. 0 匹配（194. 25. 16. 0）

所以，路由器 R1 通过 f0 接口把分组发送到下一跳地址 120. 63. 1. 5。

（2）因为目的地址为 192. 12. 10. 200，基于路由器 R1 的路由表，逐行将掩码和目的 IP 地址逐位相"与"，直到找到与路由表中某一行匹配的目的地址为止。

192. 12. 10. 200 AND 255. 0. 0. 0 = 192. 0. 0. 0 不匹配（120. 0. 0. 0）
192. 12. 10. 200 AND 255. 255. 255. 224 = 192. 12. 10. 192 不匹配（192. 12. 10. 160）
192. 12. 10. 200 AND 255. 255. 255. 224 = 192. 12. 10. 192 匹配（192. 12. 10. 192）

所以，路由器 R1 通过 f1 接口把分组发送到目的地址 192. 12. 10. 200。

（3）因为目的地址为 200. 100. 100. 100，基于路由器 R1 的路由表，逐行将掩码和目的地址逐位相"与"，直到找到与路由表中某一行匹配的目的地址为止。

200. 100. 100. 100 AND 255. 0. 0. 0 = 194. 0. 0. 0 不匹配（200. 0. 0. 0）
200. 100. 100. 100 AND 255. 255. 255. 224 = 200. 100. 100. 96 不匹配（192. 12. 10. 160）
200. 100. 100. 100 AND 255. 255. 255. 224 = 200. 100. 100. 96 不匹配（192. 12. 10. 192）
200. 100. 100. 100 AND 255. 255. 255. 255 = 200. 100. 100. 100 不匹配（198. 16. 21. 16）
200. 100. 100. 100 AND 255. 255. 255. 0 = 200. 100. 100. 0 不匹配（194. 25. 16. 0）
200. 100. 100. 100 AND 255. 255. 255. 0 = 200. 100. 100. 0 不匹配（198. 16. 21. 0）
200. 100. 100. 100 AND 0. 0. 0. 0 = 0. 0. 0. 0 匹配（0. 0. 0. 0）

所以，路由器 R1 通过 f0 接口把分组发送到下一跳地址 120. 68. 10. 22。

4.3 无分类域间路由选择(CIDR)

无分类域间路由选择(CIDR,Classless Inter-Domain Routing),也称为超网(supernetting),它是防止因特网路由表膨胀的另一种方法,在 RFC 1518 和 RFC 1519 中进行了具体描述。"无分类"的含义是指可以不考虑 IP 地址所属的 A 类、B 类或 C 类的区别,路由决策完全基于整个 32 bit IP 地址的掩码来操作。

出现无分类域间路由选择的主要原因是,由于 B 类地址的缺乏,一些组织机构不能得到单个 B 类网络地址,而只能采用多个 C 类网络地址。采用多个 C 类地址解决了 B 类地址缺乏的问题,但却带来了另一个问题,增大了路由表的大小。因为在路由表中,每个 C 类网络都需要一个路由表表项。

CIDR 的基本思想是:适当分配多个合适的 IP 地址,使得这些地址能够进行聚合,减少这些地址在路由表中的表项数。例如,给某个网络分配 16 个 C 类地址,采用适当的方式分配这些地址,使得 16 个地址能够聚合成一个地址,这样,在路由表中,原先需要 16 个表项而现在只需要用单个表项来表示。另外的一种情况是,如果一个因特网服务提供商(ISP)的同一个连接点接入了 16 个不同的网络,并且这 16 个网络分配的 16 个不同网络地址能够进行聚合,那么,对于这 16 个网络,在因特网的路由器上也只需要单个路由表项。

CIDR 最初是针对新的 C 类地址提出的,采用这项技术可以减缓因特网路由表的增长,但对于现存的路由选择则没有任何帮助。如果考虑将 CIDR 应用于所有现有 IP 地址上,并且根据各洲边界和服务提供商对已经存在的 IP 地址进行重新分配,包括重新编址所有现有主机,那么,就会大大缩小路由表的大小,目前路由表中的 1 万条路由表项将会减少成只有 200 条路由表项。

CIDR 的思想最初是基于标准的 C 类地址提出的,但并不局限于 C 类地址,可以把地址聚合的思想扩展到对子网地址的聚合中。

如何实现地址的聚合呢?下面给出地址聚合的步骤:

1)首先把点分十进制表示的网络地址转换成二进制形式。

2)提取出地址中的相同部分(网络部分),对剩余不同部分按位数的全排列进行划分,得到多块地址。

3)对每一块地址聚合成一个地址。掩码值的计算:其中地址的相同部分其掩码中对应的位为 1,其余位都为 0。

【例 4-4】把下面的 4 个 C 类网络地址进行地址聚合。

200.41.24.0
200.41.25.0
200.41.26.0
200.41.27.0

解:

1)首先把点分十进制表示的网络地址转换成二进制形式。

2)提取出地址的相同部分,对不同部分按位数的全排列进行划分,得到多块地址。

3）对每一块地址聚合成一个地址。

表 4-3 给出了地址聚合的计算过程，最后一行为聚合结果。

表 4-3　例 4-4 中的地址聚合

点分十进制地址	二进制地址	掩码长度/bit
200.41.24.0	11001000 00101001 00011000 00000000	24
200.41.25.0	11001000 00101001 00011001 00000000	24
200.41.26.0	11001000 00101001 00011010 00000000	24
200.41.27.0	11001000 00101001 00011011 00000000	24
200.41.24.0	11001000 00101001 00011000 00000000	22

图 4-9 给出了地址聚合后路由表中表项的变化。

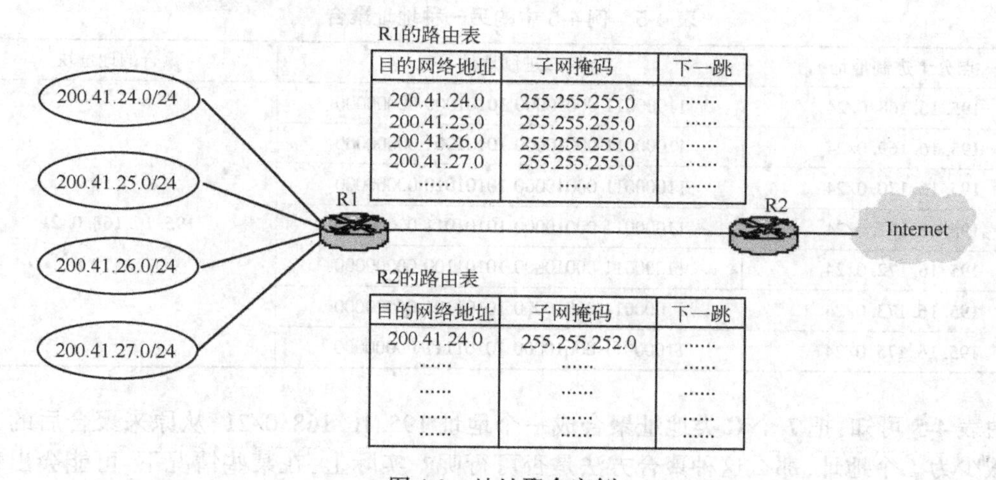

图 4-9　地址聚合实例

【例 4-5】把下面的 7 个 C 类网络地址进行地址聚合。

195.16.168.0/24
195.16.169.0/24
195.16.170.0/24
195.16.171.0/24
195.16.172.0/24
195.16.173.0/24
195.16.175.0/24

解：

1）首先把点分十进制表示的网络地址转换成二进制形式。

2）提取出地址的相同部分，对不同部分按位数的全排列进行划分，得到地址块。

3）对每一块地址聚合成一个地址。表 4-4 给出了地址聚合的计算过程。

表4-5 给出了本例地址聚合的另一种方法。

表4-4　例4-5 中的地址聚合

点分十进制地址	二进制地址	聚合的地址块
195.16.168.0/24	11000011 00010000 10101000 00000000	195.16.168.0/22
195.16.169.0/24	11000011 00010000 10101001 00000000	
195.16.170.0/24	11000011 00010000 10101010 00000000	
195.16.171.0/24	11000011 00010000 10101011 00000000	
195.16.172.0/24	11000011 00010000 10101100 00000000	195.168.172.0/23
195.16.173.0/24	11000011 00010000 10101101 00000000	
195.16.175.0/24	11000011 00010000 10101111 00000000	195.16.175.0/24

表4-5　例4-5 中的另一种地址聚合

点分十进制地址	二进制地址	聚合的地址块
195.16.168.0/24	11000011 00010000 10101000 00000000	195.16.168.0/21
195.16.169.0/24	11000011 00010000 10101001 00000000	
195.16.170.0/24	11000011 00010000 10101010 00000000	
195.16.171.0/24	11000011 00010000 10101011 00000000	
195.16.172.0/24	11000011 00010000 10101100 00000000	
195.16.173.0/24	11000011 00010000 10101101 00000000	
195.16.175.0/24	11000011 00010000 10101111 00000000	

由表4-5 可知，把 7 个 C 类地址聚合成一个地址 195.16.168.0/21，从原来聚合后的 3 个地址减少为 1 个地址，那么这种聚合方法是否可行呢？实际上，在某些情况下，可能会出现问题，因为在这个聚合的地址中，也包含了另外的一个地址 195.16.174.0/24，如果这个网络地址当前也已分配在因特网上，那么，就可能把流向 195.16.174.0/24 的分组都传送到 195.16.168.0/21 网络中来。这样，路由就出现了错误。这正说明了在地址聚合时，要把地址不同部分按位数的全排列来划分聚合地址块的原因。

为了能够有效地进行地址聚合，必须满足以下 3 个特性：

- 多个 IP 地址进行聚合时，必须具有相同的高位地址。
- 路由表和路由选择算法基于 32 bit 的 IP 地址和 32 bit 的掩码。
- 路由协议要支持 32 bit 掩码的传输，如动态路由协议 OSPF 和 RIPv2 都能够携带 32 bit 的掩码。

实际上，IP 地址类的提出是为了便于区分地址的网络部分和主机部分，减少路由表的表项，但 CIDR 的出现，完全打破了 IP 地址类的概念，通过一种更加灵活的方式，即 IP 地址和掩码的结合来决定地址的网络部分和主机部分，从而进一步减少路由表的表项。另外，在进行 IP 地址分配的时候，就要有意识地考虑以后地址聚合的问题，只有对两个方面综合地进行考虑，才能有效地实现 CIDR。

4.4 内部和外部路由协议

因特网可以划分为许多较小的自治系统(AS,Autonomous System)。一个 AS 通常代表一个独立的机构,例如一家公司、一所大学或政府的一个部门等。同时,一个 AS 是由若干个路由器组成的一个互联网络,并由本机构内的网络管理员进行管理,即实现"自治",有权决定在本 AS 内所采用的路由选择协议。

一个 AS 内的网络必须是连通的。如果一个机构管辖两个互联网,但这两个网络通过其他的主干网络互联,那么尽管这两个互联网属于同一个机构,还是不能构成一个 AS,它们属于两个 AS。

每个 AS 有一个 16 bit 的标识符,由因特网注册机构或服务提供商(ISP)分配,其范围从 1 到 65 535,其中 64 512 到 65 535 的 AS 标识符留作私用,类似于私有 IP 地址的使用。因为可用的 AS 标识符是有限的,所以一个机构要想获得一个 AS 标识符必须能提供充分的理由。另外,连接到单个 ISP 并共享该 ISP 路由策略的机构可以使用私有 AS 标识符,这些 AS 标识符只能出现在该 ISP 的网络中,在从该网络外出时将被 ISP 的注册 AS 标识符所替换。这个过程类似于网络地址转换(NAT,Network Address Translation)。

这样,因特网通过划分自治系统,把路由选择协议也划分为两大类,即:

1) 内部网关协议(IGP,Interior Gateway Protocol)。IGP 是在一个 AS 内部使用的路由选择协议。在因特网中各个 AS 选用的路由选择协议相互独立,互不相关。换言之,当一个机构连接到因特网时,外界并不了解该机构网络的拓扑情况和所采用的路由选择协议。目前常使用的内部网关协议有:路由信息协议(RIP,Routing Information Protocol)和开放路径最短优先(OSPF,Open Shortest Path First)协议。

2) 外部网关协议(EGP,External Gateway Protocol)。EGP 是在 AS 之间使用的路由选择协议。若源站和目的站主机处在不同的 AS 中,而且这两个 AS 使用不同的 IGP,当分组传到一个 AS 的边界时,就需要使用 EGP 将路由选择信息传递到另一个 AS 中。目前使用最多的外部网关协议是边界网关协议第 4 版(BGP-4,Border Gateway Protocol v4)。

需要注意,IGP 和 EGP 这两个名词是 RFC 采用的协议类型的名称。但 RFC 在使用 EGP 这个名词时常会出现一点混乱。因为最早的一个外部网关协议的协议名称也是 EGP(RFC 827)。因此在遇到名词 EGP 时,应弄清楚它是指一个外部网关协议类别(与 IGP 对应),还是指一个具体的外部网关协议 EGP(RFC 827)。

图 4-10 表示了互联网的路由协议关系,是 3 个自治系统 AS100、AS200 和 AS300 互联的示意图,每个 AS 内部运行各自的路由选择协议 IGP,AS 之间运行外部网关路由协议 EGP。每个 AS 中都有一个或多个路由器,如 R1、R2 和 R3,除了运行本 AS 内部路由选择协议外,还要运行 AS 间的路由选择协议 EGP。现假定,AS100 中的主机 H1 要向 AS200 中的主机 H2 发送分组,那么在 AS100 和 AS200 内使用的是各自内部网关协议 IGP(如 RIP 或 OSPF),而在路由器 R1 和 R2 之间则使用外部网关协议 EGP(如 BGP-4),通过不同的路由协议实现分组的路由。

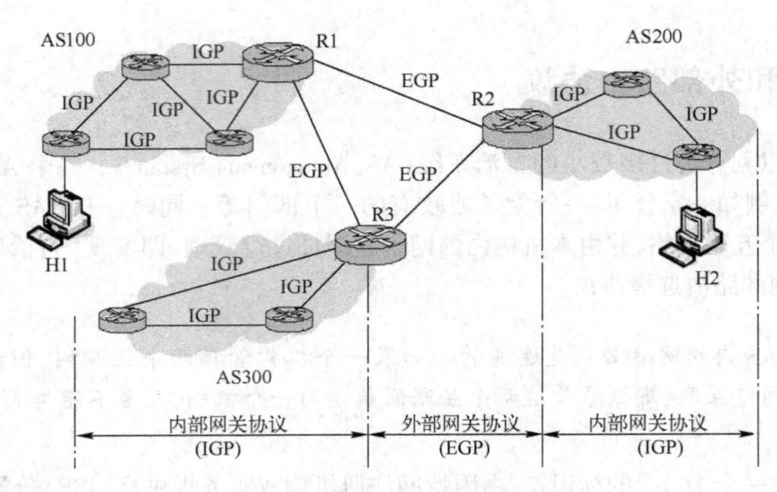

图 4-10　互联网的路由协议关系

通过把因特网划分成多个自治系统，就能够创建一个由许多更小的、更易于管理的小网络组成的大网络。在自治系统内的网络，可以采用各自的规则和管理策略。每个自治系统都由因特网注册机构分配一个惟一的标识符。

4.4.1　理想的路由选择算法

一个互联网是由许多路由器连接起来的网络所组成，一个路由器通常和多个网络相连，路由器从网络层接收分组，并把分组转发到另一个网络。当路由器收到分组时，它应当将分组转发到哪一个网络呢？当准备转发分组时，路由器必须有路由表可供查找。路由表应当指明分组的最佳路径。但是，路由表可以是静态的或动态的。静态路由表是不经常改变的。动态路由表在互联网中的某处有变化时就自动地进行更新。当今的互联网需要动态路由表，只要在互联网中有些变化，路由表就应当尽快地更新。例如，当某一条路由不通了，路由表就必须更新，而当产生了一条更好的路由时，路由表也需要更新。

那么，如何得到动态路由表呢？这就是路由选择协议要解决的问题。当分组从源站发送到目的站时，可能存在多条路径，路由选择协议的工作就是依据一定的度量，来找到一条最佳的分组传送路径。

1. 度量(Metric)

度量就是给通过某个网络所指派的代价。一个特定路由的总度量等于组成该路由的所有网络的度量之和。路由器选择具有最小度量的路由。

在研究路由选择时，需要给每一条链路指明一定的代价(Cost)，也称作费用，它是由一个或几个因素综合决定的一种度量，如跳数、网络带宽、传输延迟、可靠性、负载和网络 MTU 等。用户可以根据具体情况来设置每一条链路的代价。需要注意，不存在一种绝对的最佳路由。所谓"最佳"只是相对于某一种特定要求下得出的较为合理的选择而已。

2. 理想路由选择算法的特点

路由选择协议的核心就是路由算法，即需要通过哪种算法来获得路由表中的各表项。一个理想的路由算法应具有以下一些特点：

- 正确性和完整性。沿着各路由表所指引的路由，分组一定能够到达最终的目的网络和目的主机。

- 简单性。若为了计算合适的路由必须使用网络中其他路由器发来的大量的状态信息时，路由选择的计算不应使网络通信量增加太多的额外开销。另外，路由选择的计算必然要增加分组的时延。
- 自适应性。算法应能适应网络通信量和网络拓扑的变化。当网络中的通信量发生变化时，算法能够自适应地改变路由以均衡各链路的负载。当网络的拓扑结构发生变化时，如链路发生故障或者增加了网络链路，算法应能及时地改变路由。
- 稳定性。在网络通信量和网络拓扑相对稳定的情况下，路由算法应收敛于一个可以接受的解，而不应使路由不停地变化。
- 公平性。除对少数优先级高的用户，算法应对所有用户都是平等的。
- 最佳性。“最佳”的含义是指以最低的代价来实现路由算法。

一个实际的路由选择算法，应尽可能接近于理想的算法。实际上，路由选择是个非常复杂的问题，因为它是网络中的所有结点共同协调工作的结果。其次，路由选择的环境往往是不断变化的，而这种变化有时是无法事先知道的，例如网络中出了某些故障。此外，当网络发生拥塞时，特别需要具有能够缓解这种拥塞的路由选择策略，但恰恰在这种条件下，很难从网络中的各结点获得所需要的路由选择信息。

目前有多种路由选择协议生成动态路由表。路由选择协议是一些规则和过程的组合，使得在互联网中的各路由器能够彼此互相通告这些变化，路由选择协议使得路由器能够共享它们所知道的互联网情况或邻站情况。

下面介绍几种常用的路由选择协议。

4.4.2 路由信息协议(RIP)

路由信息协议(RIP，Routing Information Protocol)是在同一个自治系统内路由器之间传送路由的最常用协议。RIP 是一个基于距离向量路由选择的协议，使用 bellman-ford 算法计算路由表。RIP 最初在 RFC 1058 中制定。目前，RIP 有两个版本，RIP-1 和 RIP-2。现在较新的版本是 1994 年 11 月公布的 RIP-2(RFC 1723)。在下面的介绍中，如果没有特别标注，就是泛指 RIP 具有的特点。

1. RIP 工作原理

RIP 是一个基于距离向量的路由选择协议，把到达目的网络的“距离”作为选择路由的度量。在此，“距离”就是指“跳数”(hop count)。每经过一个路由器，跳数就增加 1，即距离就增加 1。RIP 认为：一条好的路由就是它所通过路由器数量少的路由，即“距离短”的路由。

RIP 的工作原理：互联网中的每一个路由器保留一个路由表，路由表由多个路由表项构成，每一个表项表示到达一个目的网络的路由。路由表项主要包括目的网络地址，到达目的网络的最短距离(跳数)，以及为到达最终目的网络而必须把分组交付到的下一跳(即下一个路由器)。

每一个路由器定期(每隔 30 s)向邻站路由器广播自己的路由表。邻站路由器就是指与其直接相连的所有路由器。在如图 4-11 所示网络拓扑结构中，路由器 A 的邻站路由器是路由器

B 和 D。路由器 B 的邻站路由器是路由器 A、C 和 E。但路由器 A 和 C 就不是邻站路由器。RIP 让互联网中的所有路由器与其邻站路由器不断交换距离信息，并不断更新路由表。

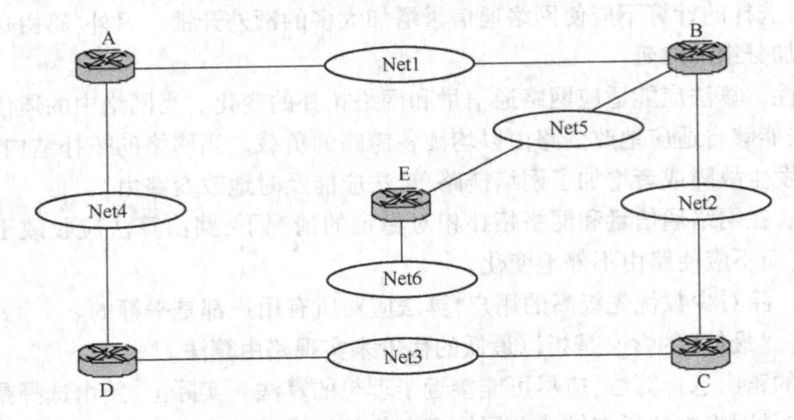

图 4-11　一个互联网的拓扑结构

针对如图 4-11 所示的网络拓扑结构，下面分析路由表的生成过程。

1）初始路由表。当路由器加到网络上时，首先进行路由表初始化。初始状态下，在路由表中只有直接连接的网络，度量值（跳数）设置为 1，下一跳字段为空。图 4-12 给出了如图 4-11 所示网络拓扑结构中各个路由器的初始路由表。

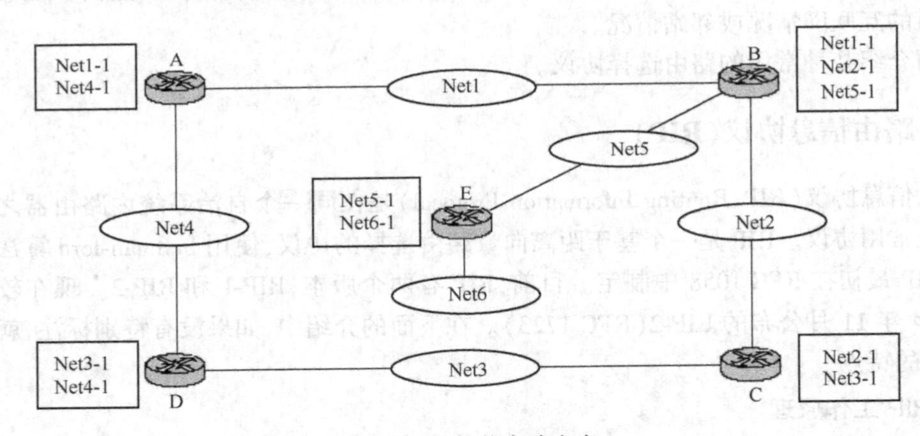

图 4-12　初始状态路由表

2）路由表的更新。图 4-13 表示了 RIP 路由更新算法的流程。根据 RIP 路由更新算法，图 4-14 表示了路由器 B 更新后的路由表。

在如图 4-14 所示的过程中，路由器 B 收到从邻站路由器 A、路由器 C 和路由器 E 发来的路由表。这些路由表列出了一些目的网络及相应的跳数。根据 RIP 路由更新算法，首先把邻站路由表中的跳数增加 1。这是因为，如果路由器 A 中的路由表项为（Net4-1），则意味着从路由器 A 到网络 Net4 需要 1 跳的距离，那么从路由器 B 经过路由器 A 到网络 Net4，就要增加 1 跳的距离，即跳数增加 1。然后，根据 RIP 路由更新算法，把邻站路由表中的每一表项与路由器 B 中旧的路由表项进行比较，得到路由器 B 的新路由表。

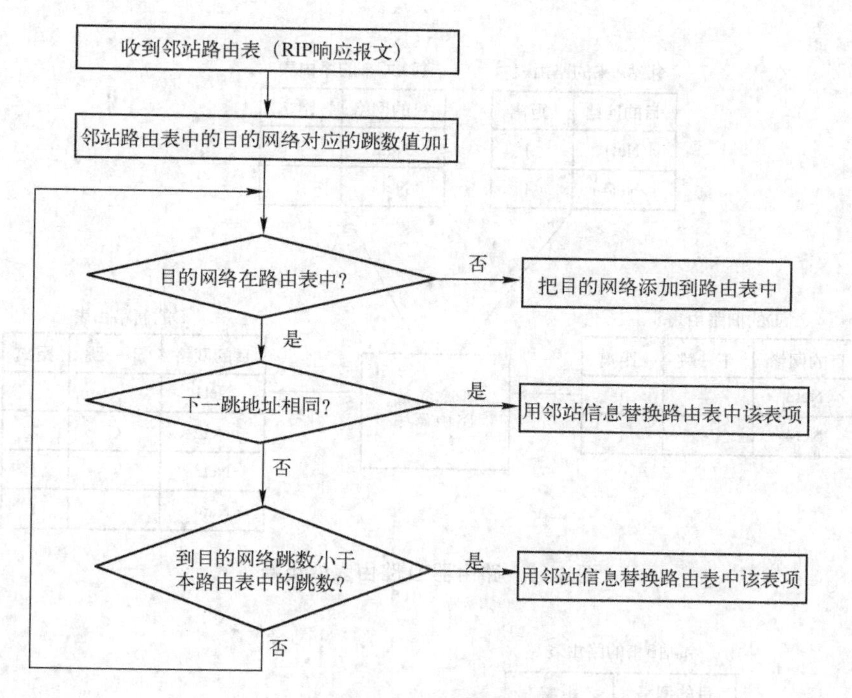

图 4-13　RIP 路由更新算法

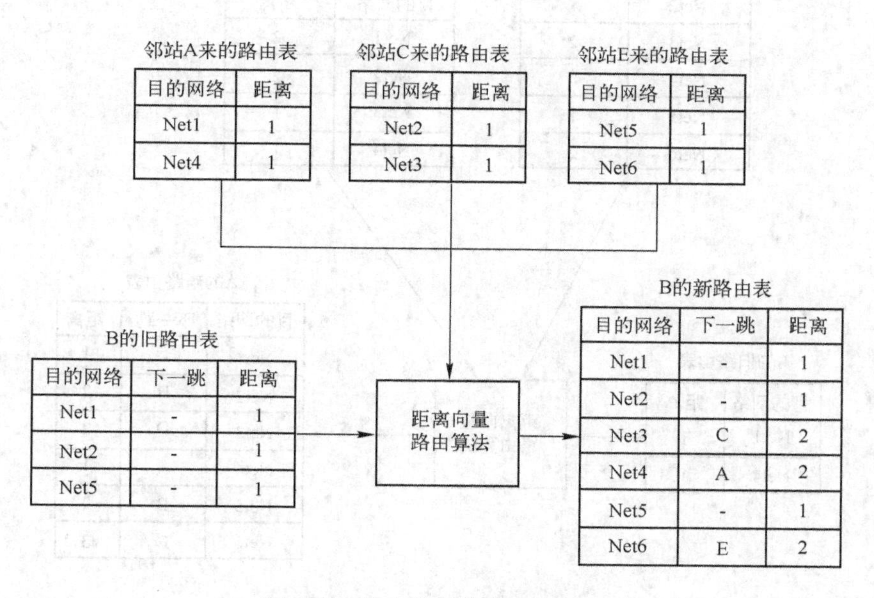

图 4-14　路由器 B 路由表的更新

同样地，路由器 D 的路由表更新过程如图 4-15 所示。

当路由器 B 和路由器 D 的路由表更新之后，在下一个更新周期，路由器 A 收到邻站 B 和 D 的新路由表，再次更新路由器 A 的路由表，过程如图 4-16 所示。

经过有限个步骤的邻站路由表交换，得到各路由器的最终路由表如图 4-17 所示。

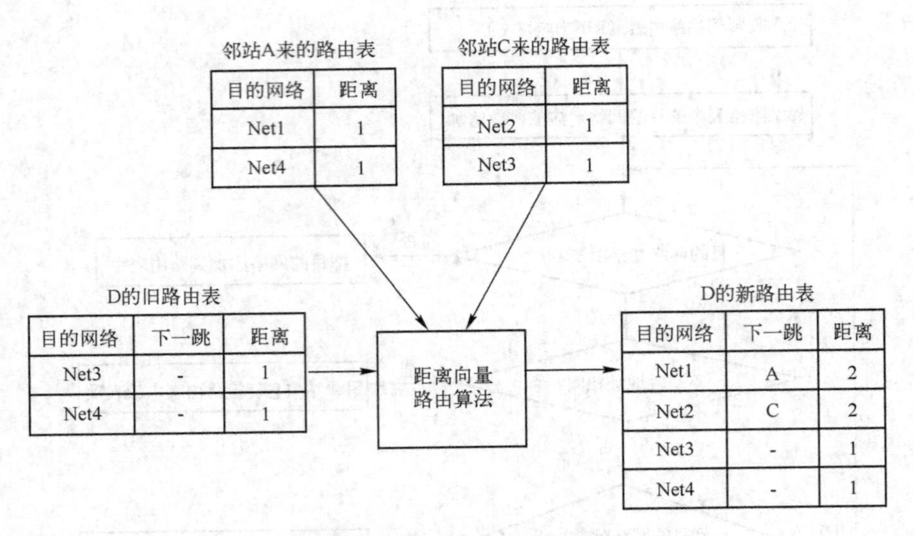

图 4-15 路由器 D 路由表的更新

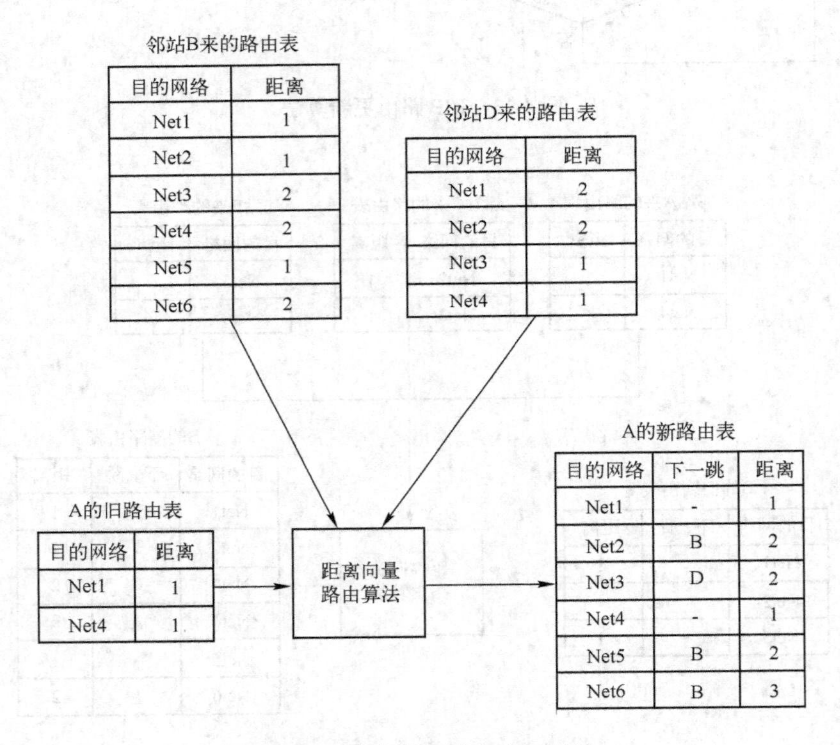

图 4-16 路由器 A 路由表的更新

RIP 通过发送更新报文传送邻站路由表的信息。那么，何时发送更新报文？又如何标识路由表中路由的有效性？以及如何删除无效的路由表项呢？在 RIP 实现过程中使用了以下 3 个计时器：

- 定期计时器：用于控制定期发送更新报文。定期间隔为 30 s。为了避免可能出现的同步，防止在互联网上由于路由器都同时更新而引起的过载，所以该值实际设置为25～35

之间的一个随机数。定期计时器向下计数，当到达 0 时就发送更新报文。

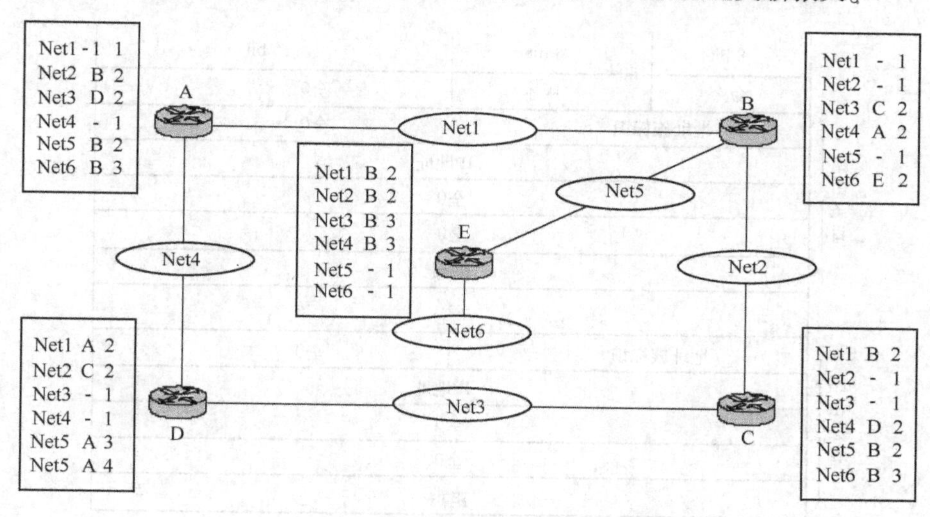

图 4-17　各路由器的最终路由表

- 截止期计时器：用来管理路由的有效性，每一条路由表项有它自己的截止期。当路由器收到路由更新报文时，就把这条路由表项的截止期计时器设置为 180 s。每当收到这条路由表项新的更新报文时，就复位该截止期计时器。正常情况下，每隔 30 s 复位一次，若路由器在 180 s 内没有收到该路由表项的更新报文，则认为这条路由表项已过期，就把它的跳数设置为 16，表示目的站不可达。
- 无效信息计时器：用来管理无效的路由表项，每一条路由表项有它自己的无效信息计时器。若某一条路由表项已无效，那么路由器并不立即将它从路由表中清除。路由器继续发送更新报文，并设置该条路由表项的度量为 16。与此同时，针对该路由表项的无效信息计时器被设置为 120 s。计时器向下计数，当为 0 时，就从路由表中清除该路由表项。

2. RIP 的特点

RIP 的实现简单，是使用最广泛的一种内部路由选择协议。RIP 具有以下的特点：

- RIP 适用于小型网络。RIP 使用跳数作为路由选择的度量。分组每经过一个路由器，跳数增加 1。如果分组经过的跳数大于 15，该分组就被丢弃。换言之，如果到达目的站的距离超过了 15 跳，那么就认为目的站不可达。
- RIP 是基于距离向量路由选择的协议。用跳数作为路由选择的度量，使用 RIP 的路由器选择从源站到目的站具有最少跳数的路径，因此不能保证所选择的是最快的路径。
- RIP 定期更新路由表。使用 RIP 的路由器定期更新路由表，默认情况下，每 30 s 更新一次，因此产生的网络流量较大。
- RIP-1 是一个有类别路由协议，在 RIP-1 报文中不传送掩码地址。RIP-2 是一个无类别路由协议。

3. RIP-1 报文格式

图 4-18 给出了 RIP-1 协议的报文格式。每个报文由一个命令标识（Command）、一个版本号和最大 25 条的路由条目构成。每个路由条目包括地址族标识、路由可达的 IP 地址和路由度量

（跳数）。若某个路由器需要发送大于25条路由条目的更新报文，则需要产生多条RIP报文。

	8 bit	8 bit	16 bit
	命令	版本	全0
路由条目	地址族标识		全0
	IP地址		
	全0		
	全0		
	距离		
	……		
路由条目	地址族标识		全0
	IP地址		
	全0		
	全0		
	距离		

图4-18　RIP-1的报文格式

各个字段的含义如下：

- 命令：8 bit字段，取值为1或2。其中1表示请求报文，2表示响应报文。
- 版本：8 bit字段，表示RIP的版本号。其中值为1对应RIP-1，值为2对应RIP-2。另外，若值为0，则表示本报文是对路由器（或主机）整个路由表的请求。
- 地址族标识：16 bit字段，表示地址族。对于IP，该字段值为2。若该报文是对路由器（或主机）整个路由表的请求时，该字段值被设置为0。
- IP地址：32 bit字段，表示目的网络地址。目的网络地址可以是标准的类网络地址、子网地址或主机路由地址。
- 距离：32 bit字段，在RIP中是指跳数，其取值范围在1～16之间。

图4-19给出了RIP报文封装的形式。RIP报文封装在UDP中传输，使用UDP的520号端口。RIP报文的头部占用4 B，每个路由条目占用20 B。所以，RIP报文最大为4+25×20=504 B。UDP报文的头部有8 B，所以携带RIP报文的UDP报文最大可达512 B。

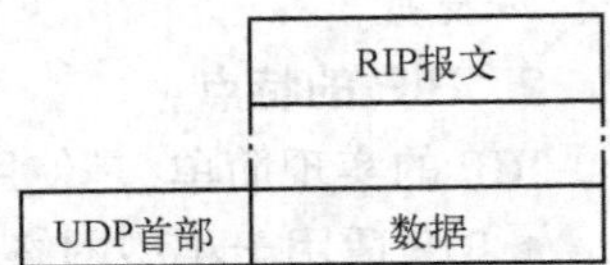

图4-19　RIP报文封装

4. RIP的局限性

考虑在如图4-20所示的网络中新增加一个网络Net1的情况，路由器R1直接和网络Net1连接，经过一个更新周期后更新了路由器R1的路由表，路由器R2经过两个更新周期后更新了路由表，路由器R3经过3个更新周期后更新了路由表。表4-6给出了增加网络Net1后路由器R1、R2和R3路由表的变化。考虑到RIP支持的最大距离（跳数）为15，所以互联网中增加一个新网络后，经过有限的时间，在全网的路由器中都有更新的路由表。

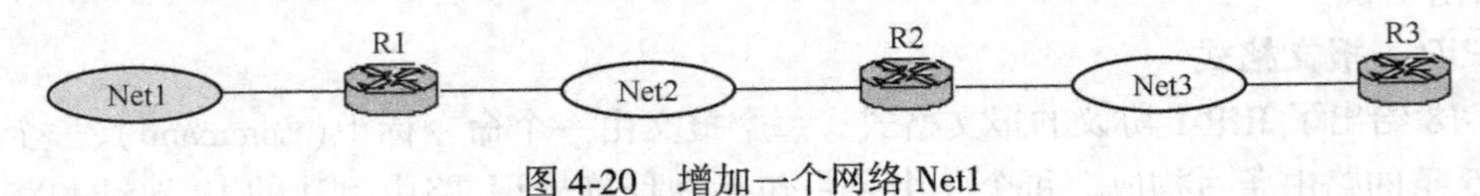

图4-20　增加一个网络Net1

表 4-6 增加网络 Net1 后路由表的变化

	R1 路由表			R2 路由表			R3 路由表		
	目的网络	下一跳	距离	目的网络	下一跳	距离	目的网络	下一跳	距离
初始	Net1	-	16	Net1	-	16	Net1	-	16
1 次交换	Net1	-	1	Net1	-	16	Net1	-	16
2 次交换	Net1	-	1	Net1	-	2	Net1	-	16
3 次交换	Net1	-	1	Net1	R1	2	Net1	R2	3

现在考虑在如图 4-21 所示网络中路由器 R1 到网络 Net1 的链路发生了故障，R1 无法到达网络 Net1。于是路由器 R1 到网络 Net1 的距离设置为 16，16 意味着网络 Net1 不可达。所以，R1 路由表中有路由表项“Net1，-，16”。但是，它可能要等到一个更新周期以后才能把这个新信息通过更新报文发送出去。此时，路由器 R2 也可能把更新报文发送给 R1。路由器 R1 现在有两个到 Net1 的表项：从它自己的路由表中得到的是代价为 16，而从路由器 R2 得到的是代价为 2。于是 R1 就认为有另一条路径经过 R2 到达 Net1。路由器 R1 就把它到 Net1 的代价改变为 3（即 2+1），并在下次更新时发送给 R2。路由器 R2 到 Net1 的代价现在是 3（从 R1）和 2（从它自己的路由表）。路由器 R2 知道只有通过路由器 R1 才能到达 Net1，因此，它不考虑自己较低的代价而是把它代价改变为 4（即 3+1）。这样来回地更新不断继续下去，直到两个路由器都到达代价为 16。这个过程如表 4-7 所示，需要经过 16 次交换周期后，其距离才能变为 16，即知道网络 Net1 不可达。但是，如果使得全网的路由器都知道网络 Net1 不可达，需要更长的时间。

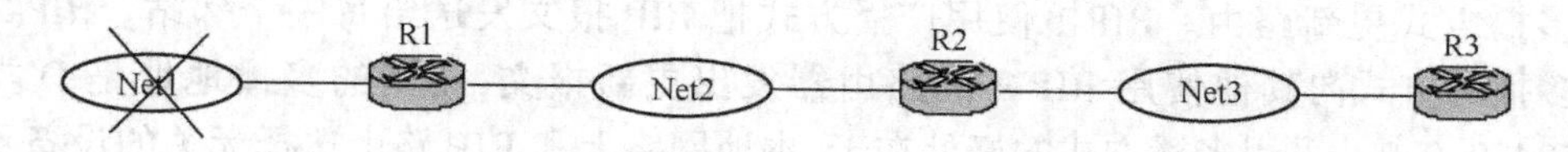

图 4-21 删除一个网络 Net1

表 4-7 删除网络 Net1 后路由表的变化

	R1 路由表			R2 路由表			R3 路由表		
	目的网络	下一跳	距离	目的网络	下一跳	距离	目的网络	下一跳	距离
初始	Net1	-	1	Net1	R1	2	Net1	R2	3
1 次交换	Net1	-	16	Net1	R1	2	Net1	R2	3
2 次交换	Net1	R2	3	Net1	R1	2	Net1	R2	3
3 次交换	Net1	R2	3	Net1	R1	4	Net1	R2	3
4 次交换	Net1	R2	5	Net1	R1	4	Net1	R2	5
5 次交换	Net1	R2	5	Net1	R1	6	Net1	R2	5
……	……	……	……	……	……	……	……	……	……
16 次交换	Net1	-	16	Net1	-	16	Net1	-	16

由上述过程可以得到，RIP 的一个特点是：对增加一个新网络的好消息传播较快，而对删除一个故障网络的坏消息传播很慢。网络出故障时，从各路由表中删除该故障网络路由表项

往往需要较长的时间，这是 RIP 的一个主要缺点。

在互联网中增加一个新的网络时，RIP 对这种消息传播较快。如果在互联网中某个网络出现了故障，对这种消息 RIP 传播很慢。

为了加快坏消息的传播，可以采取多种措施：

- 若网络没有变化，则路由器按通常的 30 s 间隔发送更新报文。而一旦有变化，路由器就立即发送更新报文。例如在如图 4-21 所示网络中，当路由器 R1 发现网络 Net1 不可用了，就把该路由表项中的距离变为 16，并立即发送给路由器 R2。路由器 R2 改变它的路由表项，现在两个路由表中到 Net1 的距离都是 16。这样就避免了按增量发送的更新报文所引起的任何兜圈子的问题。
- 发送路由更新报文时，路由器必须区分不同的接口。如果路由器从某个接口已经收到了路由更新报文，那么同样的更新报文不能再通过这个接口回送过去。例如，对于如图 4-20所示的情况，网络 Net1 不能连接路由器 R1，路由器 R2 从 R1 收到了关于 Net1 的更新报文，它就不能再向路由器 R1 发送关于 Net1 的更新报文。因此，路由器 R1 只有一个到 Net1 的距离(16)表项，它不会认为还会有另外什么途径可以到达 Net1，从而避免了如表 4-7 所示的这种循环更新现象。

5. RIP-2

RIP-2(RFC 1723)并不是一个新的协议，只是在 RIP-1 的基础上增加了一些扩展特性，以适用于现代网络的路由选择环境，这些扩展特性包括：

- 无类别路由协议。RIP-2 的每一个路由条目都携带子网掩码，因此 RIP-2 可以使用可变长的子网掩码。
- 多播方式更新路由。RIP-1 使用广播方式把 RIP 报文发送给每一个邻站。RIP-2 使用多播的方式向其他使用 RIP-2 的路由器发出更新报文，使用的多播地址是 D 类地址 224. 0. 0. 9。采用多播方式的好处在于，本地网络上和 RIP 路由选择无关的设备不需要花费时间解析路由器广播的更新报文。

图 4-22 给出了 RIP-2 的报文格式，其基本结构和 RIP-1 相同，所有相对于原来协议的扩展特性都是由未使用的字段提供的(图中阴影部分)。其中各个字段的描述如下：

- 路由标识：16 bit 字段，标记外部路由或重分配到 RIP-2 中的路由。默认情况下，使用这个字段携带从外部路由选择协议注入到 RIP 中的路由的自治系统号。
- 子网掩码：32 bit 字段，携带 IP 地址的子网掩码值。
- 下一跳：32 bit 字段，标识一个比通告路由器的地址更好的下一跳地址。换言之，它指出的下一跳的度量值比在同一个子网上的通告路由器更靠近目的站。

RIP-2 属于无类别的路由协议，可以使用变长子网掩码。每条路由拥有子网掩码的好处就是可以使用全 0 和全 1 子网。有类别路由选择协议不能区分全 0 子网(如 172. 16. 0. 0)和 B 类网络(172. 16. 0. 0)，也不能区分全 1 子网的广播(172. 16. 255. 255)和 B 类网络的广播(172. 16. 255. 255)。现在每条路由包含了子网掩码，就很容易地区分网络 172. 16. 0. 0/16 是一个 B 类网络，而 172. 16. 0. 0/24 则是一个全 0 的子网。172. 16. 255. 255/16 和 172. 16. 255. 255/24 也可以区分开来。

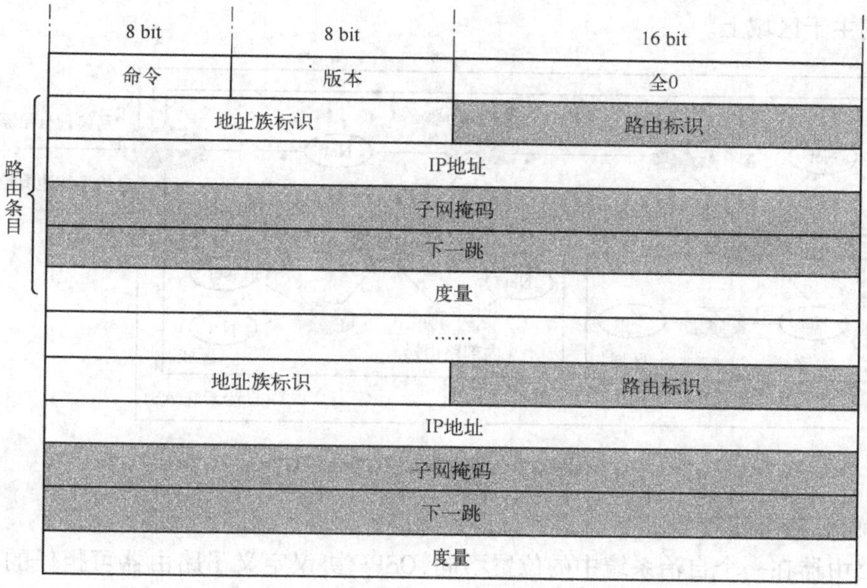

8 bit	8 bit	16 bit
命令	版本	全0
地址族标识		路由标识
IP地址		
子网掩码		
下一跳		
度量		
……		
地址族标识		路由标识
IP地址		
子网掩码		
下一跳		
度量		

（路由条目：地址族标识、路由标识、IP地址、子网掩码、下一跳、度量）

图 4-22　RIP-2 报文格式

4.4.3　开放最短路径优先(OSPF)协议

开放最短路径优先(OSPF,Open Shortest Path First)协议是目前流行的另一种内部路由选择协议。它是基于开放标准的链路状态路由选择协议,在非专有路由选择协议中,由于它有非常好的扩展能力,OSPF 协议常常是被首选的。在一个自治系统内,网络管理员可以将一个OSPF 网络划分成多个区域,通过恰当设计网络中的区域,减少路由额外开销并提高系统性能。与 RIP 不同,在 OSPF 网络中没有跳数的限制,最佳路径选择的度量可以基于多种服务类型,例如带宽、延迟、可靠性、负载和 MTU 等,但默认的度量值是带宽。实际上,针对不同的服务类型,一个路由器可以有多张路由表来决定到达目的站的最佳路径。

OSPF 协议可以支持多种类型的度量,但是默认的度量是带宽。一个路由器通过度量值决定最佳路径,度量值越低,路径越佳。如果到一个目的站有多条不同度量值的路径,则选择较低度量值的路径放在路由表中。

1. 区域

OSPF 协议具有非常好的扩展能力,所以在非专有路由选择协议中常常是被首选的。为了有效和及时地处理路由选择,OSPF 协议把一个自治系统划分成多个区域,允许它们进行全面的路由更新控制,减少路由额外开销并提高系统性能。图 4-23 给出了一个自治系统中划分不同区域的实例。

(1) 区域(Area)。

区域是自治系统中网络、主机和路由器的一个集合。在一个区域里的所有网络必须是互相连接的,并使用洪泛法(Flooding)传送路由选择信息。一个自治系统可以划分为多个区域,每一个区域有一个区域标识。其中有一个特殊的区域称作主干,区域标识为 0,其余所有区域必须连接到主干区域上。

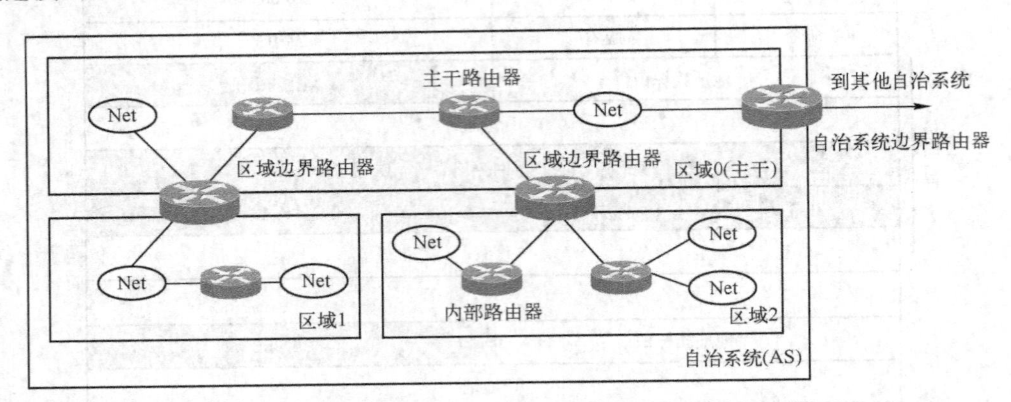

图4-23　自治系统中划分区域

(2) OSPF 路由器类型。

根据路由器在一个自治系统中的位置不同,OSPF 协议定义了路由器可担任的不同角色,并且一个路由器同时可担任多个角色。OSPF 协议中有 4 种路由器类型:

- 内部路由器——内部路由器的所有接口包含在一个单个的 OSPF 区域中,这种类型的路由器并不运行任何其他的路由选择协议。
- 主干路由器——在主干区域中的路由器叫做主干路由器,一个主干路由器至少有一个接口与区域 0 相连。主干路由器可以是区域边界路由器。所有接口都在区域 0 中的路由器类似于内部主干路由器。
- 区域边界路由器(ABR,Area Border Router)——处在一个区域的边界,把有关本区域的信息汇总起来发送给其他区域。这些路由器与多个区域相连,其中一个连接到区域 0。与区域 0 相连的 ABR 起着主干路由器的作用。ABR 为相连的每个区域维护一个链路状态数据库。
- 自治系统边界路由器(ASBR,AS Border Router)——位于运行 OSPF 协议和其他路由选择协议(如 RIP)的两个自治系统的边界上,可以配置 ASBR 实现非 OSPF 路由通告到 OSPF 自治系统中的所有区域。

OSPF 协议把一个自治系统分成多个区域(Area),每个区域包括一组网络,一个区域内的路由器之间交换链路状态信息,这种分级结构可以减少路由信息的通信量,简化路由计算。一个自治系统中必须有一个主干区域,并确保与其他区域具有连通性。

2. 链路状态路由选择

OSPF 协议是基于链路状态的路由选择协议,使用最短路径优先算法来生成在一个区域内的路由表。

链路状态路由选择的基本思想是:每一个路由器拥有互联网(一个区域范围内)在每一时刻的准确拓扑图,即每一个路由器拥有互联网的完整“布局图”。拓扑图由互联网中的结点(路由器)和边(链路)组成。根据拓扑图,路由器计算出到每一个网络的最短路径,即最佳路由。下面给出链路状态路由选择的基本步骤:

1) 发现它的邻站,并知道其网络地址。

2）测量它到各个邻站的成本(例如时延),即得到它和各个邻站之间的链路状态。

3）把测量得到的链路状态信息组装成一个分组,并把它发送到区域内所有的路由器,发送采用洪泛法。首先路由器向它的所有邻站发送分组,收到分组的邻站再向它的所有邻站发送分组的一个副本,最后,区域中的每一个路由器都收到该分组的一个副本。

4）每一个路由器收到区域内所有路由器与其邻站的有关链路状态信息的分组,构建链路状态数据库,得到本区域的网络拓扑结构。

5）根据链路状态数据库,采用最短路径优先算法(Dijkstra 算法),计算它到区域内其他路由器的最短路径。

OSPF 协议使用链路状态路由选择生成一个区域内的最短路径,要得到一个自治系统内的最短路径,它基于一个基本的假设:如果一个自治系统中的某条路径在每个区域内路径都最短,那么在整个自治系统内该路径一定最短。

在链路状态路由选择中,OSPF 协议使用了 3 个数据库。

(1) 邻站数据库(即邻接表):对于 OSPF 路由器而言,首先需要知道哪些是与它直接相连的邻站,即得到邻站数据库。当一个 OSPF 路由器首次连接网络时,按下面的步骤形成邻站数据库:

1）在本地链路上发送一个问候报文,以便向其邻站标识自己。

2）接收问候报文的 OSPF 路由器将这个新路由器添加到它们的邻站数据库中,并且用它们自己的问候报文作出应答,以标识它们自己。

3）所有的邻站应该相互知道,并且在理论上形成邻接关系。

假定在问候报文中所有需要的参数都是匹配的,并且邻站对这些参数都达成了一致,那么,邻站之间将建立起邻接关系。

(2) 链路状态数据库(即网络拓扑图):在一个区域内的每一个路由器从所有其他路由器接收链路状态通告(LSA,Link State Advertisement),构成一个链路状态数据库。从这个数据库中每个路由器创建一个树结构,并把它自己标识为通过最短路径与每个目的站相连的根。

在同一个区域中,所有路由器具有相同的链路状态数据库,它表达了一个区域内的网络拓扑结构。

(3) 转发数据库(即路由表):采用链路状态数据库形成转发数据库(路由表)。当一个路由器具有本区域内完全的网络拓扑图时,就可以运行最短路径优先算法(Dijkstra 算法)以决定到每个已知目的站的最短路径,形成本路由器的路由表。

根据链路状态数据库,构造用结点表示路由器和边表示链路状态的图,采用 Dijkstra 算法求图中任意两结点间的最短路径,从而得到最佳路径,生成路由表。Dijkstra 算法把图中结点划分为两个集合:临时的和永久的。算法选择一些临时结点,检查它们,若能够通过一些准则,则把它们变为永久的,可以用以下步骤定义这个算法:

(1) 从本地结点(路由器)开始:本地结点就是树根。

(2) 把代价 0 指派给这个结点,并使它成为第一个永久结点。

(3) 对最新的永久结点的每一个相邻结点进行检查。

(4) 给每一个结点指派一个累计代价,并使它们成为临时的。

(5) 在临时结点的清单中:

1) 寻找具有最小累计代价的结点,并使它成为永久的。

2) 若一个结点从多于一个方向可达则选择具有最短累计代价的方向。

(6) 重复步骤 3 至 5,直到每一个结点成为永久的。

OSPF 路由器通告它和邻站之间的链路状态,当路由器收到区域中所有其他路由器发送的链路状态信息后,建立一个链路状态数据库。在一个区域中的所有路由器都应该有相同的链路状态数据库。每个路由器独立对链路状态数据库运行最短路径优先算法,以确定到各目的站的最短路径。

3. OSPF 的特点

IETF 工作组设计了使用链路状态算法的内部网关协议,即 OSPF 协议。该协议具有以下特点:

- OSPF 协议公开发布了各种规范。它是一个开放标准,任何人无需付许可证费用就可使用,许多路由设备厂商的产品支持 OSPF,该协议非常流行,常常是内部路由选择协议的首选。
- OSPF 协议支持服务类型路由。网络管理员可以按服务类型设置到某一目的站的多条路由。当转发 IP 分组时,运行 OSPF 协议的路由器使用 IP 首部中的目的 IP 地址和服务类型字段选择路由。
- OSPF 协议易于网络扩展和管理。OSPF 协议将一个自治系统划分为多个区域,每一个区域具有独立改变其内部网络拓扑结构的能力,内部网络拓扑结构对其他区域是隐藏的,这样便于网络扩展和管理,而且降低了协议运行的网络通信量。
- OSPF 协议提供负载均衡功能。如果到某个目的站具有多条费用相同的路由,OSPF 协议就会把通信量均匀地分配给这几条路由。与 OSPF 协议相比,RIP 仅计算到目的站的一条路由。
- OSPF 协议提供鉴别功能。路由器之间交换的任何信息都可以进行鉴别,保证了只有可信任的路由器才能传播路由信息。允许各个区域运行不同的鉴别机制。
- OSPF 协议支持多播。多播目的地址 224.0.0.5 用于所有的 OSPF 路由器,224.0.0.6 用于指定路由器/备份指定路由器。
- OSPF 协议属于无类别路由选择协议。OSPF 协议支持变长子网掩码。

4. OSPF 报文格式

OSPF 协议采用了 5 种不同类型的报文,分别是问候报文、数据库描述报文、链路状态请求报文、链路状态更新报文和链路状态确认报文。图 4-24 描述了 OSPF 报文的传输流程,其中路由器 A 发送问候报文,其邻站为路由器 B。

(1) 路由器 A 发送问候报文创建邻站关系,同时测试邻站的可达性。

(2) 若邻站(路由器 B)是第一次收到路由器 A 的问候报文,则返回数据库描述报文。数据库描述报文中只包含链路状态数据库中每一条链路的概要信息,并不包含完整的链路状态信息。

(3) 路由器 A 检查概要信息,找出它还没有的链路状态,然后发送一个或多个链路状态请求报文,以便得到这些链路状态的完整信息。若请求报文内容较长,则划分为多个请求报文。

(4) 路由器 B 收到链路状态请求报文后,用链路状态更新报文进行应答。链路状态更新报文用来通告路由器的链路状态,是 OSPF 的核心。每一个更新报文可包含多个不同的链路状态通告。

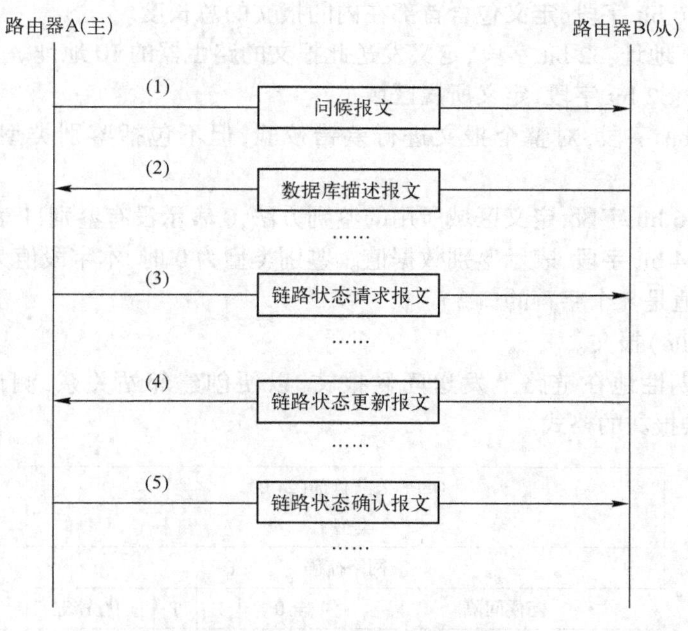

图 4-24　OSPF 报文传输流程

(5) 路由器 A 对收到的每一条链路状态更新报文进行确认。这样,保证路由选择具有更高的可靠性。

当路由器第一次或经过了一次故障后又连接到网络上时,它马上需要有一个完整的链路状态数据库,因为它不能等待从所有其他路由器发来链路状态报文后再构造链路状态数据库。这些报文包含了确认机制以实现流量控制和差错控制,所以不需要传输层协议来提供这些服务。

图 4-25 表示了 OSPF 报文封装的形式。OSPF 报文被封装在 IP 分组中进行传输。

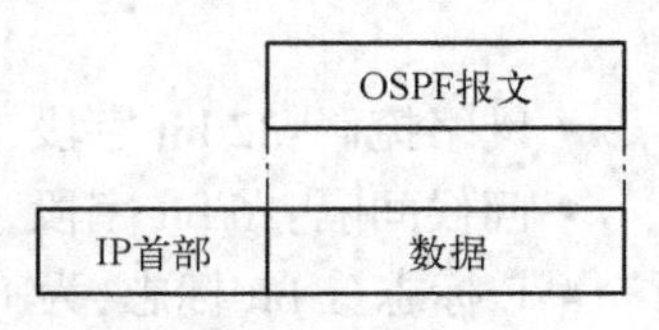

图 4-25　OSPF 报文封装

(1) OSPF 报文首部格式。

在介绍 OSPF 报文格式之前,首先介绍一个公共首部,如图 4-26所示,这是所有 OSPF 报文都共用的一个公共首部。

<table>
<tr><td>版本</td><td>类型</td><td>报文长度</td></tr>
<tr><td colspan="3">源路由器 IP 地址</td></tr>
<tr><td colspan="3">区域标识符</td></tr>
<tr><td colspan="2">校验和</td><td>鉴别类型</td></tr>
<tr><td colspan="3">鉴别数据</td></tr>
</table>

图 4-26　OSPF 报文的公共首部

在公共首部中，各个字段的含义如下：

- 版本：8 bit 字段，定义 OSPF 协议版本，目前是版本 2。
- 类型：8 bit 字段，定义报文类型，分别用 1 ~5 对应 5 种类型。
- 报文长度：16 bit 字段，定义包含首部在内的报文的总长度。
- 源路由器 IP 地址：32 bit 字段，定义发送此报文的路由器的 IP 地址。
- 区域标识符：32 bit 字段，定义所属区域。
- 校验和：16 bit 字段，对整个报文进行差错校验，但不包括鉴别类型和鉴别数据两个字段。
- 鉴别类型：16 bit 字段，定义区域所用的鉴别方法，0 表示没有鉴别，1 表示口令。
- 鉴别数据：64 bit 字段，表示鉴别数据值。鉴别类型为 0 时，本字段值为 0；鉴别类型为 1 时，本字段值是 8 个字符的口令。

（2）问候（Hello）报文。

OSPF 协议周期性地在链路上发送问候报文，以便创建邻站关系，测试邻站的可达性。图 4-27给出了问候报文的格式。

<table>
<tr><td colspan="5">OSPF 公共首部(24 B)
类型 1</td></tr>
<tr><td colspan="5">网络掩码</td></tr>
<tr><td>问候间隔</td><td>全 0</td><td>E</td><td>T</td><td>优先级</td></tr>
<tr><td colspan="5">停用间隔</td></tr>
<tr><td colspan="5">指定路由器 IP 地址</td></tr>
<tr><td colspan="5">备份指定路由器 IP 地址</td></tr>
<tr><td colspan="5">邻站 1 的 IP 地址</td></tr>
<tr><td colspan="5">邻站 2 的 IP 地址</td></tr>
<tr><td colspan="5">……</td></tr>
<tr><td colspan="5">邻站 n 的 IP 地址</td></tr>
</table>

图 4-27　问候报文格式

- 网络掩码：32 bit 字段，定义发送问候报文的路由器的网络掩码。
- 问候间隔：16 bit 字段，定义发送问候报文间隔的秒数。
- E 标志：1 bit 标志，为 1 时表示该区域是残桩区域。
- T 标志：1 bit 标志，为 1 时表示路由器支持多种度量。
- 优先级：这个字段定义路由器的优先级，用于选择指定路由器。所有路由器都宣告自己的优先级，具有最高优先级的路由器为指定路由器，具有次高优先级的路由器为备份指定路由器。若优先级为 0，表示本路由器不想成为指定路由器和备份指定路由器。
- 停用间隔：32 bit 字段，定义停用的秒数，在此时间内认为邻站是停用的。
- 指定路由器 IP 地址：32 bit 字段，定义本报文通过的指定路由器的 IP 地址。
- 备份指定路由器 IP 地址：32 bit 字段，定义本报文通过的备份指定路由器的 IP 地址。
- 邻站 IP 地址：多个 32 bit 字段，定义发送本报文的路由器目前所有邻站 IP 地址的清单。

（3）数据库描述（Database Description）报文。

路由器通过交换 OSPF 数据库描述报文来初始化链路状态数据库。若邻站第一次收到路由器的问候报文，则返回数据库描述报文。数据库描述报文中只包含链路状态数据库中每一条链路的概要信息，并不包含完整的链路状态信息。图 4-28 给出了数据库描述报文的格式。

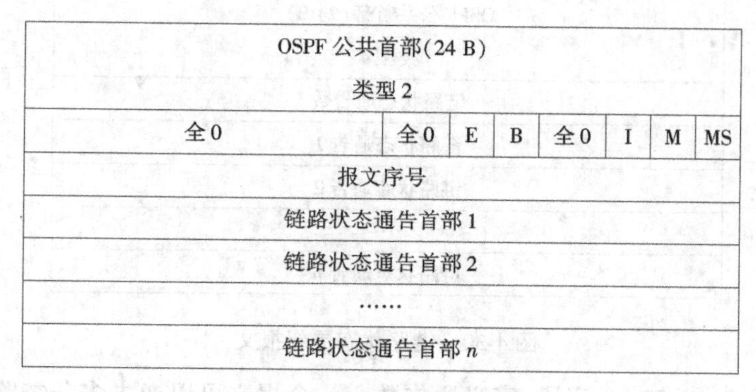

图 4-28　数据库描述报文

- E 标志：1 bit 标志，为 1 表示发送此报文的路由器为自治系统边界路由器。
- B 标志：1 bit 标志，为 1 表示发送此报文的路由器为区域边界路由器。
- I 标志：1 bit 标志，为 1 表示该报文是第 1 个报文。
- M 标志：1 bit 标志，为 1 表示该报文不是最后一个报文。
- M/S 标志：1 bit 标志，即主/从位，指出报文来源，1 表示主，0 表示从。
- 报文序号：32 bit 字段，表示报文序号，匹配响应与请求。
- 链路状态通告首部：20 B 字段，给出每一条链路的概要。可以包含多个链路状态通告首部。

（4）链路状态请求（Link Status Request）报文。

路由器与邻站交换了数据库描述报文后，路由器检查概要信息，找出它还没有的链路，然后发送一个或多个链路状态请求报文，以便得到这些链路的完整信息。若请求报文内容较长，则划分为多个请求报文。图 4-29 给出了链路状态请求报文的格式。

OSPF 公共首部(24 B) 类型 3
链路类型
链路标识符
发送通告的路由器
……
链路类型
链路标识符
发送通告的路由器

图 4-29　链路状态请求报文

(5) 链路状态更新(Link Status Update)报文。

路由器收到链路状态请求报文后,用链路状态更新报文进行应答。链路状态更新报文用来通告路由器的链路状态,是 OSPF 的核心。每一个更新报文可包含多个不同的链路状态通告。图 4-30 给出了更新报文的格式。

OSPF 公共首部(24 B) 类型 4
链路状态通告数
链路状态通告 1
链路状态通告 2
……
链路状态通告 n

图 4-30　链路状态更新报文

- 链路状态通告数:32 bit 字段,定义通告数。一个报文可以通告多条链路状态。
- 链路状态通告:共有 5 类不同的链路状态通告,它们的首部格式都是一样的,如图 4-31 所示。

<table>
<tr><td>链路寿命</td><td>保留</td><td>E</td><td>T</td><td>链路类型</td></tr>
<tr><td colspan="5">链路标识符</td></tr>
<tr><td colspan="5">发送通告的路由器</td></tr>
<tr><td colspan="5">链路序号</td></tr>
<tr><td>链路校验和</td><td colspan="4">长度</td></tr>
</table>

图 4-31　链路状态通告的首部格式

- 链路寿命:16 bit 字段,指出从这个报文第一次产生后所经历的秒数。
- E 标志:1 bit 标志,为 1 表示这个区域是残桩区域。
- T 标志:1 bit 标志,为 1 表示这个路由器能够处理多种类型的服务。
- 链路类型:这个字段定义链路状态通告的类型,有 5 种不同的通告类型:类型 1 是路由器链路;类型 2 是网络链路;类型 3 是汇总链路到网络;类型 4 是汇总链路到自治系统边界路由器;类型 5 是外部链路。
- 链路标识符:32 bit 字段,取决于链路类型。对于类型 1(路由器链路),是路由器的 IP 地址;对于类型 2(网络链路),是指定路由器的 IP 地址;对于类型 3(汇总链路到网络),是网络的 IP 地址;对于类型 4(汇总链路到自治系统边界路由器),是自治系统边界路由器的 IP 地址;对于类型 5(外部链路),是外部网络的 IP 地址。
- 发送通告的路由器:32 bit 字段,表示发送这个报文的路由器的 IP 地址。
- 链路序号:32 bit 字段,是指派给每一个链路状态更新报文的序号。
- 链路校验和:16 bit 字段,这不是通常的校验和字段。它使用 Fletcher 算法进行校验和计算,它基于除链路寿命字段外的整个报文。
- 长度:16 bit 字段,定义以字节为单位的整个报文的长度。

（6）链路状态确认报文。

路由器对收到的每一条链路状态更新报文进行确认。这样，保证路由选择具有更高的可靠性。图 4-32 表示了链路状态确认报文的格式。

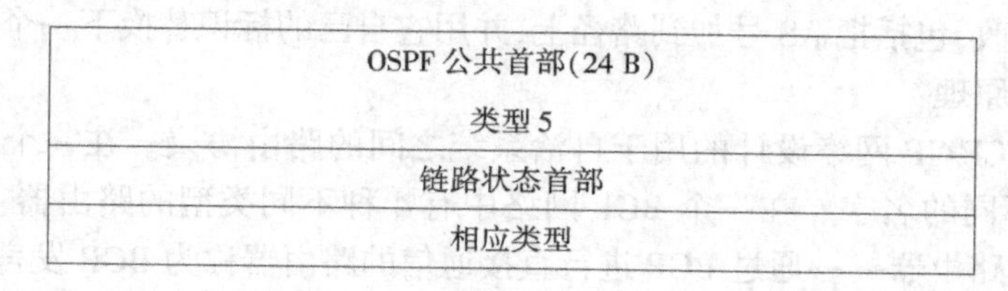

图 4-32　链路状态确认报文

4.4.4　边界网关协议 BGP

边界网关协议（BGP，Border Gateway Protocol）是自治系统之间的路由选择协议。BGP 的任务是在自治系统之间交换路由信息，同时确保无环路的路径选择。IETF 的域间路由（Inter-Domain Routing）工作组在 1989 年公布了 BGP 协议的版本 1（BGP-1，RFC 1105），1990 年公布了版本 2（BGP-2，RFC 1163），1993 年公布了版本 3（BGP-3，RFC 1267）。BGP 在不断发展的过程中逐渐成为因特网路由体系结构的基础，目前最新版本为 1995 年制订的 BGP-4（BGP-4，RFC 1771），它是目前因特网上使用的外部路由协议。BGP-4 是支持 CIDR（Classless Inter-Domain Routing）和路由聚合的第一个 BGP 版本。与 IGP（RIP、OSPF 等）不同，BGP 不使用路由度量值，BGP 是根据网络策略来做路由决定的。BGP 实现基于路径向量的路由选择。随着因特网的迅速发展、网络拓扑结构的日趋复杂，多个自治系统间通信的要求越来越高，BGP 也显得越来越重要。下面来阐述 BGP-4 的工作原理、关键特点和报文类型等内容。

1. 路径向量路由选择

首先来看一下，前面介绍的距离向量路由选择和链路状态路由选择为什么不适合在自治系统之间进行路由选择。

距离向量路由选择基于最小距离选择路由，实际上，在有些情况下具有最小跳数的路由并不是最佳的路由。例如，虽然它是一条最短路由，但是并不希望分组通过不安全的自治系统。另外，距离向量路由选择的一个缺点是不稳定性，路由器宣布的只是到终点的跳数，而没有确定到这个终点的路径。所以距离向量路由选择并不适合用在边界网关协议中。

那么，链路状态路由选择是否适合于边界网关路由选择呢？实际上，它也不适合于自治系统之间的路由选择，因为互联网太大了，如果要对整个互联网使用链路状态路由选择，那么每一个路由器就需要有一个非常大的链路状态数据库，当使用 Dijkstra 算法计算路由表时就会花费大量的时间。

路径向量路由选择不同于距离向量路由选择和链路状态路由选择，在距离向量和链路状态路由表中的每一个表项都包含目的网络、下一跳路由，而在路径向量路由选择的路由表中除了包含目的网络、下一个路由器外，还包括到达目的站的路径。这个路径通常定义为分组要到达终点所必须经过的自治系统的有序表。

路径向量路由选择中，各自治系统的自治边界路由器通告在其自治系统中的网络到各相邻自治边界路由器的可达性。这里“相邻”是指连接到同一个网络上的两个自治边界路由器。

需要注意，自治边界路由器是从内部路由选择协议（RIP、OSPF 等）收集信息的。

网络管理员为控制路由而制定了一组策略，每一个收到路径向量报文的路由器都要验证被通告的路径是否与其策略一致。若一致，路由器就更新路由表，并在把它发送到下一个路由器之前对报文进行修改，包括把 AS 号加到路径上，并用它自己的标识替换下一个路由器表项。

2. BGP 工作原理

BGP 就是为 TCP/IP 网络设计的用于自治系统之间的路由协议。在一个 BGP 网络中不同位置的路由器有不同的名字。在一个 BGP 网络中有 4 种不同类型的路由器：

- BGP 发言者路由器——通过 BGP 进行直接通信的路由器称为 BGP 发言者路由器。
- 对等路由器——两个或多个进行直接通信的 BGP 发言者路由器称作对等路由器。其中一个路由器称作另一个的对等体或邻站。
- 内部对等路由器——在同一个自治系统中的 BGP 发言者路由器称作内部对等路由器。
- 外部对等路由器——自治系统间的 BGP 发言者路由器称作外部对等路由器。

BGP 路由器之间的通信过程如下：

当两个 BGP 发言者路由器之间进行通信时，首先建立一条基于 TCP 的连接。然后，对等路由器之间通过交换 BGP 报文来打开连接并确认连接参数，例如要使用的 BGP 版本等。在连接建立过程中，如果邻站不同意，就发送出错通知并关闭连接。

BGP 对等路由器之间已建立起 BGP 连接时，它们在初始时交换所有的候选 BGP 路由。在初始路由交换之后，通常只在网络信息发生变化时才发送增量路由更新。增量路由更新比发送整个路由表效率要高得多。这对于 BGP 路由器来说尤其重要，因为它们可能包含完整的因特网路由表。

邻站路由器用路由更新报文通告经它们可达的目的站，这些报文中含有掩码长度、网络地址、自治系统路径和路径属性等信息。如果网络可达性信息发生了变化，如一条路由变得不可达或出现了一条更好的路由，BGP 将通过撤销该无效路由并注入新路由信息来通告它的邻站。被撤销的路由是路由更新报文的一部分，这些路由已不再可用。BGP 路由器保存着一个路由表版本号，它记录从每个邻站收到的 BGP 路由表的版本。

如果没有路由变化，则 BGP 路由器会周期性地发送保活（Keepalive）报文来维持 BGP 连接。缺省情况下，19 B 长的保活报文每隔 60 s 被发送一次，它们对带宽和路由器 CPU 时间的占有往往可以忽略不计。

BGP 根据在 BGP 邻站之间交换的信息来建立一张自治系统图。从 BGP 的角度来看，整个互联网络就是由自治系统组成的一张图或树。任何两个自治系统之间的连接就形成一条路径，路径信息的集合由一个自治系统号码序列表示，该序列构成一条去往特定目的站的路由。

如图 4-33 所示是由 4 个自治系统 AS100、AS200、AS300 和 AS400 构成的互联网。处在不同自治系统中的 BGP 发言人路由器 R1 和 R2 是外部对等路由器，处在同一个自治系统 AS100 中的 BGP 发言人路由器 R1 和 R5 是内部对等路由器。路由器 R1 发送 BGP 更新报文，通知 Net1 的可达性。路由器 R2 收到这个报文，更新路由表，再把自治系统 AS200 加到路径中，并插入它自己作为下一个路由器，然后把报文发送给路由器 R3。路由器 R3 收到这个报文，更新路由表，把 R3 作为下一个路由器，在路径中增加 AS300，在改变后把报文发送给路由器 R4。图中虚线箭头表示路径向量分组报文的传递方向。表 4-8 给出了如图 4-33 所示网络中路由器的路由表。

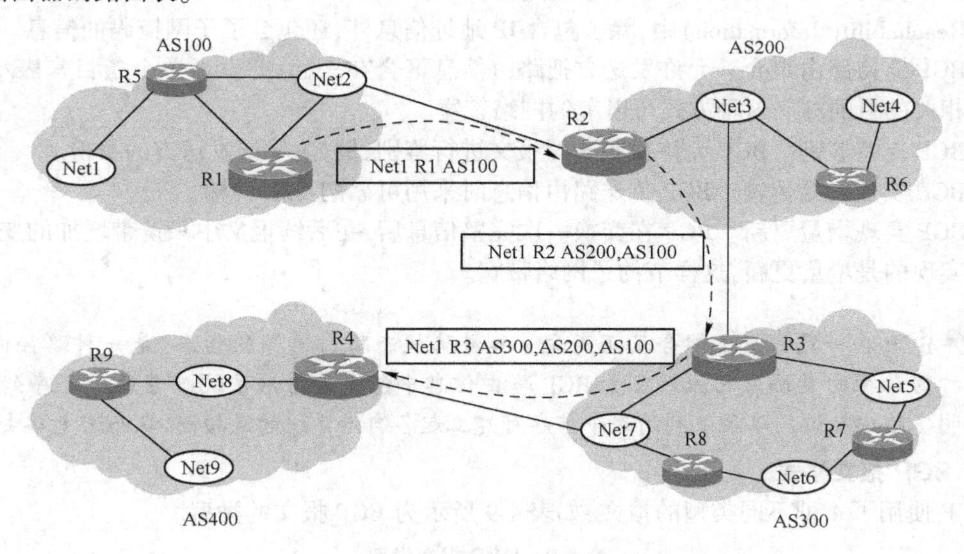

图 4-33　路径向量分组

表 4-8　如图 4-33 所示网络中路由器的路由表

路由器 \ 路由表	目的网络	下一个路由器	路　　径
R2	Net1	R1	AS100
R3	Net1	R2	AS200，AS100
R4	Net1	R3	AS300，AS200，AS100

3. BGP 的特点

BGP 是自治系统之间广泛使用的协议。BGP 具有以下特点：

- BGP 是自治系统间的通信协议。BGP 被设计为一种外部网关协议，其主要作用是实现自治系统之间的通信。另外，如果一个自治系统有多个路由器分别与外界自治系统中的对等路由器进行通信，BGP 可以协调这一系列路由器，使它们都能够传播一致的信息。
- BGP 协议支持策略路由。当路由器收到报文时，首先检查它的路径，若该路径上所列出的某个自治系统不符合路由器的策略，就忽略这条路径和这个终点。即不用这条路径更新它的路由表，也不把这个报文发送给它的邻站。换言之，在路径向量路由选择中的路由表不是基于最少跳数或最小度量，这些路由表是基于网络管理员加在路由器上的策略的。运行 BGP 的路由器可以配置为两类目的站，一类是自治系统内的计算机可达的目的站，一类是通告给其他自治系统的目的站。
- BGP 避免了路由回路。除了指定可达的目的站并分别指定了下一跳信息之外，BGP 通告还包含了路径信息，允许接收方了解到目的站的路径上的一系列自治系统。在路径向量路由选择中，当路由器收到报文时，首先要检查它的自治系统是否在到终点的路径列表中。若是，则会产生回路，就要丢弃这个报文。这样，可以避免回路的产生。

- BGP 支持 CIDR 编址。在 BGP 更新报文中的网络层可达性信息（NLRI，Network Layer Reachability Information）中，除了包含 IP 地址信息外，还包含了子网掩码的信息。
- BGP 支持路由聚合。允许发送方把路由信息聚合在一起，并发送单个条目来表示多个相关的目的站。这种方式可以节约网络带宽。
- BGP 支持鉴别。BGP 允许接收方对报文进行鉴别，例如，验证发送方的身份。
- BGP 实现可靠传输。BGP 传送路由信息时采用可靠的 TCP 传输。
- BGP 实现增量更新。BGP 在交换一次完整信息后，在后续报文中只携带增加的变化，即实现的是增量更新，这样节约了网络带宽。

BGP 在一定程度上综合了距离向量和链路状态路由选择的优点，是一种路径向量协议。被称为路径向量协议的原因在于 BGP 路由信息中包含着自治系统编号的一个序列，这个序列指明了路由经过的路径。利用这个信息可建立起各自治系统的连接图、从而避免路由循环。

4. BGP 报文格式

BGP 使用了 4 种不同类型的报文，如表 4-9 所示为 BGP 报文的类型。

表 4-9 BGP 报文类型

类型代码	报文类型	说明
1	打开（Open）	初始化通信
2	更新（Update）	通告或撤消路由
3	通知（Notification）	对不正确的报文的响应
4	保活（Keepalive）	活动地测试对等路由器连接性

（1）报文格式。

所有的 BGP 报文拥有同样的公共首部，如图 4-34 所示。

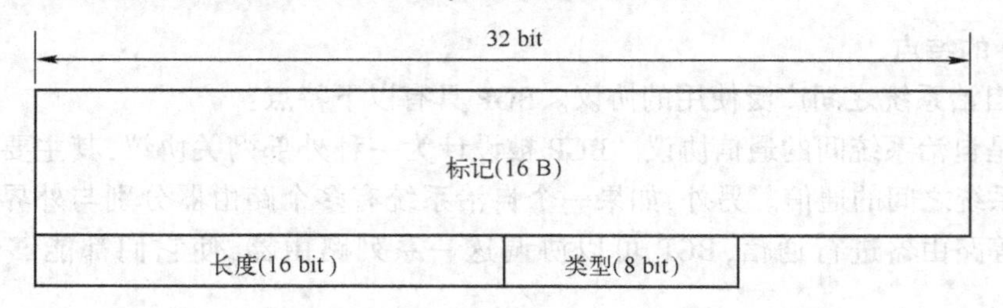

图 4-34 BGP 报文公共首部

- 标记：128 bit 字段，保留用作鉴别。
- 长度：16 bit 字段，定义了包含首部在内的报文总长度。
- 类型：8 bit 字段，定义报文的类型，1 ~ 4 分别对应报文的 4 种类型。

（2）打开报文。

如图 4-35 所示是打开报文的格式。运行 BGP 的对等路由器通过 TCP 连接，创建邻站关系。首先发送打开报文，若邻站响应保活报文，则这两个对等路由器之间就建立了邻站关系。

打开报文中各个字段的含义如下：

- 版本：8 bit 字段，定义 BGP 的版本，当前版本是 4。

- 本自治系统:16 bit 字段,定义本自治系统的编号。
- 保活时间:16 bit 字段,定义收到保活或更新报文之前所经过的最大秒数。若路由器在保活时间内没有收到一个保活或更新报文,就认为对方已不工作。

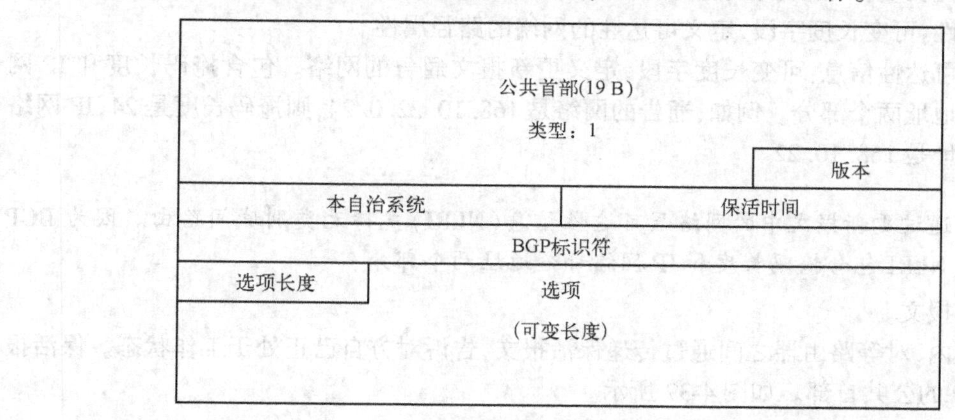

图 4-35　打开报文格式

- BGP 标识符:32 bit 字段,定义发送打开报文的路由器。因为 IP 地址是惟一的,路由器通常使用它的一个 IP 地址作为 BGP 标识符。
- 选项长度:8 bit 字段,打开报文中可以包含某些选项参数,若有,则这个字段定义选项总长度,否则,本字段值为 0。
- 选项:可变长度,若选项长度不为 0,则有选项。每一个选项本身又包含参数长度和参数值两个子字段。BGP-4 中只定义了鉴别选项。

(3) 更新报文。

更新报文是 BGP 的核心。路由器使用更新报文来撤销以前已通告的目的站和(或)宣布到一个新目的站的路由。更新报文中一次可以撤销多个已通告的目的站,但在单个更新报文中只能通告一个新的目的站。更新报文的格式如图 4-36 所示。

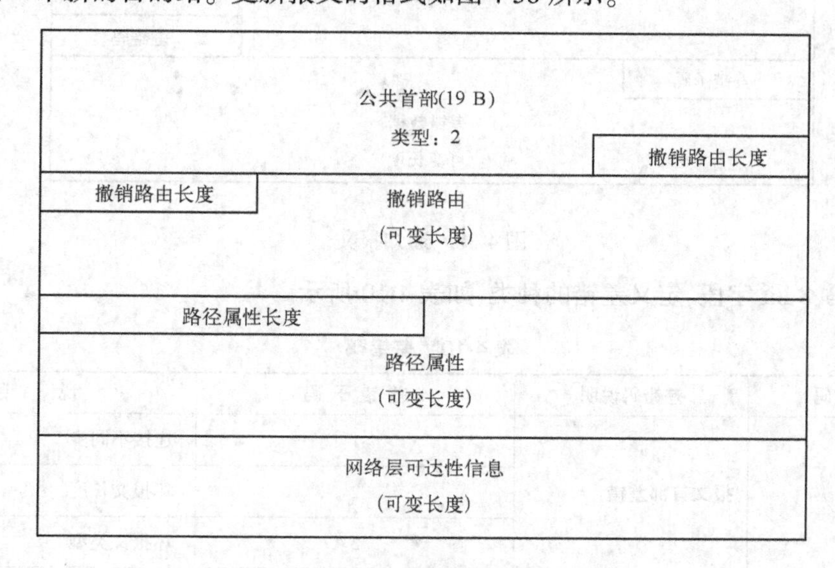

图 4-36　更新报文

- 撤销路由长度:16 bit 字段,定义下一个字段(撤销路由)的长度。
- 撤销路由:可变长度字段,列出了需要删除的所有路由。
- 路径属性长度:16 bit 字段,定义下一个字段(路径属性)的长度。
- 路径属性:可变长度字段,定义可达性的网络的路径属性。
- 网络层可达性信息:可变长度字段,定义更新报文通告的网络。包含掩码长度和 IP 网络部分地址两个部分。例如,通告的网络是 168. 10. 22. 0/24,则掩码长度是 24,IP 网络部分地址是 168. 10. 22。

BGP 通过更新报文中的网络层可达性信息(NLRI)支持无类别域间路由。因为 BGP 更新报文中的 NLRI 包含掩码长度和 IP 网络部分地址两个部分。

(4) 保活报文。

在保活期内,对等路由器之间通过传递保活报文,告诉对方自己正处于工作状态。保活报文只包含 BGP 的公共首部。如图 4-37 所示。

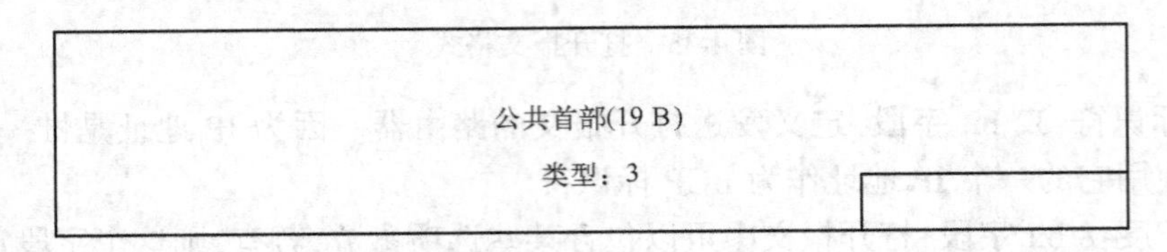

图 4-37　保活报文

(5) 通知报文。

路由器检测出差错或打算关闭 TCP 连接时,就发送通知报文。通知报文的格式如图 4-38 所示。

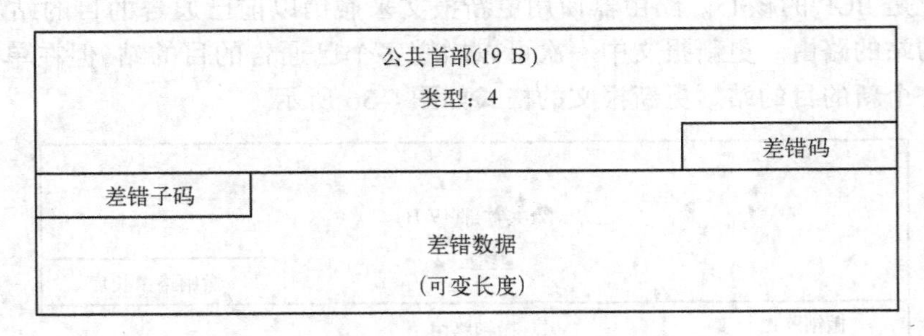

图 4-38　通知报文

- 差错码:8 bit 字段,定义差错的种类,如表 4-10 所示。

表 4-10　差错码

差　错　码	差错码说明	差 错 子 码	说　明
1	报文首部差错	1	连接不同步
		2	坏报文长度
		3	坏报文类型

（续）

差　错　码	差错码说明	差　错　子　码	说　　明
2	打开报文差错	1	不支持的版本号
		2	坏的对等 AS
		3	坏的 BGP 标识符
		4	不支持的可选参数
		5	鉴别失败
		6	不可接受的保持时间
3	更新报文差错	1	错误的属性表
		2	不能识别的熟知属性
		3	丢失熟知属性
		4	属性标志差错
		5	属性长度差错
		6	非法起点属性
		7	AS 路由回路
		8	非法下一跳属性
		9	可选属性差错
		10	非法网络字段
		11	错误的 AS-PATH 属性
4	保持计时器截止期到	未定义子码	
5	有限状态机差错	定义过程的差错。未定义子码	
6	停止	未定义子码	

- 差错子码:8 bit 字段,定义每一种差错的详细类型,如表 4-10 所示。
- 差错数据:可变长度字段,给出有关该差错的更多诊断信息。

图 4-39 表示了 BGP 报文封装的形式。BGP 报文基于建立的 TCP 连接进行传输,BGP 报文封装在 TCP 报文段中,并使用熟知端口 179。因为 BGP 使用 TCP 连接,所以 BGP 具有可靠和面向连接的特性,不需要另外的差错控制和流量控制。当建立 TCP 连接后,更新报文、保活报文和通知报文就一直交换着,直到发送出停止类型的通知报文为止。

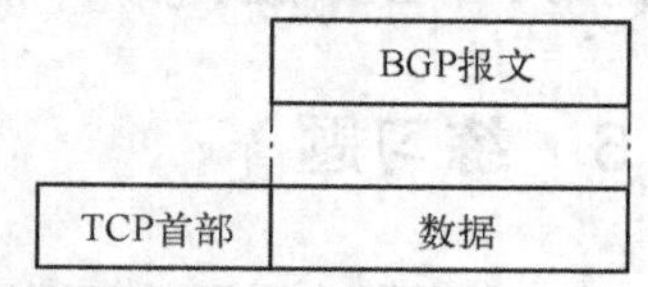

图 4-39　BGP 报文封装

4.5　本章小结

网络层的 IP 分组从源站到达目的站需要经过一个具体的交付过程,也就是分组的转发过程。一个交付过程总是包含一个直接交付和零个或多个间接交付,并且最后一次的交付总是直接交付。

在路由选择技术中,下一跳路由选择就是在路由表中只保留下一跳的地址,通过各路由表之间的彼此协作,减少路由表中的路由表项。特定网络路由选择就是在路由表中仅用一个路由表项来定义该网络,而不是为网络中的所有目的站定义路由表项。这些是简化路由表的主要技术。另外,默认路由选择是另一种简化路由表的技术。

特定主机路由选择就是在路由表中给出特定主机的路由表项,通过牺牲路由表的空间,实现对路由选择的更多控制。

无分类域间路由选择(CIDR)是防止因特网路由表膨胀的另一种方法,CIDR 不考虑 IP 地址所属的类别,路由决策完全基于整个 32 bit IP 地址的掩码来操作。

主机或路由器根据路由表实现网络层 IP 分组的转发,路由表中的每一个路由表项对应到一个目的站的路由。一个路由表一般包括目的网络、掩码(子网掩码)、下一跳地址、接口和度量等字段。

因特网可以划分为许多较小的自治系统(AS)。一个 AS 通常代表一个独立的机构。一个 AS 是由若干个路由器组成的一个互联网,并由本机构内的网络管理员进行管理,有权决定在本 AS 内所采用的路由选择协议。

路由信息协议(RIP)是在同一个自治系统内路由器之间传送路由的最常用协议,RIP 是基于距离向量路由选择的协议,以跳数作为路由的度量,支持的最大跳数为 15,所以适合于小型的网络。RIP 协议有两个版本:RIP-1 和 RIP-2。RIP-1 是有类别路由协议,RIP-2 是无类别路由协议。

开放最短路径优先(OSPF)协议是目前流行的另一种内部路由选择协议,它是基于开放标准的链路状态路由选择协议,在非专有路由选择协议中,OSPF 常常是被首选的。在一个自治系统内,网络管理员可以将一个 OSPF 网络划分成多个区域,通过适当设计网络中的区域,减少路由额外开销并提高系统性能。在 OSPF 网络中最佳路径选择的度量可以基于多种服务类型,如带宽、延迟、可靠性、负载和 MTU 等,但默认的度量值是带宽。针对不同的服务类型,一个路由器可以有多张路由表来决定到达目的站的最佳路径。

边界网关协议(BGP)是自治系统之间的路由选择协议。BGP 的任务是在自治系统之间交换路由信息,同时确保无环路的路径选择。目前最新版本为 1995 年制订的 BGP-4,它是目前因特网上使用的外部路由协议,BGP 实现基于路径向量的路由选择,是支持 CIDR 和路由聚合的第 1 个 BGP 版本。

4.6 练习题

1. 在不划分子网的情况下,源站(IP 地址:148.36.52.33)把 IP 分组交付给目的站(IP 地址:148.36.63.50),试问这是直接交付还是间接交付?假定划分了子网,子网掩码值为 255.255.255.0,试问这是直接交付还是间接交付?

2. 使用表 4-2,若路由器 R1 接收到目的地址为 198.16.21.33 的 IP 分组,试确定该分组的下一跳地址。

3. 使用表 4-2,若路由器 R1 接收到目的地址为 120.37.68.16 的分组,试确定该分组的下一跳地址。

4. 用"route print"命令查看 Windows 主机中的路由表。

5. 把下面的 7 个 C 类网络地址实现地址聚合。

193.168.40.0/24

193.168.41.0/24

193.168.42.0/24

193.168.43.0/24

193.168.44.0/24

193.168.46.0/24

193.168.47.0/24

6. 试比较距离向量路由选择和链路状态路由选择。
7. 路由器 B 具有如表 4-11 所示的路由表。

表 4-11　路由器 B 的路由表

目的网络	跳　数	下一跳
Net1	6	A
Net2	3	C
Net3	2	F

现在路由器 B 收到从路由器 A 发来的 RIP 报文，如表 4-12 所示，试求路由器 B 更新后的路由表。

表 4-12　路由器 A 发出的 RIP 报文

目的地址	跳　数
Net1	2
Net2	2
Net3	4
Net4	5

8. 简述 RIP、OSPF 和 BGP 路由选择协议的主要特点。
9. RIP 使用 UDP 封装，OSPF 使用 IP 封装，而 BGP 使用 TCP 封装，这样做有什么优点？

第5章　Internet 控制协议

基于TCP/IP技术构建的互联网可以看作一个虚拟网络，在这个网络中的主机使用IP地址进行标识，主机之间使用分配的IP地址来发送和接收IP分组。实际上，只有当某个物理网络上的两台主机互相知道对方的物理地址时才能进行通信，那么如何把一个IP地址映射到正确的物理地址呢？本章主要讨论实现这种映射技术的地址解析协议（ARP，Address Resolution Protocol）。

另外，IP提供的是不可靠的尽最大努力交付的服务。这种不可靠性主要体现在，当路由器不能选择路由交付分组，或者路由器没有足够的缓冲区存储待转发分组等情况时，就要丢弃该分组，此时，需要通知最初源站采取措施避免或纠正问题。本章也讨论传达这种控制或差错信息的协议Internet控制报文协议（ICMP，Internet Control Message Protocol）。

5.1　地址解析协议（ARP）

基于TCP/IP技术构建的互联网中，IP分组从源站到达目的站的途中可能要经过许多不同的物理网络，在分组传输过程中需要使用以下两类地址：

1）逻辑地址。所谓逻辑地址，就是指IP地址。逻辑地址是用软件来实现的，并非与物理设备本身相关联。IP地址标识主机所在的网络位置，在网络层以上只使用逻辑地址通信。

2）物理地址。所谓物理地址，就是指硬件地址、MAC地址或二层地址（数据链路层地址）。物理地址是一个本地地址，其管辖范围为本地网络。物理地址通常是用硬件来实现的，与物理设备本身相关联。例如以太网的48 bit物理地址，它被写入到主机或路由器的网络接口卡中，任何一块以太网网络接口卡的物理地址是惟一的。在物理级（物理层和数据链路层）上，使用物理地址进行通信。

逻辑地址和物理地址是两类不同的地址标识。对一个互联网中的主机和路由器来说，需要同时具备这两类地址。因为一个物理网络（例如以太网）可以在网络层同时使用两种不同的协议，例如IP和IPX协议（Novell网），这两种网络层协议对应两个不同的逻辑地址。同样地，在网络层的IP分组，也可以通过以太网和令牌环网等不同的底层物理网络，不同的物理网络对应不同的物理地址。

考虑连接到同一个物理网络的两台主机A和B，它们的物理地址分别为P_A和P_B，给它们分配的逻辑地址（即IP地址）分别是IP_A和IP_B。主机A能否只知道主机B的IP地址，就能把分组发送给主机B呢？回答当然是肯定的。用TCP/IP技术构建的互联网，其目的就是要屏蔽底层不同物理网络的具体细节，只用网络层的IP地址进行通信。但是，主机A和B之间最终的通信还是要通过物理网络来完成，换言之，主机A在通信之前需要知道主机B的物理地址P_B。现在的问题就是：主机A怎样通过逻辑地址IP_B得到主机B的物理地址P_B？

对于IPv4中32 bit长的IP地址，考察不同物理网络的物理地址长度，可以分为两种不同的类型，如图5-1所示。对于每一种类型，可以有不同的解决方法。

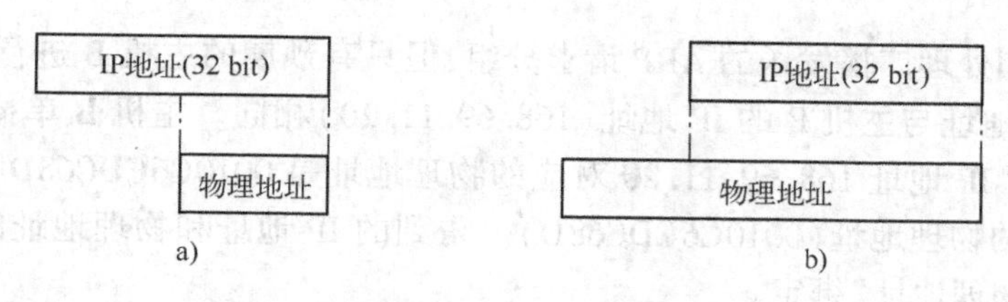

图 5-1 物理地址和 IP 地址的关系
a）小型物理地址 b）大型物理地址

1）小型物理地址。相对于 32 bit 的 IP 地址来说，小型物理地址具有较短的物理地址长度。例如 ProNET 令牌环网络的物理地址。ProNET 使用 8 bit 表示物理地址，并允许用户自已选择物理地址。对于这种网络硬件，只要它的 IP 地址或物理地址两者之一可以自由选择，那么总可以让它们中的某些部分是相同的，即实现了地址映射。例如，网络管理员为 IP 地址为 192. 15. 98. 30 的主机选择物理地址 30，因为 192. 15. 98. 30 是一个 C 类地址，主机部分等于 30。对于类似 ProNET 的网络，从 IP 地址计算出物理地址是很容易的。

2）大型物理地址。相对于 32 bit 的 IP 地址来说，大型物理地址具有较长的物理地址长度。例如以太网的 48 bit 物理地址。针对这种类型的物理地址，完成 IP 地址和物理地址的映射方法可使用静态映射或动态映射。

所谓静态映射，就是手工创建 IP 地址与物理地址的映射关系，建立映射表。当已知 IP 地址时，通过查找映射表得到对应的物理地址。但静态映射具有一定的局限性：

1）当一台主机更换了网络接口卡，也就改变了该主机的物理地址。

2）当主机从一个物理网络移动到另一个物理网络时，虽然主机的物理地址没有改变，但改变了主机的 IP 地址。要适应这些变化，静态映射表必须频繁地改变，维护静态映射表需要增加大量的开销。

为了避免手工维护映射表，TCP/IP 的设计人员选用了一个低层协议实现地址映射，每当一个主机知道两个地址（IP 地址或物理地址）中的一个时，就可使用协议把另一个地址找出来。有两个协议来完成动态映射：地址解析协议（ARP，Address Resolution Protocol）和逆地址解析协议（RARP，Reverse Address Resolution Protocol）。ARP 将 IP 地址映射为物理地址，RARP 将物理地址映射为 IP 地址。

ARP 是个隐藏底层物理网络地址、允许给每台主机或路由器分配一个任意 IP 地址的低层协议。ARP 可以看作物理网络的一部分，而不是 IP 的一部分。在下一代的互联网协议（IPv6）中，IP 地址的长度增大到了 128 bit，已大大超过了以太网 48 bit 的地址长度，所以在 IPv6 中没有 ARP。

5.1.1 ARP 工作原理

在如图 5-2 所示网络中，在同一个物理网络（以太网）上的主机 A 和 B，IP 地址分别为 168. 69. 11. 10 和 168. 69. 11. 20，十六进制表示的物理地址分别为 0020D6CAC96B 和 0010C6CDC68D。现在，主机 A 需要查询 IP 地址为 168. 69. 11. 20 的主机 B 的物理地址。因为主机 A 不知道主机 B 的物理地址，查询就在网络上广播，查询的内容组成 ARP 请求分组，即“请求 IP 地址 168. 69. 11. 20 对应的物理地址”。由于是广播查询，网络上的每台主机和路由器都能够接收和处理广播发送的 ARP 请求分组,但只有预期的主机 B 进行应答,因为 ARP 请求分组中的 IP 地址与主机 B 的 IP 地址(168.69.11.20)相同。主机 B 单播发送 ARP 应答分组,告诉主机 A"IP 地址 168.69.11.20 对应的物理地址是 0010C6CDC68D"。这样,主机 A 就得到了主机 B 的物理地址(0010C6CDC68D)。得到的 IP 地址和物理地址的映射关系也称作一个"IP 地址-物理地址"绑定。

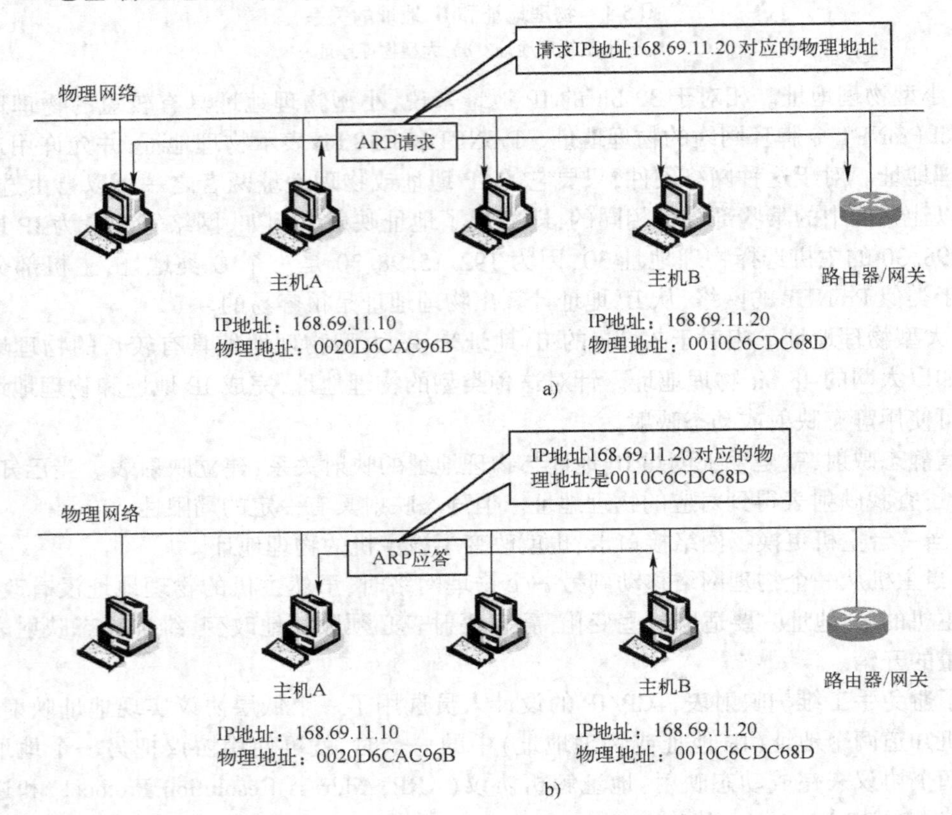

图 5-2　ARP 工作原理

a）广播发送 ARP 请求　b）单播发送 ARP 应答

ARP 请求分组广播发送,ARP 应答分组单播发送。ARP 请求分组能够到达的范围就是物理网络中发送的广播帧所能到达的范围,所以 ARP 工作在路由器隔开的每个网段内,换言之,ARP 广播请求不能跨越路由器。

事实上,网络层的 IP 分组在从源站到目的站的路径上,在经过的每一个物理网络上都要使用 ARP。如图 5-3 给出了使用 ARP 的 4 种情况。

- 情况 1:源站-目的站间的 ARP。若源站 A 和目的站 B 在同一个物理网络上,源站 A 发送 ARP 请求,得到目的站 B 的物理地址。

若源站 A 和目的站 B 不在同一个物理网络上,即源站 A 发送的 IP 分组需要经过路由器 R1、R2、……、Rn 的转发到达目的站 B。这样,就需要在每一个物理网络上实现 ARP。

- 情况 2:源站-路由器间的 ARP。源站 A 将 IP 分组发送给在另一个物理网络上的目的站 B。在这种情况下,源站 A 首先查找它的路由表,找到到达这个目的站的下一跳(路由器R1）的 IP 地址。ARP 把路由器 R1 的 IP 地址映射为物理地址，然后，源站 A 把 IP 分组发送到路由器 R1。

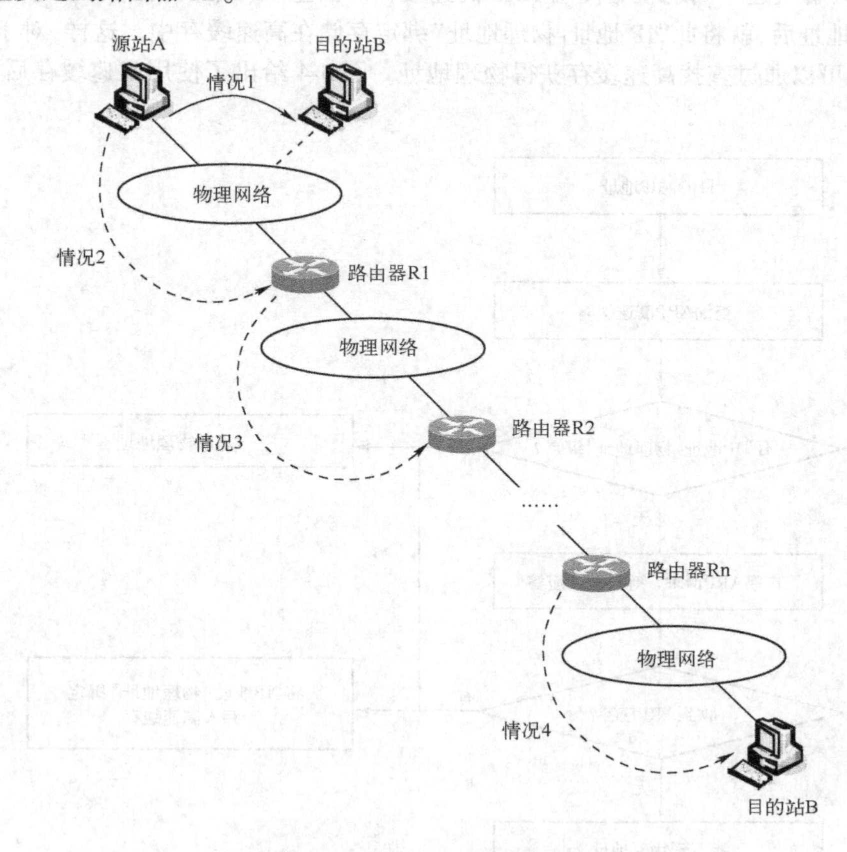

图 5-3　使用 ARP 的 4 种情况

- 情况 3：路由器-路由器间的 ARP。路由器 R1 查找路由表，找出 IP 分组的下一跳（路由器 R2）的 IP 地址，ARP 把路由器 R2 的 IP 地址映射为物理地址，然后路由器 R1 把该 IP 分组发送到路由器 R2。
- 情况 4：路由器-目的站主机间的 ARP。当 IP 分组到达目的站所在网络的路由器 Rn 时。ARP 把目的站 B 的 IP 地址映射为物理地址，然后路由器 Rn 把 IP 分组发送到目的站 B。

IP 分组的转发过程中，在每一个物理网络上，ARP 把要转发分组的下一跳路由器的 IP 地址映射为物理地址，再组成数据链路层的帧，把 IP 分组发送给下一跳路由器。

5.1.2　ARP 的改进

1. ARP 高速缓存

根据 ARP 的工作原理，在同一个物理网络上，主机（或路由器）A 向 B 发送一个 IP 分组时，首先要广播发送 ARP 请求分组得到 B 的物理地址。网络上的每台主机（或路由器）都必须接收和处理广播分组。广播的代价过高，无法在每次发送 IP 分组时都使用这种方法。事实上，主机（或路由器）A 往往有多个 IP 分组要发送到 B，对发送到 B 的每一个分组都使用 ARP 是低效率的。解决这个问题就是使用 ARP 高速缓存。当主机（或路由器）A 通过 ARP 请求得到 B 的物理地址后，就将此“IP 地址-物理地址”绑定存储在高速缓存中。这样，对于后续发往 B 的分组，就可以通过查找高速缓存获得物理地址。图 5-4 给出了使用高速缓存后的 ARP 请求实现过程。

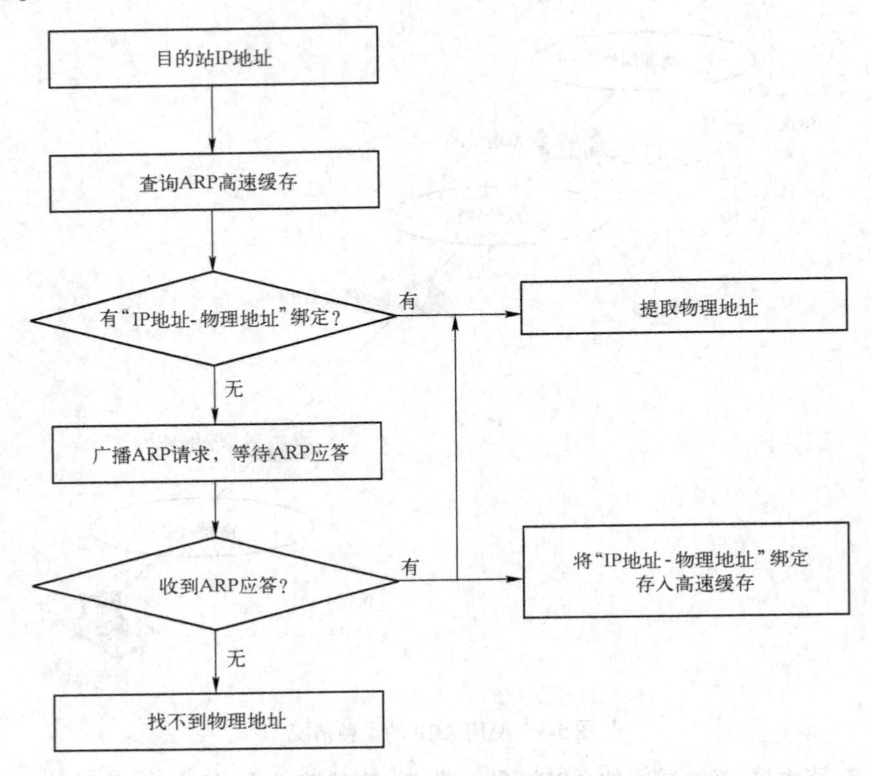

图 5-4　使用高速缓存后 ARP 请求实现流程

使用 ARP 的主机或路由器维护着一个 ARP 高速缓存，存放得到的“IP 地址-物理地址”绑定信息。当发送 IP 分组时，主机或路由器总是首先在高速缓存中寻找所需的绑定，如果找到了所要的绑定，就不需要在网络上广播 ARP 请求。通过高速缓存机制大大提高了网络的效率。

ARP 高效运行的关键在于每一个主机或路由器上都有一个 ARP 高速缓存。这个高速缓存存放了“IP 地址-物理地址”的绑定。为了提高 ARP 的效率，可以进一步改进 ARP。

- 如果主机（或路由器）A 要向 B 发送 IP 分组，那么 B 也很可能即将向 A 发送 IP 分组。出于这种考虑，为了预计 B 的需要并避免额外的网络通信量，A 在向 B 发出的 ARP 请求中也包含了 A 的“IP 地址-物理地址”的绑定。B 从 ARP 请求中提取出 A 的绑定后保存在自己的 ARP 高速缓存中，然后向 A 发送 ARP 应答。
- 主机或路由器在每次启动时广播发送一个 ARP 请求，把新的物理地址通知给其他主机或路由器。例如，当一台主机替换了自己的网络接口卡时（例如，由于硬件故障），物理地址也就变了，当再次启动后，立即就把这个新的地址通知到了网络上的所有主机或路由器。

图 5-5 给出了改进后的 ARP 应答实现过程。

每个 ARP 请求中都包含发送站的“IP 地址 - 物理地址”绑定，接收站在处理 ARP 请求时，更新高速缓存中发送站的地址绑定信息。

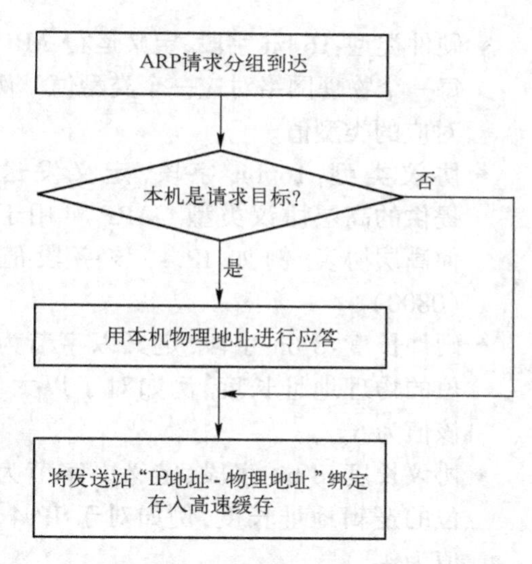

图 5-5　改进后的 ARP 应答实现流程

2. 高速缓存超时

现在来考虑这样的一种情况，假设有两台主机 A 和 B 连接在同一个物理网络(以太网)上。A 已经发送了一个 ARP 请求，而且 B 做出了应答。这时，在主机 A 的 ARP 高速缓存中就有了关于主机 B 的“IP 地址-物理地址”的绑定。再假设应答后主机 B 出现故障，但是主机 A 不会接到任何关于该故障的报告。因为 A 的 ARP 高速缓存中已经有了 B 的地址绑定信息，A 将继续把 IP 分组发送给 B。换言之，A 没有办法知道自己的 ARP 高速缓存中的信息什么时候变得“失效”，一旦失效后，就要删除这些失效的地址绑定。

在 ARP 高速缓存的管理中，使用了超时计时器，每一条地址绑定对应一个计时器。当计时器超时后就删除该地址绑定信息，典型的超时时间是 20 min。如果下次还有 IP 分组需要发送到已删除地址绑定的目的站，则只要执行同样的 ARP 过程，再次获得地址绑定。如果此时目的站下线了或者发生了故障，则就不能再次获得地址绑定，这就正好解决了上面提出的地址失效问题。

ARP 高速缓存中超时计时器的使用既有优势也有缺陷。主要的优势在于自治性：

1）一台主机或路由器能够确定自己 ARP 缓存中的信息何时应该重新生效，与其他主机无关。

2）发送站不需要通过成功地与接收站或第三方通信来确定绑定已无效，如果目的站不响应 ARP 请求，发送站就认为目的站已下线。

采用超时计时器的主要缺陷在于时延，如果计时器的间隔是 n 秒，发送站直到 n 秒后才能检测到接收站已下线或出现了故障。在这段时间内，发送站可能已经发送了大量的分组，但这些分组都没有被接收站接收。

5.1.3　ARP 分组格式

图 5-6 给出了 ARP 分组的格式。

<table>
<tr><td colspan="2">硬件类型</td><td>协议类型</td></tr>
<tr><td>硬件长度</td><td>协议长度</td><td>操作</td></tr>
<tr><td colspan="3">发送站硬件地址</td></tr>
<tr><td colspan="3">发送站协议地址</td></tr>
<tr><td colspan="3">目的站硬件地址</td></tr>
<tr><td colspan="3">目的站协议地址</td></tr>
</table>

图 5-6　ARP 分组的格式

- 硬件类型:16 bit 字段,定义运行 ARP 的物理网络的类型。ARP 可使用在任何网络上,每一个物理网络对应一个类型值。例如以太网的类型值是 1。表 5-1 列出了不同网络对应的类型值。

表 5-1 硬件类型

类 型	描 述
1	以太网(Ethernet)
2	实验以太网(Experimental Ethernet)
3	业余无线电 AX. 25(Amateur Radio AX. 25)
4	令牌环(Proteon ProNET)
5	混沌网(Chaos)
6	IEEE 802. X
7	ARC 网络(ARCNET)

- 协议类型:16 bit 字段,定义发送方提供的高层协议类型。ARP 可用于任何高层协议。例如 IPv4,该字段值为 $(0800)_{16}$。
- 硬件长度:8 bit 字段,定义以字节为单位的物理地址长度,例如对于以太网,该值为 6。
- 协议长度:8 bit 字段,定义以字节为单位的逻辑地址长度,例如对于 IPv4,该值为 4。
- 操作:16 bit 字段,定义分组的类型。对于 ARP 请求分组,该值为 1,对于 ARP 应答分组,该值为 2。
- 发送站硬件地址:可变长度字段,定义发送站的物理地址长度,例如对于以太网,该字段为 6 B。
- 发送站协议地址:可变长度字段,定义发送站的逻辑地址长度,例如对于 IPv4,该字段为 4 B。
- 目的站硬件地址:可变长度字段,定义目的站物理地址长度,例如对于以太网,该字段为 6 B。在 ARP 请求分组中,该字段为全 0,因为发送站不知道目的站的物理地址。
- 目的站协议地址:可变长度字段,定义目的站的逻辑地址长度,例如对于 IPv4,该字段为 4 B。

ARP 分组是直接封装在数据链路层的帧中进行传输的。图 5-7 给出了 ARP 分组的封装形式。

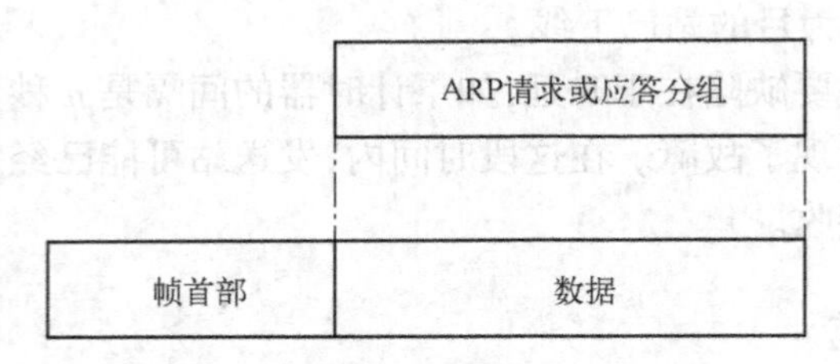

图 5-7 ARP 分组的封装

【例 5-1】两台主机 A 和 B 连接在同一个以太网上,它们的 IP 地址分别为 168. 69. 11. 20 和 168. 69. 11. 25,十六进制表示的物理地址分别为 001500167F0E 和 0010C6CDC68D。试给出 ARP 请求和应答分组的格式以及封装该分组的以太网帧格式。

解:图 5-8 给出了 ARP 请求和应答分组格式,以及封装的以太网帧格式。

【例 5-2】查看 Windows 中的 ARP 地址表。试给出 ARP 命令的格式。

解:ARP 地址表是 Windows 操作系统中 TCP/IP 协议栈的一个组成部分。但是,ARP 地址表不是 Windows 操作系统向普通用户直接显示的信息。如果需要查看 ARP 地址表,首先要打开命令提示符窗口,然后输入“arp -a”命令。就会显示出一个类似于图 5-9 所示的界面。

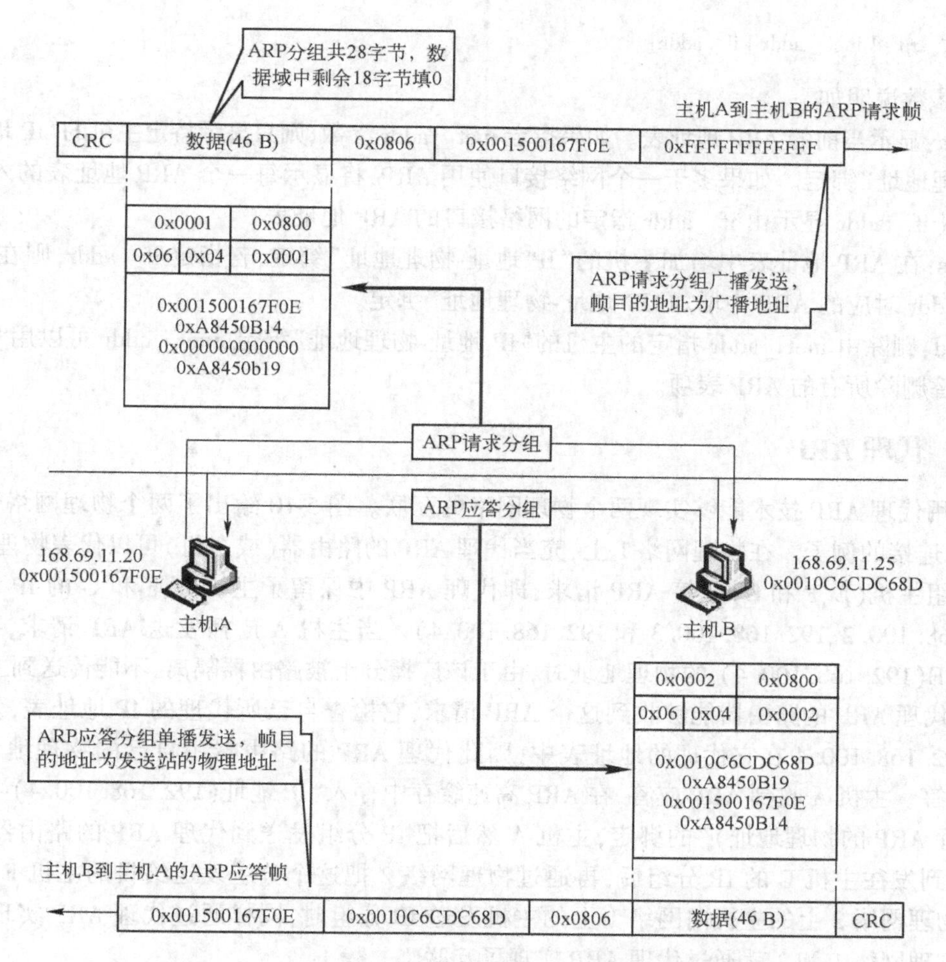

图 5-8　ARP 请求分组、应答分组格式及封装的以太网帧格式

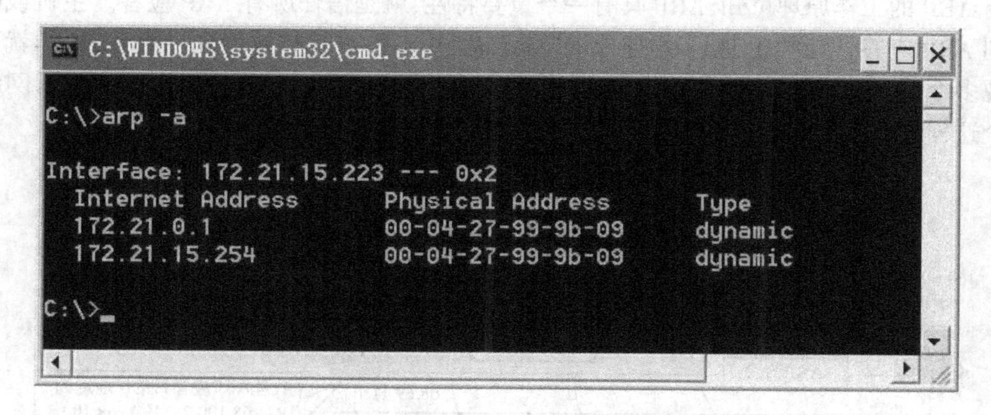

图 5-9　Windows 操作系统中的 ARP 地址表示例

ARP 命令的格式如下：

```
arp -a [inet_addr] [-N if_addr]
arp -s inet_addr eth_addr [if_addr]
```

arp -d inet _ addr [if _ addr]

各参数说明如下。

- -a：显示当前的 ARP 地址表。如果指定 inet _ addr 参数，则只显示特定主机的"IP 地址-物理地址"绑定。如果多于一个网络接口使用 ARP，将显示每一个 ARP 地址表的入口。-N if _ addr 显示由 if _ addr 指定的网络接口的 ARP 地址表
- -s：在 ARP 地址表中增加主机的"IP 地址-物理地址"绑定，若指定 if _ addr，则在该 if _ addr 对应的 ARP 中增加"IP 地址-物理地址"绑定。
- -d：删除由 inet _ addr 指定的主机的"IP 地址-物理地址"绑定，inet _ addr 可以用" * "代替删除所有的 ARP 表项。

5.1.4 代理 ARP

使用代理 ARP 技术能够实现两个物理网络的互联。图 5-10 给出了两个物理网络通过代理 ARP 连接的例子。在物理网络 1 上，充当代理 ARP 的路由器(或主机)可以代表物理网络 2 上的一组主机(E、F 和 G)应答 ARP 请求，即代理 ARP 中保留了主机 E、F 和 G 的 IP 地址表(192.168.100.2、192.168.100.3 和 192.168.100.4)。当主机 A 广播发送 ARP 请求，要求获得主机 E(192.168.100.4) 的物理地址时，由于该广播分组被路由器隔离，不能传送到主机 E，但运行代理 ARP 的路由器能够收到这个 ARP 请求，它检查自己所代理的 IP 地址表，发现 IP 地址 192.168.100.4 在它代理的地址表中，因此代理 ARP 的路由器用自己的物理地址发送 ARP 应答。主机 A 收到 ARP 应答，在 ARP 高速缓存中存入"IP 地址(192.168.100.4)-物理地址(代理 ARP 的物理地址)"的绑定，主机 A 然后把 IP 分组发送到代理 ARP 的路由器，代理 ARP 收到发往主机 E 的 IP 分组后，再通过物理网络 2 把这个分组发送给目的主机 E。类似地，当物理网络 2 上的主机向网络 1 上的主机发送 IP 分组时，同样通过代理 ARP 实现转发。这样，物理网络 1 和 2 就通过代理 ARP 实现了互联。

由 ARP 的工作原理可知，ARP 具有一个重要特性，就是信任所有 ARP 应答。主机或路由器收到 ARP 应答，得到"IP 地址-物理地址"绑定时，并不检查其有效性和一致性，这样就可能会出现多个 IP 地址到同一物理地址的绑定，但这并不违反协议规范。如图 5-10 所示网络就是一个这样的例子。代理 ARP 实际上也是利用了 ARP 的这一特性。

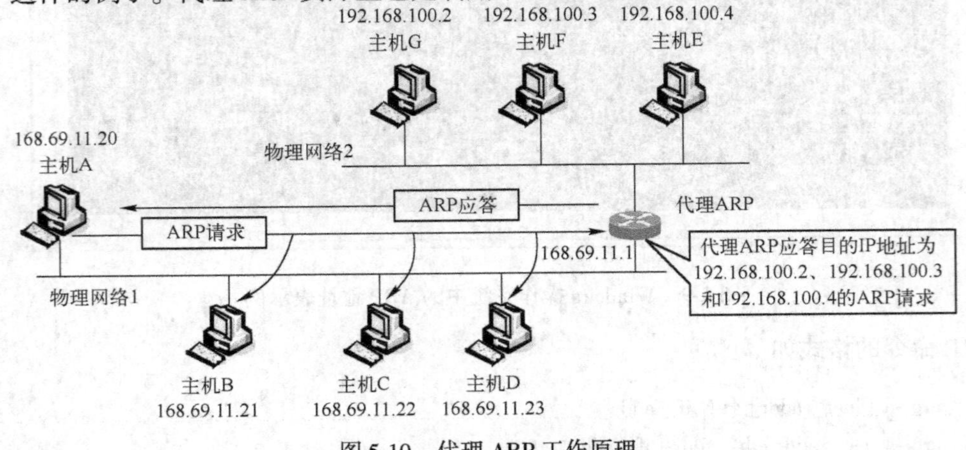

图 5-10 代理 ARP 工作原理

代理 ARP 的主要优点是,在不改变原有网络结构和路由表的情况下,可以增加一个新的子网络到网络中,而且代理 ARP 完全隐藏了新增子网络的细节。例如,在一个办公室环境中,要为有限的网络接口连接更多的主机,可以采用代理 ARP 技术,在办公室的局域网中增加子网络。

代理 ARP,也称作网关,创建一个 ARP 高速缓存,其中包含这两个物理网络中主机或路由器的有关信息。代理 ARP 必须管理穿越于两个网络的 ARP 请求和应答。通过把对应于两个网络的 ARP 高速缓存组合成一个,代理 ARP 扩充了地址解析过程的灵活性,防止产生过多的 ARP 请求和 ARP 应答分组穿越网关。

5.2 逆地址解析协议(RARP)

RARP 与 ARP 的功能类似,都是用来解决地址映射问题的。但是,RARP 实现从物理地址到逻辑地址(IP 地址)的映射,即已知主机的物理地址,找到其相应的 IP 地址。

基于 TCP/IP 技术的互联网中,每一个主机或路由器都被指派一个或多个 IP 地址,通过 IP 地址实现通信。当发送一个 IP 分组时,主机或路由器就要知道它自己的 IP 地址,IP 地址通常存储在硬盘上的配置文件中。但是,对于一个无盘工作站,只能从 ROM 来引导,ROM 中只有固化的最少的引导信息,并不包括 IP 地址。在这种情况下,要使无盘工作站也能使用 TCP/IP 进行通信,就必须首先获得 IP 地址。RARP 主要适用于这样的情况。

RARP 通过主机具有的惟一的物理地址得到 IP 地址。其工作原理类似于 ARP。在物理网络上有一个 RARP 服务器用于 IP 地址分发,需要获得 IP 地址的主机称做客户。RARP 实现的是客户-服务器工作模式。如图 5-11 所示,需要 IP 地址的主机 A 在网络上广播 RARP 请求,RARP 服务器接收 RARP 请求后,单播发送 RARP 应答,为该请求客户返回一个 IP 地址。

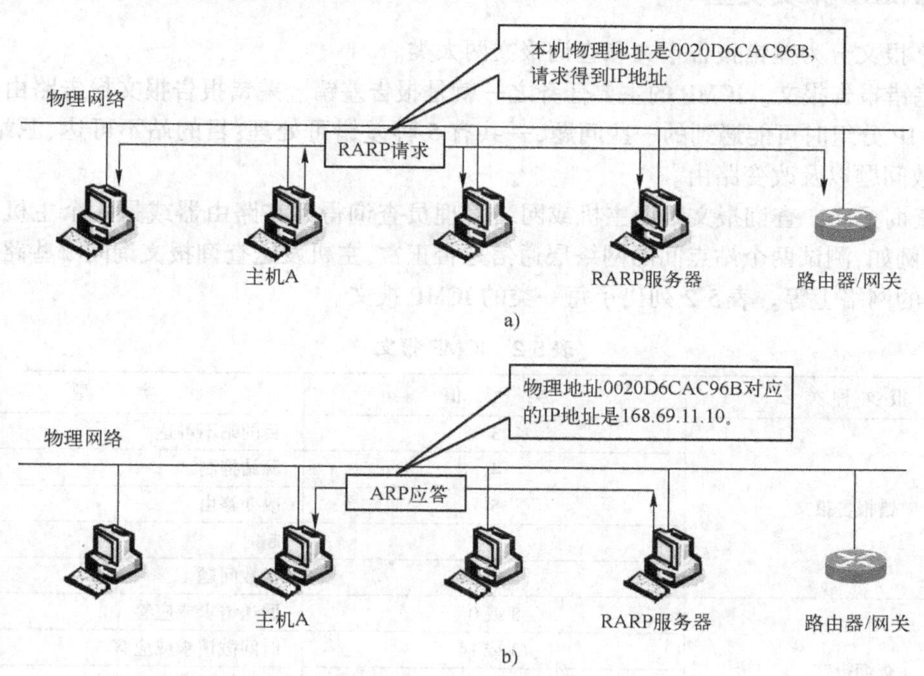

图 5-11 RARP 工作原理

a) RARP 请求分组广播发送 b) RARP 应答分组单播发送

图5-12 给出了RARP 分组的格式,除了操作字段是3(RARP 请求)或者是4(RARP 应答)之外,其他字段与图5-6 表示的ARP 格式完全相同。

硬件类型		协议类型
硬件长度	协议长度	操作
发送站硬件地址		
发送站协议地址		
目的站硬件地址		
目的站协议地址		

图5-12　RARP 分组格式

5.3　Internet 控制报文协议(ICMP)

IP 提供了不可靠的、无连接的、尽最大努力交付分组的服务,实现IP 分组从最初的源站交付到目的站。在此交付过程中,如果路由器找不到到达目的站的下一跳路由或生存时间字段(TTL)为0 而必须丢弃分组,或者检测到影响转发分组的网络拥塞等异常情况时,则需要通知源站采取措施避免或纠正问题。IP 自身没有提供差错报告和差错纠正机制,而是使用了网络层的另外一个协议,即Internet 控制报文协议(ICMP,Internet Control Message Protocol,RFC 792),允许主机或路由器报告差错情况和有关异常情况。ICMP 配合IP 使用,提高了IP 分组交付成功的机会。

5.3.1　ICMP 报文类型

ICMP 报文分为差错报告报文和查询报文两大类。

1)差错报告报文。ICMP 的主要任务之一就是报告差错。差错报告报文报告路由器或主机在处理IP 分组时可能遇到的一些问题,一共有5 种差错可处理:目的站不可达、源站抑制、超时、参数问题以及改变路由。

2)查询报文。查询报文帮助主机或网络管理员查询得到在路由器或另一个主机中的特定信息。例如,测试两个站点间的网络层通信是否正常,主机发送查询报文询问哪些路由器连接在它们的网络上等。表5-2 列出了每一类的ICMP 报文。

表5-2　ICMP 报文

报文种类	类型值	类型
差错报告报文	3	目的站不可达
	4	源站抑制
	5	改变路由
	11	超时
	12	参数问题
查询报文	8 或 0	回送请求或应答
	13 或 14	时间戳请求或应答
	17 或 18	地址掩码请求或应答
	10 或 9	路由器询问或通告

ICMP 只是报告差错，并不能纠正差错，差错纠正由高层协议处理。另外，ICMP 总是向源站报告差错报文。因为在 IP 分组中关于路由惟一可用的信息就是源 IP 地址和目的 IP 地址。ICMP 使用源 IP 地址将差错报文发送给分组的源站。

5.3.2 ICMP 报文格式

图 5-13 给出了 ICMP 报文的格式，包括 8 B 的首部和可变长度的数据。在 ICMP 的首部中，前 4 B 对所有报文类型都是相同的，后 4 B（首部的其余部分）对每一种报文类型都是特定的。在 ICMP 的数据中，差错报告报文携带了引起差错的原始分组，查询报文携带了基于查询类型的额外信息。

类型	代码	校验和
首部的其余部分		
数据		

图 5-13 ICMP 报文格式

- 类型：8 bit 字段，定义了 ICMP 报文类型。
- 代码：8 bit 字段，定义了这个特定报文类型的原因。
- 校验和：16 bit 字段，定义了包含 ICMP 首部和数据的校验和。

差错报告报文的数据部分包括出差错的 IP 分组首部和前 8 B 的数据。IP 分组首部中包含了源站的 IP 地址等信息，前 8 B 包含了端口号（TCP 或 UDP）和序号（TCP）等的信息。源站需要根据这些信息将差错情况通知上层协议（TCP 或 UDP）。

图 5-14 给出了 ICMP 报文的封装形式。ICMP 报文是封装在 IP 分组的数据中进行传输的。在 IP 分组首部中的协议字段值是 1 就表示 IP 分组的数据是 ICMP 报文。

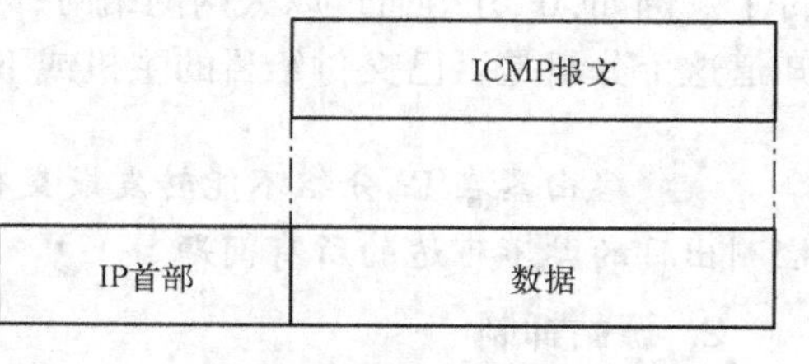

图 5-14 ICMP 报文封装

由于 ICMP 差错报告报文是封装在 IP 分组中进行传输的，传输 ICMP 差错报告报文的分组可以看作是普通的 IP 分组，在网络中同样会出现差错，同样会被路由器丢弃，那么对于传输 ICMP 差错报告报文的 IP 分组是否还会产生 ICMP 差错报告报文呢？关于这一点有以下的一些规定：

- 携带 ICMP 差错报告报文的 IP 分组不再产生 ICMP 差错报告报文。
- 携带分片的 IP 分组，如果不是第一个分片，则不产生 ICMP 差错报告报文。
- 具有多播地址的 IP 分组不产生 ICMP 差错报告报文。
- 具有特殊地址（如 127.0.0.0 或 0.0.0.0）的 IP 分组不产生 ICMP 差错报告报文。

1. 目的站不可达

当路由器无法转发或交付 IP 分组时，就丢弃这个分组，然后向发出这个分组的源站发回目的站不可达报文。图 5-15 给出了目的站不可达报文的格式，其中代码字段指明了丢弃该分组的原因，如表 5-3 所示。

类型(3)	代码(0~12)	校验和
未使用(全0)		
IP分组的一部分,包括IP首部以及数据的前8 B		

图5-15　目的站不可达报文格式

表5-3　目的站不可达报文代码含义及生成ICMP报文的站点

代　码	描　述	生成ICMP报文的站点
0	网络不可达	路由器
1	主机不可达	路由器
2	协议不可达	目的主机
3	端口不可达	目的主机
4	需要分片但DF(不分片)置位	路由器
5	源路由选择失败	路由器
6	目的网络未知	路由器
7	目的主机未知	路由器
8	源主机被隔离	路由器
9	从管理上禁止与目的网络通信	路由器
10	从管理上禁止与目的主机通信	路由器
11	对指明的服务类型,网络不可达	路由器
12	对指明的服务类型,主机不可达	路由器

需要注意,如果路由器没有发送目的站不可达报文,那么并不意味着IP分组已经成功交付了。例如,IP分组通过以太网网络时,因为以太网不提供任何确认机制,所以路由器就无法知道这个分组是否已交付给目的主机或下一个路由器。

路由器在IP分组不能转发或交付时,会发送一个目的站不可达报文,但是它并不能检测出目的站不可达的所有问题。

2. 源站抑制

由于IP中没有流量控制机制,这样就容易在路由器或目的站中产生拥塞,因为发送IP分组的源站并不知道它产生的分组是否因太快了而导致中间路由器不能转发或目的站来不及处理等问题。

源站抑制报文为IP增加了流量控制能力。当路由器或目的站因拥塞而丢弃分组时,它就向分组的源站发送源站抑制报文。这个报文有两个目的:

1)它通知源站分组已被丢弃。

2)它警告源站,在路径中的某处出现了拥塞,所以源站必须放慢(抑制)发送过程。

源站抑制报文格式与目的站不可达报文格式相同,只是其中类型值改为4,代码值改为0。

源站抑制报文的作用是通知源站,由于拥塞,路由器或目的站已经丢弃了IP分组。源站必须放慢分组的发送,以减轻拥塞程度。但是没有一种机制告诉源站,拥塞已经减轻可以按照一定的速率发送分组。源站只能降低发送速率,通过不再收到更多的源站抑制报文来判断拥塞的程度。

3. 超时

互联网中的路由器使用路由表计算转发分组的下一跳地址,所以路由表的差错可能导致某一个分组在网络中出现循环路由,使得 IP 分组在网络中无休止的传输。为了避免循环路由,每一个 IP 分组首部中都有一个生存时间字段,每当分组通过路由器时,这个字段的值就减 1。若收到分组的路由器发现这个字段的值为 0,就丢弃该分组,同时向源站发送超时报文。另外,当一个 IP 分组的所有分片未能在某一时限内到达目的站时,目的站就丢弃所有的分片,也向源站发送超时报文。图 5-16 给出了超时报文的格式,其中代码 0 表示生存时间字段值为 0 产生的超时报文,代码 1 表示一个 IP 分组的所有分片未能在某一时限内到达目的站产生的超时报文。

类型(11)	代码(0/1)	校验和
未使用(全 0)		
IP 分组的一部分,包括 IP 首部以及数据的前 8 B		

图 5-16　超时报文格式

4. 改变路由

主机和路由器基于路由表找出下一跳地址,实现 IP 分组的转发。如果网络拓扑结构改变了,那么在主机和路由器中的路由表就要改变。通过路由选择协议实现路由器中路由表的动态更新。由于因特网上的主机数量比路由器要多得多,动态地更新主机的路由表会产生不可接受的通信量。为了提高效率,主机都不参与路由选择的更新过程。主机通常使用静态路由选择,当主机开始连接网络时,只有很小的路由表,一般只包含默认路由。当路由器检测到一台主机使用非优化的路由时,收到这个分组的路由器会把分组转发给正确的路由器,同时向主机发送改变路由报文,更新主机中的路由表。通过改变路由报文,主机中的路由表逐渐增大和更新。

虽然改变路由报文是一种差错报告报文,但与其他的差错报告报文不同。在发送改变路由报文时,路由器并不丢弃 IP 分组。

图 5-17 给出了改变路由报文的格式,表 5-4 给出了改变路由报文中的代码描述。

类型(5)	代码(0~3)	校验和
目标路由器的 IP 地址		
IP 分组的一部分,包括 IP 首部以及数据的前 8 B		

图 5-17　改变路由报文的格式

表 5-4　改变路由报文代码值

代　码	描　述
0	对特定网络路由的改变
1	对特定主机路由的改变
2	基于指明的服务类型对特定网络路由的改变
3	基于指明的服务类型对特定主机路由的改变

5. 回送请求和应答

网络管理员和用户可以使用回送请求和回送应答报文来发现网络中的问题,这两个报文是为诊断目的而设计的。源站(主机或路由器)向目的站发送 ICMP 回送请求报文,收到回送请求报文的目的站形成一个回送应答报文并返回给源站。在回送请求报文中包含了一个可选数据,在应答报文中包含了该可选数据的一个副本。

回送请求和回送应答报文可用来测试目的站是否可达。因为 ICMP 报文被封装在网络层的 IP 分组中,发送回送请求报文的源站在收到回送应答报文时,就证明了在源站和目的站之间能够使用 IP 分组进行通信。此外,还证明了在中间的一些路由器能够接收、处理和转发 IP 分组。两台主机之间使用回送请求和回送应答报文来检查在 IP 层是否可达。在许多系统中,用来发送 ICMP 回送请求报文的命令是"ping"。

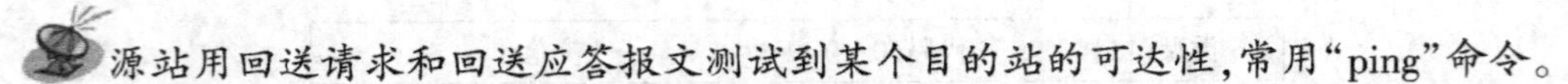

图 5-18 给出了回送请求和回送应答报文的格式。其中,类型值 8 表示是回送请求报文,类型值 0 表示是回送应答报文,标识符和序号字段由源站用来匹配回送应答和回送请求。

类型(8/0)	代码(0)	校验和
标识符		序号
可选数据		

图 5-18　回送请求和回送应答报文

6. 时间戳请求和应答

虽然互联网上的两个站点(源站和目的站)之间能够进行通信,但它们常常是独立运行的,各自维护自己的当前时间。差异很大的时钟会让使用分布式系统软件的用户感到混淆。ICMP 的时间戳请求和应答报文是实现两个站点之间同步时钟的一种简单技术。源站向目的站发送一个时间戳请求报文,要求返回目的站当日的当前时间值,目的站返回一个时间戳应答报文。图 5-19 给出了时间戳请求和应答报文的格式。

类型(13/14)	代码(0)	校验和
标识符		序号
初始时间戳		
接收时间戳		
发送时间戳		

图 5-19　时间戳请求和应答报文的格式

类型值 13 表示请求时间戳报文,类型值 14 表示应答时间戳报文。源站用标识符和序号字段把时间戳请求和应答相关联起来。32 bit 的初始时间戳、接收时间戳和发送时间戳字段中都保持一个整数,代表从世界时(以前称格林尼治标准时间)的午夜起测量出的时间,以毫秒计。

源站创建时间戳请求报文,并在报文离开时在初始时间戳字段填入它的时钟的世界时。目的站创建时间戳应答报文,并将请求报文中的初始时间戳复制到应答报文的相应字段中,在接收时间戳字段中填入刚收到时间戳请求时它的时钟的世界时,在发送时间戳字段中填入应答报文离开目的站时它的时钟的世界时。需要注意,只有当源站和目的站的时钟是同步的,发送时间和接收时间的计算才是准确的。但是,即使这两个时钟没有同步,还能准确地计算出两个站点之间的往返时间。

两个站点(主机或路由器)可使用时间戳请求和应答报文来确定 IP 分组在这两个站点之间往返所需的时间。并可用作两个站点的时钟同步。

5.3.3 ping 程序

Ping(ping,Packet InterNet Groper)程序用来测试两个站点之间在 IP 层的连通性,它使用了 ICMP 回送请求报文和回送应答报文。发送回送请求报文的 ping 程序称为客户,被 ping 的主机称为服务器。大多数的 TCP/IP 实现都在内核中直接支持 ping 服务器。

一般的 ping 程序仅仅发送一个 ICMP 回送请求报文并等待应答报文。较复杂的 ping 程序会发送一系列 ICMP 回送请求报文、捕获应答报文并提供有关 IP 分组丢失情况的统计,允许用户指定要发送的分组的长度以及各回送请求报文之间的间隔时间等。

一般来说,如果不能 ping 到某台主机,那么就不能 telnet 或者 ftp 到那台主机。反过来,如果不能 telnet 到某台主机,那么通常可以用 ping 程序来确定问题出在哪里。ping 程序还能测出到一台主机的往返时间,以表明离该主机有"多远"。

下面给出"ping"命令的格式,表 5-5 列出了"ping"命令中各个选项的含义。

ping 命令格式:

ping [-t][-a][-n count][-l size][-f][-i TTL][-v TOS][-r count][-s count][[-j host-list]|[-k host-list]][-w timeout] target name

表 5-5 ping 命令选项描述

选　项	描　述
-t	ping 指定的主机直到停止。要看统计和继续,按 <Ctrl + Break> 组合键;要停止,按 <Ctrl + C> 组合键
-a	把 IP 地址解析到主机名
-n count	发送回送请求的数量
-l size	发送缓冲区的大小
-f	设置分组中不分片标志
-i TTL	设置分组生存时间
-v	设置服务类型
-r count	记录路由跳数
-s count	跳数时间戳
-j host-list	沿 host-list 表松散源路由
-k host-list	沿 host-list 表严格源路由
-w timeout	等待每一个回送应答的超时时间(ms)

【例 5-3】用 ping 命令测试 Windows 主机上 IP 协议软件安装是否正确。

解:ping 命令是 Windows 操作系统中测试主机连通性的一个常用工具。如果要使用 ping 命令,首先打开命令提示符对话框,然后输入 ping 命令。

测试 Windows 主机上 IP 软件的安装,只需要 ping 目的 IP 地址 127.0.0.1。若能 ping 通,则 IP 软件安装正确。

在命令提示符对话框中输入“Ping 127.0.0.1”,出现以下信息:

```
Ping 127.0.0.1 with 32 bytes of data:
Reply from 127.0.0.1: bytes = 32 time < 1ms TTL = 128
Reply from 127.0.0.1: bytes = 32 time < 1ms TTL = 128
Reply from 127.0.0.1: bytes = 32 time < 1ms TTL = 128
Reply from 127.0.0.1: bytes = 32 time < 1ms TTL = 128
Ping statistics for 127.0.0.1:
    Packets: Sent = 4, Received = 4, Lost = 0 (0% loss),
Approximate round trip times in milli-seconds:
    Minimum = 0ms, Maximum = 0ms, Average = 0ms
```

由此表明,IP 软件安装正确。

需要注意,在上面的显示信息中:TTL 值是位于 IP 首部中的生存时间字段值,对于不同的操作系统,IP 软件设置了不同的初始值,例如 Windows XP 中,TTL 初始值为 128。Time 值表示 ICMP 报文的往返时间值,ping 程序通过在 ICMP 报文数据中存放发送请求的时间值来计算往返时间。当应答返回时,用当前时间减去存放在 ICMP 报文中的时间值,即是往返时间。

【例 5-4】用 ping 命令测试 Windows 主机上网络接口卡安装、配置是否正确。

解:首先打开命令提示符窗口,然后输入 ping 命令。测试 Windows 主机上网络接口卡安装、配置的正确性,只需要 ping 本机的目的 IP 地址。若能 ping 通,则本机的网络接口卡安装、配置正确。假设本机的 IP 地址为 61.48.69.174。

在命令提示符窗口中输入“ping 61.48.69.174”,出现以下信息:

```
Ping 61.48.69.174 with 32 bytes of data:
    Destination host unreachable.
    Destination host unreachable.
    Destination host unreachable.
    Destination host unreachable.
Ping statistics for 61.48.69.174:
    Packets: Sent = 4, Received = 0, Lost = 4 (100% loss)
```

出现以上信息,表明目的主机不可达,意味着网络接口卡安装、配置可能有问题。

随着因特网安全意识的增强,出现了提供访问控制清单的路由器和防火墙。在主机上安装的个人防火墙和杀病毒等软件常常会阻止 ping 命令的功能。所以,一旦出现 ping 不通的时候,再检查一下,是否打开了防火墙和杀病毒等软件。若是,则暂时先把这些软件关闭,再执行 ping 命令。

在本例中,经检查发现,在本机上安装了个人防火墙,关闭防火墙后,再执行 ping 命令。出现以下的信息:

```
Ping 61.48.69.174 with 32 bytes of data:
    Reply from 61.48.69.174: bytes = 32 time < 1ms TTL = 128
```

```
        Reply from 61. 48. 69. 174: bytes = 32 time < 1ms TTL = 128
        Reply from 61. 48. 69. 174: bytes = 32 time < 1ms TTL = 128
        Reply from 61. 48. 69. 174: bytes = 32 time < 1ms TTL = 128

    Ping statistics for 61. 48. 69. 174:
        Packets: Sent = 4, Received = 4, Lost = 0 (0%  loss),
    Approximate round trip times in milli-seconds:
        Minimum = 0ms, Maximum = 0ms, Average = 0ms
```

出现上述信息,表明主机上的网络接口卡安装和配置没有问题。

一般地,在一个互联网上,测试一个到目的站的连通性,采用 ping 程序时,基于以下的一些步骤:

1) 关闭本主机上的防火墙和杀病毒等软件。这可能为本主机带来一定的安全风险,但这些软件如果打开的话,一般会阻止 ping 的运行。

2) Ping 目的站的 IP 地址,如果不通则执行下一步。

3) Ping 主机所在网络网关的 IP 地址,如果不通则执行下一步。需要注意,网络中一般禁止 ping 网关地址。

4) Ping 本主机的 IP 地址,如果不通,则检查本主机的网络接口卡安装、配置是否正确。

5) Ping 127. 0. 0. 1 环回地址,如果不通,则检查本主机安装的 TCP/IP 软件是否正确。

网络管理员通过上述的步骤,可以隔离出网络连通性方面的问题,进而有效地查找故障。一般地,对于网络中的个人用户,只需要完成第 4 和第 5 步骤。

5.4 本章小结

基于 TCP/IP 技术构建的互联网中,各个站点(主机或路由器)需要两类地址:逻辑地址和物理地址。IP 地址为逻辑地址,48 bit 的以太网地址是物理地址。IP 地址在网络层以上标识一个站点,物理地址在物理层和数据链路层上标识一个站点。

地址解析协议(ARP)是一种动态地址映射技术,可通过已知目的站的 IP 地址获得其物理地址。源站把 ARP 请求广播发送给本物理网络上的所有站点,预期的目的站使用单播返回 ARP 应答。

代理 ARP 使用地址欺骗的方式,为一组 IP 地址返回 ARP 应答。代理 ARP 可以实现网关的作用。

逆地址解析协议(RARP)是一种动态地址映射技术,为给定的物理地址获得一个 IP 地址。物理网络上至少需要一台 RARP 服务器用于 IP 地址分配。需要获得 IP 地址的主机称为客户,它发送 RARP 请求并等待 RARP 服务器的应答。

因特网控制报文协议(ICMP)包含 5 种类型的差错报告报文和 4 对查询报文,用来支持不可靠的和无连接的 IP,ICMP 报文封装在 IP 分组中在网络上传输。当 IP 分组无法交付时,向源站返回目的站不可达报文;由于网络拥塞而必须丢弃 IP 分组时,向源站返回源站抑制报文;当 IP 分组传输超时时,向源站返回超时报文。另外,改变路由报文可使主机中的路由表更加有效;回送请求和回送应答报文用来测试两个站点之间的连通性;时间戳请求和时间戳应答报文能够确定两个站点之间的往返时间,并可实现时钟同步。

ping 程序是测试安装了 TCP/IP 的两个站点间连通性的常用工具。它利用了 ICMP 回送请求和回送应答报文。回送请求和应答报文封装在 IP 分组中进行传输，源站发送 ICMP 回送请求报文，目的站收到后返回回送应答报文，当源站收到回送应答报文后，意味着两个站点在 IP 层上具有连通性。

5.5 练习题

1. 简述网络层的 IP、ARP 和 ICMP 3 个协议的主要作用。

2. IP 地址和物理地址有何区别？为什么 TCP/IP 互联网中同时需要这两种地址？

3. 对 ARP 高速缓存中的每一个"IP 地址-物理地址"绑定都设置了一个 10 ~ 20 min 的超时计时器，试分析这个时间设置太长或太短有何影响？

4. 某路由器接口的 IP 地址是 198. 69. 11. 20，十六进制以太网物理地址是 BA47CD1F67AB。它收到了一个 IP 分组，分组中的目的 IP 地址是 205. 68. 10. 22。当路由器检查路由表时，发现这个分组应交付给一个路由器，这个路由器接口的 IP 地址为 198. 69. 11. 26，十六进制以太网物理地址是 CB524E8C54AC。试给出这个路由器发出的 ARP 请求和应答分组中的各个字段值。假定不划分子网。

5. 将上一题中的 ARP 请求分组封装成数据链路层的帧。试填充帧中相关的字段。

6. 试用 arp 命令查看 Windows 主机中的 ARP 高速缓存表。

7. 源站 A 向目的站 B 发送 IP 分组，目的站 B 从未收到该分组，而源站 A 也从未收到该 IP 分组的 ICMP 差错报告报文。试给出两种可能的解释。

8. 试用 ping 命令测试到某一主机的连通性。

第6章 多播和Internet组管理协议(IGMP)

前面介绍的单个源站和单个目的站之间的通信称作单播,单播是一对一的通信方式。但是,在某些场合更需要一对多的通信方式,例如,股票价格的变动要同时通知许多证券经纪人,旅行社取消某个行程要同时通知许多旅客,网络上的一群用户同时进行视频点播等。这种一个源站同时和多个目的站之间的通信方式称作多播。Internet 组管理协议(IGMP)是在多播环境下使用的协议。

6.1 多播概念

一对多的通信方式称作多播。多播可以分为两种:一种是在物理网络上实现的多播,例如以太网多播;另一种是在逻辑网络上实现的多播,例如 IP 多播。

6.1.1 以太网多播

许多硬件技术提供了一个源站同时向多个目的站交付数据的机制。硬件广播是一对多通信的特殊形式,广播交付意味着一个源站通过一次交付过程,同时向物理网络(网段)上的所有其他站点交付数据。例如在以太网中,通过给以太网帧指定一个广播目的地址,就可以实现一个源站把以太网帧交付给网络(网段)上的所有站点。

更一般的一对多通信形式是多播。与硬件广播方式不同,硬件多播允许每个站点选择是否参与多播。硬件技术保留了较大数目的用于多播的地址,当一组站点需要进行通信时,可以为这组站点选择一个特定的多播地址。例如,在以太网中,以太网硬件地址的一半保留用于硬件多播,使用高位字节中的最低位来区别单播地址(置0)和多播地址(置1)。点分十六进制表示的物理地址 01.5F.00.00.00.04 就是一个多播地址。以太网网络接口卡经过适当配置后,就能够接收发往该站点的多播地址帧。

硬件多播可以看作是广播的更一般形式,可以实现同时与一组站点的通信,但有一个限制条件,就是这一组站点只能在同一个物理网络(网段)上。路由器隔离了硬件多播和广播。

6.1.2 IP 多播

IP 多播(IP Multicasting)是对硬件多播的推广。IP 多播同样允许一个源站与一组目的站通信,但是最主要的区别在于该组目的站可以位于互联网中的任意物理网络上,这一组目的站称为多播群组(Multicast Group),或简称群组。

IP 多播和多个单播的区别在于:IP 多播是源站发送出一个 IP 分组,经过各路由器复制、转发到群组中的各个成员,在两个路由器之间只有一个 IP 分组的副本在传送;在多个单播中,源站发出多个 IP 分组,例如,如果有 100 个目的站,那么源站就发出 100 个 IP 分组,每一个 IP 分组带有不同的单播地址(目的地址),在两个路由器之间可能有多个 IP 分组的副本在传送。

即使 IP 多播可以用单播来进行仿真,也还是需要提供一个单独的机制来实现多播,主要原因有两点:

1) 多播比多个单播更加有效,多播所需的带宽要小于多个单播,节省了网络传输带宽。

2) 多播比多个单播具有更小的分组时延,群组成员越多,优势越明显。例如,如果一个群组中有 1 000 个成员,用单播方式实现时,那么第一个 IP 分组和最后一个 IP 分组之间的时延可能是无法接受的。

1. IP 多播关键技术

为了在互联网上实现 IP 多播,需要解决以下 3 个方面的问题:

(1) IP 多播编址。除了给群组提供足够的地址之外,IP 多播编址还必须满足:可以在本地网络分配群组地址,同时该地址又能在全互联网中使用。

(2) 有效的通知和交付机制。需要解决站点(主机或路由器)如何发送和接收 IP 多播分组的问题,即站点需要一种通知机制把自己参与的群组通知给路由器,路由器需要一种交付机制把 IP 多播分组传输给站点。另外,应尽量有效利用硬件多播,同时也允许 IP 多播能够在不支持硬件多播的网络上交付。

(3) 有效的多播路由选择协议。多播路由选择协议应该能够沿最短路径路由多播分组,但不应该沿无法到达群组成员的路径发送多播分组,并且应该允许站点在任何时刻参加或退出群组。

2. IP 多播地址

IP 多播地址被划分为两类:永久分配的和可临时使用的。永久分配的地址称为熟知的,用于互联网上的主要服务以及基础结构维护(例如多播路由协议)。临时使用的多播地址对应于临时的群组,需要使用时则创建,群组成员为零时则丢弃。

与硬件多播类似,IP 多播使用多播目的地址来规定分组必须通过多播进行交付。IP 保留了 D 类地址用于多播。图 6-1 表示了一个 D 类多播地址的格式。

图 6-1 用于多播的 D 类 IP 地址

IP 地址前 4 bit 的"1110"指出这是一个多播地址,其余的 28 bit 标识了特定的群组,其中不再有结构层次。采用点分十进制表示的多播地址的范围为 224.0.0.0 ~ 239.255.255.255。表 6-1 给出了部分永久分配的多播地址。

表 6-1 永久分配的部分多播地址

地 址	含 义	地 址	含 义
224.0.0.0	基地址(保留未用)	224.0.0.13	所有 PIM 路由器
224.0.0.1	本子网上的所有系统	224.0.0.14	RSVP 封装
224.0.0.2	本子网上的所有路由器	224.0.0.15	所有 CBT 路由器
224.0.0.3	未分配	224.0.0.16	指定的 SBM
224.0.0.4	DVMRP 路由器	224.0.0.17	所有 SBM
224.0.0.5	OSPF IGP 所有路由器	224.0.0.18	VRRP
224.0.0.6	OSPF IGP 指定的路由器	224.0.0.19 ~ 224.0.0.255	未分配

（续）

地　址	含　义	地　址	含　义
224.0.0.7	ST 路由器	224.0.1.21	MOSPF 上的 DVMRP
224.0.0.8	ST 主机	224.0.1.84	Jini 通告
224.0.0.9	RIP2 路由器	224.0.1.85	Jini 请求
224.0.0.10	IGRP 路由器	239.192.0.0 ~ 239.251.255.255	作用域限制在一个机构内
224.0.0.11	移动代理	239.252.0.0 ~ 239.255.255.255	作用域限制在一个网络内
224.0.0.12	DHCP 服务器/中继代理		

表6-1 中介绍的两个地址对于多播交付机制尤其重要。地址 224.0.0.1 永久分配给一个物理子网上包含所有主机和路由器的群组，224.0.0.2 永久分配给一个物理子网上包含所有路由器的群组。一般地，这两个群组用于控制协议，不用于通常的分组交付。需要注意，没有对应于互联网中所有主机和路由器的 IP 多播地址。

3. IP 多播特征

为了实现 IP 多播，站点必须安装允许收发多播分组的软件参与本地网络上的 IP 多播，当参与跨越多个物理网络（网段）的多播时，站点必须通知本地多播路由器。通过本地多播路由器与其他多播路由器通信，传输成员信息并建立多播路由。IP 多播具有下列特征：

- 多播路由器支持。因为群组的成员可以连接在多个物理网络上，转发 IP 多播分组需要特殊的多播路由器。
- 群组地址。每个群组有惟一的 D 类地址。IP 最多可提供 2^{28} 个多播地址，多播地址被划分为永久分配的和临时使用的两类。
- 动态群组成员。一个站点可在任何时候加入或退出一个群组。一个站点可以是多个群组的成员。
- 成员和传输。任意站点都可以向任何群组发送 IP 分组，群组成员只用于确定站点是否接收该分组。
- 交付机制。IP 多播与其他 IP 分组交付使用同样的尽最大努力交付机制，这意味着 IP 分组可能丢失、延迟、重复或乱序到达。
- 底层硬件使用。如果底层网络支持硬件多播，则可以使用硬件多播发送 IP 多播。如果硬件不支持，则使用广播或单播来实现 IP 多播。

目前，随着因特网的高速发展和广泛应用，IP 多播也产生了越来越多的应用，例如访问分布式数据库、信息传播、视频会议和远程教育等。在视频会议中，可以为所有参加视频会议的人创建一个群组，便于他们在同一时间接收到同一信息。在远程教育中，可以为某个特定班级的学生创建一个群组，来同时接收某个教授的讲课。

6.1.3　使用以太网多播实现 IP 多播

互联网是由许多物理网络互连起来构成的，其中大多数的物理网络支持硬件多播，例如以太网就是其中的一种。因此，当 IP 多播分组传送到这些以太网时，就用硬件进行多播，交付给属于该群组的成员。互联网号码分配机构（IANA）规定在 48 bit 的以太网物理地址中，当第一个字节的最低位为 1 时即表示多播地址，所以以太网中有一半是多播地址，以太网地址中的前

25 bit 标识一个多播地址,剩下的 23 bit 用来定义一个群组。

由于 D 类 IP 地址中有 28 bit 用于多播编址,要把 IP 多播地址映射为以太网多播地址,只能提取出 D 类 IP 地址的低 23 bit,并把它复制到以太网多播地址中,如图 6-2 所示。

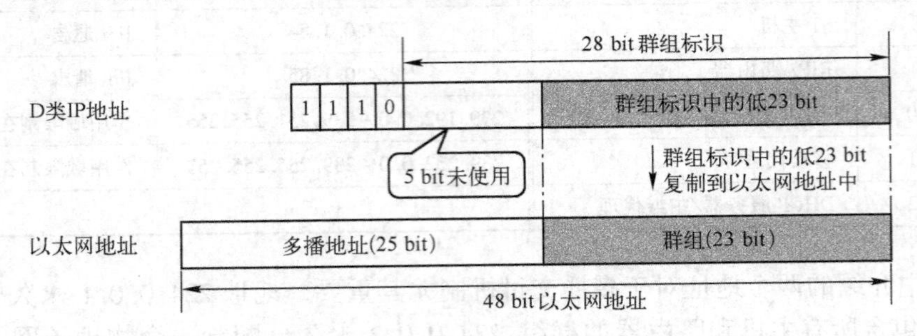

图 6-2　把 D 类地址映射为以太网多播地址

由于 D 类 IP 地址的群组标识字段是 28 bit 长,所以有 5 bit 未被使用。换言之,映射是多对一的,32 个 IP 多播地址映射为单个以太网多播地址。因此,站点必须检查 IP 地址,把不是本站点要接收的分组丢弃。

大多数的广域网不支持物理多播编址。要通过这样的网络发送多播分组,就要使用隧道技术(Tunneling)。使用隧道技术时,多播分组被封装成单播分组并发送到网络,然后在另一端再把这个分组转变成多播分组。

6.2　Internet 组管理协议(IGMP)

Internet 组管理协议(IGMP,Internet Group Management Protocol)用于多播路由器和实现多播的站点之间进行群组成员关系的通信。多播路由器在传输群组成员信息之前,必须知道本地网络上有哪些站点已经加入某个群组。IGMP 是 TCP/IP 的标准之一,所有接收 IP 多播的站点都需要 IGMP。

6.2.1　IGMP 工作原理

网络上的每一个多播路由器中都有一个多播地址表,其中每一个多播地址对应一个群组,而且一个群组至少包含本地网络上的一个成员。主机或路由器都可以是一个群组中的成员。多播路由器负责把多播分组分发给一个群组中的各个成员。换言之,如果有多个多播路由器连接在同一个物理网络上,它们的多播地址表一定是互不相同的。任一个多播地址不会同时属于同一个物理网络上的多个多播路由器。下面给出 IGMP 工作的 3 个阶段。

1. 加入一个群组

图 6-3 给出了一个站点(主机或路由器)加入一个群组的流程。

1）当站点中的一个进程 P(对应一个应用程序)要加入到一个群组 MG 时,它就向存储着包含群组 MG 的多播地址表的站点发出申请。

2）站点检查它的群组成员关系表,成员关系表是包括 <进程名,群组名> 表项的集合。

3）若申请的群组 MG 在群组成员关系表中,则把 <进程 P,群组 MG> 表项加入该群组成员关系表中,因为站点已经是群组 MG 的成员,站点就不再发送群组成员关系报告;否则执行步骤 4。

4）站点发送群组成员关系报告。换言之，这是站点新增加的一个群组。

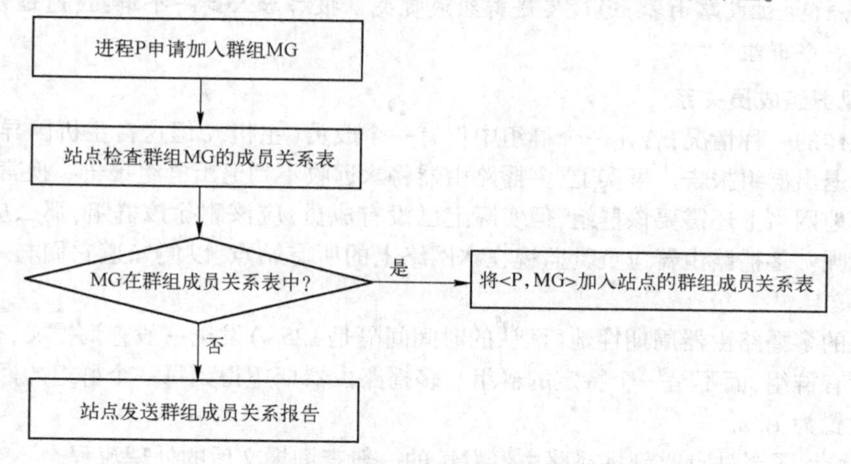

图 6-3　站点加入群组的流程

为了提高群组成员关系报告发送的可靠性，需要把群组成员关系报告连续发送两次。这样，即使第一个报告丢失或遭到破坏，也可以使用第二个报告。

2. 删除一个群组

图 6-4 给出了站点退出一个群组的流程。

1）当站点发现在一个群组 MG 中已经没有进程时，就发送退出群组 MG 的报告，多播路由器收到该报告。

2）多播路由器收到退出群组报告时，并不立即删除这个群组 MG，而是发送针对 MG 的查询报文，因为这个退出群组报告仅仅是从一个站点发送来的，可能还有其他站点仍然需要这个群组。

3）若在指定时间内没有收到站点对该群组的成员关系报告，就意味着在本网络上没有这个群组 MG 的成员，删除这个群组；否则执行步骤 4。

4）不删除这个群组 MG。

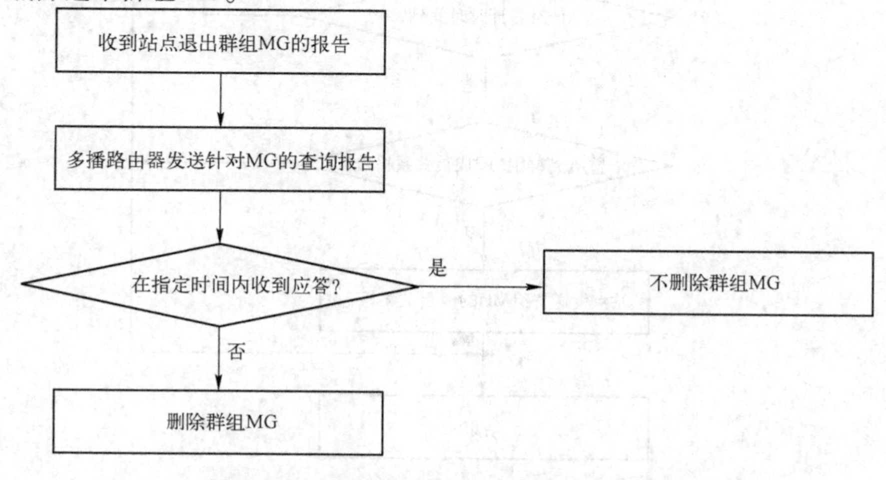

图 6-4　多播路由器删除一个群组 MG 的流程

站点（主机或路由器）通过发送群组成员关系报告加入到一个群组，通过发送退出群组报告退出一个群组。

3. 监视群组成员关系

考虑这样的一种情况，若在一个群组中仅有一个成员（主机），但这台主机因异常而关机，即没有发送退出群组报告。事实上，多播路由器将永远收不到退出群组报告。换言之，多播路由器认为本地网络上还需要该群组，但实际上已没有成员，应该删除该群组，那么应当如何处理这种情况呢？多播路由器应负责监视在本网络上的所有站点，以便知道它们与一个群组的成员关系。

网络上的多播路由器周期性地（默认的时间间隔是125 s）发送一般查询报文，查询涉及某个站点的所有群组，而不是一个特定的群组。多播路由器期望得到每一个群组的回答，其最长响应时间设置为10 s。

图6-5给出了当站点收到多播路由器发送的一般查询报文后的处理流程。

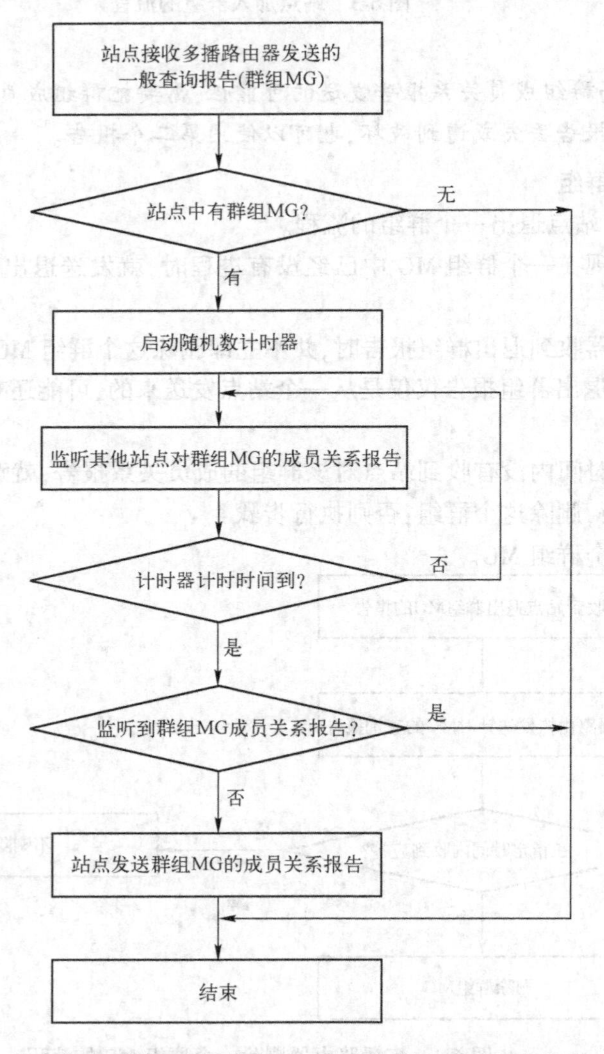

图6-5 站点收到多播路由器发送的一般查询报文后的处理流程

1）站点接收到多播路由器发送的一般查询报文，假定是对群组 MG。

2）站点查看群组成员关系表，判断是否有群组 MG；若有，则执行步骤 3。否则不做任何处理。

3）启动随机数计时器，并监听是否有其他站点对群组 MG 的成员关系报告，需要注意，对群组成员关系表中的每一个群组设置计时器。

4）若计时器到时间，仍没有收到其他站点对群组 MG 的成员关系报告，则本站点发送群组的成员关系报告；否则，本站点不发送对群组 MG 的成员关系报告。

当站点收到多播路由器发出的一般查询报文时，它不是立即响应（发送群组成员关系报告），而是延迟响应。如果多个站点包含同一个群组，那么只有一个站点发送响应，其他站点进行监听，以避免不必要的通信量。

查询报文可能产生很多响应。为了防止不必要的通信量，IGMP 为每一个网络指定一个路由器作为查询路由器。只有这个查询路由器才能发送查询报文，而其他的路由器都是被动的，它们只能接收响应和更新它们的成员关系表。

本地多播路由器周期性地轮询本地网络上的站点，以确定当前各个群组中有哪些成员。如果经过若干次轮询后，某个群组中始终没有成员，多播路由器就认为该群组中不再有本地网络中的成员，于是停止向其他多播路由器通告该群组的成员信息。

6.2.2 IGMP 报文

IGMP 有两个版本，当前的版本是 IGMP 第 2 版，即 IGMPv2（RFC 2236）。IGMP 有 3 种类型的报文：查询报告报文、群组成员关系报告报文和退出群组报告报文。查询报告报文又分为一般查询和特定查询两种类型。

每个 IGMP 报文包含 8 B，图 6-5 给出了 IGMPv2 报文的格式。

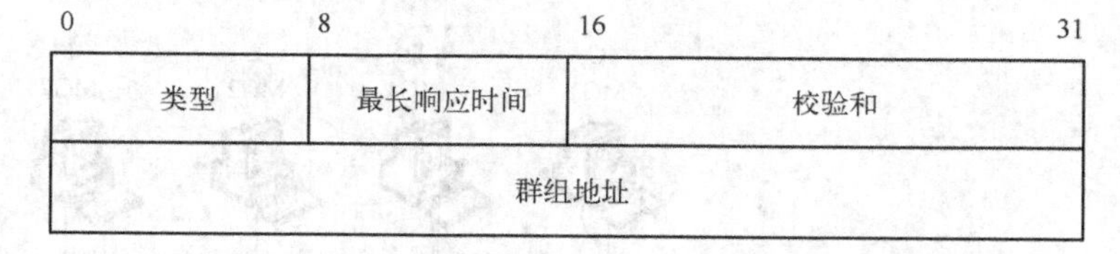

图 6-5 IGMPv2 报文的格式

- 类型：8 bit 字段，定义了报文的类型，表 6-2 给出了报文的类型值。

表 6-2 IGMPv2 中的类型字段

类　型	群组地址	含　义
0x11	未用(0)	一般群组成员关系查询
0x11	已使用	特定群组成员关系查询
0x16	已使用	群组成员关系报告
0x17	已使用	退出群组报告
0x12	已使用	群组成员关系报告(第 1 版)

- 最长响应时间：8 bit 字段，定义了查询必须在多长时间内回答。其值以十分之一秒为单位，例如，这个值是 100 就表示 10 s。在查询报告报文中，这个值不为 0，在其他两种报文中此字段值为 0。

● 校验和:16 bit 字段,校验和在 8 B 的报文上计算得出。
● 群组地址:在一般查询报告报文中这个字段的值为 0。在特定查询报告报文、群组成员关系报告报文以及退出报告报文中,此字段定义群组地址(多播地址)。

IGMP 报文被封装在 IP 分组的数据中进行传输,图 6-6 给出了 IGMP 报文的封装形式。

在封装 IGMP 报文的 IP 分组首部中,协议字段值为 2,TTL 字段值为 1。因为 IGMP 的作用范围是本物理网络,TTL 值为 1 保证了 IGMP 报文不能够发送到本网络以外。3 类报文在 IP 首部目的 IP 地址字段对应不同的多播地址,如表 6-3 所示。

	IGMP报文(8 B)
IP首部	数据

图 6-6 IGMP 报文的封装

表 6-3 目的 IP 地址

类 型	目的 IP 地址	作 用
查询报告报文	224.0.0.1	本子网的所有主机和路由器接收这个报文
群组成员关系报告报文	群组的多播地址	本群组中的所有主机和路由器接收这个报文
退出报告报文	224.0.0.2	本子网上的所有路由器接收这个报文

6.3 多播路由选择

6.3.1 多播路由特性

前面描述的 IGMP 和多播编址方法解决了在一个物理网络上传送多播分组的问题,但还没有解决路由器间如何交换群组成员关系,确保多播分组的副本能够到达群组所有成员的问题。

传统路由方法能否扩展成处理多播呢?由于多播转发与单播转发的不同,使得多播路由与单播路由在基本方法上也是不同的。图 6-7 给出了一个多播转发的网络结构,多播路由器 R 连接了网络 1、网络 2 和网络 3,网络中有两个群组 MG1(成员为 A、C 和 D)和 MG2(成员为 E、F 和 G)。

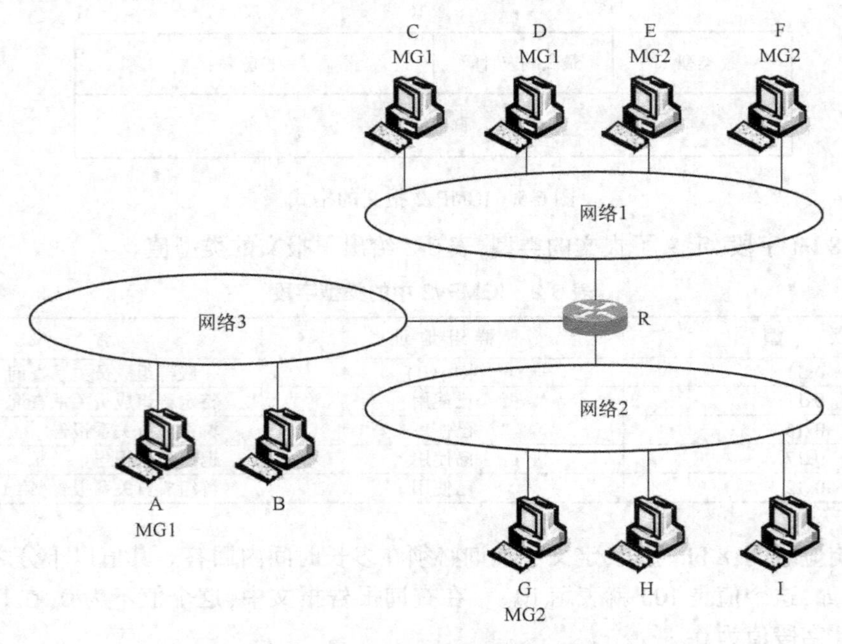

图 6-7 一个多播转发的网络结构

根据图 6-7,下面分析一下多播路由所具有的特性:

- 动态路由要求。在单播路由中只有当网络拓扑结构改变或设备出故障时才会发生路由改变,多播路由中应用程序加入或退出一个群组就会发生多播路由的变化。例如,MG1 没有网络 2 上的成员,为了避免不必要的带宽浪费,路由器 R 不需要把发往 MG1 的分组通过网络 2。但是,主机可以在任何时候加入任何群组,如果此时网络 2 上的主机 H 加入 MG1,而且它是网络 2 上 MG1 的第一个成员。此时,必须改变多播路由,将网络 2 添加到路由器 R 的多播地址表中。
- 多播转发需要路由器检查多个目的地址。例如,如果主机 E 和 G 各自给 MG2 发送了一个分组,路由器 R 接收并转发这些分组。因为两个分组发往同一个群组,目的地址相同,路由器 R 就把 E 的分组发送给网络 2,把 G 的分组发送给网络 1。如果主机 A 给 MG2 发送一个分组,当路由器 R 接收到主机 A 发来的分组时,需要转发两个副本,一个发给网络 1,另一个发给网络 2。
- 多播分组可以从非群组成员的主机上发起,并且可以通过任何没有群组成员的网络。例如,虽然主机 H 不是任何群组的成员,并且 H 所在的网络 2 没有 MG1 的成员,但是 H 可以给 MG1 发送分组。更重要的是,该分组通过互联网时,可能穿过没有该群组成员的网络。

6.3.2 多播路由实现目标

根据上面多播路由的特性,多播路由选择中应满足如下目标:

- 群组的每一个成员只能收到一个多播分组的副本,不允许收到多个副本。
- 非群组成员不能收到副本。
- 路由选择中没有回路。也就是说,一个多播分组通过某个路由器至多一次。
- 从源站到每一个目的站的路径必须是最佳的。

6.3.3 多播转发树

从源站到群组所有成员的一系列路径形成的结构犹如图论中的树,有时也称为多播转发树。每个多播路由器对应于树中的一个节点,连接两个路由器的网络对应于树中的一条边。分组的源站是树的根,从源站沿每条路径到达的最后一个路由器称为叶路由器。

转发多播分组时,多播路由协议使用了两种类型的多播转发树:源站基准树和群组共享树。

1. 源站基准树

源站和群组的每一种组合构成一棵树。源站基准树被定义为一系列通过多播路由器的路径,这些路径从源站可以到达群组的所有成员。对于某群组,每个可能的分组源站都能确定一棵不同的树。如果网络中有 n 个不同的群组和 m 个不同的源站,那么就有 $n \times m$ 棵不同的树。

与单播路由表不同,多播路由表中的每个表项由一个序偶 <群组,源站> 进行标识。为了节省空间,路由协议使用网络号作为源站。也就是说,同一物理网络上的所有站点都使用这一个表项。通过使用网络号代替源站地址,显著减少了多播路由表的大小。但是,多播路由表比单播路由表还是要大得多。单播路由表的大小与互联网中的网络数成正比,而多播路由表的大小正比于互联网中网络数和群组数的乘积。

使用源站基准树的多播路由选择协议有：距离向量多播路由协议（DVMRP，Distance Vector Multicast Routing Protocol）、多播开放最短路径优先（MOSPF，Multicast Open Shortest Path First）和协议无关多播-密集方式（PIM-DM，Protocol-Independent Multicast-Dense Mode），这些协议将在后面介绍。

2. 群组共享树

每一个群组共享同样的树。如果在整个网络中有 n 个群组，那么就有 n 棵树，每一棵树对应于一个群组。例如，如果一个源站要给具有 D 类地址 227.5.18.12 的一个群组发送多播分组，那么就要为此目的创建相应的树，以后又有另一个源站要给同样的群组发送另一个分组，那么相应的树是相同的。但如果一个源站需要给群组 228.6.20.11 发送分组，那么就要创建一棵新的树。

在群组共享树中，是群组确定树，不同的群组对应不同的树。对同一群组，不管源站是否改变，对应的树不变。

为每一个群组创建一棵树，并且选择一个路由器作为这个群组的汇集点（或称为核心）作为树的根，这样的群组共享树称作汇集点树。核心基干树（CBT，Core Based Trees）和协议无关多播-稀疏方式（PIM-SM，Protocol-Independent Multicast-Sparse Mode）两种路由协议使用这种类型的树。

6.3.4 多播路由选择协议

根据网络中群组成员的分布，多播路由选择协议可以分为两类：一类是假设群组成员密集地分布在网络中，换言之，网络的大多数子网都至少包含一个群组成员，而且网络带宽足够大，这种被称作“密集模式”的多播路由选择协议依赖于广播技术来将数据“推”向网络中所有的路由器。密集模式的多播路由选择协议包括：DVMRP、MOSPF 和 PIM-DM 等。第二类是假设群组成员在网络中是稀疏分散的，并且网络不能提供足够的传输带宽。在这种情况下，广播就会浪费许多不必要的网络带宽，从而可能导致严重的网络性能问题。稀疏模式多播路由选择协议必须依赖于具有路由选择能力的技术来建立和维持多播树。稀疏模式的多播路由选择协议主要包括 CBT 和 PIM-SM。

1. 距离向量多播路由协议（DVMRP）

距离向量多播路由协议（DVMRP，Distance Vector Multicasting Routing Protocol）是基于源站的路由选择协议，是对单播距离向量路由协议（DVRP，Distance Vector Routing Protocol）的扩展，它是最早的多播路由协议之一，已经被广泛地应用在多播骨干网上。该协议允许多播路由器之间传递群组成员关系和路由信息。当路由器收到发往一个群组的分组时，通过源站基准树中各分枝的网络链路发送分组的副本。

DVMRP 基于反向路径多播（RPM，Reverse Path Multicasting）形成源站基准树。RPM 基于 3 个假设：

1）确保多播分组到达要发往的群组的每个成员。

2）每个多播路由器包含一个具有正确信息的单播路由表。

3）多播路由应该尽可能地提高效率，消除不必要的传送。

RPM 工作的基本原理是：

1）源站使用广播方式向互联网中的所有网络发送第一个分组，这样确保所有群组成员都接收到一个副本。

2）每一个网络的多播路由器使用IGMP维护本网络的群组成员关系，一旦多播路由器发现对某个群组没有兴趣，就向上游路由器发送修剪报文，上游路由器就停止在此接口上给该群组发送多播分组。如果这个路由器从所有下游路由器中都收到了修剪报文，就再向它的上游路由器发送修剪报文。

3）如果某路由器已经发送了修剪报文，但通过IGMP又发现要加入某个群组，此时就发送移植报文，移植报文强迫上游路由器继续在此接口发送多播分组。

需要注意，所有的DVMRP修剪报文都有一个字段定义修剪寿命，默认为2小时。仅在分组的修剪寿命内才发生修剪，之后，通信量就自动恢复。

对子网中密集分布的群组来说，DVMRP能够很好地工作，但是对于在范围比较大的区域上稀疏分布的群组来说，周期性地广播会导致严重的性能问题。DVMRP不能支持大型网络中稀疏分布的群组。

2. 多播开放最短路径优先(MOSPF)

多播开放最短路径优先是OSPF协议的扩展，使用多播链路状态路由选择创建源站基准树。MOSPF依赖于单播路由协议OSPF。

每个MOSPF路由器都通过IGMP周期性地收集群组成员关系信息。这些信息和链路状态信息被发送到区域中的所有其他路由器，路由器根据从邻站路由器接收到的这些信息更新它们的链路状态数据库。由于每个路由器都清楚整个网络的拓扑结构，就能够独立地计算出一棵最小代价树，源站和群组成员分别作为树的根和叶，这棵树定义了多播分组从源站发送到群组成员的路径。

MOSPF只能在一个区域内向所有路由器发送所有群组成员关系信息，但不能将其规模扩大到任意互联网。因此，MOSPF定义了区域间多播路由。OSPF指定一个区域中的一个或多个路由器作为区域边界路由器（ABR，Area Border Router），然后此类路由器把路由信息传播给其他区域。类似地，MOSPF则指定一个或多个ABR作为多播区域边界路由器（MABR，Multicast Area Border Router），此类路由器把群组成员关系信息传播给主干区域，但不从主干区域向外传播信息。

3. 核心基干树(CBT)

核心基干树避免进行广播。CBT与DVMRP使用的基本方法是相反的，不是先转发分组，直到传播了否定信息才停止转发，而是直到收到肯定信息后才沿该路径转发。当站点使用IGMP加入一个特定群组时，本地路由器在转发多播分组之前必须通知其他路由器。CBT构建多播转发树时，为了能够适应不同的网络规模，把互联网划分成区域，每个区域的大小由网络管理员确定。在每个区域内，有一个路由器被指定为核心路由器，区域内的其他路由器或者配置为知道自己所在区域的核心，或者使用动态发现机制来查找这个核心。在任何情况下，路由器只会在自举时进行发现核心的工作。

核心所了解的信息很重要，因为区域内的多播路由器根据这些信息形成该区域的群组共享树。一个站点加入群组后，接收该站点请求的本地路由器L立即产生CBT加入请求，使用单播路由把该请求发送给核心。到核心的路径上的每个中间路由器都对这个请求进行检查。

一旦该请求到达了已成为 CBT 群组共享树一部分的路由器 R,R 就会返回一个确认,把群组成员传给自己的上层路由器,并开始转发该群组的通信量。在确认报文传回叶路由器的过程中,中间路由器检查该报文,并将多播地址表配置为转发该群组的分组。因此,路由器 L 在路由器 R 处链接到多播转发树(群组共享树)。

CBT 把互联网划分成区域,并为每个区域指定了一个核心路由器,区域中的其他路由器通过给核心发送加入请求,动态地建立群组共享树。

4. 协议无关多播(PIM)

协议无关多播(PIM,Protocol Independent Multicast)包括两个独立的多播路由选择协议的名称:协议无关多播-密集方式和协议无关多播-稀疏方式。这两个协议都与单播协议无关。

(1) PIM-DM。PIM-DM 是基于源站的路由选择协议,其工作原理类似于 DVMRP,都使用了反向路径多播机制来构建源站基准树,但它比 DVMRP 简单。PIM-DM 不依赖于任何单播路由协议,路由器某个接收端口(即返回到源站的最短路径的端口)接收到的多播分组被发送到所有下行接口直到不需要的分枝从树中被修剪掉。DVMRP 在源站基准树构建阶段能够使用单播协议提供的拓扑数据有选择性地向下行发送分组,而 PIM-DM 则更加倾向于简单性和独立性,甚至不惜增加分组复制引起的额外开销。

(2) PIM-SM。当群组在网络中集中分布或者网络提供足够大带宽的情况下,密集模式多播路由协议是一个有效的方法,当群组成员在广泛区域内稀疏分布时,就需要另一种方法即稀疏模式多播路由协议将多播流量控制在连接到群组成员的链路路径上,而不会“泄漏”到不相关的链路路径上,这样既保证了数据传输的安全,又能够有效地控制网络。

PIM-SM 是群组共享路由选择协议,它有一个汇集点作为树的根。它的工作原理与 CBT 相似,PIM-SM 指定了一个称为汇集点(RP,Rendezvous Point)的路由器,其功能等价于一个 CBT 核心。为了防止 RP 出故障,它创建了一组备份的 RP。当站点加入某个群组时,本地路由器向 RP 单播一个加入请求,沿路径的路由器都检查这个报文,如果有路由器已经是树的一部分,该路由器就会截取该报文并应答。因此,PIM-SM 与 CBT 类似,为每个群组建立了一个群组共享树,并且这些树的根在汇集点。

6.4 本章小结

IP 多播是对硬件多播的推广,可以有效地将一个分组交付到多个目的站,并且允许该组目的站位于互联网上的任意物理网络上,这一组目的站称为多播群组。

IGMP 用于多播路由器和实现多播的站点之间进行群组成员关系的通信,有 3 种类型的报文:查询报告报文、群组成员关系报告报文和退出群组报告报文。查询报告报文又分为一般查询和特定查询两种类型。

站点可以在任何时候加入或退出群组。对于本地多播,站点只需要具有收发多播分组的能力。IP 多播并不限于单个物理网络,多播路由器传递群组成员关系信息并完成路由选择,使得群组的每个成员都能收到送往该群组的每一个分组的副本。

转发多播分组时,多播路由协议使用了两种类型的多播转发树:源站基准树和群组共享树。

根据网络中群组成员的分布,多播路由选择协议可以分为两类:一类适用的条件是假设群组成员密集地分布在网络中,而且网络带宽足够大,这种被称作“密集模式”的多播路由选择协议依赖于广播技术将数据“推”向网络中所有的路由器。密集模式的多播路由选择协议包括 DVMRP、MOSPF 和 PIM-DM 等。第二类适用的条件是假设群组成员在网络中是稀疏分散的,并且网络不能提供足够的传输带宽。稀疏模式多播路由选择协议必须依赖于具有路由选择能力的技术来建立和维持多播树。稀疏模式的多播路由选择协议主要包括 CBT 和 PIM-SM。

6.5 练习题

1. IP 软件必须检查所有传入的多播分组的目的地址,如果该主机不在指定的群组内,则丢弃该分组。主机并不属于某个群组,为什么还会收到发往该群组的分组呢?

2. 为什么 IGMP 报文只限制在本网络内传输?

3. IP 地址为 169.11.20.7 的主机收到 IGMP 查询报文,当它检查其群组地址表时发现没有表项。这个主机是否应当发送报文?若发送,则应发送什么报文?并请给出该报文的各个字段。

4. IP 地址为 196.5.18.7 的主机收到 IGMP 查询报文,当它检查其群组地址表时发现在表中有一个表项 225.8.6.15。这个主机是否应当发送报文?若发送,则应发送什么报文?并请给出该报文的各个字段。

5. 若一主机要在 4 个群组中继续其群组成员关系,它应当发送 4 个不同的群组成员关系报告报文还是只发送 1 个?

第7章 用户数据报协议(UDP)

传输层负责源主机与目的主机进程之间端到端的数据传输。传输层有两个著名的协议:用户数据报协议 UDP(User Datagram Protocol)和传输控制协议 TCP(Transmission Control Protocol)。二者都使用 IP 作为网络层协议。TCP 和 UDP 的每组数据都通过端系统和中间路由器中的 IP 层在互联网中进行传输。TCP 提供可靠的面向连接的服务,而 UDP 提供不可靠的、无连接的服务。当设计网络应用程序时,开发者必须指定使用传输层的哪一种协议。

UDP 广泛应用于简单的请求-应答查询以及快速递交比精确递交更为重要的场合。使用 UDP 发送很短的报文时,在发送站和接收站之间的交互比使用 TCP 少得多。UDP 对多媒体和多播应用也是很方便的一种协议。

7.1 UDP 服务

UDP 是一个非常简单的协议,做了运输层协议能够做得最少的工作,除了提供进程到进程之间的通信,几乎没有对 IP 增加任何东西。UDP 仅从进程接收数据单元,没有流量控制和确认机制,在传输过程中分组可能会丢失、延迟或乱序到达,只提供了很低水平的差错控制,即利用校验和检查数据的完整性。如果 UDP 检测出在收到的分组中有差错,它就悄悄地丢弃这个分组,不产生任何差错报文。

UDP 提供无连接的服务,在传输数据之前不需要先建立连接,远地主机的传输层在收到 UDP 数据报后,也不需要给出任何应答。UDP 发出的每一个用户数据报都是独立的数据报,都携带了完整的目标地址,每一个用户数据报可以被系统独立地路由。例如,有两条报文被发送给同一个目的主机时,报文 1 和报文 2 可以独立地选择路径。通常情况下,先发送的报文 1 先到达,后发送的报文 2 后到达;但也可能后发送的报文 2 先到达,而先发送的报文 1 后到达,这是因为先发送的报文 1 被延迟而导致后发送的报文 2 先到达了。

用户数据报不进行编号。也就是说,UDP 保留应用程序定义的报文边界,不把单个应用报文划分成几个部分,也从不把几个应用报文组合在一起。例如,如果应用程序把 5 个报文交给本地 UDP 端口发送,则接收方的应用程序就需要从接收方的 UDP 端口读 5 次,而且接收方收到的每个报文的大小都和发出的大小完全一样。

应用程序必须关心 IP 数据报的长度。数据单元要足够小,使它能够装到 UDP 分组中。UDP 封装成一份 IP 数据报的格式如图 7-1 所示。

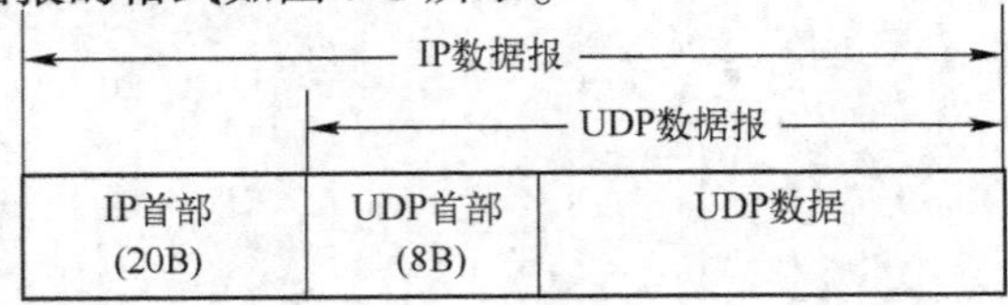

图 7-1 UDP 封装

如果 IP 数据报的长度超过网络的 MTU,就要对 IP 数据报进行分片。如果已经分片的数据报遇到了具有更小 MTU 的网络,那么这些已经分片的数据报还可再进行分片。总之,数据报在到达最后终点之前可以经过多次分片(见 3.1.4 节)。

7.2 UDP 的端口号和套接字地址

7.2.1 UDP 的端口号

从源主机将数据传送到目的主机,IP 地址和物理地址是必须使用的。另外,由于计算机是多进程设备,即可以在同一时间运行多个进程。例如,计算机 A 能够和计算机 C 使用 SNMP 进行通信。与此同时,计算机 A 还和计算机 B 使用 TFTP 通信。为了能够同时进行这些通信,就需要对不同的进程给予标识。应用层的各种进程通过相应的端口与传输实体进行交互。UDP 和 TCP 都使用了与应用接口处的端口和上层的应用进程进行通信,源进程向端口发送消息而目的进程从端口接收消息。在传输层与应用层的接口上所设置的端口是一个16 bit的地址,并用端口号进行标识。即 TCP/IP 协议族使用端口号来标识进程。UDP 可以根据端口号对来自应用层的数据进行多路复用。

UDP 在完成进程到进程之间通信的中采用的是客户-服务器工作模式。发起本次进程通信、请求服务的本地计算机上的客户进程,通常需要从远程计算机上的服务器进程得到服务。而每种应用程序都在属于它的固定端口上等待来自其他计算机的客户服务请求。例如简单网络管理协议(SNMP)总是在端口号 161 和 162 上使用 UDP 的服务。161 号端口由服务器(代理)使用,而 162 号端口由客户使用。当某台计算机的客户请求 SNMP 服务时,它就把请求发到具有这一服务的目标计算机的 161 号 UDP 端口。

互联网号码分配机构(IANA)定义的 UDP 端口号分为 3 类:熟知端口号、注册端口号和动态端口号。

1) 熟知端口号:由 IANA 负责分配给一些常用的应用程序固定使用的端口号。其端口号范围是 0 ~ 1 023。UDP 的部分熟知端口号如表 7-1 所示。

表 7-1 UDP 的熟知端口号

端 口 号	协 议	说 明
7	Echo	将收到的数据报回送到发送站
9	Discard	丢弃收到的任何数据报
11	Users	活跃的用户
13	Daytime	返回日期和时间
17	Quote	返回日期的引用
19	Chargen	返回字符串
53	Nameserver	域名服务
67	Bootps	下载引导程序信息的服务器端口
68	Bootpc	下载引导程序信息的客户端口
69	TFTP	简单文件传送协议

（续）

端 口 号	协 议	说 明
111	RPC	远程过程调用
123	NTP	网络时间协议
161	SNMP	简单网络管理协议
162	SNMP	简单网络管理协议(陷阱)

每一个客户进程都知道相应的服务器进程的熟知端口号。每一个新的应用程序出现时，必须为它指派一个熟知端口号,否则其他的应用进程就无法与它进行交互。

2）注册端口号:用户根据需要可以在IANA注册以防止重复。其端口号范围是1 024~49 151。

3）动态端口号:用来随时分配给请求通信的客户进程。也称为临时端口号或短暂端口号,这是因为它通常只是在用户运行该客户程序时才存在。其端口号范围是49 152~65 535。

TCP/IP协议族中使用端口号来标识进程。端口号分为3类:熟知端口号、注册端口号和动态端口号。

7.2.2 套接字地址

一个IP地址与一个端口号合起来叫做套接字地址,如图7-2所示。要使用UDP的服务,需要一对套接字地址:客户套接字地址和服务器套接字地址。客户套接字地址惟一地定义了客户进程,而服务器套接字地址惟一地定义了服务器进程。

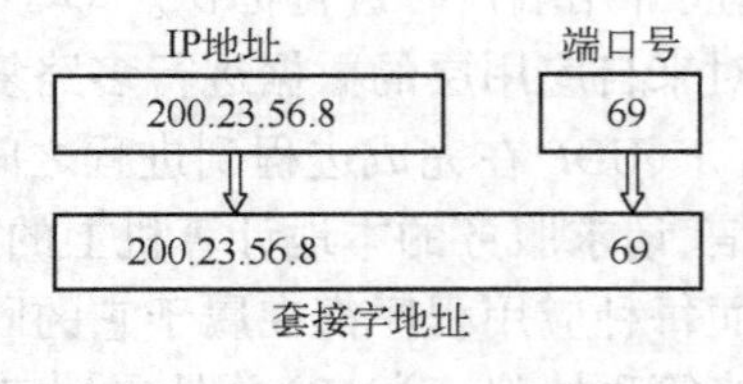

图7-2 套接字地址

7.3 用户数据报

UDP分组称为用户数据报(User Datagram),由首部和数据两部分组成。首部是8B的固定首部,没有选项。用户数据报的格式如图7-3所示。

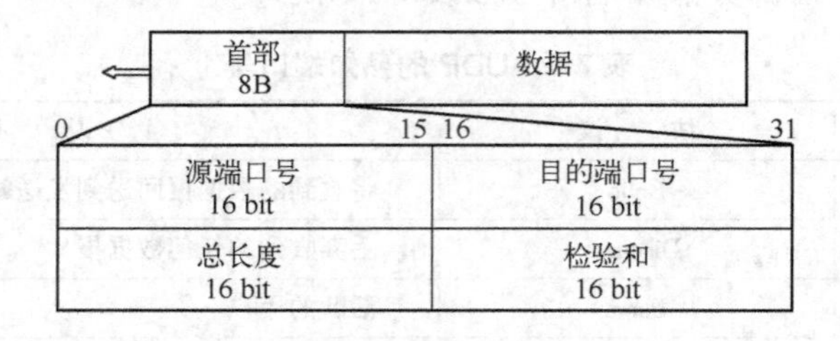

图7-3 用户数据报格式

UDP首部各字段的意义如下:

- 源端口号:16 bit字段。由运行在源主机上的进程所使用的端口号。端口号的范围是0~65 535。若源主机是客户端(当客户进程发送请求时),则在大多数情况下这个端口号就是动态端口号。若源主机是服务器端(当服务器进程发送响应时),则在大多数情况下这个端口号是熟知端口号。
- 目的端口号:16 bit字段。由运行在目的主机上的进程使用的端口号。若目的主机是服务器端(当客户进程发送请求时),则在大多数情况下这个端口号是熟知端口号。若目的主机是客户端(当服务器进程发送响应时),则在大多数情况下这个端口号就是动态端口号。

- 总长度:16 bit 字段。定义了用户数据报的总长度,是首部加上数据的长度之和。可定义的总长度是0~65 535B。但是,最小值是8B,它指出用户数据报只有首部而无数据,即允许数据字段为0。因此,UDP 数据报中的用户数据的长度可以是 0~65 507B(即65 535B减去20B 的 IP 首部和8B 的 UDP 首部)。但是,大多数实现所提供的长度比上述最大值要小。因为应用程序可能会受到其程序接口的限制。另外,TCP/IP 的内核实现可能存在一些实现特性(或差错),使 IP 数据报长度小于65 535B。在许多 UDP 应用程序的设计中,其应用程序数据被限制为 512B 或更小。例如,路由信息协议(RIP)发送的数据报要小于 512B。另外,其他的 UDP 应用程序,如 TFTP(简单文件传输协议)、BOOTP(引导程序协议)、SNMP(简单网络管理协议)、DNS(域名服务)等也有这个限制。
- 校验和:用于检验整个用户数据报(首部加上数据)的差错。校验和的计算与它是否包括在用户数据报中是可选的。若不进行校验和的计算,则这个字段就填入 0。UDP 的校验和如何计算见 7.4 节。

7.4 UDP 校验和

UDP 校验和包括 3 个部分:伪首部、UDP 首部以及从应用层来的数据。一个 12B 长的伪首部是为了计算校验和而设置的,它并不是 UDP 用户数据报真正的首部,只是在计算校验和时临时与 UDP 用户数据报连接在一起,得到一个过渡的 UDP 用户数据报。校验和就是按照这个过渡的 UDP 用户数据报来计算的。伪首部既不向下传送,也不向上递交。

伪首部包含 IP 首部一些字段。其目的是让 UDP 两次检查数据是否已经正确到达目的地(例如,IP 没有接受地址不是本主机的数据报,以及 IP 没有把应传给另一高层的数据报传给 UDP)。UDP 数据报中的伪首部格式如图 7-4 所示。

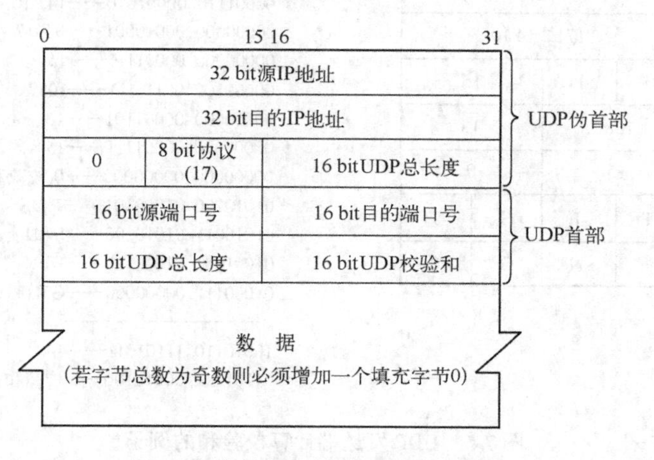

图 7-4 伪首部添加在 UDP 数据报上

UDP 计算校验和的算法是把若干个 16 bit 字相加。所以 UDP 数据报的长度可以为奇数字节,但要在最后增加一个填充字节 0,使字节总数必须为偶数,即字节总数为奇数则必须增加一个填充字节(全 0)。这只是为了校验和的计算,算完后就把它丢弃。也就是说,增加的填充字节不会被传送。

UDP 校验和是一个端到端的校验和。它由发送端计算,然后由接收端验证。其目的是为了发现 UDP 首部和数据在发送端到接收端之间发生的任何改变。

1. 发送端的校验和计算

1) 首先把伪首部添加到 UDP 用户数据报上。把校验和字段填入全 0。

2) 然后把所有的位划分为每 16 bit 为一段。若字节总数不是偶数,则增加一个字节的填充(全 0)。

3) 再把所有的 16 bit 段使用反码算术运算相加(在伪首部中的各行的顺序对校验和的计算没有任何影响。此外,增加 0 也不影响计算的结果),把得到的结果取反码后插入到校验和字段。如果校验和的计算结果为 0,则存入的值为全 1(65 535),这在二进制反码计算中是等效的。如果传送的校验和为 0,说明发送端没有计算校验和。

4) 最后把伪首部和任何增加的填充丢掉,把 UDP 用户数据报交付给 IP 软件进行封装。

2. 接收端的校验和计算

1) 首先把伪首部加到 UDP 用户数据报。若需要,就增加填充。

2) 然后把所有的位划分为每 16 bit 为一段,把所有的 16 bit 段使用反码算术运算相加。

3) 最后把得到的结果取反码。若得到的结果是全 0,则丢弃伪首部和任何增加的填充并接受这个 UDP 用户数据报。若得到的结果非 0,说明接收端检测到校验和有差错,就丢弃这个 UDP 用户数据报。

例如,假设发送端用户数据报报文是“TESTING”,字节数为 7,即字节总数为奇数,为了计算校验和,则需要填充 1 个全 0 的字节,如图 7-5 所示。

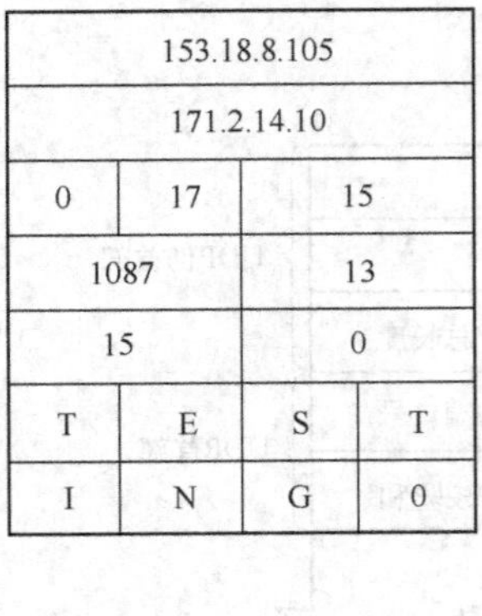

153.18.8.105			
171.2.14.10			
0	17	15	
1087		13	
15		0	
T	E	S	T
I	N	G	0

```
10011001 00010010——153. 18
00001000 01101001——8. 105
10101011 00000010——171. 2
00001110 00001010——14. 10
00000000 00010001——0和17
00000000 00001111——15
00000100 00111111——1087
00000000 00001101——13
00000000 00001111——15
00000000 00000000——0(校验和)
01010100 01000101——T和E
01010011 01010100——S和T
01001001 01001110——I和N
01000111 00000000——G和0(填充)
——————————————————
10010110 11101011——和
01101001 00010100——校验和
```

图 7-5 UDP 发送端计算校验和的例子

其中 153. 18. 8. 105 是源 IP 地址,171. 2. 14. 10 是目的 IP 地址,协议字段 17 表示是 UDP

(对 TCP 而言该字段是 6)。15 为 UDP 总长度,是 UDP 用户数据报长度,不包括伪首部。源端口号为 1 087,目的端口号为 13。

为验证校验和,接收者从当前 IP 分组头部提取这些 UDP 伪首部所需的字段,把它们汇集到 UDP 伪首部格式中,再重新计算这个校验和。

可以看出,校验和既检查了 UDP 用户数据报的源端口号和目的端口号以及 UDP 用户数据报的数据部分,又检查了 IP 数据报的源 IP 地址和目的 IP 地址。虽然这种差错检验方法的检错能力不强,但它简单,处理起来较快。

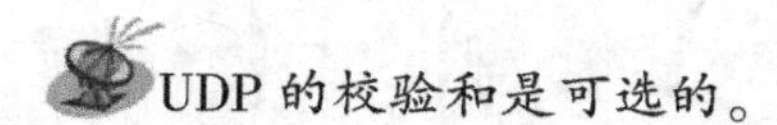

7.5 UDP 的操作

7.5.1 报文的封装和拆封

要从一个进程将报文发送到另一个进程,UDP 就要将报文进行封装和拆封。当进程有报文要通过 UDP 发送时,它就将这个报文连同一对套接字地址以及数据的长度传递给 UDP。UDP 收到数据后就加上 UDP 首部,并连同套接字地址一起传递给 IP,再加上 IP 首部,将 UDP 封装成一份 IP 数据报。

当这个报文到达目的主机网络层,剥去 IP 首部后,将用户数据报连同发送端和接收端的 IP 地址一起传递给 UDP。UDP 使用校验和对整个用户数据报进行检查。若无差错,则剥去 UDP 首部,将应用数据连同发送端的套接字地址一起传递给接收进程。

7.5.2 多路复用与多路分用

当主机运行 TCP/IP 协议族时,可能会有多个进程想要使用 UDP 服务,但只有一个 UDP,则寻址机制允许 UDP 通过端口号实现多路复用和多路分用,如图 7-6 所示。

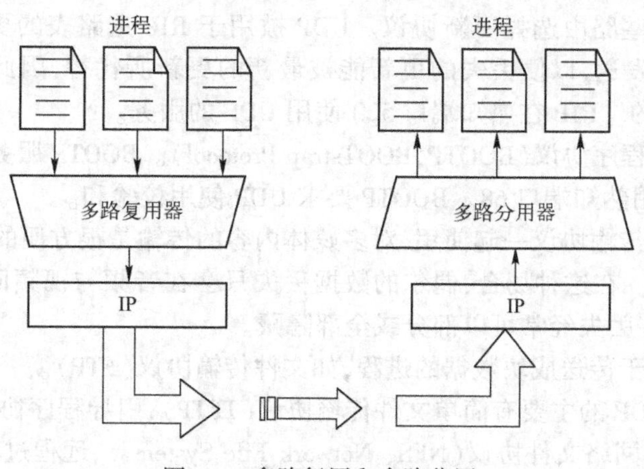

图 7-6 多路复用和多路分用

1. 多路复用

在发送端,可能有多个需要发送用户数据报的进程。这是一种多对一的关系。UDP 从不同的进程接受报文,这些进程通过它们的端口号来进行区分。在加上 UDP 首部后,UDP 把用户数据报发送给网络层。即 UDP 使用多路复用技术处理用户数据报的发出。

2. 多路分用

在接收端也只有一个 UDP,但有多个进程可能接收用户数据报。这是一对多的关系,需要进行多路分用。UDP 接收来自网络层的用户数据报,经过检错后去掉首部,根据端口号 UDP 把每一个报文交付给适当的进程。即 UDP 使用多路分用技术处理用户数据报的到来。

7.6 UDP 的应用

虽然 UDP 用户数据报只提供不可靠的交付,但 UDP 无需建立连接,不会引入建立连接的时延;不用维护连接状态,也不跟踪这些参数;和 TCP 相比,UDP 的首部开销小(每个 TCP 报文段都有 20B 的首部开销,而 UDP 仅有 8B 的首部开销);UDP 没有确认过程引入的传输延迟。由于 UDP 的这些特点,有许多场合更适合用 UDP。如:

- UDP 适用于需要简单的请求-响应通信的进程,而不太关心流量控制和差错控制。快速递交比精确递交更为重要的场合,如实时应用(IP 电话、视频会议等),通常不想过分地延迟报文段的传送,且能容忍少量的数据丢失。如电话用户在通话过程中宁可容忍有一些噪音存在,而不愿意为了得到可靠服务去等待因确认造成的延迟。
- UDP 适用于具有内部流量控制和差错控制机制的进程。例如,简单文件传送协议 TFTP (Trivial File Transfer Protocol)的进程就包括流量控制和差错控制,它可以很方便地使用 UDP。
- UDP 适合于多播和广播的运输协议。多播和广播功能已经嵌入在 UDP 软件中,但没有嵌入在 TCP 软件中。
- UDP 可用于管理进程,如简单网络管理协议 SNMP(Simple Network Management Protocol)。因为网络管理应用程序通常必须在该网络处于重压状态时运行,而这个时候可靠的、拥塞受控的数据传输难于实现。在这种场合下,UDP 优于 TCP。
- UDP 可用于某些路由选择更新协议。UDP 被用于 RIP 选路表的更新。因为 RIP 的更新被周期性地发送,以便丢失的更新能被最新的更新所代替,因此更新丢失或过时的 RIP 是无意义的。RIP 在熟知端口 520 使用 UDP 的服务。
- UDP 用于引导程序协议(BOOTP,BOOTstrap Protocol)。BOOTP 服务器使用 UDP 熟知端口 67,客户使用熟知端口 68。BOOTP 要求 UDP 使用校验和。
- UDP 可与实时传输协议一起使用,对多媒体内容的传输是很方便的一种协议,如流式存储音频与视频。在这种场合,偶尔的数据丢失只会在音频与视频回放时偶尔出现干扰信号,而且这些丢失经常可以部分或全部隐藏。
- UDP 通常不用于传送成块数据的进程,如文件传输协议(FTP)。

在应用层使用 UDP 的主要有简单文件传输协议(TFTP),引导程序协议(BOOTP),简单网络管理协议(SNMP),网络文件协议(NFS, Network File System)、远程过程调用(RPC,Remote Procedure Call),而域名服务(DNS,Domain Name System)既可以使用 UDP 也可以使用 TCP。在 IP 中使用 UDP 时,它的协议号是 17。

7.7 本章小结

UDP是建立进程到进程间通信的传输层协议。UDP是一种不可靠的无连接协议,需要很小的开销而能提供快速的交付。UDP没有流量控制和拥塞控制,只依靠校验和来实现很低水平的差错控制。UDP分组称为用户数据报,在传输过程中可能会丢失、可能会失序,在收到一个坏的数据段后也不重传。UDP支持多播和广播,这在多媒体应用领域是一个非常有用的特性。

7.8 练习题

1. 传输层提供哪两类传输服务?在TCP/IP中分别对应哪个协议?
2. UDP和IP都提供不可靠服务,它们的不可靠程度相同吗?为什么?
3. 为什么需要UDP?可以让用户进程直接访问IP吗?为什么?
4. UDP分组称为什么?它的最小长度是多少?在什么情况下是最小长度?
5. 熟知端口和动态端口有何不同?分别给出它们的端口号范围。
6. 为什么用户数据报不进行编号?
7. 校验和字段在用户数据报中是可选的。若不进行校验和的计算,这个字段值是什么?
8. UDP校验和包括哪几个部分?为什么使用伪首部?
9. 简述UDP计算校验和的算法。
10. 当一个8 192B的UDP数据报通过以太网传送时,导致分片,问需要分成几个数据报片?每个数据报片的长度和偏移是多少?
11. 一个应用程序用UDP发送数据报。一份数据报被分成了4个数据报片发送出去,结果第1片和第2片丢失了,只有第3片和第4片到达目的端。应用程序过了一段时间后超时重发该用户数据报,还分成与上次相同的4个数据片。当重发的第1片和第2片到达目的端时,第一次收到的第3片和第4片还在目的端的缓存中,接收端能否将这4片组装成为一份数据报?为什么?
12. UDP的特点是什么?它适用于什么场合?试举例说明。

第8章 传输控制协议(TCP)

UDP是一个简单的协议,是实现最低传输要求的传输层协议。但是对于大多数Internet应用,更需要可靠的、能按序递交的传输层协议。

传输控制协议(TCP,Transmission Control Protocol)就是为了在不可靠的互联网上提供一个可靠的端到端、面向字节流连接而设计的。它为IP服务增加了面向连接和可靠性的特点。TCP使用端口号来完成进程到进程的通信。应用数据被分割成TCP认为最适合发送的数据块,这和UDP完全不同,应用程序产生的数据报长度将保持不变。TCP发送数据后启动一个定时器,另一端对收到的数据进行确认;对失序的数据重新排序,丢弃重复数据。TCP使用滑动窗口实现流量控制,并计算和验证一个强制性的端到端校验和。TCP提供了传输层几乎所有的功能,不可避免地增加了许多开销,是一个非常复杂的协议。TCP保证数据传送可靠、按序、无丢失和无重复,这正是大多数用户所期望的。

许多流行的应用程序如Telnet和Rlogin、FTP、SMTP等都使用TCP。这些应用通常都是用户进程。

8.1 TCP服务

8.1.1 面向连接的服务

面向连接意味着两个使用TCP的应用(通常是一个客户和一个服务器)在彼此交换数据之前必须先建立一个TCP连接,数据传送结束后要释放连接。启动连接的这个进程称为客户进程,而另一个进程被称为服务器进程。

假设运行在某台主机上的一个进程想与另一台主机上的进程建立连接,该客户机应用进程通知其运输层,它想与服务器上的一个进程建立一个连接,则客户机上的运输层与服务器上的运输层建立一个TCP连接。一旦建立起一个TCP连接,两个应用进程之间就可以相互发送数据了。发送端的应用进程按照自己产生数据的规律将数据块陆续写入TCP的发送缓存中。在运输层,TCP再从发送缓存中取出一定数量的数据,把若干字节组成一个分组,称为报文段或段(Segment)。TCP给每一个报文段加上首部,而组成多个TCP报文段。这些报文段被逐个传输给IP层,封装成IP数据报后就发送出去。这些报文段并不一定都是一样长,可以是几百字节长,或是几千字节长。接收端收到报文后先将其暂存在接收缓存中,应用进程则从接收缓存中将数据块逐个读取,如图8-1所示。

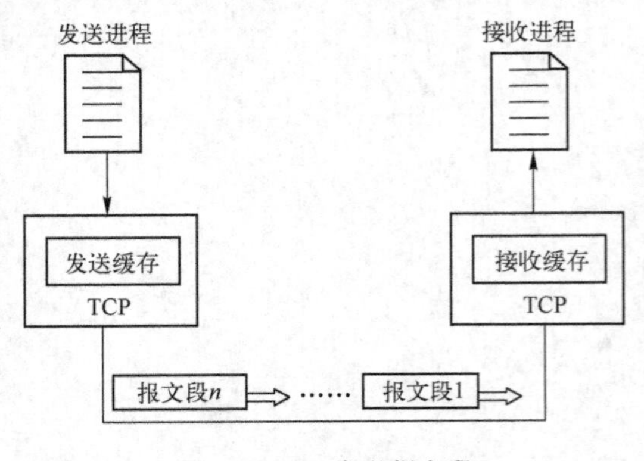

图8-1 TCP发送报文段

整个过程对接收进程都是透明的。这些报

文段在接收时可能会因失序、丢失，或受到损伤和重传，所有这些都由 TCP 来处理。

当 TCP 需要重传报文段时，它不一定要重传同样的报文段。TCP 可以对数据进行重新分组，如它能将几个较小的报文段合并成为一个较大的报文段发送，这将有助于提高性能。为了提高线路通信效率，通常希望传输的的数据段尽可能大一些，从而降低报文段头部信息相对于用户信息的比例，这种情况往往出现在广域网中。在 TCP 中这是允许的，因为 TCP 是使用字节序号而不是报文段序号来进行识别它所要发送的数据和进行确认。

同时，面向连接传输的每一个报文都需接收方对收到的数据进行确认。

要获得 TCP 服务，在一个应用进程向另一个应用进程开始发送数据之前，必须先在双方之间建立一条连接，数据传送结束后要释放连接。

8.1.2 全双工服务

TCP 为应用层提供全双工服务。只要建立了 TCP 连接，就能支持双向的数据流。一个 TCP 的连接支持两个通信的高层协议之间同时的双向数据传输。这意味着数据可同一时间在两个方向上独立地进行传输。TCP 连接的每一端都有各自的发送缓存和接收缓存。在两个方向都可以发送报文段和接收报文段。因此，连接的每一端必须保持每个方向上的传输数据序号。

由于 TCP 连接能提供全双工服务，因此通信中的每一方都不必专门发送确认报文段，而可以在传送数据时顺便把确认信息捎带过去。这样做可以提高传输效率。

在一个 TCP 连接中，仅有两方进行彼此通信。所有 TCP 连接都是点到点的。TCP 不支持广播和多播。

TCP 连接提供全双工服务，所有 TCP 连接都是点到点的。

8.1.3 字节流传递服务

TCP 是面向字节流的。两个应用程序通过 TCP 连接交换 8 bit 构成的字节流。TCP 不在字节流中插入记录标识符。这称为字节流服务（Byte Stream Service）。

一个 TCP 连接就是一个字节流，而不是消息流。端到端之间不保留消息的边界。TCP 的发送进程以字节流的形式来传递数据，而接收进程也把数据作为字节流来接收。例如一方的应用程序发送两个 1 024B 的报文，连接的另一方将无法了解发送方每次发送了多少字节。当 2 048B 到达接收方时，接收这 2 048B，而并不知道这是两个 1 024B 的消息，还是一个2 048B 的消息。报文的边界对有些应用来说并不重要，比如当一个用户登录到一台远程服务器上的时候，仅仅是一个从用户计算机到服务器的字节流就足够了。

一端将字节流放到 TCP 连接上，同样的字节流将出现在 TCP 连接的另一端。TCP 创建了这样一种环境，使得两个进程好象由一个管道所连接，如图 8-2 所示。发送进程产生字节流，而接收进程消耗字节流。

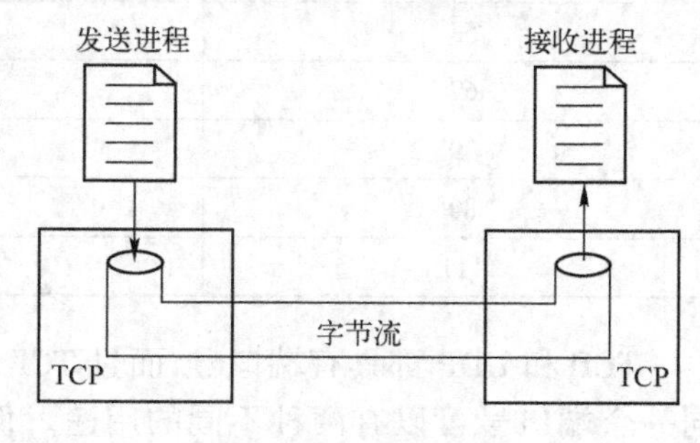

图 8-2　字节流传送

TCP 创建了面向流的环境，字节流中的每一个字节都分配了一个序号，使接收端 TCP 能够把接收到的这些字节按正确的顺序重新装配起来交付到终点。即 TCP 按照发送方高层协议提供的数据顺序，交给接收方的高层协议。

另外，TCP 对字节流的内容不作任何解释。TCP 不知道传输的数据字节流是二进制数据，还是 ASCII 字符或者其他类型数据。对字节流的解释由 TCP 连接双方的应用层解释。

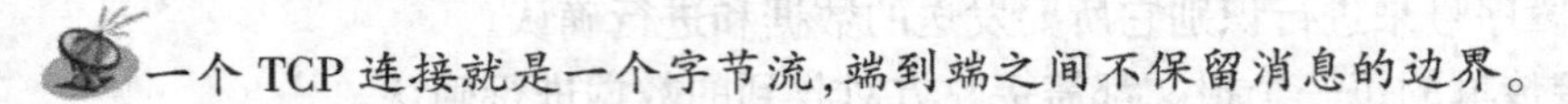

8.2 TCP 端口号和套接字地址

8.2.1 TCP 端口号

TCP 和 UDP 都采用 16 bit 端口号来识别应用程序，服务器一般都是通过熟知端口号来识别的。例如，每个 SMTP（简单邮件传送协议）服务器的 TCP 端口号都是 25；每个 Telnet 服务器的 TCP 端口号都是 23。客户端通常对它所使用的端口号并不关心，只需要保证这个端口号在本机上是惟一的即可。客户端端口号被称为短暂端口号或临时端口号，它通常只是在用户运行该客户程序时才存在。而服务器只要主机运行着，其服务就运行着。表 8-1 列出了 TCP 常用的熟知端口号。

表 8-1 TCP 常用的熟知端口号

端　口	协　议	说　明
7	Echo	把收到的数据报回送到发送站
9	Discard	丢弃收到的任何数据报
11	Users	活跃的用户
13	Daytime	返回日期和时间
17	Quote	返回引用日期
19	Chargen	返回字符串
20	FTP	文件传输协议（数据连接）
21	FTP	文件传输协议（控制连接）
23	Telnet	终端网络（远程登录）
25	SMTP	简单邮件传送协议
53	DNS	域名服务
67	BOOTP	引导程序协议
79	Finger	查询有关一个用户的信息
80	HTTP	超文本传输协议
111	RPC	远程过程调用

TCP 和 UDP 都具有端口号，而且 TCP 和 UDP 对端口号的使用是彼此独立的。这就是说，同一个端口号可以有两种不同的用途。例如，使用某端口号为 TCP 服务的同时还可以使用它为 UDP 服务。如果一个应用程序可以使用 TCP 和 UDP，那么就对这个应用程序分配相

同的端口号。

服务器一般都是通过熟知端口号来识别应用程序的,而客户端通常使用的是临时端口号。

8.2.2 套接字地址

要想获得 TCP 服务,在建立连接的每一端必须创建被称为套接字的端点。每个套接字有一个套接字地址。套接字地址由一个 IP 地址与一个端口号组成,共 48 bit。要使用 TCP 服务,首先要在发送端的套接字和接收端的套接字之间建立一条连接,即需要一对套接字地址:客户套接字地址和服务器套接字地址。客户套接字地址惟一地定义了客户应用程序。服务器套接字地址惟一地定义了服务器应用程序。在 IP 首部包含源 IP 地址和目的 IP 地址而在 TCP 首部包含源端口号和目的端口号。

一个套接字有可能同时被用于多个连接。也就是说,两个或多个连接可能终止于同一个套接字。

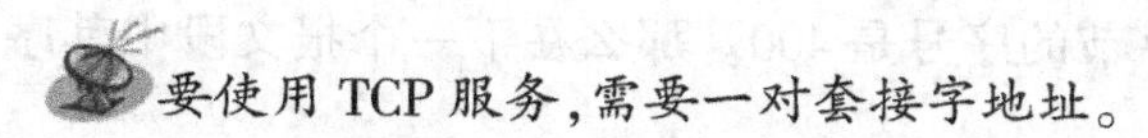
要使用 TCP 服务,需要一对套接字地址。

8.3 TCP 的报文段

TCP 在两台设备之间传送的数据单元称为报文段。TCP 报文段由首部和数据两部分组成。报文段的起始是首部,其中前 20B 是固定部分,后面有 $4n$B 是根据需要而增加的选项(n 必须是整数,若不是整数则需加 0 填充,以确保 TCP 首部以 32 bit 边界结束)。选项部分最多 40B。即 TCP 报文段的首部大小是 20 ~ 60B,如果没有选项,它是 20B,而最多是 60B。首部后面是从应用程序来的数据,数据部分的大小是 0 ~ 65 495B(65 495 = 65 535 − 20 − 20,其中第一个 20B 为 IP 的首部,第二个 20B 为 TCP 的首部)。无任何数据的 TCP 报文段是合法的,通常被用于确认和控制。TCP 报文段既可以用来传送数据,也可以用来建立连接和应答(在一个连接建立或终止时,双方交换的报文段仅有 TCP 首部)。TCP 报文段的格式如图 8-3 所示。

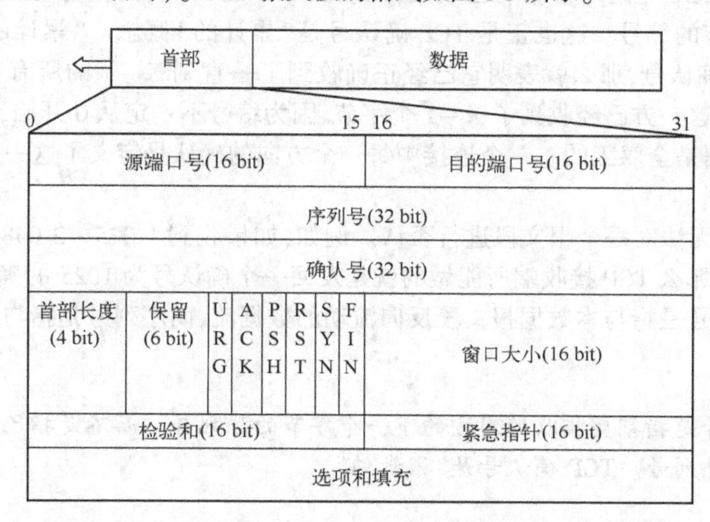

图 8-3 TCP 报文段的格式

首部固定部分各字段的含义如下：

(1) 源端口号和目的端口号。

这两个字段各占 16 bit。分别标识发送这个报文段的应用程序的端口号和接收这个报文段的应用程序的端口号。即分别标识一个连接的两端的两个应用程序。一个端口号加上其主机的 IP 地址构成一个 48 bit 的惟一端点。源端点和目的端点合起来标识了一个连接。这些端口号用来将若干高层协议向下复用或将运输层协议向上分用。

源端口号和目的端口号分别标识发送和接收这个报文段的应用程序的端口。

(2) 序列号(seq)。

该字段占 32 bit。TCP 是面向字节流的。TCP 把一个连接中发送的每一个数据字节都编上号。当 TCP 从进程收到数据字节时，就把它们存储在发送缓存中，并进行编号。编号不一定从 0 开始，而是随机地开始。TCP 在 $0 \sim 2^{32}-1$ 之间产生一个随机数作为第一个字节的编号。

首部中的这个序号是指每一个报文段数据的第一个字节的编号。目的进程在知道数据块长度后也就可以确定这个报文段中最后一个字节的序号了。例如，在一个报文段中序号为 301，而报文段中共有 100B，即其最后一个字节的序号是 400。那么在下一个报文段中其序号就是 401。

TCP 的通信是全双工的。在每一个方向的编号是互相独立的。当连接建立时，每方使用随机数产生器产生初始序号 ISN。通常一个连接中每一个方向的初始序号都是不同的。ISN 随时间而变化，因此每个连接都将具有不同的 ISN。

序号是指本报文段数据的第 1 个字节的编号，它是从随机数产生器产生的数开始。

(3) 确认号。

该字段占 32 bit。是期望接收的下一个报文段的第一个字节的序号，也就是期望接收对方的下一个报文段首部的序号字段的值。而不是指已经正确接收到的最后一个字节的序号。

如果接收端正确地接收了对方发来的序号为 n 的报文段，它就把确认号定为 $n+1$。例如，接收端正确地接收了一个报文段，其序号字段的值是 2531，而数据长度是 1 000B，要表明序号在 2531 ~ 3530 之间的数据均已收到，则确认号不是 3530，而应为 3531，这就是它期望收到的下一个字节的编号。这也正是 TCP 确认号是“累计的”概念。“累计的”表示，如果某一方使用 X 作为确认号，那么就表明它已经正确收到了一直到 X - 1 的所有字节。应当注意的是，这并不表示这一方已经收到了 X - 1 个字节，因为编号不一定从 0 开始，而是随机产生的。

TCP 的通信是全双工的。一个连接中每一个方向的确认号定义了这一方期望接收的下一个字节的编号。

另外，TCP 无法对一个报文段进行否认。例如，如果收到 1 025 ~ 2 048 字节的报文段，但它的校验和错，那么 TCP 接收端所能做的就是发回一个确认号为 1025 的确认报文。

注意：确认号是指与本数据报文段反向流动的数据流，而序列号是指与本数据报文段同向流动的数据流。

确认号是指期望接收的对方的下一个字节的序列号。而不是指已经正确接收到的最后一个字节的序列号。TCP 确认号是“累计的”。

（4）首部长度(也称数据偏移)。

该字段占4 bit。表明TCP首部的长度共有多少个4B。也就是指出报文段数据开始的地方距离TCP报文段起始处有多远,它是以4B为单位测量的。由于首部长度可以在20～60B之间。因此,这个字段的值可以在5～15之间。即,如果TCP首部长度字段值为5,则TCP首部是20B;如果TCP首部长度字段值为15,则TCP首部是60B。由于TCP首部的长度不固定(有可选项),这条信息是必要的。

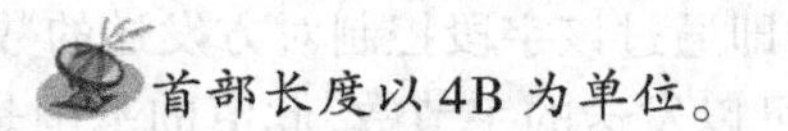
首部长度以4B为单位。

（5）保留字段。

该字段占6 bit。保留为将来使用。

（6）控制字段。

该字段占6 bit。定义了6个不同的控制位或标记。这些位用于TCP的流量控制、连接的建立和终止以及表示数据传送的方式等。这些位中的一个或多个可同时设置。6个标志的说明如下:

1）URG（Urgent):紧急位,用来指示紧急指针有效。URG与紧急指针配合使用,只有当URG标志置1时紧急指针才有效。当报文段中包含紧急数据时,紧急指针被使用,URG置1。例如,已经发送了一个大的程序要在远地的主机上运行,后来发现有些问题要取消这个程序的运行,便从键盘发出中断信号,这就属于紧急数据。紧急指针字段给出本TCP报文段中紧急数据的最后一个字节的序号。当发现紧急数据时,接收方的TCP便通知与连接相关的应用程序进入紧急方式,当所有紧急数据都被消耗完毕后,TCP就告诉应用程序返回正常运行方式。TCP的紧急方式是发送端向另一端发送紧急数据的一种方式。

2）ACK(Acknowledgement):确认位,用来指示确认号有效 。只有当ACK置1时,确认号字段的值才有效;若ACK置0,则表示该报文段不包含确认信息,即确认号字段的值被忽略。

3）PSH(Push):请求推送。当接收方接收到PSH为1的报文段后,知道发送方调用了推送(Push)操作,应立即将报文交给接收应用进程,而不再等到整个缓存满后才向上交付。如当两个应用进程进行交互式通信时,一端的应用进程希望在键入一个命令后立即能收到另一端的响应,则发送方TCP就可以使用PSH标志通知接收方TCP。发送方使用PSH标志通知接收方将所收到的数据全部提交给接收应用进程。这里的数据包括与PSH标志一起传送的数据以及接收方TCP已经为接收应用进程收到的其他数据。

4）RST(Reset):重建位,用于重新建立连接。当一个连接出现严重差错时,必须要进行重置,即先释放连接再重新建立连接,以通信双方实现重新同步,并初始化某些连接变量。RST还可以用于拒绝一个非法的报文段或一个连接请求。

5）SYN:同步位。用来在建立连接时同步序号。若报文段的SYN置1,则这是一个请求连接或同意建立连接的报文,而ACK的值用来区分是哪一种报文。如报文段的SYN=1,ACK=0表明这是一个TCP连接请求;而报文段的SYN=1、ACK=1表明对方同意建立连接。当一端为建立连接而发送它的SYN时,它为连接选择一个初始序号ISN。一个SYN将占用一个序号。例如,当主机A的TCP向主机B的TCP发出连接请求报文段,其SYN位置1,同时选择一个初始序号X为1200;当主机B对主机1的SYN报文段进行确认时,这个报文段中的 ACK 序号为 X + 1 = 1201。

6）FIN(Final)：终止位。用于释放一个连接。FIN = 1 时表示发送端的数据已发送完了，要求释放连接。但当一个连接关闭后，它仍然可以继续接收对方发来的数据。发送 FIN 通常是关闭应用层的结果。收到一个 FIN 只意味着在这一方向上没有数据流动。

（7）窗口大小。

该字段占 16 bit。TCP 的流量控制由连接的每一端通过声明的窗口大小来实现。窗口大小字段用来定义对方必须维持的窗口值（以字节为单位），即通过该字段控制对方发送的数据量。窗口大小的值表明在确认号字段给出的字节后面还可以发送的字节数，此值的范围是 0 ~65 535B，最大长度是 65 535B。而当窗口大小为 0 时则表示它收到了包括确认号减 1 在内的所有数据，但当前接收方缓存已满，不能再接收，希望发送方不要发送数据了。发送方需等收到窗口大小非 0 的确认报文后，再继续发送。

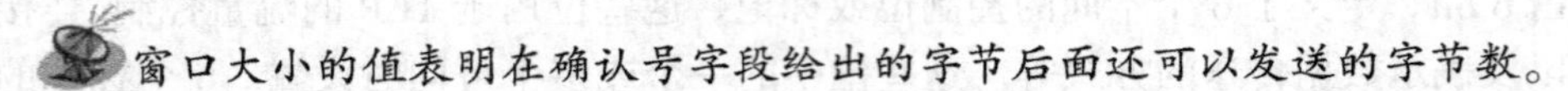
窗口大小的值表明在确认号字段给出的字节后面还可以发送的字节数。

（8）校验和。

该字段占 16 bit。校验和覆盖了整个 TCP 报文段：TCP 首部和数据。在计算校验和时包括 TCP 首部、用户数据以及一个 TCP 伪首部。其伪首部的格式如图 8-4 所示。

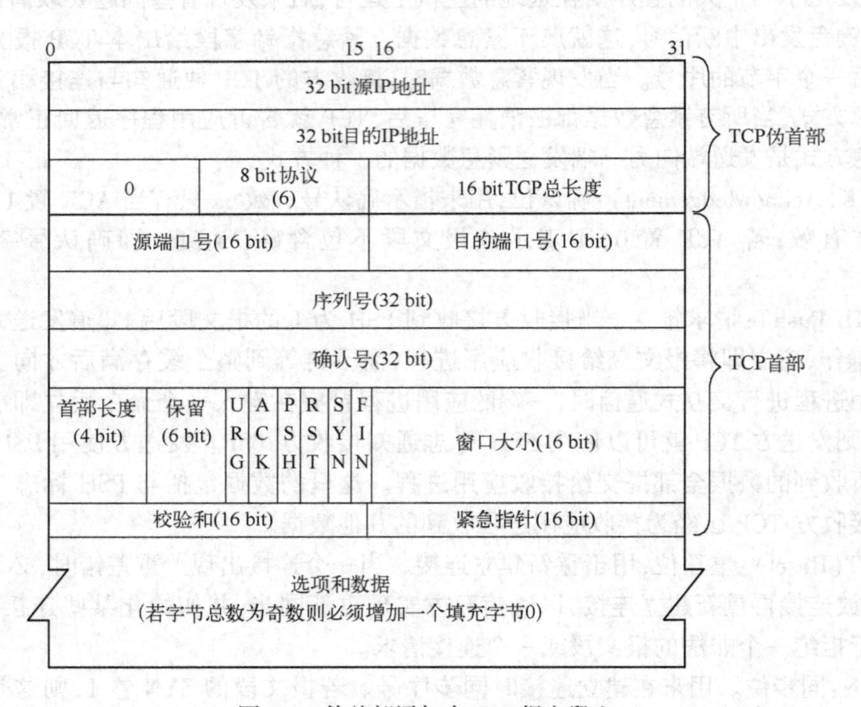

图 8-4　伪首部添加在 TCP 报文段上

TCP 伪首部的协议字段为 6，即 TCP 的协议号是 6。TCP 校验和的计算和 UDP 校验和的计算相似，其算法就是将所有 16 bit 字按 1 的补码形式相加，然后对和取反。当接收端接收到此报文后，仍要加上这个伪首部计算校验和。

TCP 校验和是一个强制性的字段,一定是由发送端计算和存储,并由接收端进行验证的。

TCP 报文段中的校验和字段是必须包括的,而 UDP 数据报中是否包括校验和是可选的。

(9) 紧急指针。

该字段占 16 bit。只有当紧急标志置 1 时,这个字段才有效,并指示这个报文段中包括紧急数据。紧急指针是一个相对于当前序列号的字节偏移值,把这个值加到 TCP 首部中的序号字段上就得出报文段数据部分中最后一个紧急字节的序号。紧急指针使接收端知道紧急数据共有多少个字节。

TCP 提供了紧急方式,它使一端可以告诉另一端有些"紧急数据"已经放置在普通的数据流中。即 URG 被置 1,紧急指针被置为一个正的偏移量。只要从接收方当前读取位置到紧急数据指针之间有数据存在,就认为应用程序处于"紧急方式"。在紧急指针通过之后,应用程序便转回到正常方式。

紧急方式的一个例子就是 FTP,当交互用户放弃一个文件的传输时,将使用紧急方式来完成这个功能。另外 Telnet 和 Rlogin 从服务器到客户使用紧急方式时,是因为在这个方向上的数据流很可能要被客户的 TCP 停止(即它通告窗口大小为 0)。但是如果服务器进程进入了紧急方式,尽管它不能发送任何数据,服务器 TCP 也会立即发送紧急指针和置 URG 为 1。当客户 TCP 接收到这个通知时就会通知客户进程,于是客户可以从服务器读取其输入、打开窗口并使数据流动。

紧急指针是一个相对于当前序列号的字节偏移值,由它可得到报文段数据部分中最后一个紧急字节的序号。

(10) 选项。

该字段占 16 bit。在 TCP 首部中有 40B 的可选信息。最重要的选项是 MSS(Maximum Segment Size)。它指明本端所能接收的 TCP 最大报文段长度,定义的是数据的最大长度,而不是报文段的最大长度,即其缓存所能接受的报文段中数据字段的最大长度。MSS 值的范围在 0~65 535 之间。

在连接建立过程中,连接的双方都要宣布它的 MSS,并且查看对方给出的 MSS。通常每一方都在建立连接的第一个报文段指明这个选项(MSS 选项只能出现在 SYN 报文段中)。在以后的数据传送过程中,MSS 取双方给出的较小值。如果一方没有指明这个选项,那么它默认可以接受 536B 的净荷,即 MSS 默认值为 536B(这个默认值允许 20B 的 IP 首部和 20B 的 TCP 首部以适合 576B 的 IP 数据报)。

最大报文段长度是由报文段的目的端而不是源端确定的,也就是说,当 A、B 双方建立连接时,A 方定义了 B 方应发送的 MSS,而 B 方定义了 A 方应发送的 MSS。所有的 Internet 主机都要求能够接收 556B(536 + 20 = 556)的 TCP 报文段。两个方向的最大报文段长度可以不相同。

图 8-5 给出了 MSS 选项的格式。

一般说来,MSS 应尽可能大些。报文段越大则允许每个报文段传送的数据就越多,这样相对IP 和 TCP 的首部就有更高的网络利用率。但如果 TCP 报文段太长,那么在 IP 层传输

代码:2 (8 bit)	长度:4 (8 bit)	最大报文段长度 (16 bit)

图 8-5　选项 MSS 的格式

时就有可能导致分片的发生,而在接收端要进行装配这些数据片以及当传输出错而进行重传时,都会增大开销。若选择较小的 MSS 长度,网络的利用率就会降低。

当 TCP 发送一个 SYN(一个本地应用进程发起一个连接或另一端的主机收到了一个连接请求)时,它能将 MSS 值设置为外出接口上的 MTU 长度减去固定的 IP 首部和 TCP 首部长度。对于一个以太网, MSS 值可达 1 460B。当双方都在一个本地以太网上时就规定 MSS 为 1 460B。

MSS 定义的是 TCP 报文段里数据的最大长度,而不是指包括 TCP 首部的 TCP 报文段的最大长度。

8.4 TCP 连接管理与释放

TCP 是面向连接的传输层协议。在每一次数据传输之前首先要在通信双方建立一条连接,即在源进程和目的进程之间建立一条虚路径。属于同一个报文的所有报文段都通过这条虚路径传输,数据传输完成后释放连接。在 TCP 中面向连接的传输是通过两个过程来完成的:建立连接和释放连接。连接管理就是使连接的建立和释放都能正常进行。

TCP 连接的建立和释放都是采用客户-服务器模式。主动发起连接建立的进程称为客户进程,而另一个被动等待连接建立的进程被称为服务器进程。

8.4.1 建立连接

TCP 以全双工方式传送数据。在任何数据传送之前,要使每一方能确知对方的存在。双方都必须对通信进行初始化,并得到对方的认可。当两个 TCP 建立连接后,它们就能够同时互相发送报文段。

TCP 中建立连接采用 3 次握手(Three-Way Handshake)的方式实现。建立连接的过程从服务器开始。服务器进程先发出一个被动打开的命令,告诉它的 TCP 它已准备好接受客户进程连接请求,即被动的等待握手。客户应用进程发出主动打开命令,表明要与一个服务器应用进程使用传输层协议中的 TCP 建立传输连接,即发出建立连接请求。TCP 建立连接 3 次握手的过程如图 8-6 所示。

3 次握手的步骤如下:

1) 客户端发送第一个报文段,即 SYN 报文段。SYN 报文段指明这个客户打算连接的服务器的端口,以及客户初始序号,ISN(假设 x = 1200),用来对从客户端发送到服务器端的数据字节进行编号,表明当从客户端向服务器端发送数据时第一个数据字节的序号就是 1200。若客户打算在这个报文段中增加相应的选项,就可在进行定义。如定义从服务器接收的 MSS。

这个 SYN 报文段为报文段 1。报文段 1 把同步位 SYN 标志置 1,确认位 ACK 标志置为 0,定义这个客户端打算建立一条具有某些参数的连接的愿望。

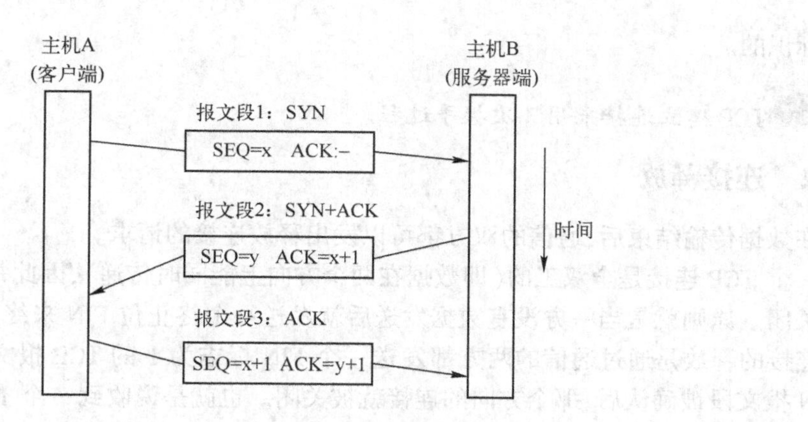

图 8-6 TCP 协议建立连接 3 次握手的过程

2）如果服务器端同意接受连接，则发回报文段 2，即使用 SYN 位和 ACK 位作为应答来回应客户端这个建立连接的请求。它将客户端的初始序号加 1（即 ACK = x + 1 = 1201）以对客户的 SYN 报文段进行确认。同时，选择服务器端的初始序号（假设 y = 4800），用来对从服务器端发送到客户端的数据字节进行编号，那么从服务器端向客户端发送数据时第一个数据字节的序号是 4800。如果需要的话，可在报文段中增加相应的选项，如服务器端所定义的 MSS（定义从客户端接收的 MSS）。

报文段 2 中确认位 ACK 标志为 1，同步位 SYN 标志为 1，所以也称这个报文段 2 为 SYN + ACK 报文段。

一个 SYN 将占用一个序号。

3）最后，客户端发送报文段 3。这是一个确认报文段。它使用 ACK 标志和确认号字段来确认收到了报文段 2。确认号字段为服务器的初始序号加 1（即 y + 1 = 4801）以对服务器端的 SYN 报文段进行确认。

运行客户进程的主机 A 的 TCP 通知其上层应用进程连接已建立；运行服务器进程的主机 B 在收到这个确认之后，表示连接建立，也通知其上层应用进程。这时就可以开始发送和接收数据了。

在报文段 3 中把确认位 ACK 标志置为 1，同步位 SYN 标志置为 0。这仅仅是一个 ACK 报文段。

这 3 个报文段的交换过程，即 3 次握手过程完成了 TCP 连接的建立。

在 TCP 连接的建立过程中，发送第 1 个 SYN 的一端将执行主动打开，接收这个 SYN 并发回下一个 SYN 的另一端执行被动打开。

如果两个主机同时都发出主动打开，企图在相同的两个套接字之间建立一条连接则发生连接请求碰撞，如图 8-7 所示。

在这种情况下，两个 TCP 都向对方发送 SYN + ACK 报文段，然后在这两方之间建立一条连接。即这个时候仅有一条连接建立起来，而不是两条连接。因为所有的连接都是由它们的端点来

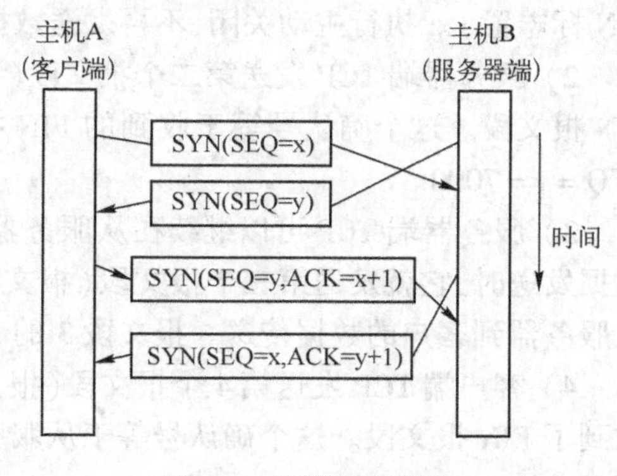

图 8-7 连接请求碰撞

惟一标识的。

TCP 建立连接采用 3 次握手过程。

8.4.2 连接释放

在数据传输结束后，通信的双方都可以发出释放连接的请求。

一个 TCP 连接是全双工的（即数据在两个方向上能同时传递），因此每个方向必须单独地进行关闭。原则就是当一方没有数据发送后就发送一个终止位 FIN 来终止这个方向的连接。TCP 连接的释放是通过通信的两方都发送一个 FIN 标志为 1 的 TCP 报文段来实现的。当一个 FIN 报文段被确认后，那个方向的连接就被关闭。也就是说收到一个 FIN 只意味着在这一方向上没有数据传送了，但它仍然可以继续接收对方发来的数据。只有当两个方向的连接都被关闭后，该 TCP 连接才被完全释放。所以要释放一个连接需要 4 个 TCP 报文段的交互，称为 4 次握手，如图 8-8 所示。

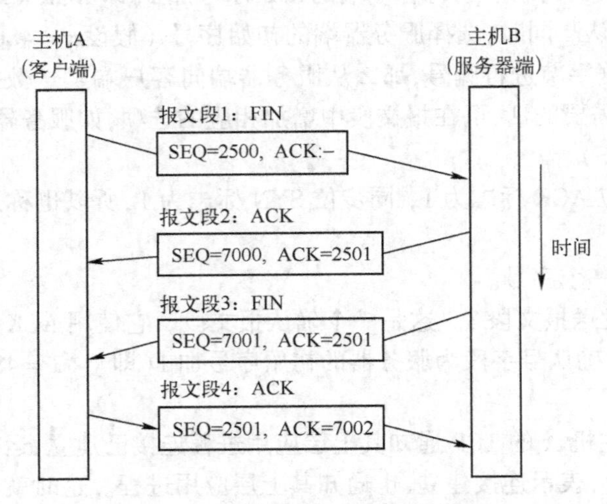

图 8-8　TCP 连接释放的 4 次握手

TCP 连接释放 4 次握手的步骤如下：

1）首先进行关闭的客户端 TCP 发送第一个报文段（报文段 1），即 FIN 报文段，终止位 FIN 标志置 1。执行主动关闭，不再发送数据。设报文段 1 中的序号 $SEQ = x = 2500$。

2）服务器端 TCP 发送第二个报文段（报文段 2），即 ACK 报文段，用来确认从客户发来的 FIN 报文段。这个确认号等于收到的 FIN 报文段中的序号加 1，即 $ACK = 2501$，并设其序号 $SEQ = y = 7000$。

3）服务器端 TCP 可以继续在从服务器端到客户端的方向上发送数据，当服务器端没有数据发送时，它就发送第三个报文段（报文段 3），即 FIN 报文段，终止位 FIN 标志置 1。关闭从服务器到客户的数据传送。报文段 3 的 $SEQ = y + 1 = 7001$、$ACK = x + 1 = 2501$。

4）客户端 TCP 发送第 4 个报文段（报文段 4），即 ACK 报文段，用来确认从服务器端 TCP 收到了 FIN 报文段。这个确认号等于从服务器收到的 FIN 报文段的序号加 1，即 $ACK = 7002$、$SEQ = x + 1 = 2501$。

至此,整个连接已经全部释放。

一个 FIN 将占用一个序号。

一个 TCP 连接的两端,也可能会同时发送 FIN 报文段,都执行主动关闭。TCP 允许这样的同时关闭。这两个报文段按常规的方法被确认,然后连接被释放。这和两台主机按顺序先后释放连接没有本质区别。

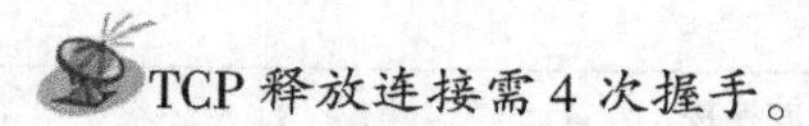TCP 释放连接需 4 次握手。

TCP 连接通常是由客户端发起的。这样,第一个 SYN 从客户端传到服务器端。然而,一个 TCP 连接的每一端都能主动关闭这个连接,即都能首先发送 FIN。一般情况下是客户应用进程打算终止连接(但不总是),因为客户应用进程通常由用户控制。

8.4.3 连接复位

TCP 首部中的 RST 位是用于复位的。当 TCP 需要复位连接时则使用 RST 报文段。

TCP 可以请求把一个连接复位。连接复位表示当前的连接已经被撤销。以下是发生复位的 3 种情况:

1) 一端的 TCP 请求连接到并不存在的端口,另一端的 TCP 就可以发送一个复位报文段,其复位位 RST 置 1,来取消这个请求。

2) 一端的 TCP 出现了异常情况,而愿意把连接异常终止。它就可以发送复位报文段,其复位位 RST 置 1,来关闭这一连接。

3) 一端的 TCP 可能发现在另一端的 TCP 已经空闲了很长的时间,则它可以把这个连接撤销。它就可以发送复位报文段,其复位位 RST 置 1,来撤销这个连接。

复位报文段不会导致另一端产生任何响应,另一端也不需进行确认。收到 RST 的一方将终止这个连接,并通知应用层连接复位。连接复位是一种立即的异常终止,这意味着在两个方向的数据传输都立即停止。

当 TCP 需要连接复位时使用 RST 报文段,其复位位 RST 置 1。

8.5 TCP 连接管理状态转换图

为了表达 TCP 在建立连接、释放连接和数据传输期间所发生的所有状态及各状态可能发生的转换,可以通过有限状态机来描述。该状态机的 11 种状态如表 8-2 所示。

表 8-2 TCP 的状态

状态	描述
CLOSED	不存在连接
LISTEN	服务器等待来自客户的连接请求
SYN _ SENT	已发送连接请求,等待 ACK
SYN _ RCVD	收到连接请求
ESTABLISHED	连接建立,可传送数据

（续）

状　态	描　述
FIN _WAIT1	应用程序请求关闭连接,已发出 FIN
FIN _WAIT2	另一方已同意释放连接
TIMED _ WAIT	等待所有重传的报文段消失
CLOSING	双方同时开始关闭连接
CLOSE _ WAIT	服务器等待应用进程释放连接
LAST _ ACK	服务器等待最后的确认

在任何时刻,TCP 只处于某一种状态,并一直保持这个状态,直到某个事件发生。发生的事件使 TCP 进入一个新的状态,即事件可使 TCP 完成某种操作。状态转换表示一个状态到另一个状态的迁移,包括迁移的条件和迁移的动作。如图 8-9 所示为客户端和服务器端的状态转换图。

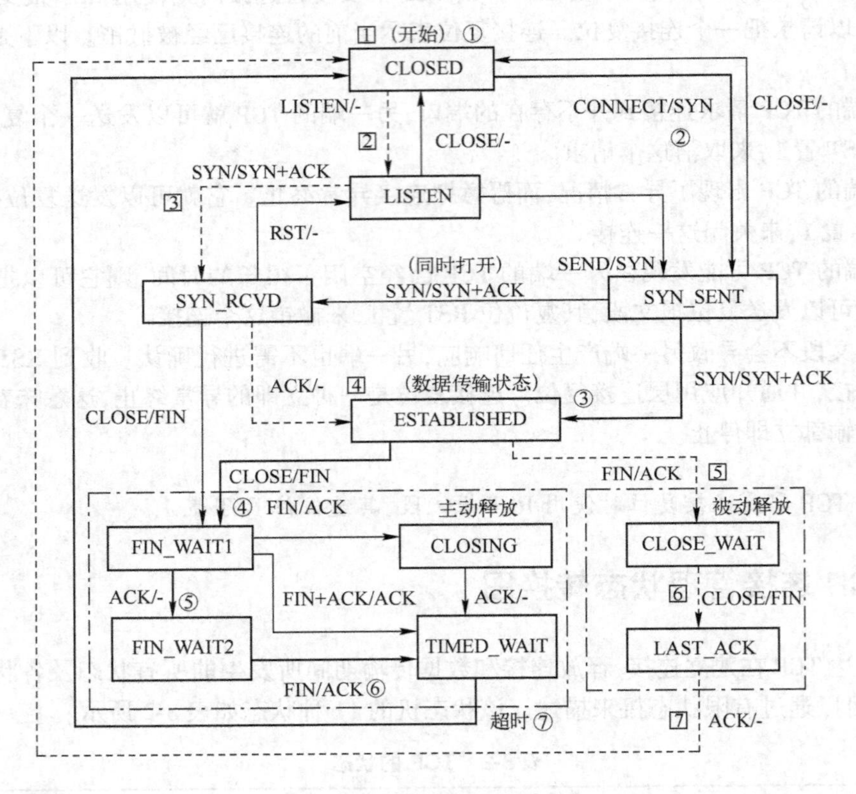

图 8-9　状态转换图

图中每一个框是 TCP 可能具有的状态,框中为 TCP 标准使用的状态名。状态之间的箭头表示状态之间可能发生的转换。转换的条件和转换的动作用“条件/动作”表示在箭头旁边。粗线箭头画出了一种典型的情形:一个客户端主动地连接到一个服务器上。其中粗实线箭头表示这个正常的客户端状态转换,粗虚线箭头表示正常的服务器状态转换,细线箭头则表示非正常(即非典型)的事件序列。

每个连接都开始于 CLOSED 状态。随着连接的进展,按箭头方向从一个状态转换到另一个状态。图中ⓘ标示客户端状态转化流程的标号;[i]标示服务器端状态转化流程的标号,i=1~7。

1. 客户端状态转换流程

客户端可能处于下列的 6 种状态之一:CLOSED、SYN _ SENT、ESTABLISHED、FIN _ WAIT1、FIN _ WAIT2 和 TIME _ WAIT。

1) 标①处:客户端 TCP 状态开始于 CLOSED。

2) 标②处:当客户端 TCP 处于 CLOSED 状态时,它能接收来自于客户应用进程的主动打开请求。当客户端 TCP 发起连接请求时,发送一个 SYN 值为 1 的报文段给服务器端 TCP,并且进入状态 SYN _ SENT。

3) 标③处:客户端 TCP 处于 SYN _ SENT 状态时,它能接收来自于对方 TCP 的 SYN + ACK 报文段。客户端 TCP 发送一个 ACK 报文段给对方 TCP,并且进入状态 ESTABLISHED,这时就进入数据传送阶段。只要客户端在发送和接收数据,它就会一直保持在这个状态。

4) 标④处:客户端 TCP 处于 ESTABLISHED 状态时,它能接收来自于客户应用进程的关闭请求。当客户端 TCP 发送 FIN 值为 1 的报文段给对方 TCP 后,等待确认 ACK 的到达,进入状态 FIN _ WAIT1。

5) 标⑤处:客户端 TCP 处于 FIN _ WAIT1 状态时,它等待接收来自于服务器端 TCP 的 ACK 报文段。当它接收到服务器端 TCP 发出的 ACK 报文段时,则表示一个方向的连接已经关闭,进入状态 FIN _ WAIT2,客户端不发送任何信息。

6) 标⑥处:客户端保持在 FIN _ WAIT2 状态,等待服务器端从另一端关闭该连接。当它接收到来自服务器端 TCP 的 FIN 报文段后,就发送一个 ACK 报文段。这时,另一条连接也关闭了,并且进入状态 TIME _ WAIT。

7) 标⑦处:当客户端处于 TIME _ WAIT 状态时,它就启动定时器并且等待直到定时结束。定时器的值设定为最大报文段估计生存时间的两倍。在连接完全关闭之前,客户端一直处于 TIME _ WAIT 状态,以确保该连接的所有的报文段都已经消失。当超时之后,客户端回到起始状态 CLOSED。

2. 服务器端状态转换流程

服务器端可以处于 11 种状态中的任一种状态,但在正常运行过程中,它可能处于下列 6 种状态之一:CLOSED、LISTEN 、SYN _ RCVD、ESTABLISHED、CLOSE _ WAIT 和 LAST _ ACK。

1) 标[1] 处:服务器端 TCP 状态开始于 CLOSED。

2) 标[2] 处:当服务器端 TCP 处于 CLOSED 状态时,它能接收来自于服务器应用进程的被动打开请求。然后进入状态 LISTEN。

3) 标[3] 处:当服务器端 TCP 处于 LISTEN 状态时,它能接收来自于客户端 TCP 的 SYN 报文段。当收到 SYN 值为 1 的连接请求报文后,服务器端 TCP 给客户端 TCP 发送 SYN + ACK 报文段,然后进入状态 SYN _ RCVD。

4) 标[4] 处:当服务器端 TCP 处于 SYN _ RCVD 状态时,它能接收来自于客户端 TCP 的 ACK 报文段。然后它就进入状态 ESTABLISHED,进入数据传送阶段。只要服务器端在发送和接收数据,它就会一直保持在这个状态。

5）标[5]处：当服务器端 TCP 处于 ESTABLISHED 状态时，它能接收来自于客户端的 FIN 报文段。当客户端的数据已经传送完毕，希望关闭这个连接，就发送 FIN 值为 1 的报文段给服务器。服务器给客户发送 ACK 报文段，然后进入状态 CLOSE_WAIT。

6）标[6]处：当服务器端 TCP 处于 CLOSE_WAIT 状态时，它将一直等待，直到接收到来自服务器程序的关闭连接请求。然后，它就给客户端发送 FIN 报文段，并进入状态 LAST_ACK。

7）标[7]处：当服务器端 TCP 处于 LAST_ACK 状态时，它等待最后的 ACK 报文段。当收到客户端 TCP 的 ACK 报文段后，服务器端就释放连接，然后回到初始状态 CLOSED。

8.6 流量控制

TCP 在其连接的通信过程中还能进行流量控制。流量控制定义了发送端在收到从接收端发来的确认报文之前可以发送的数据量。传输层通信有两种极端的情况：一种是发送端只发送一个字节的数据，然后等待确认，当收到接收端的确认后再发送下一个字节。如果数据要走很长的距离，那么发送端在等待确认这段时间内就一直处在空闲状态。这使得传输效率很低。另一种极端情况就是传输层协议能够发送它所有的数据而不考虑确认。这就加速了传输的过程，但这样又可能会使接收端的缓冲区溢出。此外，若有一部分数据丢失、重复、被失序接收或被破坏，在接收端对所有的数据进行校验之前，发送端是不会知道的。

TCP 采用可变大小的滑动窗口协议进行流量控制。以防止发送端的数据发送得过快以致于接收端来不及处理。

TCP 连接的每一方都有固定大小的缓冲空间用来暂时存放从应用程序传递来并准备发送的数据。滑动窗口协议定义了在缓存上的一个窗口。TCP 发送数据的多少由这个窗口定义。双方主机为每个连接各使用一个窗口。窗口区间是缓存的一部分，包含了一台主机在等待另一台主机发来的确认报文期间可以发送的字节。因为这个窗口随着数据的发送和确认的接收能够在缓存内移动，所以这个窗口称为滑动窗口。TCP 的滑动窗口是面向字节的。

图 8-10 为 TCP 的滑动窗口示意图。在图中，将字节从 1 ~ 12 进行标号，窗口大小表明多少字节数据可以立即被发送，当接收方确认接收到数据后，这个窗口进行移动。

窗口包括已发送但未被确认的字节，以及可以发送的字节。对于已经发送出且已经被确认的字节，发送端可以重用这部分位置；已发送出但还没有被确认的字节，发送端必须在缓存中保存，以便在它们丢失或受到损坏时重传。

接收方窗口是说明接收方还能再接收的字节数。如接收缓冲区的大小为 5B，已占用了 3B，则接收窗口值为 2，即最多只能接收 2B。

在 TCP 报文段首部的窗口大小字段的值就是当前给对方设置的窗口值。发送窗口在连接时由双方商定，且在通信过程中，接收方可根据自己的资源情况，随时动态地进行调整。即接收方根据自己可用的缓存空间大小，在每一个确认报文段中都可以定义窗口大小。在 TCP 中，接收方通过控制发送窗口的大小来控制发送方的发送速度。如果网络发生了拥塞，那么实际的窗口大小就可能会变小。

下面通过如图 8-11 所示的例子说明如何利用可变窗口大小进行流量控制。

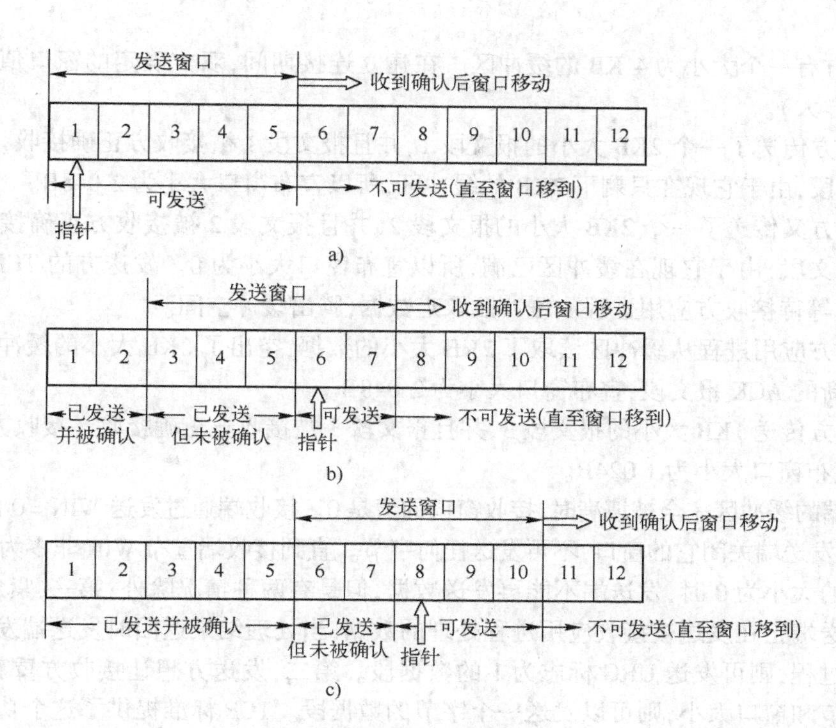

图 8-10 滑动窗口示意图

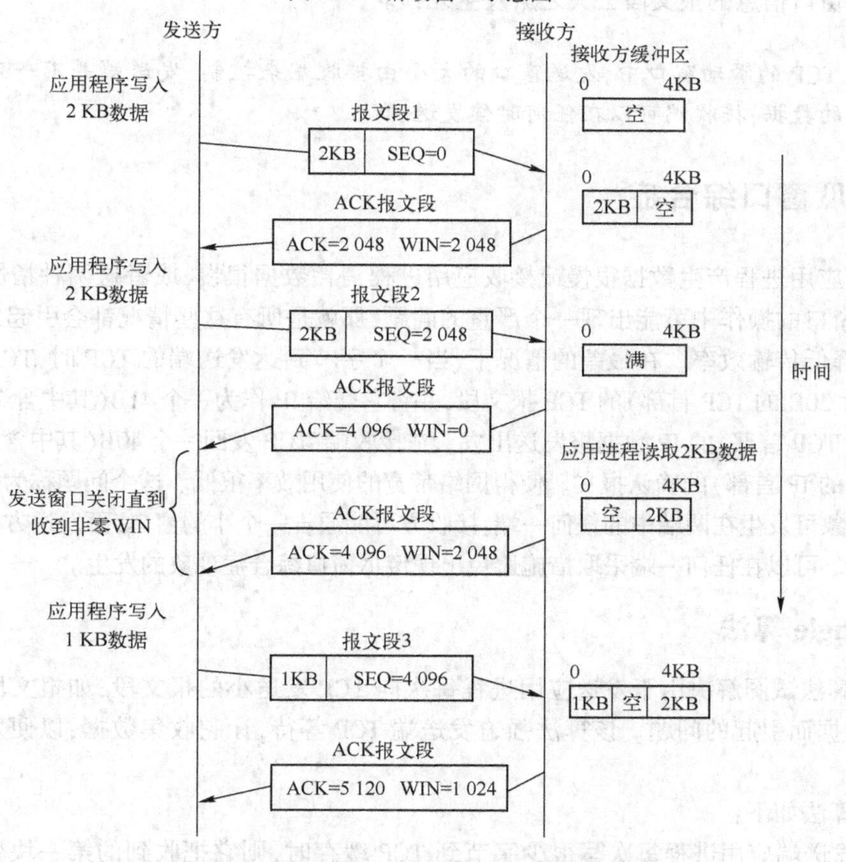

图 8-11 利用可变窗口大小进行流量控制的例子

设接收方有一个大小为 4 KB 的缓冲区。在建立连接期间，双方确定的窗口值为 4 K（同它的缓存一样大）。

1）发送方传送了一个 2KB 大小的报文段 1，并且报文段 1 被接收方正确接收。接收方发送 ACK 报文段，由于它现在只剩下 2KB 的缓冲区，所以宣布窗口大小为 2 048B。

2）发送方又传送了一个 2KB 大小的报文段 2，并且报文段 2 被接收方正确接收，接收方发送 ACK 报文段，由于它现在缓冲区已满，所以宣布窗口大小为 0。发送方的 TCP 就不能再发送数据了，等待接收方应用进程从缓冲区取走数据，腾出缓冲空间。

3）接收方应用进程从缓冲区读取了 2KB 大小的数据，空出了 2KB 大小的缓冲空间，于是它发送一个新的 ACK 报文段，宣布窗口大小为 2 048B。

4）发送方传送 1KB 大小的报文段 3，并且报文段 3 被接收方正确接收。接收方发送 ACK 报文段，并宣布窗口大小为 1 024B。

当接收端的缓冲区完全被填满时，接收窗口的值是 0。接收端通过发送 WIN =0 的报文段通知发送端，则发送端关闭它的窗口，不再发送任何字节。直到接收端宣布 WIN 非零为止。

当窗口的大小为 0 时，发送端不能再发送数据，但是有两种情况除外：第一，紧急数据可以发送。如发送端正在发送被接收应用进程处理的数据，当处理结果返回时发送端发现有错误，想中止这个过程，则可发送 URG 标志为 1 的数据段。第二，发送方想让接收方重新宣布下一个期望的字节和窗口大小，则可以发送一个字节的数据段。TCP 标准提供了这个功能，以避免当一个宣告窗口信息的报文段丢失之后发生死锁。

在 TCP 的滑动窗口中，发送窗口的大小由接收端来控制；发送端并不一定必须发送整个窗口值的数据；接收端可以在任何时候发送确认。

8.7 傻瓜窗口综合症

当发送应用进程产生数据很慢或接收应用进程消耗数据很慢，或者这两种情况同时发生时，在滑动窗口的操作中可能出现一个严重的问题，那就是所有这些情况都会引起发送的报文段很小，而降低传输效率。在最差的情况下，当一个字节到达发送端的 TCP 时，TCP 创建一个 21B（其中含 20B 的 TCP 首部）的 TCP 报文段，并将它交给 IP 作为一个 41B（其中含 20B 的 IP 首部和 20B 的 TCP 首部）的 IP 数据报发送出去。在接收端，TCP 发回一个 40B（其中含 20B 的 TCP 首部和 20B 的 IP 首部）的确认报文。使得网络带宽的使用效率很低。这个问题称为傻瓜窗口综合症。该现象可发生在两端中的任何一端：接收方可能通告一个小的窗口，而发送方也可能发送少量的数据。可以在任何一端采取措施避免出现傻瓜窗口综合症现象的发生。

8.7.1 Nagle 算法

Nagle 算法试图解决由于发送应用进程每次向 TCP 发送小的报文段，如报文段只包括一个字节的数据而引起的问题。该算法强迫发送端 TCP 等待，让它收集数据，以便发送大块数据。

Nagle 算法如下：

1）当发送端应用进程每次写很少字节到 TCP 缓存时，则它把收到的第一块数据先发送出去，哪怕只有一个字节。

2）在发送第一个报文段以后，发送端 TCP 将后面到达的数据都缓存起来，当收到接收端 TCP 对第一块数据的确认后，再将缓存中的所有字节装成一个报文段发送出去，或者数据已积累到可以装成最大长度的报文段，发送端 TCP 就发送这个报文段。

3）继续开始进行缓存。如果收到了对报文段 2 的确认，或者数据已积累到可以装成最大长度的报文段，报文段 3 就必须发送出去。

Nagle 算法非常简单，但很有效。它综合考虑到了应用进程产生数据的速度和网络传输数据的速度。若应用进程产生数据的速度比网络传输数据的速度快，则报文段就比较大（最大长度报文段）。若应用进程产生数据的速度比网络传输数据的速度慢，则报文段就比较小（小于最大长度报文段）。

8.7.2 Clark 解决方案

当接收端 TCP 为消耗数据很慢的应用进程服务时，例如一次消耗一个字节，则可能出现傻瓜窗口综合症。假定接收端 TCP 的缓存区大小为 4KB。发送端先发送第一个大小为 4KB 的数据，接收端接收后，其缓存就满了。于是它宣布窗口值为 0，使发送端停止发送数据。接收应用进程从缓存中读取一个字节的数据（这样在缓存中有了 1B 的空间），然后接收端 TCP 向发送端发 ACK 报文段，宣布窗口值为 1B（这个报文段的长度是 40B）。正等待发送数据的发送端 TCP 又发来只包括一个字节数据的报文段（这个报文段的长度是 41B），接收端缓存又满了，接收端 TCP 对这一字节数据进行确认，并设置窗口值为 0（这个报文段的长度是 40B）。当一个字节的数据被消耗掉后，又可发送一个字节数据的报文段……这样的过程持续下去，网络的使用率将会很低。

Clark 解决方案就是只要数据到达就发送确认，但宣布窗口值为 0，直到在缓存中有足够的空间能容纳具有最大长度的报文或者缓存已有一半的空间为空了，再发送窗口更新报文段。

Nagle 算法和 Clark 解决方案针对傻瓜窗口综合症的解决方案是相互补充的。Nagle 算法是为发送端 TCP 使用的，而 Clark 解决方案试图解决接收端 TCP 的问题。这两种方案都是有效的，而且可以一起工作。

8.7.3 延迟发送确认

对于应用进程消耗数据比数据到达的速度慢所产生的这种傻瓜窗口综合症，还有第 2 种解决方法，即延迟发送确认。这就意味着当一个报文段到达时，接收端并不立即给予确认。接收端在确认收到的报文段之前一直等待，直到接收缓存中有相当数量的空间。延迟发送确认防止了发送端 TCP 滑动它的窗口。这样，当发送端 TCP 发送完窗口中的数据后就会停下来。这就避免了傻瓜窗口综合症的发生。

另外，由于迟延确认，接收端不需要确认每一个报文段，减少了通信量。但是迟延确认有可能迫使发送端重传没被确认的报文段，所以在 TCP 的实现中采用了一种优化办法，即确认的延迟不能超过 500ms。

在 TCP 中，发送方并不要求一接到应用进程传递过来的数据就必须马上将数据传送出去；接收方也不要求尽可能快地发送确认报文段。TCP 可以利用这种自由度来提高性能。

TCP为避免出现傻瓜窗口综合症，采用的方法就是接收方TCP不通告小的窗口而发送方不发送小的报文段。

8.8 差错控制

TCP提供可靠的运输层通信。这意味着发送方的应用进程把数据流交付给TCP后，就依靠TCP把整个数据流交付给接收方的应用进程，并且是按序的、无差错的，也没有任何部分丢失或重复。对这一点，TCP使用差错控制提供可靠性。

TCP差错控制包括检测受到损伤的报文段、丢失的报文段、失序的报文段和重复的报文段，以及检测出差错后纠正差错，它除了使用校验和，还使用确认技术和超时机制。

8.8.1 丢失或受到损伤的报文段

TCP的每一个报文段都包括校验和字段，如果检查出某个报文段受到损伤，则接收端TCP就丢弃这个报文段。TCP没有否认机制，若某报文段在超时之前没有被确认，则被认为是受到损伤或已丢失，发送端将重传这个报文段。图8-12说明了一种丢失报文段的情况。

1）设发送端发送报文段1和2。接收端TCP正确收到报文段1和2，则利用确认号1601进行确认，表示它已正确接收到了序列号为1201~1600的字节，并期望接收序列号从1601开始的字节。

2）发送端TCP发送报文段3，但是它在传输过程中丢了。当为报文段3设置的超时截止期到后，发送端TCP就重传报文段3。

3）在接收端TCP正确收到报文段3后，利用确认号1801来确认报文段3，表示它已正确和完整地收到了序列号为1201~1800的字节（TCP确认号是“累计的”）。

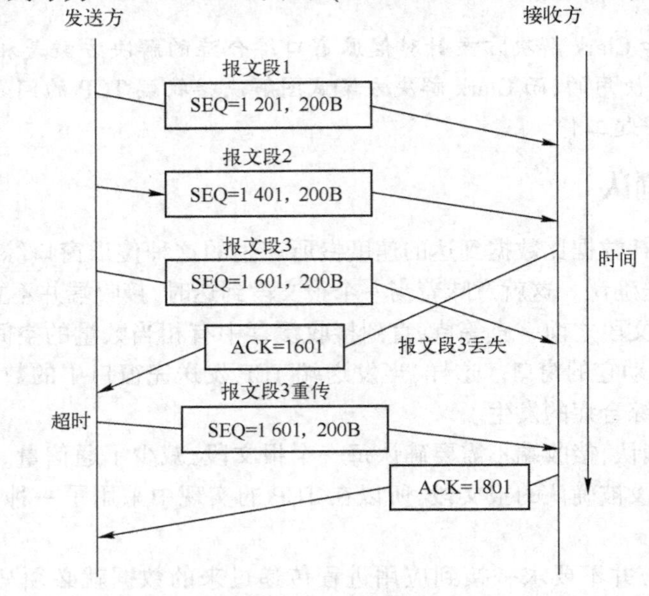

图8-12 丢失的报文段

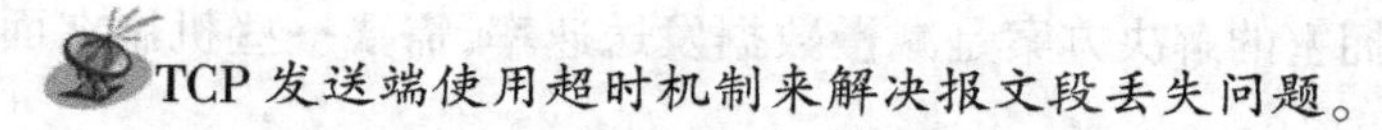

TCP 发送端使用超时机制来解决报文段丢失问题。

另外,对于受损伤的报文段,从源点和终点的角度看,它与丢失报文段的情况是一样的。不同的是,受损伤的报文段是被接收端丢弃的,而丢失的报文段是被某一个中间结点丢失的,并且永远不能到达接收端。

8.8.2 重复的报文段

当超时截止期到但还没有收到确认报文时,发送端就会重发这个报文段。在接收端,当它收到的这个报文段序号与已接收到的另一个报文段序号相同时,那么接收端就简单地丢弃这个报文段。

8.8.3 失序的报文段

TCP 使用 IP 提供的服务,而 IP 是不可靠的无连接网络层协议。TCP 报文段封装在 IP 数据报中。每一个 IP 数据报进行独立的路由选择。每个数据报可能通过的路由的延迟是不同的,使得数据报可能是不按序到达的,则 TCP 报文段也就是失序到达的。接收端 TCP 处理失序报文段的方法是不予确认,只有当被确认的字节之前的所有数据都已经接收到了,才可以发送确认报文段。例如接收端接收到了报文段 1、2、4 和 5,那么它可以确认收到报文段 2 中最后一个字节之前(包括该字节)的所有数据。当发送方超时重传报文段 3 后,接收端接收到了报文段3。如果接收方已将数据段4 和5 缓存起来了,那么它就可以确认收到报文段5 最后一个字节之前(包括该字节)的所有数据了。

如果确认延迟了,在发送端 TCP 的失序报文段的计时器截止期到则重新发送这个报文段。重复的报文段将被接收端 TCP 丢弃。

8.8.4 丢失确认

在 TCP 的确认机制中,使用累计确认系统。每一个确认报文段证实了一直到由确认号指明的字节为止的所有字节都已经收到。例如,如果接收端发送的确认报文段的确认号是1801,它确认序列号小于 1800 的字节都已经收到了,期望收到的报文段序列号为 1801。若接收端已经为序列号为 1601 的字节发送过确认报文段,而它已经丢失了,这个确认丢失是没有关系的。

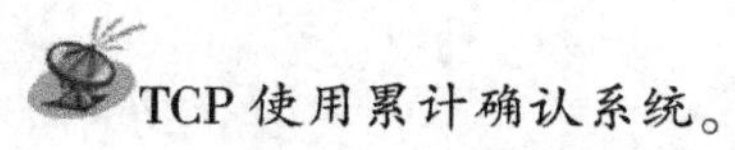

TCP 使用累计确认系统。

8.9 拥塞控制

当发送方和接收方处于同一个局域网时,发送方一开始便向网络发送多个报文段,直至达到接收方通告的窗口大小为止,这种方式是可以的。但是互联网由许多网络和连接设备(如路由器)组合成,如果在发送方和接收方之间存在多个路由器和速率较慢的链路时,一些中间路由器必须缓存分组。若路由器接收分组过快,超过了路由器的处理能力,就有可能耗尽路由器的存储空间,路由器会丢弃一些分组。在实际中,这样的丢失一般是当网络变得拥塞时,由于路由器缓存溢出而引起的。针对拥塞的解决方案是减慢数据发送速率,需要一些机制在面临拥塞时遏制发送方。

8.9.1 接收端通知的窗口和拥塞窗口

TCP 的拥塞控制采用的是慢启动和拥塞避免的策略。为了进行拥塞控制,每个发送方必须维护两个窗口:接收端通知的窗口和拥塞窗口。

接收端通知的窗口是接收方根据其可用缓存大小准许的窗口值。接收端将此值放在 TCP 报文段的首部中,传送给发送端。拥塞窗口是发送端根据所感知到的网络拥塞程度得出的窗口值。前者是接收方使用的流量控制,后者是发送方使用的流量控制,限制发送方向网络注入数据的速度。每个窗口都反映了发送方可以发送的字节数量,而实际上,发送端的发送窗口是它们两个中较小的那个值。在没有发生拥塞的稳定状态时,这两个窗口的大小是一致的。

为了进行拥塞控制,发送窗口值不仅取决于接收端,还要取决于网络的拥塞状况。

8.9.2 慢启动算法

慢启动算法是在一个连接上发送数据流的方法。TCP 发送端在初始阶段的发送速率以指数型增长,直到出现分组丢失为止。该算法以新分组进入网络的速率应该与另一端返回确认的速率相同为原则进行工作。

当一个 TCP 连接被建立起来时,发送端将拥塞窗口初始化为 1(即一个报文段,一般为当前使用的最大报文段 MSS),然后等待确认报文。当收到该确认报文时,拥塞窗口从 1 增加为 2,即发送端可以发送两个报文段;当收到这两个报文段的确认报文时,拥塞窗口就增加为 4,这样发送端可以发送 4 个报文段;如此继续下去……拥塞窗口一直呈指数型增长(以报文段大小为单位进行增加),直至发生超时或者收到冗余的确认报文,或者达到接收端窗口大小时停止增长。

发送方取拥塞窗口与接收端通告的窗口中的最小值作为发送上限。例如当发送的 1KB、2KB和 4KB 的数据段都正确接收后,下一个 8KB 的数据段发生了超时,则拥塞窗口就设置为 4 096以避免拥塞。这时无论接收方准许的窗口多大,发送方都不会发送超过 4 096B 的数据段。

慢启动是指每一次出现超时的时候,拥塞窗口都降到 1,使报文段慢慢地注入到网络中。而拥塞窗口增长的速率并不很慢。

所有的 TCP 实现都要求支持这个算法。

8.9.3 拥塞避免算法

拥塞避免算法也是发送端 TCP 为了避免拥塞而使用的一种策略。它是一种解决丢失分组问题的方法。该算法假定分组受到损坏引而起丢失的可能性是非常小的,因此分组丢失就意味着在发送端和接收端之间的某处网络上发生了拥塞。

在拥塞避免算法中使用了一个新的参数:阈值(也称为临界值)。这个值用来确定慢启动结束而避免拥塞开始时的窗口大小。拥塞发生之前要避免拥塞,当窗口值达到阈值时,对每一个确认报文(即便这个确认报文是对多个报文段的确认)都使拥塞窗口值每次增加一个最大报文段长度,这种策略称为加法增大。使拥塞窗口的大小由指数型增长速率降为线性增长速率,只要在发生超时之前,加法增大就一直继续下去。

当某些结点上超过了路由器的处理能力时,中间路由器开始丢弃分组,即发生了拥塞,那么发送方就必须减小它的拥塞窗口值。能够使发送端感知到网络已经发生拥塞的惟一方法就是通过丢失的报文段。有两种分组丢失的提示:发生超时和接收到重复的确认。图 8-13 显示了拥塞避免算法是如何工作的。

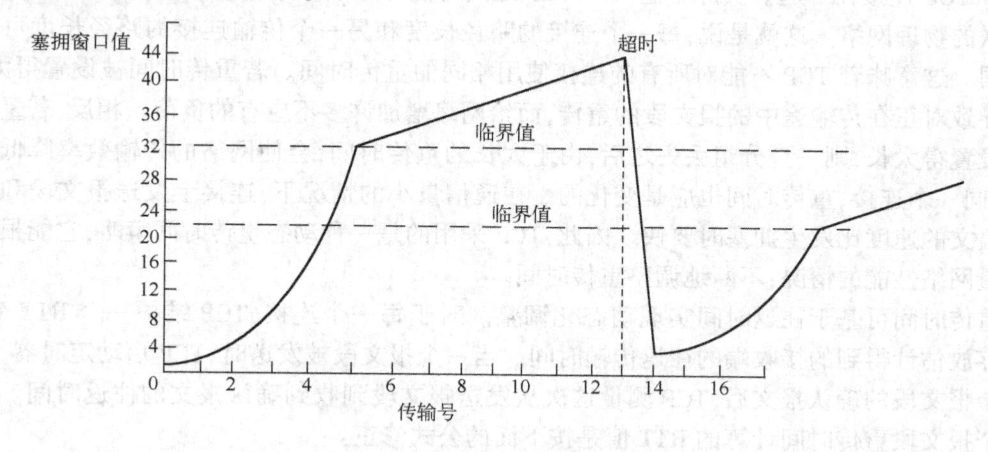

图 8-13　拥塞避免算法示例

在图 8-13 中,纵轴表示拥塞窗口值(以报文段计),横轴表示传输号(已发送的报文段数)。假定最大窗口值是 64 个报文段。阈值设置在 32(最大窗口值的一半)。发生了一次超时后,拥塞窗口被置为 1 个最大报文段(对应 0 号传输),窗口值从 1 开始按指数型增长,直到它达到临界值(32)。从这个点开始,窗口值线性增长,直到发生超时或到达最大窗口值。

在图中,当报文段 13 发出后发生了超时。这时阈值被置为当前窗口值的一半 22(当超时发生时,当前窗口值是 44),而窗口值又重新设置为 1。这种循环不断地继续着,每发生一次超时则阈值就设置为上次拥塞窗口值的一半,而拥塞窗口值从 1 重新开始增长。

拥塞避免算法和慢启动算法是两个独立的算法。但在实际中,当拥塞发生时,这两个算法通常一起实现。

8.10　定时器管理

为了实现 TCP,对每个连接 TCP 管理 4 个不同的定时器,如图 8-14 所示。

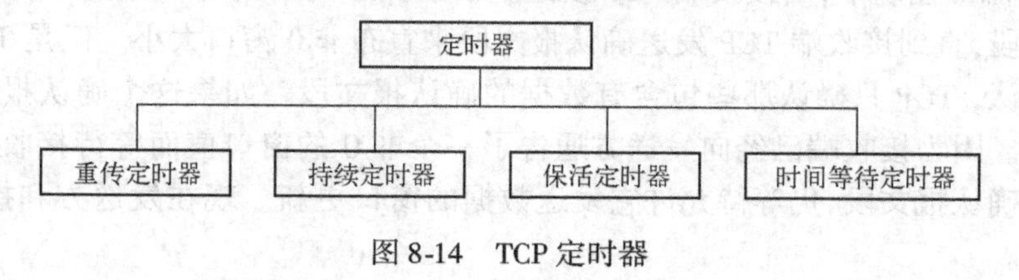

图 8-14　TCP 定时器

1. 重传定时器

TCP 提供可靠的传输所使用的方法之一是确认和重传。重传定时器是用于处理重传时间的。重传时间是指等待某个报文段确认的时间。TCP 每发送一个报文段后就启动重传定时器。如果在定时器超时前收到这个报文段的确认报文,报文则定时器被停止;如果在定时器已超时还没有收到确认报文,该报文段将被重传,且定时器被复位。

重传时间的确定与 TCP 连接的往返时间(RTT)有关。TCP 是一种运输层协议,每个连接将两个 TCP 连接在一起。实际中这两个 TCP 之间可能只相隔一个物理网络,也可能相隔了多个互联的物理网络。这就是说,每一个连接的路径长度和另一个传输连接的路径长度可以完全不同。这意味着 TCP 不能对所有的连接使用相同的重传时间。若重传时间被设置得太短,则会导致对正在传输途中的报文段的重传,而给网络增加许多不应有的负荷。相反,若重传时间被设置得太长,则一旦分组丢失之后,由于太长的重传时间,会使网络的传输效率降低。另外,对同一个连接,重传时间也应是变化的。在通信量小的情况下,连接上发送报文段和接收确认报文的速度比发生拥塞时要快。因此,TCP 采用的是一种动态重传时间策略,它能根据连续测量网络性能的情况,不断地调整重传时间。

重传时间可基于往返时间实现动态化调整。对于每一个连接,TCP 维护一个 RTT 变量,用来存放估计得到的接收端的往返传输时间。当一个报文段被发送时,TCP 启动定时器,等收到这个报文段的确认报文后,TCP 测量这次从发送报文段到收到确认报文的往返时间。用于下一个报文段重传时间计算的 RTT 值是按下面的公式修正:

$$RTT = \alpha \times (\text{前一个 RTT}) + (1-\alpha) \times (\text{当前的 RTT})$$

式中 α 为修正因子($0 \leqslant \alpha < 1$),决定了以前估计的 RTT 所占的权重。典型的情况下,$\alpha = 0.9$。每次进行新测量的时候,RTT 将得到更新。每个新 RTT 的 90% 来自前一个 RTT,而 10% 则取当前的 RTT。

但是当一个报文段超时并被重传以后,当发送端 TCP 收到对这个报文段的确认报文时,它无法判断该确认报文是针对第一次报文段的确认,还是对重传报文段的确认。这就是所谓的重传多义性问题。对此,Karn 提出的解决方法是:当一个超时和重传发生时,在重传数据段的确认报文最后到达之前,不更新 RTT 的值,而且每重传一次,超时时间被加倍。直到发送了一个报文段并收到了不需要重发的确认。

以下是 Karn 修正算法:

$$\text{重传时间} = \beta RTT$$

式中 β 的典型值为 2。即设定重传时间等于前一个 RTT 值的两倍。大多数 TCP 实现使用了此算法。

2. 持续定时器

在 TCP 的流量控制中,当接收端 TCP 发送了窗口大小为 0 的确认报文时,发送端 TCP 就停止发送报文段,直到接收端 TCP 发送确认报文段来宣布非 0 窗口大小。但是 TCP 不对确认报文段进行确认,TCP 只确认那些包含有数据的确认报文段。如果这个确认报文段丢失了,就会发生死锁。因为接收端已经向发送方通告了一个非 0 的窗口值而等待接收报文段,发送端却没有收到确认报文段,仍等待允许它发送数据的窗口更新。现在发送方和接收方都在持续地等待对方。

为防止这种死锁情况的发生,TCP 对每一个连接使用一个持续定时器,当发送端 TCP 收到窗口大小为 0 的确认报文段时就启动它。如果持续定时器超时,发送端就给接收端发送一个只有一个字节数据的探测报文段(它有一个序列号,但它的序列号永远不需要确认)。接收端对探测报文段的响应是必须重传确认报文段，以将窗口大小告诉发送方。如果窗口大小非0，就可以发送数据了；如果它还是为0，则持续定时器被再次设置，直到接收到一个窗口大小非0的确认报文。

3. 保活定时器

保活定时器用来防止一个连接较长时期的空闲。如果启动了一个客户与服务器之间的连接，传送了一些数据，然后数小时、数天或者更长时间一直沉默。对于中间路由器可以崩溃或重启，但是对于两端的主机只要没有被重启，则连接就依然保持建立的状态。如果这个客户下线了或出了故障，而服务器将会永远等待来自客户的数据。保活功能就是试图让服务器端能检测到这种半开放的连接。

许多实现提供了保活定时器。保活功能主要是为服务器应用进程提供的，许多时候一个服务器希望知道客户主机是否崩溃或关机或者崩溃又重新启动。保活定时器可检测到一个空闲连接的另一端何时崩溃或重启。

在大多数的实现中，都是为服务器设置保活计时器。每当服务器收到客户端的信息，就将定时器复位。超时通常设置为2h。若在连接空闲2h时后，服务器就发送探测报文段，来查看这个客户端是否仍然存在。若服务器已发送 了10个间隔为75s的探测报文段，这个客户端还没有响应，服务器就认定客户端下线了或出了故障，则终止这个连接。

许多版本的Rlogin和Telnet服务器默认使用这个选项。

4. 时间等待定时器

每个连接使用的最后一个定时器是时间等待定时器。它在关闭连接时该连接处于TIMED_WAIT状态中所使用。当TCP关闭一个连接时，这个连接并不是马上就真正地关闭了，它在时间等待期间处于中间过渡状态，以使重复的FIN报文段（如果有的话）在到达目的端后被丢弃。时间等待定时器的值通常设置为一个报文段预计的最大生存时间的两倍。

TCP使用4个不同的定时器来完成它的工作，其中最重要的是重传定时器。

8.11 本章小结

TCP（传输控制协议）是传输层协议，负责进程到进程之间的通信。TCP是一种面向连接的、可靠的、字节流的协议。TCP使用滑动窗口机制实现流量控制；使用校验和、确认和超时机制实现差错控制。TCP软件在两个设备之间传输的数据单元称为报文段，报文段包含20～60B的首部和来自应用进程的数据。最大报文段长度在建立连接时选择，用来定义允许的最大的报文段长度。被损坏和丢失的报文段被重发；重复的报文段被丢弃。TCP建立连接需要3次握手；释放连接需4次握手。TCP状态及相互间的转换以有限状态机的形式来表示。对每个连接，TCP管理4个不同的定时器：重传定时器、持续定时器、保活定时器和时间等待定时器。

8.12 练习题

1. 为什么TCP要对每一个数据字节都进行编号？
2. TCP是否支持多播或广播？为什么？

3. 当窗口大小为 0 时，在什么情况下发送方还能发送数据段？

4. 什么是傻瓜窗口综合症？说明在接收端避免傻瓜窗口综合症产生的方法。

5. 若 TCP 使用两次握手的方法来建立连接，是否可能产生死锁？请举例说明。

6. 如果两台主机同时企图在两个同样的套接字之间建立一个连接，结果是怎样的？为什么？

7. 为什么 TCP 报文段携带数据最多为 65 495B？

8. TCP 报文段数据字段是否可能为 0？并给予说明。

9. 若 TCP 报文段首部中其首部长度的值为 7，那么在这个报文段中的选项字节是多少？

10. 当一个 TCP 发送方连续收到多个重复的对报文段 x 的确认，此时可推断出现了什么情况？为什么？

11. 在一个 TCP 连接上，主机 1 向主机 2 连续发送两个报文段。第一个报文段的序列号为 90，第二个报文段的序列号为 110。设第一个报文段丢失了而第二个报文段到达主机 2。问在主机 2 发送的确认报文段中，确认号是多少？

12. 在使用 TCP 传送数据时，如果有一个确认报文段丢失了，请问对方数据是否会重传？为什么？

13. TCP 在进行流量控制时，以什么作为产生拥塞的标志？为什么？

14. 简述 TCP 流量控制机制与拥塞窗口机制之间的联系？

15. 设一个 TCP 连接使用的窗口大小是 10 000B，前一个确认号是 22001，它收到了一个报文段，其确认号是 24001。图示接收这个报文段之前和之后窗口的情况。

16. 如一个 TCP 的当前往返时间 RTT 为 30ms，并确认分别在 26ms、32ms 和 24ms 后到达。请计算新的 RTT 估计值（设 $\alpha = 0.9$）。

17. 在一条带宽为 1Gbit/s 信道上，一个 TCP 连接正在发送 65 535B 的满窗口数据，这条信道的单向延迟时间为 10ms，试给出可以获得的最大吞吐率。

18. 假设在一条不会出现拥塞的线路上使用慢启动算法。往返传输时间为 10ms，最大报文段长度为 2KB，接收窗口为 24KB。请问这个 TCP 从建立连接开始到发送满接收窗口需要多长时间？

19. TCP 使用了哪几个定时器？分别说明它们的作用。

第9章　面向应用的协议

本章主要介绍应用层的协议。它是用户和系统之间的交互接口,也是工具。用户通过这些协议可以方便地使用网络资源,实现信息共享。

9.1　文件传输协议(FTP)

文件传输协议(FTP,File Transfer Protocol)是一个应用广泛的网络协议,它用于主机间的数据传输和文件共享,主要功能为文件上传和下载。FTP最初应用于美国国防部组建的ARPANET网络中计算机之间的文件传输协议。第一个FTP的RFC(RFC 114)由A. K. Bhushan在1971年提出,同年8月由MIT与Harvard University通过实验实现。1972年,RFC 172提供了主机间文件传输的一个用户级协议。1973年2月,在长期讨论(RFC 265、RFC 294、RFC 354、RFC 385、RFC 430)后,出现了一个官方文档RFC 454。1973年8月,出现了一个修订后的新官方文档RFC 542,确立了FTP的功能、目标和基本模型,当时数据传输协议采用NCP。1980年,由于底层协议从NCP改变为TCP,RFC 765定义了采用TCP的FTP。1985年,RFC 959(STD 9)诞生,该标准一直沿用到今天,所以目前用户使用的不同版本的FTP均是以TCP/IP为基础的。

9.1.1　基本原理

FTP是由支持Internet文件传输的各种规则所组成的集合,采用客户/服务器方式实现。客户端由3部分组成:用户界面、控制进程和数据传输进程。服务器由两部分组成:控制进程和数据传输进程。控制连接作用于控制进程之间,数据连接作用于数据传输进程之间。

FTP需要用到两个端口,一个端口是作为控制连接的端口21,用于发送指令给服务器以及等待服务器响应;另一个端口是作为数据传输的端口20,用来建立数据传输通道。控制连接(端口21)在整个FTP工作过程中始终保持连接状态。数据连接则是在每传输一个文件时都要开启和关闭。也就是说,在一个FTP的工作过程中,控制连接是永久的,数据连接是交互式的。

FTP工作时,首先启动FTP客户端进程,与远程主机(FTP服务器)建立连接,然后向远程主机发出传输命令,远程主机在收到命令后给予响应,并执行正确的命令。

FTP支持两种工作模式,一种称为Standard模式,也叫做Port模式,即主动模式;另一种为Passive模式,即被动模式。采用何种模式是由客户端发送给服务器端的命令决定的。Port模式下FTP的客户端发送PORT命令到服务器;Passive模式下FTP的客户端发送PASV命令到服务器。

区分主动模式和被动模式的主要目的是,并不是所有的FTP服务都同时支持这两种连接模式,例如,微软自带的FTP命令客户端就不支持被动模式,如果设置错了将无法连接。

下面分别介绍两种模式下的工作过程。

1. Port 模式

在 Port 模式下,FTP 的工作步骤如下:

```
     [ ftp Client ]                          [ ftp Server ]
(TCP:21 连接初始化,控制端口)
                        SYN
     Port xxxx    ---------------------->    Port 21    [TCP]
                     SYN + ACK
     Port xxxx    <----------------------    Port 21
                        ACK
     Port xxxx    ---------------------->    Port 21
(控制操作:用户列目录或传输文件)
                    Port, IP, Port yyyy
     Port xxxx    <----------------------    Port 21
                    Port Seccussful
     Port xxxx    <----------------------    Port 21
                   List, Retr or Stor
     Port xxxx    ---------------------->    Port 21
(TCP:20 连接初始化,数据端口)

                        SYN
     Port yyyy    <----------------------    Port 20
                     SYN + ACK
     Port yyyy    ---------------------->    Port 20
                        ACK
     Port yyyy    <----------------------    Port 20

(数据操作:数据传输)
                     Data  +  ACK
     Port yyyy    <--------------------->    Port 20
```

(1) 客户端发送一个 SYN(TCP 同步)数据包给服务器端的 FTP 控制端口 21,客户端使用临时的端口作为它的源端口。

(2) 服务器端发送 SYN ACK(同步确认)数据包给客户端,源端口号为 21,目的端口为客户端上使用的临时端口。

(3) 客户端发送一个 ACK(确认)数据包;客户端使用这个连接来发送 FTP 命令,服务器端使用这个连接来发送 FTP 应答。

(4) 当用户发出一个列表(List)请求或者发出一个要求发送或者接受文件的请求时,客户端使用 PORT 命令。这个命令包含了一个临时的端口,客户端希望服务器在打开数据连接时使用这个临时的端口。PORT 命令也包含了一个 IP 地址,这个 IP 地址通常是客户自己的 IP

地址,而且 FTP 也支持第三方(Third-Party)模式,第三方模式是客户端告诉服务器端打开与另一台主机的连接。

(5) 服务器端发送一个 SYN 数据包给客户端的临时端口,源端口号为 20,临时端口号是客户端在 PORT 命令中发送给服务器端的。

(6) 客户端以源端口为临时端口,目的端口号为 20,发送一个 SYN ACK 数据包。

(7) 服务器端发送一个确认数据包。

(8) 发送数据的主机用这个连接来发送数据,数据以 TCP 报文段形式发送,这些 TCP 报文段都需要对方进行确认。

值得注意的是,当 FTP 客户端以 PORT 模式连接服务器端时,它动态地选择一个大于 1024 的端口号连接服务器的 21 端口,因为小于 1024 的端口号都已经被系统服务预先定义了。

2. Passive 模式

在 Passive 模式下,FTP 的工作步骤如下:

```
[ ftp Client ]                                  [ ftp Server ]
(TCP:21 连接初始化,控制端口)
                        SYN
Port xxxx      ---------------------->      Port 21 [TCP]
                     SYN + ACK
Port xxxx      <----------------------      Port 21
                        ACK
Port xxxx      ---------------------->      Port 21
(PASV 操作: 被动连接数据端口初始化)
                        PASV
Port xxxx      ---------------------->      Port 21
               PASV OK, IP, Port yyyy
Port xxxx      <----------------------      Port 21
                        SYN
Port zzzz      ---------------------->      Port yyyy
                     SYN + ACK
Port zzzz      <----------------------      Port yyyy
                        ACK
Port zzzz      ---------------------->      Port yyyy
(数据操作: 数据传输)
               List, Retr or Stor
Port xxxx      ---------------------->      Port 21
                   Data  +  ACK
Port zzzz      <--------------------->      Port yyyy
```

(1) 客户端发送一个 TCP SYN(TCP 同步)数据包给服务器端的 FTP 控制端口 21,客户端使用临时的端口作为它的源端口。

(2) 服务器端发送 SYN ACK(同步确认)数据包给客户端,源端口号为21,目的端口为客户端上使用的临时端口。

(3) 客户端发送一个 ACK(确认)数据包。客户端使用这个连接来发送 FTP 命令,服务器端使用这个连接来发送 FTP 应答。

(4) 当用户请求一个列表(List)请求或者发送或接收文件的请求时,客户端发送 PASV 命令给服务器端表明客户端希望进入 Passive 模式。

(5) 服务器端进行应答,该应答包括服务器的 IP 地址和一个临时的端口号,这个临时的端口是客户端在打开数据传输连接时使用的端口。

(6) 客户端发送一个 SYN 数据包,源端口为客户端自己选择的一个临时端口,目的端口为服务器在 PASV 应答命令中指定的临时端口。

(7) 服务器端发送 SYN ACK 数据包给客户端,目的端口为客户端选择的临时端口,源端口为 PASV 应答中指定的临时端口。

(8) 客户端发送一个确认数据包。

(9) 发送数据的主机用这个连接来发送数据,数据以 TCP 报文的形式发送,这些 TCP 报文都需要对方进行确认。

显然,当 FTP 客户以 PASV 模式连接服务器时,除在初始化连接过程和 Port 模式是一样的之外,当 FTP 客户发送 ls、dir、get 等要求数据返回的命令时,客户发送 PASV 命令而不是 PORT 命令。在这个命令中,用户告诉服务器自己要连接服务器的某一个端口,如果这个服务器上的这个端口是空闲可用的,那么服务器会返回确认信息,之后数据传输通道被建立并返回用户所要的信息;如果服务器的这个端口被另一个资源所使用,那么服务器返回不确认的信息,这时,FTP 客户会再次发送 PASV 命令,这也就是连接建立的协商过程。

9.1.2 FTP 命令

FTP 命令是互联网用户使用最频繁的命令之一,不论是在 Windows 命令行还是 UNIX 操作系统下使用 FTP,都会遇到大量的 FTP 内部命令。熟悉并灵活应用 FTP 内部命令,可以大大方便使用者,并收到事半功倍之效。

FTP 的命令行格式为:

ftp -v -d -i -n -g [主机名]

其中:

- v:显示远程服务器的所有响应信息。
- d:使用调试方式。
- i:在多文件传输时关闭交互模式。
- n:限制 ftp 的自动登录,即不使用。
- g:取消全局文件名。

FTP 命令分为3类:访问控制、传输参数和服务。

1. 控制命令

控制命令决定了哪一个客户可以获取对某一特定文件的访问。

主要命令如表 9-1 所示。

表9-1 控制命令

字符串和参数	描　述
CDUP	改变到远程系统上的父目录
CWD[Pathname]	改变到远程系统上的工作目录
PASS[Password]	用户的口令。在USER命令后使用
QUIT	退出或者中断连接
USER[username]	服务器上的用户名

2. 传输参数命令

传输参数命令用来改变在FTP连接上传输数据的默认参数。

表9-2 传输参数命令

字符串和参数	描　述
MODE[mode]	传输模式：流、块或者压缩
PORT[host - port]	指定客户端的主机地址和端口号
STRU[structure]	文件结构：文件、记录或页
TYPE[type]	文件类型：ASCII、EBCDIC、IMAGE或者LOCAL

3. 服务命令

当一个用户请求传输文件或者进行文件操作时，FTP使用服务命令。

表9-3 服务命令

字符串和参数	描　述
ABOR	退出上一个服务命令和任何数据传输
DELE[Pathname]	删除远程系统上的文件
HELP[string]	从服务器上获取帮助信息
LIST[Pathname]	通过某一远程系统的数据连接发送文件或者文本表
MKD[Pathname]	建立目录
NLST[Pathname]	名字表。通过数据连接发送服务器的整个当前目录
NOOP	无操作
PWD	输出工作目录。给出服务器上的当前目录名
RETR[Pathname]	从服务器上获取文件

FTP使用的内部命令列表如下（中括号表示可选项）：

（1）![cmd[args]]：在本地计算机中执行交互shell，exit返回到FTP模式。如：! DIR ls *.zip可以执行DOS命令。

（2）$ macro-name[args]：执行宏定义macro-name。

（3）account[password]：提供登录远程系统成功后访问系统资源所需的补充口令。

(4) append local-file[remote-file]:将本地文件追加到远程系统主机,若未指定远程系统文件名,则使用本地文件名。

(5) ascii:使用 ASCII 类型传输模式。

(6) bell:每个命令执行完毕后计算机响铃一次。

(7) bin:使用二进制文件传输方式。

(8) bye:退出 ftp 会话过程。

(9) case:在使用 mget 命令时,将远程主机文件名中的大写字母转为小写字母。

(10) cd remote-dir:进入远程主机目录。

(11) cdup:进入远程主机目录的父目录。

(12) chmod mode file-name:将远程主机文件 file-name 的存取方式设置为 mode 代表的方式,如 chmod 777 a. out。

(13) close:中断与远程服务器的 ftp 会话(与 open 对应)。

(14) cr:使用 ASCII 模式传输文件时,将回车换行转换为换行。

(15) delete remote-file:删除远程主机文件。

(16) debug[debug-value]:设置调试方式,显示发送至远程主机的每条命令,如 debug 3。若参数设为 0,表示取消调试。

(17) dir[remote-dir][local-file]:显示远程主机目录,并将结果存入 local-file 指明的本地文件。

(18) disconnection:同 close 命令。

(19) form format:将文件传输方式设置为 format 指明的方式,默认为 file 方式。

(20) get remote-file[local-file]:将远程主机的文件传至本地硬盘的 local-file。

(21) glob:设置 mdelete、mget、mput 命令参数的文件扩展名,默认时不扩展文件名,同命令行的-g 参数。

(22) hash:每传输 1 024B 的数据,显示一个 hash 符号(#)。

(23) help[cmd]:显示 cmd 指明的 FTP 内部命令的帮助信息,如 help get。

(24) idle[seconds]:将远程服务器的休眠计时器设为 seconds 指明的秒数。

(25) image:设置二进制传输方式(同 bin)。

(26) lcd[dir]:将本地工作目录切换至 dir 指明的目录。

(27) ls[remote-dir][local-file]:显示 remote-dir 指明的远程目录,并存入 local-file 指明的本地文件。

(28) macdef macro-name:定义一个宏,遇到 macdef 命令下的第 1 个空行时,宏定义结束。

(29) mdelete[remote-file]:删除远程主机文件。

(30) mdir remote-files local-file:与 dir 命令类似,但可指定多个远程文件。

(31) mget remote-files:传输多个远程文件。

(32) mkdir dir-name:在远程主机中新建一个目录。

(33) mls remote-file local-file:同 nlist 命令,但可指定多个文件名。

(34) mode[modename]:将文件传输方式设置为 modename 指明的方式,默认为 stream 方式。

(35) modtime file-name:显示远程主机文件的最后修改时间。

(36) mput local-file:将多个文件传送至远程主机。

(37) newer file-name:如果远程主机中 file-name 指明的文件的修改时间比本地硬盘中同名文件的修改时间更近,则重传该文件。

(38) nlist[remote-dir][local-file]:显示远程主机目录的文件清单,并存入本地硬盘中。

(39) nmap[inpattern outpattern]:设置或不设置文件名映射机制。

(40) ntrans[inchars[outchars]]:设置文件名字符的翻译机制,如 ntrans 1R 表示文件名 LLL 将变为 RRR。

(41) open host[port]:建立与指定 FTP 服务器的连接,还可指定连接端口。

(42) passive:进入被动传输方式。

(43) prompt:设置多个文件传输时的交互提示。

(44) proxy ftp-cmd:在次要控制连接中,执行一条 FTP 命令,该命令允许连接两个 FTP 服务器,以实现在两个服务器间传输文件。第 1 条 FTP 命令必须为 open,用以先建立两个服务器间的连接。

(45) put local-file[remote-file]:将本地文件 local-file 传送到远程主机上。

(46) pwd:显示远程主机的当前工作目录。

(47) quit:同 bye 命令,退出 FTP 会话。

(48) quote arg1,arg2...:将参数逐字发至远程 FTP 服务器,如 quote syst。

(49) recv remote-file[local-file]:同 get 命令。

(50) reget remote-file[local-file]:类似于 get 命令。但若 local-file 指明的文件存在,则从上次传输中断处续传。

(51) rhelp[cmd-name]:请求获得远程主机的帮助。

(52) rstatus[file-name]:若未指定文件名,则显示远程主机的状态,否则显示文件状态。

(53) rename[from][to]:更改远程主机文件名。

(54) reset:清除回答队列。

(55) restart marker:从 marker 指定的标志处重新开始 get 或 put,如 restart 130。

(56) rmdir dir-name:删除远程主机目录。

(57) runique:设置文件名存储惟一性,若文件存在,则在原文件后加后缀 .1、.2 等。

(58) send local-file[remote-file]:同 put 命令。

(59) sendport:设置 PORT 命令的使用。

(60) site arg1,arg2...:将参数作为 site 命令逐字发送至远程 FTP 主机。

(61) size file-name:显示远程主机文件大小,如 site idle 7200。

(62) status:显示当前 FTP 状态。

(63) struct[struct-name]:将文件传输结构设置为 struct-name 指明的结构,默认时使用 stream 结构。

(64) sunique:将远程主机文件名存储设置为惟一(与 runique 命令对应)。

(65) system:显示远程主机的操作系统类型。

(66) tenex:将文件传输类型设置为运行 TENEX 操作系统的计算机所需的类型。

(67) tick:设置传输时的字节计数器。

(68) trace:设置包跟踪。

(69) type[type-name]:设置文件传输类型为 type-name 指明的类型,默认为 ascii,如 type

binary 为设置二进制传输方式。

(70) umask[newmask]:将远程服务器的默认 umask 设置为 newmask 指明的值,如 umask 3。

(71) user user-name[password][account]:向远程主机表明自己的身份,需要口令时,必须输入口令,如 user anonymous my@ email。

(72) verbose:同命令行的 -v 参数,即设置详尽报告方式。FTP 服务器的所有响应都将显示给用户,默认为打开(ON)。

(73) ? [cmd]:同 help 命令。

9.1.3 应用实例

下面介绍一个简单的上传下载文件的实例。

【例 9-1】假设有一台 FTP 服务器,FTP 服务器名:qint. ithot. net,用户名:username,密码:user1234。在本地电脑 D:盘创建一个目录"qint"。将要上传的文件复制到 d:\qint 目录里。

解:通过 FTP 命令将文件从本地上传,从服务器下载的步骤如下:

1) 选择"开始"→"运行"项,在打开的对话框中输入"FTP",按回车键运行。

2) open qint. ithot. net。这一步可以与第一步合并,在"运行"里直接输入"ftp qint. ithot. net"。如果你的 FTP 服务器不是用的默认端口 21,假如端口是 2121,那么此步的命令应在后面加空格再加"2121",即"open qint. ithot. net 2121"。建立连接后,屏幕显示如下提示:

username

提示用户输入用户名。

3) user1234。输入用户名后,系统提示用户输入密码。密码不回显,输完密码后按回车键即可。如果密码输入错误,系统将不会提示用户重新输入,这时只要键入 user 命令就会返回前一步,用户可以重新输入用户名和密码。

4) dir。用户成功登录 FTP 服务器后就可以用 dir 命令查看其中的文件及目录,用 ls 命令只可以查看文件。

5) mkdir qint。在 FTP 服务器的根目录下建立 qint 目录。

6) cd qint。进入 qint 目录,用"cd 目录名"可以进入当前目录的下一级目录,这与在 DOS 中的操作一样。

7) bin。采用二进制传输。如果用户要进行上传或下载操作,这一步很重要。如果不先执行这个命令,上传或下载的过程会很慢。

8) lcd d:\qint。定位本地默认目录。该命令定位前面建立的 d:\qint 目录为默认目录。

9) ! dir。查看本地目录中的文件及目录。

10) put i001. jpg。将当前目录(d:\qint)中的文件 i001. jpg 上传到 FTP 服务器默认目录。可以用"mput *. *"命令将当前目录中的所有文件上传到 FTP 服务器上。

11) get d123. jpg。将 FTP 服务器默认目录中的文件 d123. jpg 下载到当前目录(d:\qint)下。可以用"mget *. *"命令将 FTP 服务器默认目录中的所有文件下载到 d:\qint 目录中。

12) delete *. * 。删除目录 qint 中的所有文件。

13) cd.. 。返回至上一级目录。返回根目录用"cd \"命令。

14) mrdir qint。删除目录 qint。在此目录下不能有文件及目录,否则将无法删除。

15) bye。退出 FTP 服务器。

上传或下载文件时,特别要注意 FTP 服务器及本地计算机的当前目录,要时刻清楚地知道文件是从哪里复制(或移动)到哪里。查看 FTP 服务器当前目录的命令为 pwd,可以用 cd 命令定位 FTP 服务器的目录。可以用 lcd 命令定位本地计算机的默认目录。以上实例应用到了采用 FTP 命令行方式上传或下载文件的常用命令,用户还可以用“?”命令查看更多的命令及使用方法。

9.2 域名系统(DNS)

TCP/IP 使用 IP 地址标识网络上的一个实体,它能够惟一地标识连接到互联网的主机。但是,人们更愿意使用名字(域名)而不是地址。因此,我们需要有一个机制能够把名字映射为地址,或把地址映射为名字。

当互联网规模很小时,使用主机文件进行映射。主机文件只包括名字和地址这两列。每一个主机可以把主机文件存储在主机的磁盘上,并对主机文件定期地进行更新。当程序或用户想把名字映射为地址时,主机就查找这个文件并找出映射来。

但是,今天已经不可能用单独的一个主机文件把每一个地址和名字关联起来。因为主机文件会太大而无法存储在每一个主机上。此外,每当出现变化时,也不可能对全世界所有的主机都进行更新。

一种解决方法似乎可以是在一台计算机中存储整个的主机文件,而使每一个需要映射的计算机都能访问这个集中的信息。但是我们知道,这会在互联网上产生非常大的通信量。

现实所采用的解决方法就是把这个巨大的信息量划分成许多较小的部分,并把每一部分存储在不同的计算机上。使用这种方法时,需要映射的计算机可以寻找一个最近的持有所需信息的计算机。这一方法使用在域名系统中。在本节我们先讨论 DNS 的概念,然后描述 DNS 协议。

9.2.1 名字空间

为了避免二义性,指派给主机的名字必须从名字空间中仔细地选择,这个名字空间能够完全控制对名字和 IP 地址的绑定。换言之,因为地址是惟一的,因此名字也必须是惟一的。名字空间能够把每一个地址映射为惟一的名字。可以用两种方法来组织域名空间:平面的和层次的。

1. 平面名字空间

在平面名字空间中,每一个名字被指派给一个地址。在这个空间中的名字是无结构的字符序列。这些名字可以有也可以没有共同的部分;若有,它也是没有意义的。平面名字空间的主要缺点是它必须集中控制才能避免二义性和发生重复,因而不能用在如因特网这样的大型网络中。

2. 层次名字空间

在层次名字空间中,每一个名字由几部分组成。第一部分可以定义机构的性质,第二部分可以定义机构的名字,第三部分可以定义机构的部门……在这种情况下,指派和控制名字空间的机构就可以分散化。中央管理机构可以指派某个机构名字的一部分,可以定义这个机构的性质和名字。名字的其余部分可以交给这个机构来负责。可以给名字加上后缀(或前缀)来定义主机或其他一些资源。这个机构的管理部门不必担心给主机选择的后缀会被另一个机构选择,因为即使域名的一部分是相同的,整个域名还是不同的。例如,假定有两个学院和一个公司都把它们的计算机取名为 challenger。假设中央管理机构给第一个学院取的名字是 fh-da. edu,给第二个学院的名字是 berkeley. edu,给公司的名字是 smart. com。当这些机构中的每一个在已经有的名字上加上名字 challenger 后,得到了 3 个可以区分开的名字:challenger. fhda. edu、challeneer. berkeley. edu 和 challenger. smart. com。这些名字都是唯一的,而不需要由中央管理机构来指派。中央管理机构仅控制名字的一部分而不是全部。

9.2.2 域名空间

为了得到层次名字空间,一种域名空间被设计了出来。在这种设计中,名字都被定义在倒置树的结构中。这棵树最多只能有 128 级:第 0 级(根)~第 127 级。根把整棵树连接起来,树的每一级定义了一个分层,如图 9-1 所示。

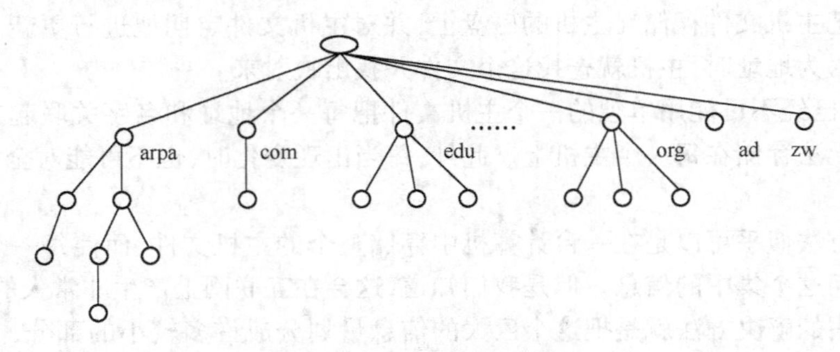

图 9-1 域名空间图

1. 标号

树上的每一个结点都有一个标号,该标号最多由包含 63 个字符的字符串组成。根标号是空字符串。DNS 要求一个结点的子结点(从同一个结点分支出来的结点)具有不同的标号,这就保证了域名的惟一性。

2. 域名

树上的每一个结点都有一个域名。一个完整的域名是用点(.)分隔开的标号序列。域名总是从结点向上读到根。最后一个标号是根标号(空)。这就表示一个完全的域名总是以空字符串结束,它表示最后一个字符是一个点,因为空字符串表示什么也没有。图 9-1 给出了某些域名。

(1) 完整域名(FQDN)。

若标号以空字符串结束,它就叫做完整域名(FQDN)。FQDN 是包括主机全名的域名。它包括从最具体的到最一般的所有标号,并惟一地定义了主机的名字。例如域名 Challenger. jszx. bjut. edu. 是名为 challenger 的计算机的 FQDN,它安装在位于计算机学院的计算中心(jszx)。DNS 服务器只能把一个 FQDN 和一个 IP 地址相匹配。应注意,这种域名必须以空字符串结束,但由于空字符串表示没有东西,因此这种标号以一个点(.)结束。

(2) 不完整域名(PQDN)。

若一个域名不是以空字符串结束,则它就叫做不完整域名(PQDN)。PQDN 从一个结点开始,但它没有到达根。它使用的情况是这个要被解析的名字和客户属于同一个网络。在这里,解析程序可以加上缺少的部分,即后缀,以便创建 FQDN。例如,如果在网络 fhda. edu 上的用户想得到计算机 Challenger 的 IP 地址,用户就可以定义不完整域名 Challenger,客户在把地址传递给 DNS 服务器之前,就加上后缀 jszx. bjut. edu。

DNS 客户通常保留许多后缀的清单。如下所示是在计算机学院的后缀表。空后缀定义什么也没有。当用户定义 FQDN 时就加上这个后缀。

jszx. bjut. edu
bjut. edu
空

表 9-4 给出了一些 FQDN 和 PQDN。

表 9-4　一些常见的 FQON 和 PQDN

FQDN	PQDN
www. 163. com.	www. 163. com
www. cernet. edu. cn.	www. cernet. edu
www. bjut. edu. cn.	www

(3) 域。

域(Domain)是域名空间中的子树。域的名字就是这个子树顶部结点的域名。图 9-1 给出了一些域。应当注意的是,域本身又可划分为若干个子域。

3. 域名空间的分布

在域名空间中包含的信息必须存储起来。但是,若只用一台计算机来存储这样大量的信息是非常低效和不安全的。说它低效,是因为要响应从全世界发来的请求将会造成非常大的负荷。说它不安全,是因为任何故障都会使整个数据库无法使用。

(1) 名字服务器的层次结构。

解决这些问题的方法是把这些信息分布到多台 DNS 服务器上。一种做法是把整个空间划分为许多基于第 1 级的域。换言之,可以让根保持不变,但创建与第 1 级节点一样多的域(子树)。因为用这样的方法创建出的域还是很大,因此 DNS 允许这些域再进一步划分为更小的域(子域)。每一台服务器或者对一个大的域负责(管理)或者对一个小的域负责。如图 9-2 所示。换言之,使用分级的服务器,这与名字的分级相似。

(2) 区。

一台服务器所负责的域中的有权限的范围叫做区(Zone)。若服务器对一个域负责,而且这个域并没有再划分为一些更小的域,那么"域"和"区"的含义相同。服务器有一个数据库,叫做区文件,它保留了这个域里所有结点的所有信息。但是,若服务器把它的域划分为一些子域,并把它的部分权限委托给其他服务器,那么"域"和"区"就有了区别。在子域中结点的信息就存储在较低级别的服务器上,而原来的服务器则保留到这些较低级别的服务器的某种引用。当然,原来的服务器并不是完全没有责任了,它仍然负责一个区,只是把详细的信息保留在较

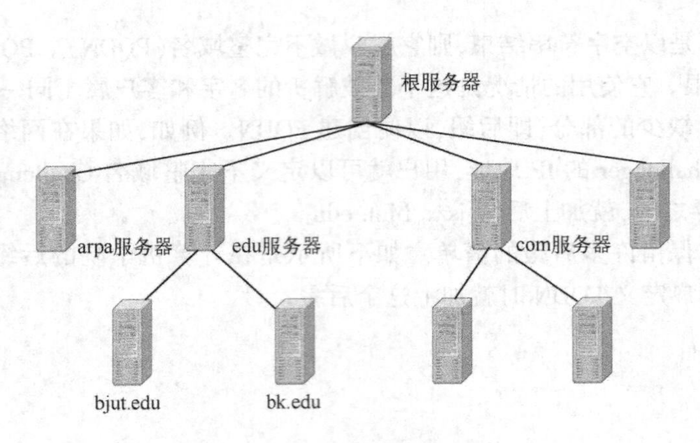

图 9-2　分级的名字服务器

低级别的一些服务器上。

(3) 根服务器。

根服务器是这样的服务器，它负责的区包括整棵树。根服务器通常不存储关于这些域的任何信息，但把它的权限委托给其他的一些服务器，并与这些服务器保持引用关系。目前，因特网上共有超过 13 个根服务器，每个根服务器都包含了完整的域名空间。这些服务器分布在世界各地。

(4) 主服务器和次服务器。

DNS 定义了两类服务器：主服务器(Primary Server)和次服务器(Secondary Server)。

主服务器存储了它所负责的区的文件。它负责创建、维护和更新这个区文件。它在本地磁盘上存储了这个区文件。

次服务器把一个区的全部信息从另一个服务器(主服务器或次服务器)接收过来，并把这个文件存储在它的本地磁盘中。次服务器既不创建也不更新区文件。若需要更新，则必须由主服务器来进行，主服务器再把已更新的区文件传送给次服务器。

主服务器和次服务器对它们所负责的区具有不同的权限。这种设计并不是把次服务器放在一个较低的权限级别，而是要创建数据的冗余。也就是当某服务器发生故障时，另一个可以继续为客户提供服务。应当注意的是：一个服务器可以是某个特定区的主服务器又是另一个区的次服务器。因此，当提到一个服务器是主服务器时，必须注意所指的是哪一个区。

主服务器从磁盘文件装入所有的信息；次服务器从主服务器上装入所有的信息。若主服务器从次服务器上下载信息，就叫做区传送。

4. Internet 中的 DNS

DNS 能够在不同平台上使用。在 Internet 中，域名空间(树)划分为 3 个部分：类属域、国家域和反向域。

(1) 类属域。

按照主机的类属行为定义注册的主机。树中的每一个结点定义一个域，它是到域名空间数据库的一个索引。

类属域的第 1 级允许有 7 个可能的 3 个字符的标号。这些标号描述如表 9-5 所示。表 9-6

为新增的类型属域标号。

表 9-5 类属域的标号

标 号	说 明
com	商业机构
edu	教育机构
gov	政府机构
int	国际机构
mil	军事机构
net	网络支持中心
org	非赢利机构

表 9-6 新增的类属域标号

新增的标号	说 明
aero	文化机构
biz	企业或商业
coop	协作的企业机构
info	信息服务提供者
museum	博物馆和其他非赢利机构
name	个人名字(单个的)
pro	专业个体机构

(2) 国家域。

国家域与类属域的格式一样,但使用两个字符的国家缩写(例如用 cn 代表中国)而不是在第 1 级的 3 个字符的机构缩写。第 2 级标号可以指机构,也可以更具体些,是国家制定的。

(3) 反向域。

反向域用来把一个地址映射为域名。例如,有时服务器会收到来自客户的请求,请求要完成一个任务。虽然服务器有包含授权客户清单的文件,但服务器只列出了客户的 IP 地址(从收到的 IP 分组中提取出来的)。要确定这个客户是否在授权清单中,服务器可以请它的解析程序向 DNS 发送查询,并请求把 IP 地址映射为域名。

这种类型的查询叫做反向查询或指针查询(PTR)。要处理反向查询,在域名空间中要增加反向域,且其第 1 级结点叫做 arpa。第 2 级也是单个结点,叫做 in-addr(表示反向地址)。域的其余部分定义 IP 地址。

处理反向域的服务器也是分级的。这就表示地址的网络号部分要比子网号部分的等级高,而子网号部分要比主机号部分的等级高。按这种方式,为整个网络服务的服务器要比只为每个子网服务的服务器的等级高。在与类属域和国家域相比较时,这种配置使这个域看起来是反过来的。按照读出域的标号时是从底向顶的,如 132. 34. 45. 121 的 IP 地址(网络号为 132. 34 的 B 类地址)在读出时应为 121. 45. 34. 132. in-addr. arpa。

5. DDNS

当初设计 DNS 时,没有人预计到 IP 地址会有这样多的变化。在 DNS 中,只要有一个变化,例如增加了一台主机,移走了一台主机或改变了一个 IP 地址,则这个变化就必然使 DNS 主文件发生变化,这些类型的变化都需要许多人工更新。今天的 Internet 的规模已经不允许这样的人工操作了。

DNS 主文件必须动态地更新。因此,设计出了动态域名系统(DDNS)以满足这个需要。在 DDNS 中,当域名和 IP 地址的绑定确定后,通常由 DHCP 服务器给主 DNS 发送这个信息。主服务器更新这个区文件。通知次服务器的方法可以是主动的,也可以是被动的。在主动通知时,主服务器向次服务器发送关于区的变化的报文,而在被动通知时,次服务器定期检查是否有任何变化。不管是哪一种情况,在被通知有变化后,次服务器就请求接收关于整个区的信息(区传送)。为了提供安全和防止在 DNS 记录中的未授权的改变,DDNS 可以使用鉴别机制。

9.2.3 域名地址解析

把名字映射为 IP 地址或把 IP 地址映射为名字,都叫做名字地址解析。

1. 解析程序

DNS 设计成客户-服务器应用程序。需要把 IP 地址映射为域名或把域名映射为 IP 地址的主机使用 DNS 客户程序,即解析程序。解析程序用映射请求找到最近的 DNS 服务器。若 DNS 服务器有这个信息,则满足解析程序的要求;否则,让解析程序找其他的服务器,或者再请其他服务器提供这个信息。

当解析程序收到映射后,就解释这个响应,看它是真正的解析还是差错信息,最后把结果交给请求映射的进程。

2. 域名到 IP 地址的映射

在大多数的时间,解析程序把域名交给服务器,请它给出相应的 IP 地址。在这种情况下,服务器检查类属域或国家域并查找映射。

若域名来自类属域,解析程序就会收到如"www. bjut. edu. cn"这样的域名。解析程序把这个查询发送到本地 DNS 服务器进行解析。若本地服务器不能解析这个查询,则让解析程序再找其他服务器,或者直接询问其他服务器。若域名来自国家域,解析程序就会收到如"www. bjut. edu. cn"这样的域名。过程是一样的。

3. IP 地址到域名的映射

客户把 IP 地址发送到服务器要求映射出域名,就叫做反向查询。要回答这类查询,DNS 使用反向域。但是,在请求中,IP 地址必须反过来,同时还要附上两个标号 in-addr 和 arpa,以创建可以为反向域部分所接受的域。例如,若解析程序收到的 IP 地址是 202. 112. 78. 12,解析程序首先把地址反过来,并在发送前加上两个标号。发送出的域名是"12. 78. 112. 202. in-addr. arpa",它由本地 DNS 接受和解析。

4. 递归解析

解析程序(客户)可以向 DNS 服务器请求递归回答,这就表示解析程序期望服务器提供最终解答。若服务器是这个域的授权服务器,就检查它的数据库和响应。若服务器不是授权服务器,它就将请求发送给另一个服务器(通常是父服务器)并等待响应。若父服务器是授权服务器,则响应;否则,就将查询再发送给另一个服务器。当查询最终被解析时,响应就返回,直到最后到达发出请求的客户。

5. 迭代解析

若客户没有要求递归回答,则映射可以按迭代方式进行。若服务器是这个域的授权服务器,它就发送解答。若不是,就返回它认为可以解析这个查询的服务器的 IP 地址。客户就向第 2 个服务器重复查询。若新找到的服务器能够解决这个问题,就用 IP 地址回答这个查询;否则,就向客户返回一个新的服务器的 IP 地址。客户必须向第 3 个服务器重复查询。这个过程称为迭代,因为客户向多个服务器重复同样的查询。

6. 高速缓存

若服务器收到查询的域名不在它的区文件中,它就要在它的数据库中查询一个服务器的 IP 地址,为了减少查询时间提高效率,DNS 采用了高速缓存技术。当服务器向另一个服务器请求映射并收到它的响应时,它会在把信息发送给客户之前,把这个信息存储在它的高速缓存中。若同一个客户或另一个客户发出同样的请求,它首先检查高速缓存并解析这个问题。但是,如果要通知客户这个响应是来自高速缓存而不是来自一个授权的信息源,这个服务器就要把响应标记为未授权的。

高速缓存加速了解析过程,但仍然存在时效问题。若服务器把映射放入高速缓存已有很长的时间,则它可能把过时的映射发送给了客户。要解决这个问题,可以使用两种技术。一种技术是,授权服务器总是把叫做生存时间(TTL)的一个信息添加在映射上。生存时间定义了接收信息的服务器可以把信息放入高速缓存的时间(以秒计)。经过这段时间后,这个映射就变成为无效的,而任何查询请求都必须再发送给授权服务器。另一种技术是,DNS 要求每一个服务器对每一个进行高速缓存的映射保留一个 TTL 计数器。服务器必须定期地搜索高速缓存,并清除 TTL 到期的那些映射。

9.2.4 DNS 报文与记录类型

1. DNS 报文格式

DNS 定义了两种类型的报文:查询和响应。两种类型的格式相同。查询报文包括首部和问题记录;响应报文包括首部、问题记录、回答记录、授权记录以及附加记录,如图 9-3 所示。

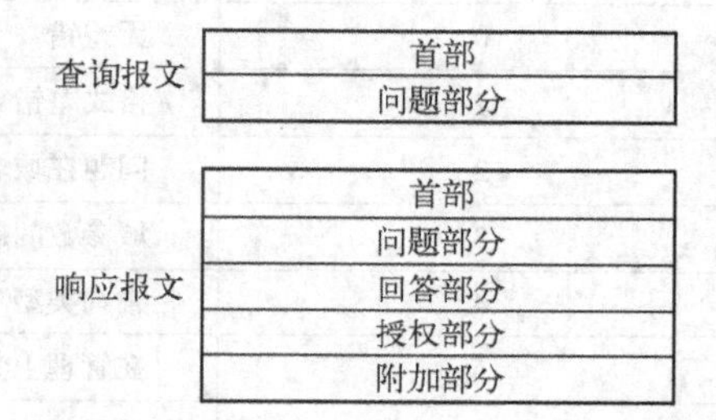

图 9-3 DNS 查询报文和响应报文

(1) 首部。

查询报文和响应报文都具有相同的首部格式,对于查询报文则把某些字段都置为 0。DNS 报文首部占 12B,其格式如表 9-7 所示。

表 9-7 DNS 报文首部格式

标 识	标 志
问题记录数	回答记录数(在查询报文中是全 0)
授权记录数(在查询报文中是全 0)	附加记录数(在查询报文中是全 0)

1) 标识。这是一个 16 bit 字段,客户使用它来响应与查询匹配。客户在每次发送查询时使用不同的标识号。服务器在相应的响应中重复这个标识号。

2) 标志。这是 16 bit 字段,包括如图 9-4 所示的一些子字段。

QR	OpCode	AA	TC	RD	RA	0	0	0	rCode

图 9-4 DNS 报文标志字段格式

下面简单地说明一下各标志子字段。

- QR 查询/响应。这只是定义报文类型的占 1 bit 的子字段。如它为 0,就表示是查询报文。若为 1,就表示是响应报文。
- OpCode。这是一个 4 bit 子字段,定义查询或响应的类型。若为 0 则是标准的,若为 1 则是相反的,若为 2 则是服务器状态请求。
- AA 授权回答。这是一个 1 bit 子字段。当它置位时(值为 1),表示名字服务器是授权服务器。它只用在响应报文中。

- TC 报文截断。这是一个 1 bit 子字段。当它置位(值为1)时,表示响应报文已超过 512B 并已截断为 512B。当 DNS 使用 UDP 服务时就使用这个标志。
- RD 要求递归回答。这是一个 1 bit 子字段。当它置位(值为1)时,表示客户希望得到递归回答。它在查询报文中置位,在响应报文中重复置位。
- RA 递归响应。这是一个 1 bit 子字段。当它在响应中置位(值为1)时,表示可得到递归响应。它只能在响应报文中置位。
- 保留。这是一个 3 bit 子字段,置为 000。
- rCode。这是一个 4 bit 子字段,表示在响应中的差错状态。当然,只有授权服务器才能做出这个判断。表 9-8 字段表示了 rCode 的一些可能的值。

表 9-8　rCode 的一些可能的值

值	意　义
0	无差错
1	格式差错
2	问题在域名服务器上
3	域参数问题
4	查询类型不支持
5	在管理上禁止
6 ~ 15	保留

3）问题记录数。这是一个 16 bit 字段,表示在报文的问题部分的查询数。

4）回答记录数。这是一个 16 bit 字段,表示在响应报文的回答部分的回答记录数。在查询报文中它的值是 0。

5）授权记录数。这是 16 bit 字段,表示在响应报文的授权部分的授权记录数,在查询报文中它的值是 0。

6）附加记录数。这是一个 16 bit 字段,表示在响应报文的附加部分的附加记录数,在查询报文中它的值是 0。

(2）问题部分。

这一部分包括一个或多个问题记录,它在查询报文和响应报文中都出现。

(3）回答部分。

这部分包括一个或多个资源记录。它只在响应报文中出现。这部分包括从服务器到客户(解析程序)的回答。

(4）授权部分。

这部分包括一个或多个资源记录。它只在响应报文中出现。这部分为该查询给出关于一个或多个授权服务器的信息(域名)。

(5）附加信息部分。

这部分包括一个或多个资源记录。它只在响应报文中出现。这部分提供有助于解析程序的附加信息。例如,服务器可以在授权部分向解析程序提供授权服务器的域名,而在附加信息部分提供一个授权服务器的 IP 地址。

2. 记录的类型

DNS 使用两种类型的记录:问题记录和资源记录。问题记录使用在查询报文中和响应报文的问题部分。资源记录使用在响应报文中的回答、授权和附加信息部分。

(1) 问题记录

问题记录由客户使用,从服务器得到信息并包含域名。

1) 查询名字。这是包含域名的可变长度字段,箭头所指数字表示字符串长度,如图 9-5 所示。

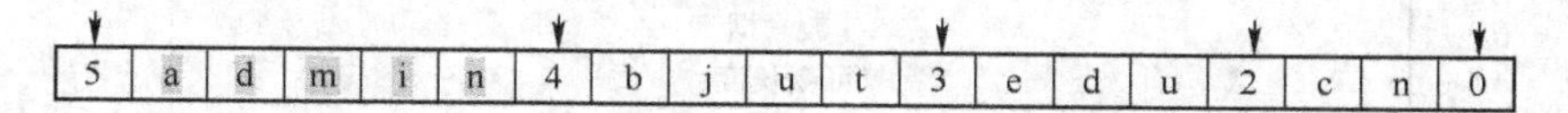

图 9-5 查询名字的格式

2) 查询类型。定义查询类型,是长度为 16 bit 的字段。表 9-9 给出了一些常用的类型,其中最后两种只能用在查询中。

表 9-9 常用查询类型

类型	助记符	说明
1	A	地址。32 bit 的 IPv4 地址。它用来把域名转化成 IPv4 地址
2	NS	名字服务器。它标志区的授权服务器
5	CNAME	规范名称。它定义主机的正式名字的别名
6	SOA	开始授权。它标记区的开始。通常是区文件的第 1 个记录
11	WKS	熟知服务。它定义主机提供的网络服务
12	PTR	指针。它用来把 IP 地址转换成域名
13	HINFO	主机信息。它给出了主机使用的硬件和操作系统的描述
15	MX	邮件交换。它把邮件改变路由送到邮件服务器
28	AAAA	地址。IPv6 地址
252	AXFR	传送整个区的请求
255	ANY	对所有记录的请求

3) 查询类。这是定义使用 DNS 的特定协议的 16 bit 字段。表 9-10 给出几种特定协议类型。

表 9-10 特定协议类型

类型	助记符	说明
1	AN	Internet
2	CSNET	CSNET 网络
3	CS	COAS 网络
4	HS	由 MIT 开发的 Hesoid 服务器

(2) 资源记录。

服务器数据库包括许多资源记录。资源记录也是服务器向客户返回的信息。图 9-6 给出了资源记录的格式。

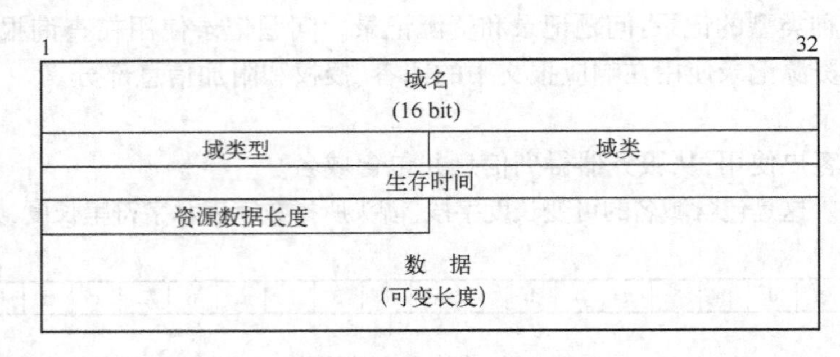

图 9-6 资源记录的格式

1）域名。包含域名的可变长字段。它是问题记录中的域名的副本。由于在名字重复出现的地方 DNS 就要使用压缩,这个字段就是问题记录中的相应域名的指针偏移值。

2）域类型:与问题记录部分的查询类型字段相同,除了最后两个类型是不允许的。

3）域类:与问题部分的查询类字段相同,如表 9-8 所示。

4）生存时间:这是一个 32 bit 字段,它是回答有效的秒数。接收端可以把回答在高速缓存中存放这样长的时间。值为 0 就表示该资源记录只能用于单个的事务中而不能放在高速缓存中。

5）资源数据长度:这是定义资源数据长度的 16 bit 字段。

6）资源数据:这是可变长度字段,包含对查询的回答(在回答部分)或授权服务器的域名(在授权部分)或附加信息(在附加信息部分)。这个字段的格式和内容取决于域类型字段的值。它可以是下列中的一种:

- 数。这个数写成 8 bit 二进制数的形式。例如,IPv4 地址是 4 个 8 位二进制数,而 IPv6 地址是 16 个 8 bit 二进制。
- 域名。域名可用标号序列来表示。每一个标号前面有 1B 长度的字段,它定义了标号中的字符数。因为每一个域名以空标号结束,因此每一个域名的最后一个字节是值为 0 的长度字段。为了区分长度字段和偏移指针,长度字段的两个高位永远是零(00)。这不会产生问题,因为标号的长度不能超过 63,它是 6 个二进制位的最大值(111111)。
- 偏移指针。域名可以用偏移指针来替换。偏移指针是 2B 字段,它的两个高位置位为 1(11)。
- 字符串。字符串由 1B 的长度字段后面跟着长度字段中定义的字符数组成。长度字段并不像域名长度字段那样受限。字符串可以长到 256 个字符(包括长度字段)。

3. 压缩

当域名重复出现时,DNS 就需要用偏移指针来替换。例如,在资源记录中,域名通常是问题记录的域名的重复。为了避免重复,DNS 定义了 2B 的偏移指针,它指向前一次的出现的该域的或该域的一部分。这个字段的格式如图 9-7 所示。

最前面的两个高位都是 1,用来区分偏移指针和长度字段。其他 14 bit 指出该报文中的相应的字节数。在报文中的字节是从报文开始处计数,而第 1 个字节是字节 0。例如,若偏移指针指到报文的字节 12(第 13 个字节),它的值必须是 11000000 00001100。这里两个最左边的位定义这个字段是偏移指针字段,而其他的位定义的是 12。我们将在后面的例子中使用这个

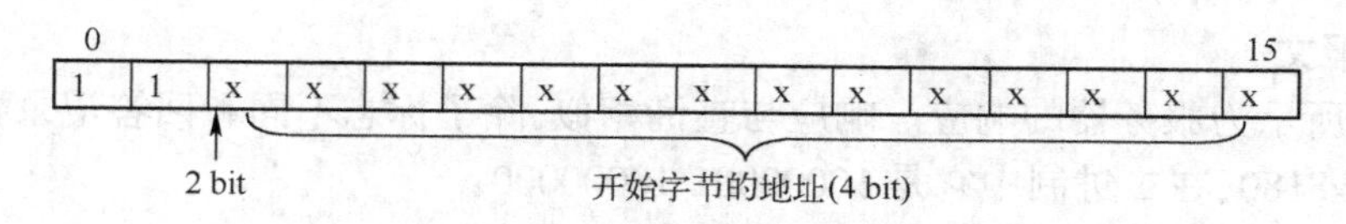

图 9-7　偏移指针的格式

偏移指针。

4. 封装

DNS 可以使用 UDP,也可以使用 TCP。在这两种情况下,服务器使用熟知的端口 53。当响应报文的长度小于 512B 时就使用 UDP,因为大多数 UDP 封装受 512B 的分组长度限制,若响应报文的长度超过 512B,就要使用 TCP 连接。

1）若解析程序事先知道响应报文的长度超过 512B,就应当使用 TCP 连接。例如,若次名字服务器(作为客户)需要主服务器的区传送,它就必须使用 TCP 连接,因为要传送的信息的长度通常是超过 512B 的。

2）若解析程序不知道响应报文的长度,则可以使用 UDP 端口。但是,若响应报文的长度超过 512B,服务器就截断这个报文,并把 TCP 位置1。解析程序打开 TCP 连接,并重复这个请求,以便从服务器得到完整的响应。

9.2.5　应用实例

这一节是 DNS 查询和响应的示例。

【例 9-2】解析程序向本地服务器发送查询报文,要找出主机“www. bjut. edu. cn”的 IP 地址,下面分别讨论查询报文和响应报文。

解:

1. 查询报文

如图 9-8 所示为一个解析程序发出的查询报文。前两个字节是标识符(0x1333)。接下来的两个字节其值为十六进制的 0x0100 即 00000001 00000000,但把它划分为如图 9-8 所示的几个字段就会更有意义:

QR	OpCode	AA	TC	RD	RA	0	0	0	rCode
0	0000	0	0	1	0	0	0	0	0000

0x1333		0x0100	
1		0	
0		0	
3	‘w’	‘w’	‘w’
4	‘b’	‘j’	‘u’
‘t’	3	‘e’	‘d’
‘u’	2	‘c’	‘n’
1			

图 9-8　查询报文的示例

QR 位定义报文是查询报文;OpCode 是 0000,表示是标准的查询;要求递归(RD)字段是置位的;这个报文只包含一个问题记录;域名是 3www4bjut3edu2cn0;下两个字节定义查询类型是 IP 地址;最后两个字节定义类是 Internet。

2. 响应报文

如图 9-9 所示为服务器的响应。响应与查询相似,除了标志不同和回答记录数是 1。标志字段的值是 0x8180,在二进制中它是 10000001 10000000:

QR	OpCode	AA	TC	RD	RA	x	x	x	rCode
1	0000	0	0	1	1	0	0	0	0000

0x1333		0x8180	
1		0	
0		0	
3	'w'	'w'	'w'
4	'b'	'j'	'u'
't'	3	'e'	'd'
'u'	2	'c'	'n'
01	01		C0
0C	01		
01	12000		
	4		202
112	78		1

图 9-9　响应报文的示例

QR 位置 1,说明该报文是响应报文。OpCode 是 0000,表示是标准的查询。递归可用(RA)位和 RD 位是置位的。报文只包含一个问题记录和一个回答记录。问题记录是从查询报文重复的。回答记录有一个指针 0xC00C,它指向问题记录而不是重复这个域名。下一个字段定义域的类型 01(地址)。再下面一个字段定义类 01(Internet)。下一个字段是 TTL(12 000s),再下面的字段是资源数据的长度字段,资源数据是 IP 地址(202. 112. 78. 1)。

9.3 Telnet 和 Rlogin:远程登录

Telnet 协议是 Internet 远程用户登录服务的标准协议。可以应用于任何主机之间或任何终端之间。RFC 854 定义了该协议的规范。

9.3.1 Telnet 基本原理

Telnet 协议能够把本地用户所使用的计算机变成远程主机系统的一个网络虚拟终端 NVT(Net Virtual Terminal)。虚拟终端等效于一个非智能的输入输出系统,它只负责把用户输入的每个字符传递给主机,再将主机输出的每个信息回显在屏幕上。

为了使不同的计算机之间通过 Telnet 进行交互操作,就必须详细了解它们的差异。例如,一些操作系统规定每行文本用 ASCII 码的回车控制符(CR)结束,另一些系统则规定使用 ASCII 码的换行符(LF),还有一些系统规定用两个字符的序列:回车-换行(CR-LF)。再如,大多数操作系统为用户提供了一个中断程序运行的快捷键,但这个快捷键在各个系统中有可能不同(一些系统使用〈Ctrl + C〉组合键,而另一些系统使用〈Esc〉键。如果不考虑系统间的异构性,那么在本地发出的字符或命令,传送到远程计算机并被远程计算机解释后很可能会不准确或者出现错误。因此,Telnet 采取如下技术来实现异构计算机和操作系统之间的通讯。

对于发送的数据:客户机软件把来自用户终端的按键和命令序列转换为 NVT 格式,并发送到服务器,服务器软件将收到的数据和命令,从 NVT 格式转换为远程系统需要的格式。

对于返回的数据:远程服务器将数据从远程系统的格式转换为 NVT 格式,而本地客户机将将接收到的 NVT 格式数据再转换为本地的格式。

Telnet 提供了 3 种基本服务:

- Telnet 定义一个网络虚拟终端,为远程的系统提供一个标准接口。客户机不必详细了解远程的计算机系统,只需编写使用标准接口的程序即可。
- Telnet 包括一个允许客户机和服务器协商选项的机制,而且它还提供一组标准选项。
- Telnet 对称处理连接的两端,即 Telnet 不强迫客户机从键盘输入,也不强迫客户机在屏幕上显示输出。

1. 传送远程命令

绝大多数操作系统都提供各种快捷键来实现相应的控制命令,当用户在本地终端键入这些快捷键的时候,本地系统将执行相应的控制命令,而不把这些快捷键作为输入。那么对于 Telnet 来说,它是用什么来实现控制命令的远程传送呢?

Telnet 同样使用 NVT 来定义如何从客户机将控制功能传送到服务器。我们知道 ASCII 字符集包括 95 个可打印字符和 33 个控制码。当用户从本地键入普通字符时,NVT 将按照其原始含义传送;当用户键入快捷键(组合键)时,NVT 将把它转化为特殊的 ASCII 字符在网络上传送,并在其到达远程终端后转化为相应的控制命令。将正常的 ASCII 字符集与控制命令区分主要有两个原因:

1) 这种区分意味着 Telnet 具有更大的灵活性:它可在客户机与服务器之间传送所有可能的 ASCII 字符以及所有控制功能。

2) 这种区分使得客户机可以得到无二义性的指定命令,而不会产生控制功能与普通字符的混乱。

2. 强制命令

应该考虑到这样一种情况:假设本地用户运行了远程终端的一个无休止循环的错误命令或程序,且此命令或程序已经停止读取输入,那么操作系统的缓冲区可能因此而被占满,这样,远地服务器也无法再将数据写入该远程终端,并且最终导致停止从 TCP 连接读取数据,TCP 连接的缓冲区最终也会被占满,从而导致阻止数据流流入此连接。如果以上事情真的发生了,那么本地用户将失去与远程终端的通信联系。

为了解决此类问题,Telnet 协议必须使用带外命令以便强制服务器读取一个控制命令。TCP 采用紧急数据机制实现带外数据命令,那么 Telnet 只要再附加一个被称为数据标记(Date Mark)的保留 8 位二进制数,并通过让 TCP 发送已设置紧急数据位的报文段通知服务器便可以了,携带紧急数据的报文段将绕过流量控制直接到达服务器。作为对紧急命令的响应,服务器将读取并抛弃所有数据,直到找到了一个数据标记。服务器在遇到数据标记后将返回正常的处理过程。

3. 选项协商

由于 Telnet 两端的设备和操作系统的异构性,使得 Telnet 不可能也不应该严格规定每一个 Telnet 连接的详细配置,否则将大大影响 Telnet 的适应性。因此,Telnet 采用选项协商机制来解决这一问题。

Telnet 选项的范围很广：一些选项扩充了大的功能，而一些选项只涉及一些细节。例如，有一个选项可以控制 Telnet 是在半双工还是全双工模式下工作（大的功能）；还有一个选项允许服务器决定用户终端类型（细节）。

Telnet 选项的协商方式对于每个选项的处理都是对称的，即任何一端都可以发出协商申请；任何一端都可以接受或拒绝这个申请。另外，如果一端试图协商另一端不了解的选项，接受请求的一端可简单地拒绝协商。因此，有可能将更新、更复杂的 Telnet 客户机或服务器版本与较老的、不太复杂的版本进行交互操作。如果客户机和服务器都理解新的选项，可能会对交互有所改善。否则，它们将一起转到效率较低但可工作的方式下运行。所有的这些设计，都是为了增强 Telnet 的适应性，可见 Telnet 的适应性对其应用和发展非常重要。

9.3.2 Telnet 的工作过程

使用 Telnet 协议进行远程登录时需要满足以下条件：在本地计算机上必须装有包含 Telnet 协议的客户程序；必须知道远程主机的 IP 地址或域名；必须知道登录用户名与口令。

Telnet 远程登录服务的过程分为以下 4 个步骤：

1）本地与远程主机建立连接。该过程实际上是建立一个 TCP 连接，用户必须知道远程主机的 IP 地址或域名。

2）将本地终端上输入的用户名和口令及以后输入的任何命令或字符以 NVT 格式传送到远程主机。该过程实际上是从本地主机向远程主机发送一个 IP 数据包。

3）将远程主机输出的 NVT 格式的数据转化为本地所接受的格式送回本地终端，包括输入命令回显和命令执行结果。

4）最后，本地终端对远程主机进行撤销连接操作。该过程就是撤销一个 TCP 连接。

9.3.3 Windows 2000 的 Telnet 服务

Windows 2000 为用户提供了 Telnet 客户机和服务器程序：Telnet. exe 是客户机程序，tlntsvr. exe是服务器程序。同时，它还提供了 Telnet 服务器管理程序 tlntadmn. exe。Windows 2000 默认安装了 Telnet 服务，但是并没有默认启动，可以通过手动方式、自动方式或命令方式启动 Telnet。

1. 手动启动 Telnet 服务

可以使用下面任一种方法手动启动 Telnet 服务：

- 在命令提示符下键入“net start telnet”并按回车键。
- 选择“开始”→“程序”→“管理工具”项，然后单击运行“Telnet 服务器管理”。在命令提示符下键入 4 启动 Telnet 服务。
- 选择“开始”→“程序”→“管理工具”项，单击运行“服务”，右键单击“Telnet 服务”项，然后执行“启动”命令。
- 选择“开始”→“程序”→“管理工具”项，单击运行“服务”，右键单击“Telnet 服务”项，单击“属性”，然后执行“启动”命令。

2. 自动启动 Telnet 服务

可以按如下步骤设置 Telnet 服务让其自动启动：

1）选择“开始”→“程序”→“管理工具”项，然后单击运行“服务”。

2）右键单击“Telnet 服务”，然后单击“属性”项。

3）在启动类型框中单击“自动”按钮。

4）单击“确定”按钮。

3. 命令方式启动 Telnet 服务

进入命令状态窗口，键入如下命令以连接到远程服务器：

```
telnet ip_address / server_name
```

其中 ip_address 是服务器的 IP 地址，server_name 是服务器的域名。

下面给出 Windows 2000 中 Telnet 服务的一部分默认设置：

（1）AllowTrustedDomain：是否允许域用户访问。默认值是 1，允许信任域用户访问。可以改为 0，不允许域用户访问（只允许本地用户访问）。

（2）DefaultDomain：可以对与该计算机具有信任关系的任何域设置。默认值是“.”。

（3）DefaultShell：显示 shell 安装的路径。默认值是“%systemroot%System32Cmd.exe/q /k”。

（4）MaxFailedLogins：在连接终止之前显示尝试登录失败的最大次数。默认值是 3。

（5）LoginScript：显示 Telnet 服务器登录脚本的存放路径。默认的位置是“%systemroot%System32login.cmd”。可以更改该脚本内容，这样，登录进 Telnet 的欢迎屏幕就不一样了。

（6）NTLM：NTLM 身份验证选项。默认值是 2。可以有下面这些值：

- 0：不使用 NTLM 身份验证。
- 1：先尝试 NTLM 身份验证，如果失败，再使用用户名和密码。
- 2：只使用 NTLM 身份验证。

早期的信息共享协议即服务器信息块（SMB，Server Message Block）协议在网络上明文传输口令，后来出现了“LAN Manager Challenge/Response”验证机制，简称 LM，它十分简单以致很容易被破解，微软随后提出了 Windows NT 挑战/响应验证机制，即 NTLM。现在已经有了更新的 NTLMv2 以及 Kerberos 验证体系。NTLM 工作流程是这样的：

1）客户端首先在本地加密当前用户的密码，使之成为密码散列。

2）客户端向服务器发送自己的用户名，这个用户名是没有经过加密的，明文直接传输。

3）服务器产生一个 16 bit 的随机数字发送给客户端，作为一个挑战（Challenge）。

4）客户端再用加密后的密码散列来加密这个挑战，然后把这个加密后的挑战返回给服务器，作为响应（Response）。

5）服务器把用户名、给客户端的挑战、客户端返回的响应这 3 个内容发送到域控制器。

6）域控制器用这个用户名在 SAM 密码管理库中找到这个用户的密码散列，然后使用这个密码散列来加密挑战。

7）域控制器比较两次加密的挑战，如果一样，那么认证成功。

（7）TelnetPort：显示 Telnet 服务器侦听 Telnet 请求的端口，默认端口号是 23。当然，也可以更改为其他端口。

以上各项设置可以使用 tlntadmn. exe(Telnet 服务器管理程序)来进行非常方便的配置,配置后需要重新启动 Telnet 服务。

9.3.4 Rlogin

远程登录(Remote Login)是 Internet 上最广泛的应用之一。用户可以先登录(即注册)到一台主机然后再通过网络远程登录到任何其他一台网络主机上去,而不需要为每一台主机连接一个硬件终端(当然,必须有登录账号)。Rlogin 起源于伯克利 UNIX,开始它只能工作在 UNIX 系统之间,现在已经可以在其他操作系统上运行。

Rlogin 的第一次发布是在 BSD 4.2 中,当时它仅能实现 UNIX 主机之间的远程登录。这就使得 Rlogin 比 Telnet 简单。由于客户进程和服务器进程的操作系统预先都知道对方的类型,所以就不需要选项协商机制。

Rlogin 提供远程回显(Remote-Echoed)、本地流控(Locally Flow-Controlled)、流控制(Flow-Controlled)的虚拟终端。它广泛用于 UNIX 主机间,它提供了比 Telnet 协议更加丰富的终端环境语义的传输,而且在许多 UNIX 主机上,通过配置可以让用户不用输入密码就与被信任的主机建立连接。

Rlogin 仅使用一条 TCP 连接,服务器端使用端口 513,而客户端使用临时端口,采用 8 bit 数据流。

1. 建立连接

Rlogin 的客户进程和服务器进程使用一个 TCP 连接。当普通的 TCP 连接建立完毕之后,客户进程和服务器进程之间将执行下面所述的操作:

(1) 客户进程向服务器进程发送 4 个以 NULL(\0)结束的字符串:

- 第一个字符串是空串(\0)。
- 第二个字符串是用户登录主机的用户名,以一个空串(\0)结束。
- 第 3 个字符串是在服务器主机上用户的用户名,以一个空串(\0)结束。
- 最后一个字符串是用户终端类型名,紧跟一个正斜杠“/”,然后是终端速率,以一个空串(\0)结束。如“vt100/9600\0”。

由于大多满屏显示的应用程序需要知道终端类型,所以终端类型信息也必须发送到服务器进程。发送终端速率的原因是因为有些应用程序随着速率的改变,它的操作也有所变化。例如 vi 编辑器,当速率比较小的时候,它的工作窗口也变小,所以它不能永远保持同样大小的窗口。

(2) 服务器进程返回一个空字符(\0)响应。

(3) 服务器进程可以选择是否要求用户输入口令。这个步骤的数据交互没有什么特别的协议,而被当作是普通的数据进行传输。服务器进程给客户进程发送一个字符串(显示在客户进程的屏幕上),通常是“password:”。如果在一定的限定时间内(通常是 60 s)客户进程没有输入口令,服务器进程将关闭该连接。

通常可以在服务器进程的主目录(Home Directory)下生成一个文件(通常叫 .rhosts),该文件的某些行记录了一个主机名和用户名。如果从该文件中已经记录的主机上用已经记录的用户名进行登录,服务器进程将不提示输入口令。出于安全性的考虑,强烈建议不要采用这种方法,因为这样做存在安全漏洞。如果提示输入口令,那么输入的口令将以明文的形式发送到服务器进程。用户所键入的每个字符都是以明文的格式传输的。所以某人只要能够截取网络上的原始传输的分组,就可以截获用户口令。针对这个问题,新版本的Rlogin客户程序,例如BSD 4.4版本的客户程序,第一次采用了Kerberos安全模型。Kerberos安全模型可以避免用户口令以明文的形式在网络上传输。当然,这要求服务器进程也支持Kerberos安全模型。

(4)服务器进程通常要给客户进程发送请求,询问终端的窗口大小。

客户进程每次给服务器进程发送一个字节的内容,并且接收服务器进程的所有返回信息。本机制采用了Nagle算法,该算法可以保证在速率较低的网络上,若干输入字节以单个TCP报文段传输。操作其实很简单:用户键入的所有信息被发送到服务器,服务器发送给客户的任何信息返回到用户的屏幕上。

2. 流量控制

服务器向客户发送的输出在客户的屏幕上显示。两个特殊字符(停止和开始)控制在屏幕上输出的显示。客户和服务器都可以处理停止键和开始键(通常是〈Ctrl + S〉和〈Ctrl + Q〉组合键)。

(1)本地流量控制。

在本地流量控制中,由客户处理开始键和停止键。客户不把这两个字符发送给服务器。若客户输入停止键〈Ctrl + S〉,则客户停止在屏幕上显示收到的来自服务器的数据,它把这些输出进行缓存。当用户输入开始键〈Ctrl + Q〉,被缓存的数据就显示出来。这是默认的设置,下面将看到服务器可以改变这种情况。

(2)远程流量控制。

在远程流量控制中,由服务器处理开始键和停止键。开始键和停止键作为数据传递给服务器。当服务器收到停止键,它就停止发送数据给客户。当它收到开始键,它就发送被缓存的数据给客户。在远程流量控制中,在停止键到达服务器之前,可能已经发送了许多字符给客户的屏幕。图9-10显示了这种情况。

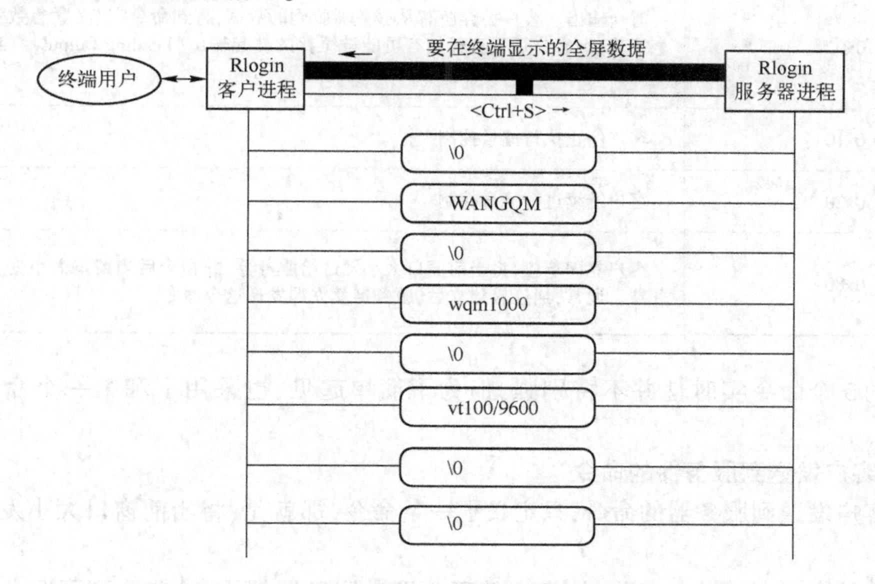

图9-10 服务器进程处理开始键和停止键的情况

在 Rlogin 中由于仅使用一条 TCP 连接，这就表示数据和命令在同一条连接上发送。应设法使命令和数据区分开，而且来自服务器和来自客户的命令的处理是不同的。

3. 从服务器发送到客户机的命令

现在介绍通过 TCP 连接，Rlogin 服务器进程可以发送给客户进程的 4 条命令。因为只有一条 TCP 连接可供使用，所以服务器进程必须给这些命令字节做标记，使得客户进程可以从数据流中识别出这些是命令，而不会显示在终端上。所以使用了 TCP 的紧急方式。

Telnet 和 Rlogin 从服务器端到客户端使用紧急方式是因为在这个方向上的数据流很可能被客户的 TCP 停止（即它通告了一个大小为 0 的窗口）。但是如果服务器进程进入了紧急方式，尽管它不能发送任何数据，服务器 TCP 也会立即发送紧急指针和 URG 标志。当客户 TCP 接收到这个通知时就会通知客户进程，于是客户就可以从服务器读取其输入、打开窗口并使数据流动。

当服务器要向客户发送命令时，服务器就进入紧急方式，并且把命令放在紧急数据的最后一个字节中。当客户进程收到这个紧急方式通知时，它从连接上读取数据并且保存起来，直到读到命令字节（即紧急数据的最后一个字节）。这时候客户进程根据读到的命令，再决定对于所读到并保存起来的数据是显示在终端上还是丢弃它。表 9-11 介绍了这 4 个命令。

采用 TCP 紧急方式发送这些命令的一个原因是第一个命令——清仓输出（Flush Output）需要立即发送给客户，即使服务器端到客户端的数据流被窗口流量控制所终止。服务器端到客户端的输出被流量控制所终止的情况是经常发生的，这是因为运行在服务器端的进程的输出速率通常大于客户终端的显示速率。另一方面，客户端到服务器端的数据流很少被流量控制所终止，因为这个方向的数据流仅仅包含用户所键入的字符。

表 9-11　服务器发送到客户的 Rlogin 命令

字　节	描　述
0x02	清仓输出。客户丢弃所有从服务器收到的数据，直到命令字节（紧急数据的最后一个字节）。客户还丢弃任何有可能被缓存的挂起输出（Pending Output）。当服务器收到客户发出的中断命令时，就发送此命令
0x10	客户停止执行流量控制
0x20	客户继续进行流量控制
0x80	客户立即响应，将当前窗口大小发送给服务器，并在今后当窗口大小变化时通知服务器。通常，当连接建立后，服务器就立即发送这个命令

其他的 3 个命令实时性并不特别强，但为了简单起见，也采用了和第一个命令相同的技术。

4. 从客户发送到服务器的命令

对于客户发送到服务器的命令，只定义了一条命令，那就是：将当前窗口大小发送给服务器。

当客户的窗口大小发生变化时，客户并不立即向服务器报告，除非收到了服务器发来的 0x80 命令（表 9-11 中有介绍）。

同样,由于只存在一条TCP连接,客户必须对在连接上传输的该命令字节进行标注,使得服务器可以从数据流中识别出该命令,而不是把它提交到上层的应用进程中去。处理的方法就是在两个字节的0xFF后面紧跟着发送两个特殊的标志字节。

对于窗口大小命令,两个标志字节是ASCII码的字符“s”。之后是4个16 bit长的数据(按网络字节顺序),分别是:行数(例如25),每列的字符数(例如80)、X方向的像素数量和Y方向的像素数量。通常情况下,后两个16 bit数据是0,因为在Rlogin服务器进程调用的应用程序中,通常是以字符为单位来度量屏幕的,而不是像素点,如图9-11所示。

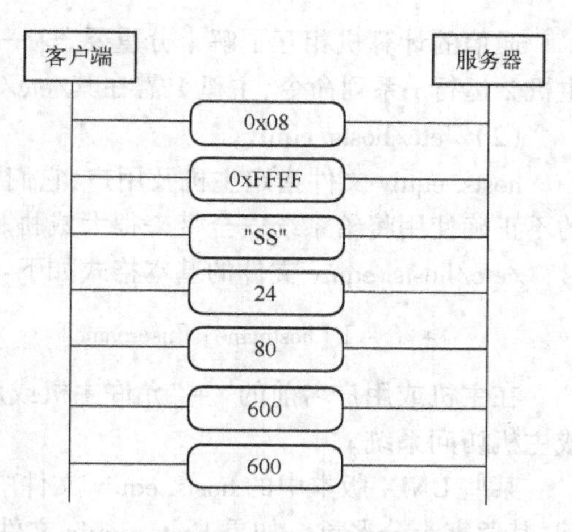

图9-11　从客户端向服务器端发送SS命令

5. 方式

Rlogin只在字符模式下工作。从客户向服务器发送数据的方式是一次一个字符。然后每一个字符都回显到用户终端上。

当传送数据时,用户键入的每一个字符都被解释为数据,并发送到服务器(除非有两个0xFF字符)。但是,有时用户希望这些字符由客户而不是由服务器解释。在这种情况下,用户可以键入一个转义字符,通常是一个代字号(~)。表9-12给出了在转义字符后面使用的用来完成本地任务的字符清单。

表9-12　在转义字符后面使用的rlogin命令

字　符	说　明
终结符(句点或〈Ctrl+D〉)	终止客户进程
作业挂起符(〈Ctrl+Z〉)	挂起客户进程。用户可以运行其他程序,在以后再回到Rlogin。可以用UNIX命令,如fg,继续客户程序
输入挂起符(〈Ctrl+Y〉)	只把客户输入挂起。用户可以运行其他程序。用户键入的每一个字符都被解释为这个程序的输入,而不是Rlogin。但是,从服务器发送的每一个字符都将显示在屏幕上

9.3.5　在UNIX/Linux中配置Rlogin服务

1. 相关文件解释

正确运行r系列命令还需配置以下文件:

- /etc/hosts。
- /etc/hosts. equiv。
- . rhosts。
- /etc/hosts. allow与/etc/hosts. deny。

(1) /etc/hosts。

通信的计算机相互了解十分重要，这一功能通过/etc/hosts 文件实现。如果主机 1 想允许主机 2 运行 r 系列命令，主机 1 需在其/etc/hosts 文件中为主机 2 添加一项，反之亦然。

（2）/etc/hosts. equiv。

hosts. equiv 文件指定主机及用户，它们不需要认证即可使用 r 系列命令。hosts. equiv 命令的不正确使用将给系统安全带来很大威胁。

/etc/hosts. equiv 文件的基本格式如下：

```
[ + | - ] [hostname] [username]
```

在主机或用户名前的“+”允许主机或用户访问主机。类似地，“-”表示拒绝相应的用户或主机访问系统。

某些 UNIX 版本中的 hosts. equiv 文件中包含“+”。它使本系统可被任何系统上的用户访问，其危害十分严重。如果 hosts. equiv 文件中包含“+”，建议删除。

（3）. rhosts。

. rhosts 文件与 hosts. equiv 文件类似。但是，. rhosts 文件还可用于允许拒绝对特定账号的可信访问，而 hosts. equiv 文件应用范围为整个系统。

. rhosts 文件的通常用法为允许某用户可信访问多个系统，只要该用户拥有合法账号。例如，某用户在主机 1 上有合法账号，用户名为 jamisonn。在其他系统的相应账号下创建 rhosts 文件，可使用户可信访问其他系统。

主机 1 上用户 jamisonn 的主目录下包含的 . rhosts 文件示例如下：

```
hostname2  + jamisonn
```

主机 2 中相应文件也包含以下项：

```
hostname1  + jamison
```

上述两个文件将使用户 jamisonn 获得两个系统的可信访问权限。

Rlogin 命令可信任主机或用户最薄弱的地方在于欺骗十分简单。用户可以假冒其他用户进入系统。在前面的示例中，如果某个入侵者获取了第一个系统的访问权限，就可使用 jamisonn 或超级用户登录主机 1，入侵者不需任何认证登录到主机上，这就是用户假冒。IP 假冒或主机假冒与此类似。

（4）etc/hosts. allow 与/etc/hosts. deny。

主机访问或 TCP Wrapper 程序使用这些文件确定谁能或不能在主机上运行特定命令。

/etc/hosts. deny 文件示例如下：

```
ALL : ALL
```

/etc/hosts. allow 文件示例如下：

```
in. telnetd: All
in. ftpd: ALL
in. rshd: * . mydomain. com
in. rlogin: * . mydomain. com
```

在本例中，hosts. deny 文件拒绝任何用户的任何操作。这是一个非常好的安全策略。

hosts. allow 文件定义了任何用户使用 Telnet 及 FTP 命令访问主机，并且允许来自 mydomain. com 域中的用户使用 r 系列命令。

2. 开启 Rlogin 服务

（1）rsh 服务设置。

开启 rsh 服务的设置方法如下：

1）利用 setup 启动 rexec，rsh、rlogin 服务，然后执行/etc/rc. d/init. d/xinetd restart 命令。

2）在/etc/hosts 文件中添加域名解析。

3）修改/etc/hosts. equiv 文件，添加可远程登录的主机名。

4）修改/home/user/. rhosts 文件，添加可远程登录的网络主机名，设置. rhosts 文件的权限为 600，并设置 own 和 group 为 user，其中 user 为用户账户。

5）修改/etc/skel/. rhosts 文件，添加可远程登录的主机名。

（2）rlogin。

rlogin 命令在远程主机上启动一个终端会话。

用法：

```
rlogin [ -8EKLdx] [ -e char] [ -k realm] [ -l username] host
```

属性：

- 8：允许 8 bit 输入数据。
- E：禁止使用 <Esc> 键。
- K：不使用 Kerberos 认证机制。
- L：允许 rlogin 会话在 Litout 模式中运行。
- d：使用 TCP Socket 调试。
- x：为所有通过 Rlogin 会话传送的数据使用 DES 加密机制。
- e：允许用户指定转义字符，缺省字符为“~”。
- k：使远程 Kerberos 认证密钥可在指定域获取，而不需从远程主机获取。
- l：输入登录账号缺省时远程系统上的登录帐号与本地系统上的登录账号相同。

示例：

```
% rlogin -l jamisonn hostname1
```

本例为用户 jamisonn 在远程主机 hostsname1 上创建登录会话。

Rlogind 守护进程是用于 rlogin 的程序的服务程序，提供远程登录功能。必须在远程主机上运行，当 rlogin 接收到一个服务请求时初始完成。

1）检查请求的源端口号，如两端口号不在 512 ~ 1023 范围内终止连接。

2）利用请求的源地址来确定客户机名。

3. 应用实例

【例 9-3】本实例采用的操作系统为 Redhat Linux 9. 0，请在该操作系统中配置 Rlogin 服务，并分析工作过程。网络如图 9-12 所示。

解：

（1）服务器的配置。

host1 ：172. 21. 4. 235 客户机

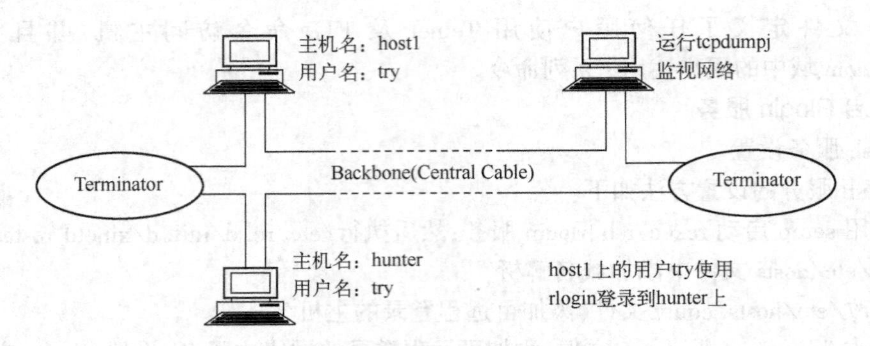

图 9-12　服务器到客户的 Rlogin 命令

hunter ：172. 21. 4. 237 服务器

服务器的配置过程如下

1）在 host1 和 hunter 中配置 DNS 文件/etc/hosts,加入对方的 IP 映射信息。格式如下

IP 地址 主机名 主机别名

2）配置双方的信任列表文件 /etc/hosts. equiv。例如,在 hunter 主机的文件中加入“ + host1 try”,表示添加主机 host1 上的 try 用户为信任用户。

3）在本例中,使用 Linux Redhat 9. 0 操作系统,不需要再配置其他文件。

4）在 hunter 终端中运行 setup,打开 rlogin 和 rsh 服务。接着运行/etc/rc. d/init. d/xinetd restart 重启 inted 守护进程。

5）由于 try 在两台主机内都有账户,所以不再需要密码登录。

（2）Tcpdump 输出分析。

[root@ host1 root]# tcpdump tcp port 513

tcpdump：listening on eth0 //开始监听网络,输出源或目的为 513 端口的包

13:46:00. 185695 host1. 1023 > hunter. login：S 2770501666:2770501666(0) win 5840

13:46:00. 186351 hunter. login > host1. 1023：S 2756920399：2756920399（0） ack 2770501667 win 5792

13:46:00. 186407 host1. 1023 > hunter. login：. ack 1 win 5840

//以上完成 3 次握手过程（1 ~3）

13:46:00. 187793 host1. 1023 > hunter. login：P 1:2(1) ack 1 win 5840

//1B 的 0x00（4）

13:46:00. 188283 hunter. login > host1. 1023：. ack 2 win 5792

//服务器确认 1B 的 0x00（5）

13:46:00. 188398 host1. 1023 > hunter. login：P 2:22(20) ack 1 win 5840

//客户发送两个登录名和用户终端类型名,终端速率(74 72 79 00 74 72 79 00 78 74 65 72 6d 2f 33 38 34 30 30 00 " try. try. xterm/ 38400. ")（6）

13:46:00. 188761 hunter. login > host1. 1023：. ack 22 win 5792

//服务器确认发送(7)

13:46:00. 201260 hunter. login > host1. 1023：P 1:2(1) ack 22 win 5792

//服务器返回 1B 的 0X00（8）

13:46:00. 219803 host1. 1023 > hunter. login: . ack 2 win 5840

//客户确认1B0 (9)

13:46:00. 339625 hunter. login > host1. 1023: P 2:3(1) ack 22 win 5792 urg 1

//服务器请求窗口大小,紧急数据传输 (10)

13:46:00. 340053 host1. 1023 > hunter. login: . ack 3 win 5840

//客户确认服务器方"请求窗口大小"命令 (11)

13:46:00. 340505 host1. 1023 > hunter. login: P 22:34(12) ack 3 win 5840

//客户发送窗口大小的信息(12)

13:46:00. 352939 hunter. login > host1. 1023: . ack 34 win 5792

//服务器确认(13)

13:46:00. 364159 hunter. login > host1. 1023: P 3:47(44) ack 34 win 5792

13:46:00. 423647 host1. 1023 > hunter. login: . ack 47 win 5840

//操作系统问候:Last login : Mon Jan 1 13:44:21 from host1

// 8个空格+34个字符+2个回车换行=44B (14~15)

13:46:01. 237667 hunter. login > host1. 1023: P 47:64(17) ack 34 win 5792

13:46:01. 238303 host1. 1023 > hunter. login: . ack 64 win 5840

//服务器返回登陆的用户名和主机名 (16~17)

13:46:01. 247635 hunter. login > host1. 1023: P 64:82(18) ack 34 win 5792

13:46:01. 390983 host1. 1023 > hunter. login: . ack 82 win 5840

// 服务器返回[try@ hunter try] $ 提示符16个字符+2个空格=18B (18-19)

(3) 正常退出分析(输入"exit"退出)。

13:46:11. 582002 host1. 1023 > hunter. login: P 37:38(1) ack 193 win 5840

13:46:11. 583232 hunter. login > host1. 1023: P 193:194(1) ack 38 win 5792 13:46:11. 583448 host1. 1023 > hunter. login: . ack 194 win 5840

//回显"e" (42~44)

13:46:11. 828044 host1. 1023 > hunter. login: P 38:39(1) ack 194 win 5840

13:46:11. 829328 hunter. login > host1. 1023: P 194:195(1) ack 39 win 5792

13:46:11. 829506 host1. 1023 > hunter. login: . ack 195 win 5840

//回显"x" (45~47)

13:46:12. 030551 host1. 1023 > hunter. login: P 39:40(1) ack 195 win 5840

13:46:12. 032146 hunter. login > host1. 1023: P 195:196(1) ack 40 win 5792

13:46:12. 032321 host1. 1023 > hunter. login: . ack 196 win 5840

//回显"i"(48~50)

13:46:12. 261346 host1. 1023 > hunter. login: P 40:41(1) ack 196 win 5840

13:46:12. 262440 hunter. login > host1. 1023: P 196:197(1) ack 41 win 5792

13:46:12. 262576 host1. 1023 > hunter. login: . ack 197 win 5840

//回显"t"(51~53)

13:46:14. 847404 host1. 1023 > hunter. login: P 41:42(1) ack 197 win 5840

// 客户机发送"/r"(回车),开始退出过程 (54)

13:46:14.848475 hunter.login > host1.1023: P 197:199(2) ack 42 win 5792

13:46:14.848683 host1.1023 > hunter.login: . ack 199 win 5840

// 服务器送回"/r/n",2B(回车换行),客户机确认 (55~56)

13:46:14.851389 hunter.login > host1.1023: P 199:207(8) ack 42 win 5792

// 服务器回送"logout/r/n",并在客户机上显示 (57)

13:46:14.860695 hunter.login > host1.1023: FP 207:214(7) ack 42 win 5792

// 关闭连接之前通知用户进程, 1b 5b 48 1b 5b 32 4a (ESC\H ESC\2J) (58)

//以下完成 TCP 断开连接过程 (59~61)

13:46:14.913026 host1.1023 > hunter.login: . ack 207 win 5840

13:46:14.925827 host1.1023 > hunter.login: F 42:42(0) ack 215 win 5840

13:46:14.926539 hunter.login > host1.1023: . ack 43 win 5792

4. Rlogin 服务的安全问题

(1) 潜在的安全问题。

1) 因为可信主机经常以主机名的方式列出,所以控制了 DNS 系统的攻击者就可以有效地登入依赖于可信主机的任意的 UNIX 计算机或账号。

2) 可信主机机制利用 IP 地址进行认证,因此容易受到 IP 欺骗。

3) .rhosts 文件容易被通过漏洞进行攻击。例如,侵入计算机系统的攻击者经常将他们的用户名添加到不受怀疑的用户的 .rhosts 文件中,以使他们可以在将来更方便地入侵系统。

4) 因为可信主机的机制依赖于可信计算机的安全,所以任何非法使用可信系统的人都可以滥用这种信任,以此登入一个可信的系统。如果这个系统又受到其他系统的信任,那么这些系统也同样很危险。这被称为"传递信任问题"。

5) 用户名和密码为明文传输,易受到明文口令监听。

(2) 解决方案。

1) Kerberos 认证。为了加强 r 系列命令的安全, rsh. rcp 和 rlogin 的许多版本都使用了 Kerberos 认证。Kerberos 是一种认证系统,它允许两台主机在不安全的网络上交换安全信息。每个通信主机有一个分配的信元,其中包含消息和发送方的认证口令。

2) 安全 Shell (SSH) 替代 rlogin。SSH 是登录远程主机、执行远程命令及拷贝文件的安全方式。用户可以使用 SSH 获得与使用安全性差的 rlogin. rsh 和 rcp 相同的功能。SSH 的安全性得益于使用了加密机制认证主机,它使用的加密机制有数据加密标准(DEC)和 RSA。这些机制可使 SSH 保护用户系统免受以下攻击:

- IP 欺骗。
- 明文口令监听。

9.4 超文本传输协议(HTTP)

HTTP(Hypertext Transfer Protocol,超文本传输协议)主要用于从 WWW 服务器到本地浏览器之间的超文本数据传输。传输的超文本数据可以是普通文本、超文本、音频、视频等。该协议属于应用层上的协议。

9.4.1 HTTP的工作过程

HTTP是基于请求/响应方式的。一个客户机与WWW服务器建立连接后,发送一个请求给WWW服务器,服务器接到请求后,给予相应的响应报文,其格式为一个状态行,包括信息的协议版本号、一个成功或错误的代码,后边是MIME信息(包括服务器信息、实体信息和可能的内容)。请求方式的格式为:统一资源定位符(URL,Uniform Resource Locator)、协议版本号,后边是MIME信息(包括请求修饰符、客户机信息和可能的内容)。

统一资源定位符,就像每家每户都有一个门牌地址一样,每个网页也都有一个Internet地址。当用户在浏览器的地址框中输入一个URL或是单击一个超级链接时,URL就确定了要浏览的地址。浏览器通过超文本传输协议,将Web服务器上站点的网页代码提取出来,并翻译成网页。

下面以http://www.microsoft.com/china/index.htm为例简单介绍一下URL的组成。它的含义如下:

- http://:代表超文本传输协议,通知microsoft.com服务器显示Web页,通常不用输入。
- www:代表一个Web服务器。
- Microsoft.com:这是装有网页的服务器的域名,或站点服务器的名称。
- China:为该服务器上的子目录,就好像文件夹。
- Index.htm:是文件夹中的一个HTML文件。

在Internet上,HTTP通信通常发生在TCP/IP连接之上。默认端口号是80,但其他的端口也是可用的。但这并不预示着HTTP在Internet或其他网络的其他协议之上才能完成。下面介绍一下HTTP的内部操作过程。

在HTTP中,"客户"与"服务器"是一个相对的概念,只存在于一个特定的连接期间,即在某个连接中的客户在另一个连接中可能作为服务器。基于HTTP的客户-服务器模式的信息交换过程共分4个步骤:建立连接、发送请求报文、发送响应报文和关闭连接。

任何服务器除了包括HTML文件以外,还有一个HTTP驻留程序,用于响应用户请求。当用户使用浏览器输入了一个URL或点击了一个超级链接时,浏览器就向服务器发送HTTP请求,此请求被送往由IP地址指定的服务器。服务器端的驻留程序接收到用户请求,在进行必要的操作后回送用户所要求的文件。在这一过程中,在网络上发送和接收的数据已经被分成一个或多个数据包,每个数据包包括:要传送的数据和控制信息(即告诉网络怎样处理数据包)。TCP/IP规定了每个数据包的格式。

9.4.2 HTTP的运作方式

HTTP的运作方式很简单:一个客户机与服务器建立连接后,发送一个请求给服务器。服务器接到请求后,给予相应的响应报文。

最简单的情况可能是在用户代理(UA)和源服务器(O)之间通过一个单独的连接来完成如图9-13所示。

当一个或多个中介出现在请求/响应链中时,情况就变得复杂一些。中介有3种:代理(Proxy)、网关(Gateway)和通道(Tunnel)。

一个代理根据URL的绝对格式来接受请求,重写全部或部分消息,通过URL的标识把

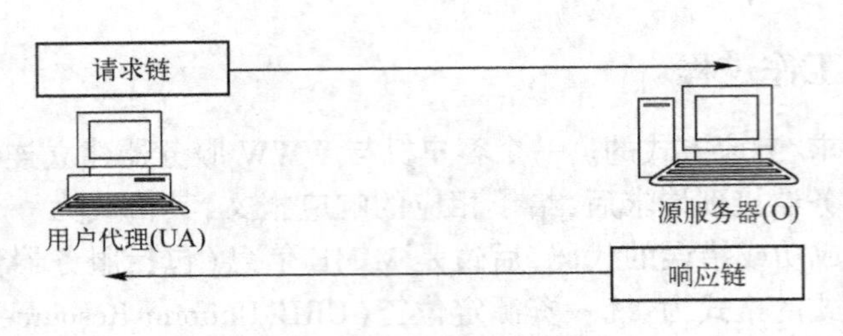

图 9-13 单的 HTTP 连接

已格式化过的请求发送到服务器。

网关是一个接收代理，作为一些其他服务器的上层，并且如果必须的话，可以把请求翻译给下层的服务器协议。

一个通道作为不改变消息的两个连接之间的中继点。当通信需要通过一个中介(例如防火墙等)或者中介不需要识别消息的内容时，经常使用通道。如图 9-14 所示。

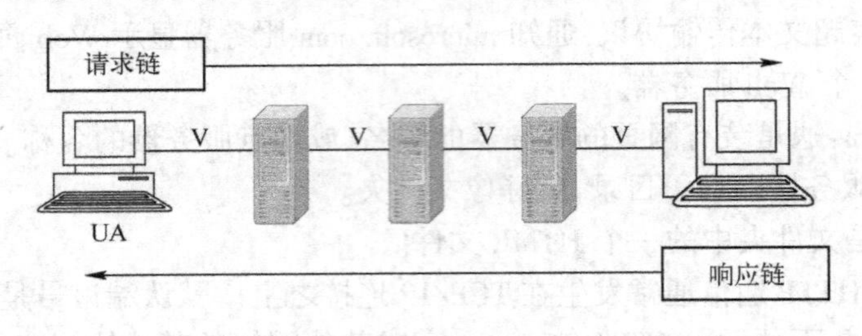

图 9-14 通道

下面介绍一下 HTTP 的内部操作过程。

首先，简单介绍基于 HTTP 的客户-服务器模式的信息交换过程，如图 9-15 所示，它分 4 个步骤：建立连接、发送请求信息、发送响应信息和关闭连接。

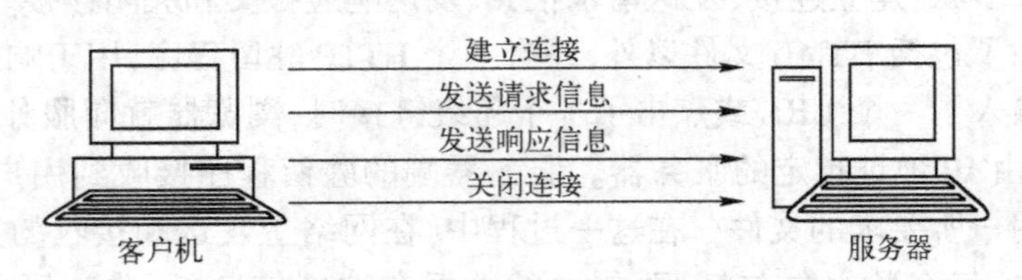

图 9-15 基于 HTTP 的客户/服务器模式

WWW 服务器运行时，一直在 80 端口(WWW 服务的缺省端口)监听，等待客户请求连接的出现。下面，讨论 HTTP 下客户/服务器模式中信息交换的实现过程。

1. 建立连接

建立的连接是通过套接字(Socket)实现的。客户打开一个套接字并把它约束在一个端口上，如果成功，就相当于建立了一个虚拟文件，以后就可以在该虚拟文件上写数据并通过网络向外传送。

2. 发送请求

打开一个连接后，客户机把请求消息发送到服务器的监听端口上，完成提出请求操作。HTTP 请求消息的格式为：

请求消息 = 请求行 + 首部 + 空行 + [实体内容]

请求行定义请求类型、URL 和 HTTP 版本号。

(1) 请求类型:在 http1.1 版本中定义了几种请求类型。主要类型有 GET、HEAD、POST、PUT、PATCH、COPY、MOVE、DETELE、LINK、UNLINK、OPTION 等。

(2) URL:是指明 Internet 上任何信息的标准。URL 定义了 4 种要素:方法、主机、端口和路径,如图 9-16 所示。

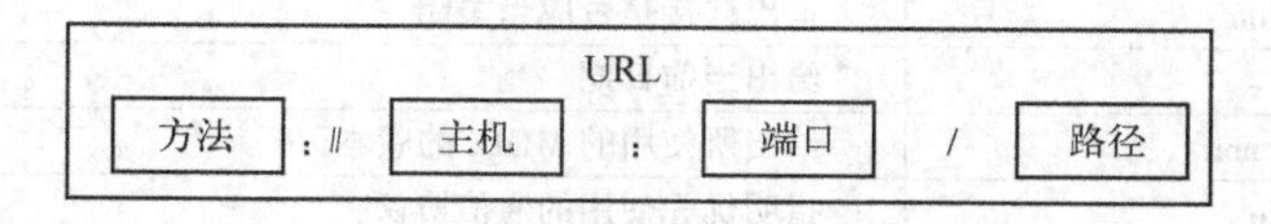

图 9-16 URL 定义

- 方法是用来读取文档的协议。可以用不同的协议来读取文档,如 FTP、HTTP、Telnet 和 News 等。
- 主机是放置信息的主机,可以使用别名作为主机名字。经常使用 字符串"www"开始的别名。但是,这不是强制性的,存放万维网网页的计算机可以使用任何名字。
- URL 可以包含服务器的端口号,这是可以选择的。如果包括了端口号,则必须插在主机和路径之间,而且必须用冒号和主机分开。
- 路径是存放信息的路径名。需要注意的是,路径本身可以包括斜线,这种斜线在 UNIX 操作系统中将目录与子目录和文件分开。

3. 发送响应

服务器在处理完客户的请求之后,要向客户机发送响应消息。HTTP 的响应消息格式包括状态行、首部,有时也包括实体内容。即

响应消息 = 状态行 + |响应头 + 空行 + [实体内容]

(1) 状态行。

状态行定义响应消息的状态。它包括 HTTP 版本、空格、状态码、空格和状态短语。

1) HTTP 版本。这个字段与请求行中的字段一样。

2) 状态码。状态码表示响应类型。

- 1××:提供信息。
- 2××:指示请求成功。
- 3××:为完成客户请求,把客户重定向到另一个 URL。
- 4××:指示客户端的错误。
- 5××:指示服务器端错误。

3) 状态短语。这个字段以文本形式解释状态码。

(2) 首部。

首部在客户和服务器之间交换附加信息。例如,客户可以将请求文件以特殊的形式发送出去,或服务器可以发送关于该文件的额外信息。首部可以有一个或多个首部行。每一个首部行由首部名、冒号、空格和首部值组成。

首部行可以是通用首部、请求首部、响应首部和实体首部中的一个。请求消息可以只包含

通用首部、请求首部和实体首部。响应消息可以只包含通用首部、响应首部和实体首部。

1）通用首部：给出了关于消息的通用信息，并可以出现在请求消息和响应消息中。表9-13列出了一些通用首部及其说明。

表9-13　通用首部

首　部	说　明
Cache-control	指明关于高速缓存的信息
Connection	指出连接是否应当关闭
Date	给出当前日期
MIME-version	给出所使用的 MIME 的版本
Upgrade	指明优先使用的通信协议

2）请求首部：只出现在请求消息中。它指明客户的配置和客户优先使用的文件格式。表9-14 列出了一些请求首部及其说明。

表9-14　请求首部

首　部	说　明
Accept	给出客户能够接受的媒体格式
Accept-charset	给出客户能够处理的字符集
Accept-encoding	给出客户能够处理的编码方案
Accept-language	给出客户能够接受的语言
Authorization	给出客户具有何种授权
From	给出客户的电子邮件地址
Host	给出客户的主机和端口号
If-modified-since	当比指明日期更新时才发送这个文件
If-match	当与给定标记匹配时才发送这个文件
If-not-match	当与给定标记不匹配时才发送这个文件
If-range	只发送缺少的那部分文件
If-unmodified-since	若在指明日期之后为未改变，则发送文件
Referrer	指明被连接的文件的 URL
User-agent	客户代理

3）响应首部：响应首部只能出现在响应消息中，它指明服务器的配置和关于请求的特殊消息。表9-15 列出了一些响应首部及其说明的清单。

表9-15　响应首部

首　部	说　明
Accept-range	给出服务器能够接受客户所请求的范围
Age	给出文件使用期限
Public	给出可支持的方法清单
Retry-after	指明日期，在这个日期之后服务器是可用的
Server	给出服务器名和版本号

4）实体首部：实体首部给出关于文件主体的信息。虽然它主要出现在响应报文中，某些包含主体的请求报文，如 POST 或 PUT 方法，也使用这种类型的首部。表9-16 列出了一些实

体首部及其说明的清单。

表 9-16　实体首部

首　部	说　明
Allow	列出 URL 可以使用的合法的方法
Content-encoding	指明编码方案
Content-language	指明语言
Content-length	给出文件长度
Content-range	指明文件范围
Content-type	指明媒体类型
Etag	给出实体标记
Expires	给出当内容可能改变时的日期和时间
Last-modified	给出上次改变的日期和时间
Location	指明被创建或移走的文件的位置

4. 关闭连接

客户和服务器双方都可以通过关闭套接字来结束 TCP/IP 对话。

9.4.3 HTTP 版本 1.1 的特点

1. 持续和非持续连接

HTTP 版本 1.0 指明了非持续连接,而在版本 1.1 中,持续连接是默认的策略。

(1) 非持续连接。

在非持续连接中,对每一个请求/响应都要建立一次 TCP 连接,下面列出这种连接的步骤:

- 客户打开 TCP 连接,并发出请求。
- 服务器发出响应,并关闭连接。
- 客户读取数据,直到它遇到文件结束标志,然后关闭连接。

使用这种策略时,对于在不同文件中的 n 个不同图片,连接必须打开和关闭 n 次。非持续连接策略给服务器造成了很大的开销,因为服务器打开和关闭 n 次连接需要 n 个不同的缓存。

(2) 持续连接。

HTTP 版本 1.1 指明持续连接是默认的策略。在使用持续连接时,服务器在发送响应后,让连接连续为一些请求打开。服务器可以在客户请求时或超时的时限到时关闭这个连接。发送端通常在每一个响应中都发送数据的长度。但是,当文件是动态文件或活动文件时,发送端并不知道数据的长度。在这种情况下,服务器把不知道长度这件事通知客户,并在发送数据后关闭这个连接,因此客户就知道数据结束的地方已经到了。

2. 代理服务器

支持代理服务器。代理服务器是一台计算机,它保留对最近请求的响应的副本。在有代理服务器的情况下,HTTP 客户把请求发送给代理服务器,代理服务器检查它的高速缓存。如果在高速缓存中没有对应于这个请求的响应,代理服务器就把请求发送给相应的服务器。接收到的响应被发送给代理服务器并存储起来,以便为其他客户的请求使用。

代理服务器减少了原始服务器的负荷,减少了通信量,也减少了时延。但是,由于使用了代理服务器,客户必须配置成接入到代理服务器而不是目标服务器。

9.4.4 应用实例

下面给出 3 个简单的请求报文和响应报文的实例。

【例 9-4】读取关于文件的信息。使用 HEAD 方法来读取关于 HTML 文件的信息。

请求报文:

```
HEAD /user/wangqm/index. html HTTP/1.1
Accept: */*
```

响应报文:

```
HTTP/1.1 200 OK
Date:Mon,1-May-06 12:15:12 GMT
Server:BJUT001
MIME-version:1.0
Content-type:text/html
Content-length:1048
```

在请求报文中,请求行给出了方法(HEAD)、URL 以及 HTTP 的版本。首部是一行,给出了客户可以接受任何格式的文档(通配符)。没有主体。

在响应报文中,包括了状态行和 5 行首部。这些首部行定义了日期、服务器、MIME 版本、文件类型和文件长度。应该注意的是,这个响应报文不包含主体。

【例 9-5】读取图像文件。使用 GET 方法来读取路径为/user/wangqm/image1 的图像。

请求报文:

```
GET /user/wangqm/image1 HTTP/1.1
Accept:image/gif
Accept:image/jpeg
```

响应报文:

```
HTTP/1.1 200 OK
Date:Mon,1-May-06 12:15:12 GMT
Server:BJUT001
MIME-version:1.0
Content-length:1048
(文件的主体)
```

在请求报文中,请求行给出了方法(GET)、URL 以及 HTTP 版本。首部有两行,给出了客户可以接受 GIF 和 JPEG 格式的图像。该请求报文没有主体。

在响应报文中,包括了状态行和 4 行首部。这些首部行定义了日期、服务器、MIME 版本和文件长度。文件的主体在首部之后。

【例 9-6】向服务器发送数据。使用 POST 方法。

请求报文：

```
GET /user/cgi-bin/doc. pl HTTP/1. 1
Accept：*/*
Accept：image/gif
Accept：image/jpeg
Content-length：50
(输入信息)
```

响应报文：

```
HTTP/1. 1 200 OK
Date ： Mon，1-May-06 12：15：12 GMT
Server：BJUT001
MIME-version：1. 0
Content-length：2000
(文件的主体)
```

在请求报文中，请求行给出了方法(POST)、URL 以及 HTTP 的版本。首部有 4 行，给出了客户可以接受任何文件、GIF 和 JPEG 格式的图像。在主体中包含了输入信息。

在响应报文中，包括了状态行和 4 行首部。这些首部行定义了日期、服务器、MIME 版本和文件长度。被创建的文件是 CGI 文件，被附在主体中。

9.5 简单邮件传输协议(SMTP)

9.5.1 SMTP 简介

电子邮件是一种最流行的网络服务。支持 Internet 上电子邮件的 TCP/IP 叫做简单邮件传输协议(SMTP)。它是基于电子邮件的系统，用来把邮件发给另一个计算机用户。SMTP 提供在相同的或不同的计算机上的用户之间的邮件交换。SMTP 支持：

1）把邮件发送给一个或多个收信人。

2）发送包括文本、声音、视频或图形的报文。

3）把报文发给 Internet 以外的网络上的用户。

图 9-17 给出了 SMTP 的基本思想。SMTP 使用 TCP 的熟知端口 25。

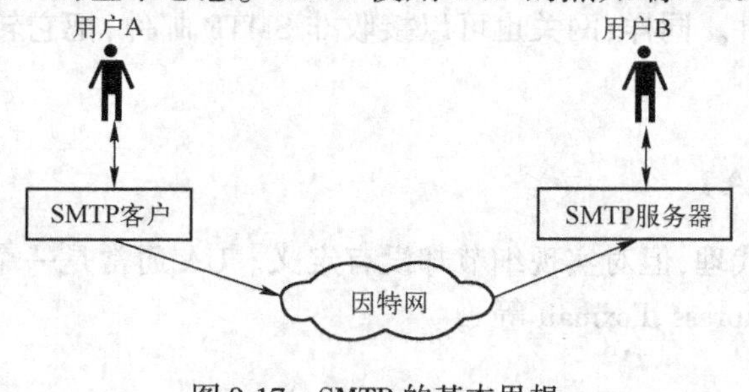

图 9-17 SMTP 的基本思想

SMTP 由客户和服务器组成。SMTP 客户和服务器又可分为两部分:用户代理(UA)和邮件传送代理(MTA)。UA 准备报文和创建信封,并把报文装入信封。MTA 把邮件传送到 Internet。如图 9-18 所示。

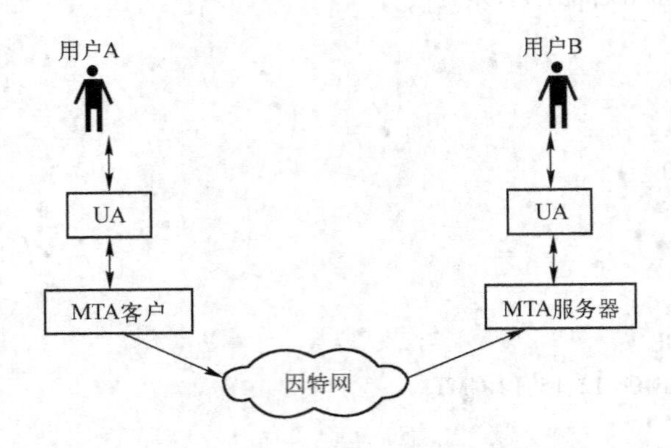

图 9-18　用户代理(UA)和邮件传送代理(MTA)

SMTP 还可用来把邮件从某一个服务器传送到另一个服务器。在邮件从客户端到服务器端的传送路径上可以经过多个中继服务器,如图 9-19 所示。

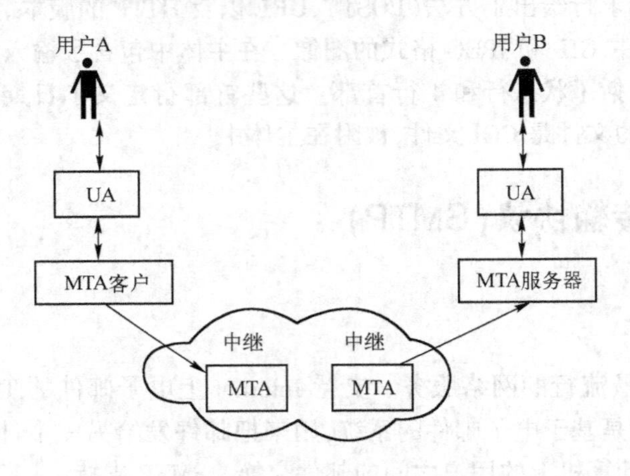

图 9-19　多个中继服务器

中继系统允许不使用 TCP/IP 协议族的网络向另一个网络的用户发送电子邮件,这里所说的另一个网络可以使用也可以不使用 TCP/IP 协议族。这些可通过使用邮件网关来实现。邮件网关是一个中继 MTA,能够接收非 SMTP 邮件,并在发送之前将其转换为对方可以接收的 SMTP 或其他格式的邮件。同样,网关也可以接收非 SMTP 邮件,把它转换成其他格式发送出去,如图 9-20 所示。

9.5.2　用户代理(UA)

SMTP 定义了用户代理,但对实现细节却没有定义。UA 通常是一个用来发送和接收邮件的程序,例如 Outlook Express、Foxmail 等。

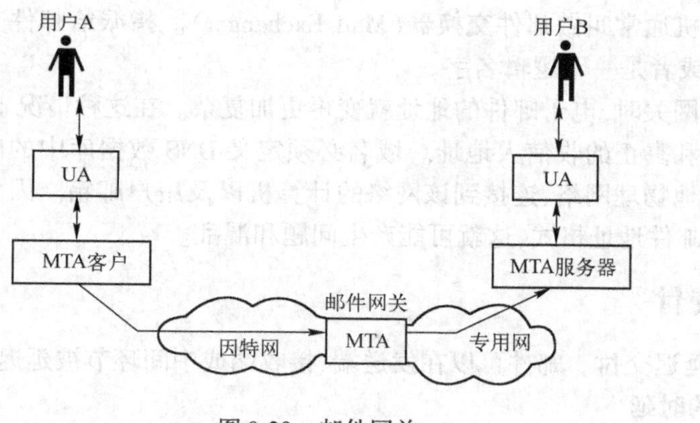

图 9-20　邮件网关

1. 发送邮件

要发送邮件,用户通过 UA 创建邮件,它有一个信封和一个报文。如表 9-17 所示。

表 9-17　发送邮件结构

结　构	内　容
信封	Mail From:wangqm@ bjut. edu. cn RCPT TO:zhaoxx@ 163. com
报文首部	From:: Wang Quanmin To:: Arthur zhao Date:1/ 5/2006 Subject:Network
报文主体	Dear Mr zhao: I want to . . . . Yours truly, Arthur Wang

1）信封:通常包含发信人地址、收信人地址以及其他信息。

2）报文:包含首部和主体。报文的首部定义发信人、收信人、报文的主题以及一些其他信息,报文的主体包含收信人将要读取的真正的信息。

2. 接收邮件

用户代理定期检查邮箱。若用户有邮件,UA 就首先给出一个通知来告诉用户。若用户准备读取邮件,则可显示一个清单,其中每一行包含邮箱中一个特定报文的信息概要,这个概要通常包括发信人邮件地址、主题,以及发送或接收此邮件的时间,用户可以选择任何一部分报文并将其内容显示在屏幕上。

3. 地址

为了交付邮件,邮件处理系统必须使用惟一的编址系统。SMTP 使用的编址系统包括两个部分:本地邮箱地址部分和域名,并且用符号“@”分隔开。

1）本地部分。本地部分定义一个特殊文件的名字,它叫做用户邮箱,在用户邮箱中存储了所有收到的发给用户的邮件,以便用户代理进行读取。

2）域名。地址的第二部分是域名。一个组织通常选择一个或多个主机来接收和发送电子邮件。这些主机通常叫做邮件交换器(Mail Exchanger)。指派给邮件交换器的域名或者来自 DNS 数据库,或者是一个逻辑名字。

当使用邮件网关时,电子邮件的地址就变得更加复杂。在这种情况下,电子邮件地址必须定义网关的地址和真正的收信人地址。域名必须定义 DNS 数据库中的邮件网关名。而本地部分必须定义本地物理网络、连接到该网络的计算机以及用户邮箱。因为有些邮件系统不使用 SMTP 定义的邮件地址格式,这就可能产生问题和混乱。

9.5.3 延迟交付

SMTP 允许延迟交付。邮件可以在发送端、接收端或中间环节被延迟。

1. 发送端的时延

报文的发送可以在发送端被延迟。SMTP 规定发送端必须提供一个临时存储(Spooling)系统,报文在发送端之前先要存储在这里。在用户代理创建一个报文后,先要将报文交付到临时存储系统,它是一个存储结构。邮件传送系统定期地(每 10 ~ 30 min)检查存储在临时存储系统中的邮件,看它能否发送出去。这取决于服务器的 IP 地址是否已经从 DNS 得到,以及接收端是否已就绪等。若报文不能发出去,就继续留在临时存储系统中,以便在下一周期继续检查。若报文在超时期间(该时间可以设定,几秒钟、若干小时或几天)内仍不能交付,则要把这个邮件返回给发信人。发送端的时延如图 9-21 所示。

2. 接收端的时延

当邮件接收到后,并不要求收信人立即读取。邮件可以存储在收信人的邮箱中。接收端的时延如图9-22所示。

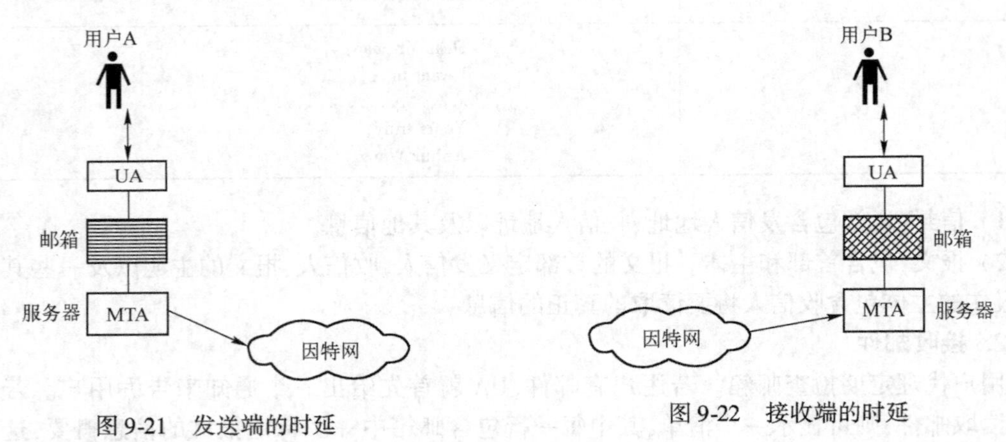

图 9-21 发送端的时延

图 9-22 接收端的时延

3. 中间环节的时延

SMTP 允许中间的 MTA 充当客户或服务器。中间的 MTA 也可以接收邮件,在它的邮箱和临时存储系统中保存邮件报文,并在合适的时候发送它们。

9.5.4 别名

SMTP 允许用一个名字(别名),来表示几个不同的电子邮件地址。这就叫做一对多别名扩展。另外,一个单个用户也可以定义多个不同的电子邮件地址,叫做多对一别名扩展。要处理别名,系统必须在发送端和接收端都设置别名扩展。别名扩展的实现如图 9-23 所示。

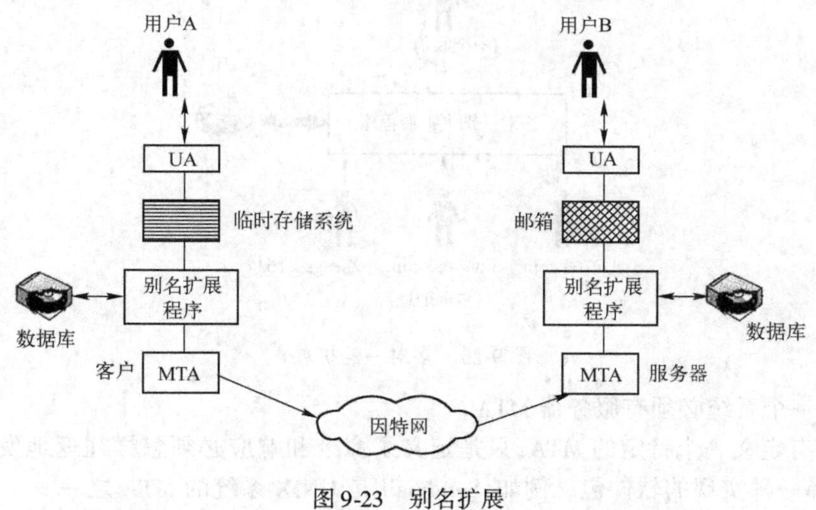

图 9-23 别名扩展

1. 一对多的扩展

有时,同一份邮件要发送给不同的收信人,用户可以通过创建别名映射到多个收件人的列表。每当发送出一个邮件时,系统就在别名扩展数据库中查找收信人的名字。若对所定义的名字有扩展,则对扩展中的每一个项目准备一份单独的邮件,然后交给邮件交付系统。若没有对收信人名字的扩展,则该名字就是接收地址,这时应将一个单独的邮件交给邮件交付系统。一对多的扩展如图 9-24 所示。

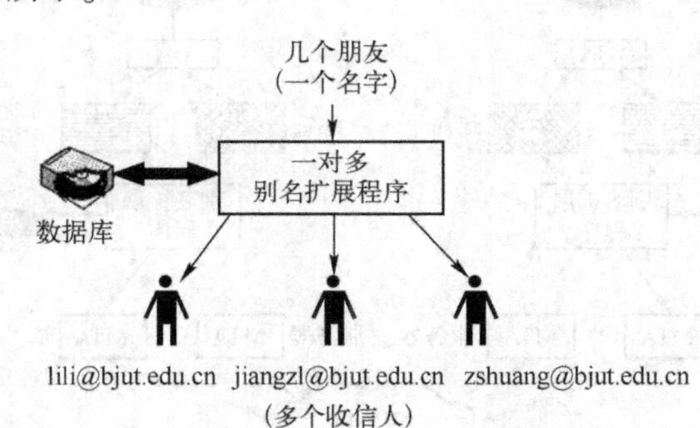

图 9-24 一对多的扩展

2. 多对一的扩展

用户可以有多个电子邮件地址,但用户代理只认识一个邮箱名字。通常的情况是地址的本地部分不同。当系统收到一个邮件时,它检查多对一扩展数据库。若找到一个邮箱名字与接收地址的本地部分相对应,则将邮件发送给该邮箱;否则就丢弃该邮件。多对一的扩展如图 9-25 所示。

9.5.5 邮件传送代理(MTA)

邮件的真正传送是由邮件传送代理完成的。要发送邮件,一个系统必须有客户 MTA。而

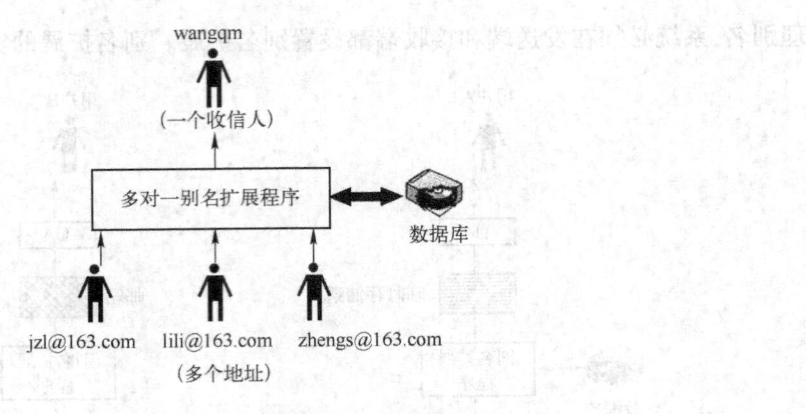

图 9-25　多对一的扩展

要接收邮件,一个系统必须有服务器 MTA。

SMTP 没有定义一个特定的 MTA,只是定义了命令和响应必须怎样往返地发送。每一个网络有权选择一种实现的软件包。例如,Sendmail 是 UNIX 系统的 MTA 之一。

图 9-26 说明了发送和接收电子邮件的整个过程。对于一台能够使用 SMTP 发送和接收邮件的计算机,它必须具有图中所定义的大部分实体,用户接口是产生用户友好环境的构件,不是必需的。

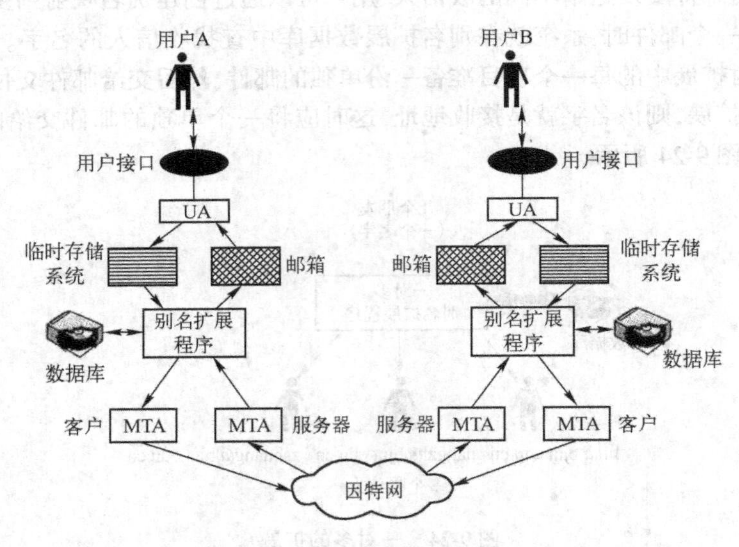

图 9-26　整个的电子邮件系统

9.5.6　命令和响应

SMTP 使用一些命令和响应在 MTA 客户和 MTA 服务器之间传送报文,如图 9-27 所示。

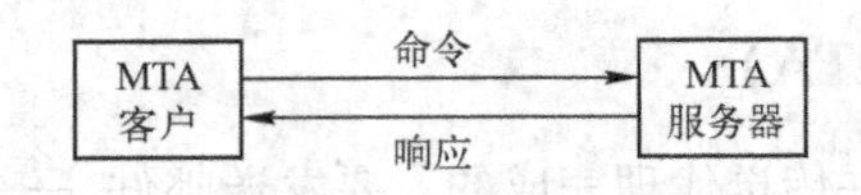

图 9-27　命令和响应方式

每一个命令或响应都以一个二字符(回车加换行)的行结束标记来终止。

1. 命令

命令是从客户发送到服务器的,命令的格式包括一个关键词,后面跟着 0 个或多个变量。SMTP 定义了 14 条命令,前 5 个是强制性的,每一种实现都必须支持,后 3 种是常用的,并且是高度推荐的,其余 6 种很少使用。

表 9-18　命令

关 键 词	变 量	关 键 词	变 量
HELO	发送端的主机名	NOOP	无操作,检查收信人的状态
MAIL FROM	发信人	TRUN	让发信人和收信人交换位置
RCPT TO	预期的收信人	EXPN	需要扩展的邮件发送清单
DATA	邮件的主体	HELP	帮助信息
QUIT	结束报文	SEND FROM	预期的收信人
RSET	使当前的邮件事务异常中止	SMOL FROM	预期的收信人
VRFY	需要验证的收信人的名字	SMAL FROM	预期的收信人

- HELO 命令:该命令是客户用来标识自己而使用的,其变量是客户主机的域名。例如

  HELO:smtp. bjut. edu. cn

- MAIL FROM 命令:该命令是客户用来标识发信人而使用的,它的变量是发信人的电子邮件地址。例如

  MAIL FROM:wangqm@ bjut. edu. cn

- RCPT TO(收信人)命令:该命令是客户用来标识预期的收信人而使用的,它的变量是收信人的电子邮件地址。若有多个收信人,则命令要重复使用。例如

  RCTP TO: xiaolizi@ bjut. edu. cn

- DATA 命令:该命令用来发送真正的报文。在 DATA 命令后面所有的行都被当作是邮件报文。报文的终止是只包含一个点的行。例如

  DATA
  This is the message
  to be sent to the
  company
  .

- QUIT 命令:结束报文。例如

  QUIT

- RSET(复位)命令:该命令使当前的邮件事务异常中止,所存储的关于发信人和收信人的信息都被删除,连接将被复位。例如

  RSET

- VRFY(验证)命令:该命令用来验证收信人的地址,它作为变量发送出去。发送端可以请接收端证实一个名字是否标识一个有效的收信人。例如

  VRFY:wangqm@ bjut. edu. cn

- NOOP(无操作)命令:该命令由客户使用,用来检查收信人的状态,它需要收信人的回答。例如

  NOOP

- TURN 命令:该命令让发信人和收信人交换位置,即发信人变成收信人,收信人变成发信人。但是,现在大多数 SMTP 的实现并不支持这条命令。例如

  TURN

- EXPN(扩展)命令:该命令要求接收邮件的主机将作为变量的发送清单进行扩展,并返回组成清单的收信人的邮箱地址。例如

  EXPN:xyz

- HELP 命令:该命令要求收信人发送关于作为变量的命令的信息。例如

  HELP:mail

- SEND FROM 命令:该命令指明该邮件是要交付到收信人的终端,而不是邮箱。若收信人没有登录到终端,则邮件就被返回,变量就是发信人地址。例如

  SEND FROM:lyf@ eamils. bjut. edu. cn

- SMOL FROM(发送到邮箱或终端)命令:该命令指明邮件是要交付到收信人的终端或邮箱。这就表示若收信人已注册了,邮件就只交付到终端。若收信人未登录终端,则邮件就交付到邮箱。变量是发信人地址。例如

  SMOL FROM:lyf@ eamils. bjut. edu. cn

- SMAL FROM(发送到邮箱和终端)命令:该命令指明邮件是要交付到收信人的终端和邮箱。这就表示若收信人已登录终端,则邮件就交付给终端和邮箱。若收信人未登录终端,则邮件就只交付给邮箱。变量是发信人地址。例如

  SMAL FORM: Wangqm@ bjut. edu. cn

2. 响应

响应是从服务器发送到客户端的。响应是一个 3 位十进制数字,后面可以跟着附加的文本信息。第一位数字的意义如下:

- 2*yx*(正面完成回答):第一位数字是 2(数字 1 现在已不使用),就表示所请求的命令已经成功地完成了,一个新的命令可以开始。
- 3*yz*(正面中间回答):第一位数字是 3,就表示所请求的命令已经被接受,但在完成请求的命令之前,收信人需要更多的信息。
- 4*yz*(过渡负面完成回答):第一位数字是 4,就表示所请求的命令已经被拒绝,但差错条件是暂时的。命令可以重新发送。

● 5*yz*(永久负面完成回答):第一位数字是5,就表示所请求的命令已经被拒绝。命令不能重新发送。

第2位和第3位数字提供关于响应的更详细的内容,如表9-19所示。

表9-19 响应信息表

类别	代码	说明
正面完成回答	221	系统状态或求助回答
	214	求助报文
	220	服务就绪
	221	服务关闭传输信道
	250	请求命令完成
	251	用户不是本地的;报文将被转发
正面中间回答	354	开始邮件传输
过渡负面完成回答	421	服务不可用
	450	邮箱不可用
	451	命令异常中止;本地差错
	452	命令异常中止;存储器不足
永久负面完成回答	500	语法差错;不能识别的命令
	501	语法的参数或变量差错
	502	命令未实现
	503	命令序列不正确
	504	命令暂时未实现
	550	命令未执行;邮箱不可用
	551	用户非本地的
	552	所请求的动作异常中止;存储位置超过
	553	所请求的动作未发生;邮箱名不允许用
	554	事务失败

9.5.7 邮件传送阶段

一个邮件报文的传送共有3个阶段:连接建立、邮件传送和连接终止。

1. 连接建立

当客户与熟知端口25建立了一条TCP连接后,SMTP服务器就开始其连接建立阶段。这个阶段包括3个步骤,如图9-28所示。

1)服务器发送代码220(服务就绪)告诉客户它已准备好接收邮件。若服务器未就绪,它就发送代码421(服务不可用)。

2)客户发送HELO报文。并使用其域名标识自己。这个步骤是必要的,用来将客户的域名通知服务器。在TCP的连接建立阶段,发送端和接收端是通过它们的IP地址来知道对方的。

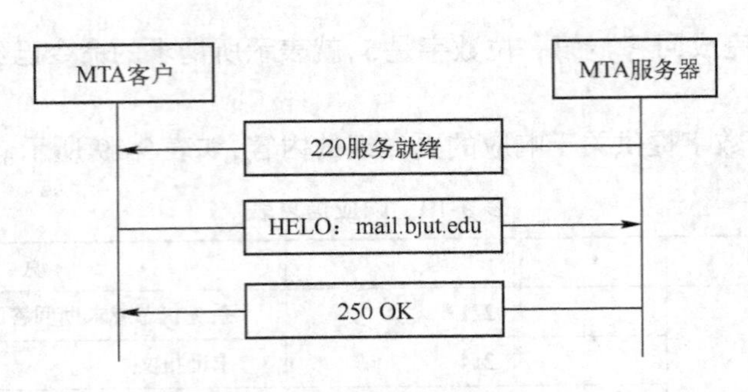

图 9-28 连接建立

3）服务器响应代码 250（请求命令完成）或根据情况而定的其他一些代码。

2. 报文传送

在 SMTP 客户与服务器之间建立连接后，发信人就可以与一个或多个收信人交换单独的报文了。这个阶段包括如图 9-29 所示的 8 个步骤，若收信人超过一个，则步骤（3）和（4）将重复进行。

MTA客户	SMTP交互过程	MTA服务器
	MAIL FROM:XX@XX	→
←	250	
	RCTP TO:YY@YY	→
←	250	
	DATA	→
←	354	
	FROM:LUYF	→
	TO:XIAOLIZI	→
	DATE:1/5/2006	→
	SUBJECT:NETWORK	→
		→
	Dear sir li;	→
	We want ……	→
	……	→
	Youts truly lu	→
	.	→
←	250	

图 9-29 报文传送

（1）客户发送 MAIL 报文以介绍报文的发送者。它包括发信人的邮件地址（邮箱和域名）。这个步骤是必要的，因为它可以给服务器提供返回差错或报告报文时的返回邮件地址。

（2）服务器响应代码 250 或其他适当的代码。

（3）客户发送 RCPT（收信人）报文，包括收信人的邮件地址。

（4）服务器响应代码 250 或其他适当的代码。

（5）客户发送 DATA 报文，对报文的传送进行初始化。

（6）服务器响应代码 354（开始邮件输入）或其他适当的报文。

（7）客户用连续的行发送报文的内容。每一行以二字符的行结束标记（回车加换行）终止，这个报文以一个仅包括一个点的行结束。

（8）服务器响应代码250（OK）或其他适当的代码。

3. 连接终止

在报文传送成功后，客户就终止连接，这个阶段包括两个步骤，如图9-30所示。

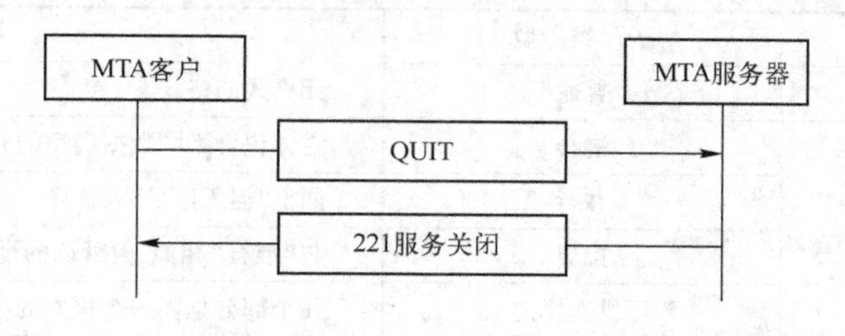

图9-30　连接中止

（1）客户发送QUIT命令。

（2）服务器响应代码221或其他适当的代码。

在连接终止后，TCP连接必须关闭。

9.5.8　多功能的Intermet邮件扩充（MIME）

SMTP是一个简单的邮件传输协议。但是它的简单是有代价的。SMTP只能发送使用NVT 7位ASCII码格式的报文。换言之，它不能使用7位ASCII码不支持的文字（如法文、德文、希伯来文、俄文、中文以及日文）。此外，它不能用来发送二进制文件或发送视频或音频数据。

多功能的Internet邮件扩充（MIME，Multipurpose Internet Mail Extension）是一个辅助协议，它允许非ASCII码数据能够通过SMTP传送。MIME并不是一个邮件协议，因而不能代替SMTP，它只是SMTP的一个扩充。

MIME在发送端将非ASCII码的数据转换为ASCII码数据，并将其交付给SMTP客户以便通过因特网发送出去。在接收端的SMTP服务器接收ASCII码数据，将其交付给MIME再转换成原来的数据。

可以将MIME当作一组软件功能，它能够将非ASCII码数据转换为ASCII数据，以及进行相反的转换。

MIME定义了5种首部，用来加在原始的SMTP首部部分，以定义参数的转换：

（1）MIME版本（MIME-Version）。

（2）内容-类型（Content-Type）。

（3）内容-传送-编码（Content-Transfer-Encoding）。

（4）内容-标识（Content-ID）。

（5）内容-描述（Content-Description）。

1. MIME版本

这个首部定义MIME使用的版本。

2. 内容-类型

这个首部定义报文主体使用的数据类型。内容类型和内容子类型用斜线分隔开。根据子类型的不同，首部还可以包含其他一些参数：

Content-Type：，<type/subtype：parameters>

MIME 支持 7 种不同的数据类型。如表 9-20 所示。

表 9-20　MIME 允许的数据类型

类　型	子 类 型	说　明
正文	普通	无格式的格式
多部分	混合	主体包含不同数据类型的有序部分
	并行	同上，但无序
	摘要	与“混合”相似，但默认的是报文(RFC 822)
	可供选择的	几个部分是同一个报文的不同版本
报文	RFC 822	主体是封装的报文
	部分	主体是更大报文的分片
	外部主体	主体是另一个报文的引用
图像	JPEG	JPEG 格式的图像
	GIF	GIF 格式的图像
视频	MPEG	MPEG 格式的视频信号
音频	基本	8kHz 的单声道话音编码
应用	PostScript	Adobe PostScript
	8 bit 组流	一般的二进制数据(8 bit)

(1) 正文。

原始报文是 7 bit 的 ASCII 码格式，不需要用 MIME 来转换。现在只使用一种普通子类型。

(2)多部分。

主体包括多个独立的部分。多部分首部需要定义每一个部分的边界。边界是作为参数使用的，是占单独行的一串重复标记，位于每一个部分之前，它的前面有两个连字符。主体结束的地方也使用边界标记，但后面以两个连字符结束。

该类型包括混合、并行、摘要和交替 4 个子类型。在混合子类型中，提供给收信人的那些部分与报文中的顺序必须完全一致，每部分有不同的类型，并在边界被定义。其余子类型和混合子类型相似。下面给出混合子类型的多部分报文的示例：

```
Content-Type: multipart/mixed;boundary = xxxx

    --xxxx
    Content-Type:text/plain;
    ……
    --xxxx
    Content-Type:image/gif;
    ……
```

--xxxx----

(3) 报文。

在报文类型中,主题就是完整的邮件报文,或邮件的一部分,或到邮件报文的指针。该类型包括 RFC 822 以及部分或外部主体。

(4) 图像。

原始报文是一幅静止图像。目前包括 JPEG 和 GIF 两种。

(5) 视频。

原始报文是动画图像。目前仅包括 MPEG 子类型,如动画包括声音,则必须使用音频内容类型分开发送。

(6) 音频。

原始报文是声音。惟一的子类型使用 8 kHz 标准音频数据。

(7) 应用。

原始报文是一种前面没有定义的数据类型。目前包括 8 bit 流和 PostScript。

3. 内容-传输-编码

这个首部定义把报文编码为 0 和 1,以便传输。其内容传输编码的说明如表 9-21 所示,该首部定义如下:

Content-Transfer-Encoding: <type>

表 9-21 内容传输编码

类　型	说　明
7 bit	NVT ASCII 字符和短行(长度不超过 1 000 个字符)
8 bit	非 ASCII 字符和短行(长度不超过 1 000 个字符)
二进制	ASCII 字符和长度不限的行
Base64	6 bit 数据块被编码成 8bitASCII 字符
引用可打印	非 ASCII 字符被编码成等号后面跟随一个 ASCII 码

4. 内容-标识

这个首部在多报文环境中惟一地标志整个报文。该定义如下:

Content-Id: id = <content-id>

5. 内容-描述

这个首部定义主体是否为图像、音频或视频。该定义如下:

Content-Description: <description>

9.5.9 邮局协议(POP)和 Internet 邮件读取协议版本 4(IMAP4)

邮件交付的第一和第二阶段使用 SMTP。但是,在第三阶段并不使用 SMTP,因为 SMTP 是推送协议。SMTP 把报文从发送端推送到接收端,甚至当接收端不愿意要这个报文的时候也要推送。然而,第三阶段需要的是拉取协议;这种操作必须由收信人启动。邮件必须停留在服务器邮箱中,直到收信人读取它为止。第三阶段使用邮件读取协议。目前有两种邮件读取协议。邮局协议版本3(POP3)和Internet邮件读取协议版本4(IMAP4)。

POP3很简单,但是功能有限。客户POP3软件安装在收信人的计算机上,服务器POP3软件安装在邮件服务器上。当客户要从邮件服务器的邮箱中下载电子邮件时,客户就开始读取邮件。客户在TCP端口110打开到服务器的连接。然后发送用户名和口令,访问邮箱。

IMAP4和POP3相似,但是具有更多的特点,功能更强,也更复杂。

9.6 本章小结

本章主要介绍了常见的Internet应用型协议。大家通过本章的学习,要掌握这些协议的基本概念、工作原理、工作过程,并能够结合实际加以应用。

1. FTP

FTP是客户-服务器应用程序,用来把文件从一台主机复制到另一台主机。FTP需要两条连接用于数据传送:一条控制连接和一条数据连接。在两个不相同的系统之间的通信使用NVT ASCII码。在真正传送文件之前,客户要通过控制连接定义文件类型、数据结构和传输方式,在连接建立期间服务器要向客户发送一些响应。

(1) 客户发送的用来与服务器建立通信的命令共有6种:

1) 接入命令。

2) 文件管理命令。

3) 数据格式化命令。

4) 端口定义命令。

5) 文件传送命令。

6) 杂项命令。

(2) 文件传送的类型共有3种:

1) 从服务器把文件复制到客户。

2) 从客户把文件复制到服务器。

3) 从服务器向客户发送目录或文件名列表。

很多应用软件在FTP和用户之间提供了友好的接口。

2. DNS

DNS是客户-服务器应用程序。它把用户的名字空间组织成分级的结构以使涉及到命名的各种责任分散化。可以抽象成倒过来的分级的树型结构。最多有128级。树上的每一个节点有一个域名。域被定义为域名空间中的任何一棵子树。

名字空间的信息分布在各DNS服务器上。每一个服务器对它的区有管辖权。根服务器的区就是整棵DNS树。主服务器创建、维护和更新关于它所管辖的区的信息。次服务器从主服务器得到它的信息。

域名空间划分为3个部分:类属域、国家域和反向域。共有7个类属域,每一个域指明一个机构类型。每一个国家域指明一个国家。利用反向域可以根据已知的IP地址找到域名。

运行DNS服务器程序的是名字服务器。DNS客户软件称为解析程序,其主要作用是把域名映射为IP地址或把IP地址映射为域名。在递归解析中,客户把它的请求发送给服务器,服务器最终会返回响应。在迭代解析中,客户在得到回答之前,可以把它的请求发送给多个服务器。

利用高速缓存可以把查询的回答在有限的时间内存放起来,以便为今后使用。

完整域名(FQDN)是一种域名,它的标号从主机开始一直向回走,通过每一个节点并到达根结点。不完整域名(PQDN)也是是一种域名,它不包括从主机到根结点之间所有的级。

DNS 报文有两种类型:查询和响应。DNS 记录也有两种类型:问题记录和资源记录。DNS 在它的报文中为重复的域名信息使用偏移指针。动态 DNS(DDNS)自动更新 DNS 主文件。

DNS 对小于 512B 的报文使用 UDP 服务,否则就使用 TCP。

3. Telnet

Telnet 是客户-服务器应用程序。它使用户能够登录到远程服务器上,使这个用户能够介入到远程系统。当用户通过 Telnet 进程接入到远程系统时,工作方式类似于分时系统的终端工作模式。终端驱动程序正确地解释在本地终端或终端仿真程序上的键盘输入。Telnet 使用网络虚拟终端(NVT)系统在本地系统上对字符进行编码。在服务器端,NVT 将字符解码为远程系统可接受的形式。NVT 使用数据字符集和远程控制字符集。在 Telnet 中,控制字符嵌入在数据流中,前面加上“解释为控制”的控制字符。

Telnet 在使用服务之前或之中可以用协商的方法在客户和服务器之间设置传送条件。其选项的特点是可以增强 Telnet 进程。某些选项仅能由服务器启动,另一些仅能由客户启动,还有一些则可由服务器或客户启动,选项可通过提供或请求被启动或禁止。需要附加信息的选项需要使用子选项字符,控制字符可用来处理远程服务器。在带外信令中,命令可不按顺序发送出。

Telnet 可以工作在默认方式、字符方式和行方式。在默认方式中,客户向服务器一次发送一行数据,并在可以接受来自用户的一个新行之前,等待前进字符(GA)。在字符方式中,客户向服务器一次发送一个字符。在行方式中,客户向服务器一次发送一行,一行接一行地发送,而不需要插入 GA 字符。

用户一般并不直接访问 Telnet 进程,很多用户的软件提供了 Telnet 与用户的接口。对 Telnet 而言,尽管可以支持鉴别选项,但是安全性仍然是个问题。

4. Rlogin

Rlogin 是 BSD UNIX 产品,它提供简单的远程登录服务,允许服务器向客户发送命令,也可以反过来。Rlogin 没有涉及到选项协商,可以使用本地或远程流量控制,支持进行本地任务和本地程序中断。Rlogin 使用 TCP 端口 513。

对 Rlogin 而言,并不能保证信息传输的安全性。

5. HTTP

HTTP 是访问万维网(WWW)上的数据所使用的主要协议。HTTP 使用 TCP 连接来传送文件。HTTP 报文(请求或响应)包括请求行或状态行、首部以及主体(仅对某些类型的报文才需要)。请求行由请求类型、URL 和 HTTP 版本组成。统一资源定位符(URL)由方法、主机、可选的端口号以及给 WWW 上的信息定位的路径名组成。请求类型和方法是客户向服务器发出的真正的命令或请求。状态行由 HTTP 版本号、状态码和状态短语组成。

首部传送客户和服务器之间的附加信息。它由书名和首部值组成。通用首部给出关于请求或响应报文的通用信息。请求首部指明客户的配置和优先使用的文件格式。响应首部指明服务器的配置和关于该请求的特殊信息。实体首部提供关于文件的主体的信息。

6. SMTP

SMTP 是支持 Internet 电子邮件传送的协议。SMTP 客户和服务器都需要用户代理(UA)和报文传送代理(MTA)。

UA 准备报文、创建信封,并把报文放入信封。邮件地址包括两部分:本地地址(用户邮箱)和域名,其形式是 local-name@ domain-name。邮件网关转换邮件的格式。SMTP 报文的交付在发送端、接收端或中间服务器可能被迟延。别名可以使用户拥有多个电子邮件地址或多个用户共享同一个电子邮件地址。

MTA 在 Internet 上传送邮件。SMTP 使用命令和响应在 MTA 客户和 MTA 服务器之间传送报文。MIME 是 SMTP 的扩充,它允许传送多媒体文件。

9.7 练习题

1. 从应用层看,网络文件访问方式有两种形式:文件访问和文件传输,试比较它们的特点,说明 FTP 的客户机-服务器模型。
2. 自己配置一个 FTP 服务器。
3. 分别配置并使用 Telnet 与 Rlogin,两者间明显的区别是什么?
4. 使用 Telnet 连接一台 Web 服务器。
5. Http Post 与 Http Put 命令的区别是什么?分别在什么时候使用?
6. 利用网络分析工具分析 HTTP 请求报文和响应报文格式。
7. 电子邮件的两个协议中,SMTP 与 POP 有何区别?

第10章 简单网络管理协议

在计算机网络的质量体系中,网络管理是一个关键环节,网络管理的质量将直接影响到网络的运行质量。对计算机网络的管理,是与 Internet 同步发展的。随着计算机技术的发展,网络规模逐渐增大,复杂性提高,在这种环境下,资源分布程度和共享程度大大提高,任何微小的故障都可能导致用户应用的失败。如何及早发现并排除潜在的故障隐患,有效地管理好网络,是网络建设者、服务提供者共同关心的问题。

本章介绍了网络管理的基本概念,以及简单网络管理协议(SNMP)的基本模型和主要组成部分。

10.1 网络管理概述

10.1.1 网络管理的目标和任务

计算机网络的管理伴随着 1969 年世界上第一个计算机网络 ARPANET 的产生而产生。当时,ARPANET 有一个相应的管理系统。虽然网络管理很早就有,但因为当时的网络规模很小,复杂性不高,一个简单的网络管理系统就可以满足一般网络管理的需要,因而对其研究较少。随着网络的发展,网络管理技术也在不断进步。

由于网络系统规模的日益扩大和网络应用水平的不断提高,网络管理的问题越来越重要,如何提高网络性能,成了网络系统管理的主要问题。我们可以通过增强或改善网络的静态措施来提高网络的性能,比如增强网络服务器的处理能力,采用高速主干网络,以及采用高速网络交换等新技术来扩展网络的带宽等。也可以采用网络运行过程中负载平衡、平行处理、协议转换、自动故障诊断恢复等动态措施来提高网络性能,网络动态性能的提高就是通过网络管理系统来实现的。

网络管理的目标是最大限度地增加网络的可用时间,提高网络设备的利用率、网络性能、服务质量和安全性,简化多厂商混合网络环境下的管理和控制网络运行的成本,提供网络的长期规划。具体包括以下几个方面。

1. 网络管理的目标

(1) 网络应是有效的,要能准确及时地传递信息,即网络业务要保证质量。

(2) 网络应是可靠的,即能够稳定地运转,不能时断时续。

(3) 网络要有开放性,即网络要能够接受多厂商生产的异种设备。

(4) 现代网络要有综合性,即网络能够提供综合业务。

(5) 网络要有很高的安全性。

(6) 网络要有经济性,这种经济性不仅是对网络建设者、经营者而言的,也是对用户而言的。

2. 网络管理的任务

（1）状态监测。通过状态监测，可以获得分析网络各种性能的原始数据。

（2）数据收集。要了解网络的状态，还需要将分散监测到的有用数据收集到一起。

（3）状态分析。就是利用各种模型，根据收集到的监测数据对网络的状态进行分析、判断。

（4）状态控制。就是根据状态分析的结果对网络采取控制措施。

10.1.2 网络管理的功能

一般说来，网络管理就是通过某种方式对网络状态进行调整，使网络能正常、高效地运行。其目的很明确，就是使网络中的各种资源得到更加高效的利用，当网络出现故障时，能及时做出报告和处理，并协调、保持网络的高效运行等。网络管理涉及网络及网络资源和活动的规划、组织、监视、计费和控制，国际标准化组织（ISO）为网络管理定义了故障管理、配置管理、性能管理、安全管理和计费管理 5 大管理功能。

1. 故障管理

将所有网络设备的故障相互联系起来，对故障进行隔离并采取恢复措施。

故障管理是系统非正常操作的操作管理。所谓故障就是那些引起系统以非正常方式操作的事件，引起故障的原因可分为以下两类：

（1）由损坏的部件或软件故障（Bug）所引起的（内部）故障，常常是可重复的。

（2）由环境影响引起的外部故障，通常是突发的、不可重复的。

故障类型有通信类、服务质量类、处理类、设备类和环境类。

故障管理的目的是迅速发现和纠正网络故障，动态维护网络的有效性。故障管理的主要功能有告警监测、故障定位、测试、业务恢复及修复等，同时还要维护故障日志。网络发生故障后要迅速进行故障诊断，以便尽快恢复。为此可以采用事后策略，也可以采用预防策略。事后策略重视迅速修复。预防策略可以采用配置冗余资源的方法，将发生故障的资源迅速地用备用资源替换。另一种预防策略是分析性能下降的趋势，在用户感到服务质量明显下降之前采取修复措施。

故障管理包括网络状态监测和故障检测。网络状态监测通过配置管理中的网络拓扑服务功能来进行分层配置显示或状态映射。利用业务量状态的实时显示和局部放大有助于确认和孤立问题。

故障管理的主要内容有：

（1）故障检测。故障检测的目的是进行报警监测和故障相关数据的收集，以便及时发现故障。其内容为维护和检查故障日志，通过检查事件的发生率判断是否已（或将）成为故障；接受故障报告。故障检测的理论基础是检测理论。

（2）故障诊断。寻找故障发生的原因，可执行诊断测试，以寻找故障发生的准确位置，迅速准确地找出故障的根源，以便进行隔离和修复。故障诊断一般利用专门的诊断程序进行。

（3）故障纠正。将故障点从正常系统中隔离出去，并根据故障原因进行修复。为了使故障修复时间足够短，需要有高速的控制机制。为了在发生故障时继续提供服务，需要配备适当的预备资源，隔离引起故障的设备，使其余的资源能够继续维持服务，然后将服务从故障设备切换到正常的预备设备，最后修复故障设备。故障管理为操作决策提供依据，以确保网络的可用性。

2. 配置管理

提供跟踪变化的能力,为网络上的所有设备配置、安装和分配软件。配置管理的重点是被管对象的标识和状态。

配置管理的目的是通过定义、收集、管理和使用配置信息,以及对网络资源配置的控制来最佳地维持网络环境所提供的服务质量。

配置管理是一个中长期的活动,其目的是管理网络的建立、扩充和开通,以及涉及网络增容、设备更新、新技术的应用、新业务的开通、新用户的加入,业务的撤销、用户的迁移等原因所导致的网络配置的变更。配置管理主要提供资源管理功能,资源开通功能、业务开通功能以及网络拓扑服务功能。网络规划与配置管理关系密切。在实施网络规划的过程中,配置管理发挥最主要的管理作用。

配置管理的主要功能有:

(1) 资源管理功能。资源管理是配置管理的基本功能,它提供网络中关于设备、器材、电路、所提供的服务、客户、设备厂商、软件、管理人员等资源的信息。利用标准的管理信息结构(SMI),将这些资源定义为被管对象,重点描述其属性、连接及状态。通过建立资源管理信息库,提供对资源清单的提取、增加、删除、修改等功能。

(2) 网络资源的开通功能。网络资源的开通功能能保证所需资源的供应、开发和配置,在经济上合理的前提下及时满足客户的业务需求。资源开通功能中所指的资源主要是指提供接入、交换、传输、管理信息数据库(MIB)等功能的网络设备。这些网络设备由硬件和软件构成。硬件中包含基础设备、公用装置、接插件、跳线等接续元件。软件中包含一般的程序和软件包。

(3) 服务的开通功能。服务的开通是指从用户要求服务时开始,到网络实际提供服务时结束的一系列过程。它包含网络中装载和管理服务所需要的过程。服务的开通也具有向各个用户或用户组分配物理或逻辑资源的能力。

(4) 网络拓扑服务管理。网络拓扑服务管理能自动发现网络内的所有设备(包括三层的设备和二层的设备),能够正确地产生拓扑结构图及其各个构成层次的布局图并自动更新。网络的拓扑服务显示的网络布局有3种形式,即物理布局、逻辑布局以及电气布局。为了支持各个层次各种形式的网络布局显示,需要网络配置数据库的支持。该数据库不仅要存放当前的配置数据,还要存放历史的配置数据,以便能够显示网络布局的变化过程。

3. 性能管理

性能管理提供一个连续的、可从中监视网络性能和资源位置的能力。性能管理的目的是维护网络服务质量(QoS)和网络运营效率。为此,性能管理要提供性能监测功能,性能分析功能,以及性能管理控制功能。同时,还要提供维护性能数据库以及在发现性能严重下降时启动故障管理系统的功能。

在性能管理的各个功能中,性能检测功能联机监测网络性能数据,报告网络被管对象状态、控制状态和拥塞状态以及业务量性能;性能分析功能对监测到的性能数据进行统计分析,形成性能报表,预测网络近期性能,维护性能日志,寻找现实的和潜在的瓶颈问题,如发现异常则进行告警;性能管理控制功能控制性能监测数据的属性、阈值及报告时间表,改变业务量的控制方式,控制业务量的测量及报告时间表。

性能管理中需要一组能够准确、全面、迅速地反映网络性能的指标。OSI 系统管理标准中定义了几种用于反映分组交换数据网络性能的指标，这些参数在性能管理中发挥着重要作用。网络性能指标可以分为面向服务质量的指标和面向网络效率的指标两类。面向服务质量的指标主要包括有效性、响应时间和差错率，而面向网络效率的指标主要包括吞吐量和利用率。

性能管理的主要功能如下：

(1) 性能监测功能。性能监测就是对网络性能数据进行连续的采集。网络中每个设备单元的偶尔或间歇性的错误会导致服务质量降低，而且这种问题难以通过故障管理的方法检测出来。因此设计性能监测的主要目的就是通过连续采集性能数据来监测网络的服务质量。同时性能监测也用于在网络性能降低到不可接受的程度之前通过特征模式及时发现问题。

性能监测的主要用途有预防性服务、验收测试、监测合同业务的性能。

(2) 性能分析功能。性能分析功能，一是要对监测的性能数据进行统计和计算，以获得网络及其主要成分的性能指标，定期或在必要时形成性能报表；二是要负责维护性能数据库，存储网络及其主要成分的性能的历史数据；三是要根据当前的和历史的数据对网络及其主要成分的性能进行分析，获得性能的变化趋势，分析制约网络性能的瓶颈问题；四是在网络性能异常的情况下向网络管理者发出告警，在特殊情况下，直接请求故障管理功能进行反应。

性能分析的基础是建立和维护一个有效的性能数据库。在此基础上，要解决的关键问题是设计和构造有效的性能分析方法。传统的方法是基于解析的方法。解析的方法又分为预测法和解释法两种。预测法是一种根据网络的结构以及各个网络成分的性能，推测网络总体性能的方法。解释法是一种从网络的结构以及观测到的总体性能出发，推测各个网络成分性能的方法。基于解析的方法具有局限性，对于比较复杂的关系难以迅速得到正确结果。在这种情况下，基于人工智能的方法越来越受到重视。这种方法通过建立知识库和专家系统对网络性能进行分析，提高了分析的水平和速度。

(3) 性能管理控制功能。性能管理控制功能包括监测网络中的业务，优化网络资源的利用，调查网络单元的业务处理状况等。性能管理控制功能采集的业务量数据也被用于支持其他的网络管理功能，如故障管理和配置管理等。数据采集时间间隔也由性能管理控制功能控制。

4. 安全管理

安全管理提供信息的私有性、可靠性和完整性的保护机制，使网络中的服务、数据以及系统免受侵扰和破坏，降低网络运行及网络管理的风险。它是一些功能的组合，通过分析网络安全漏洞将网络危险最小化。目前采用的主要的网络安全措施包括通信方认证、访问控制、数据加密和数据完整性保护等。一般的安全管理系统包含风险分析功能、安全服务功能、告警、日志和报告功能、网络管理保护功能等。实施网络安全规划，可动态地确保网络安全。

需要明确的是，安全管理系统并不能杜绝所有的对网络的侵扰和破坏，它的作用仅在于最大限度地防范，以及在受到侵扰和破坏后将损失尽量降低。具体地说，安全管理系统的主要作用有以下几点：

- 用多层防卫手段，将受到侵扰和破坏的概率降到最低。
- 提供迅速检测非法使用和非法入侵的手段，核查跟踪入侵者的活动轨迹。
- 恢复被破坏的数据和系统，尽量降低损失。
- 提供查获入侵者的手段。

安全管理系统的主要功能。

(1) 风险分析功能。风险分析是安全管理系统需要提供的一个重要功能。它要不断地对网络中的消息和事件进行检测,对系统受到侵扰和破坏的风险进行分析。风险分析必须包括网络中所有有关部分,主要是端点用户、交换机或局域网、长途网或广域网,以及有关的操作系统、数据库、文件及应用程序。

(2) 安全服务功能。网络可以采用的安全服务有多种多样,但是没有哪一个服务能够抵御所有的侵扰和破坏。只能通过对多种服务进行悉心的组合来获得满意的网络安全性能。网络安全服务是通过网络安全机制实现的。OSI 网络管理标准定义了 8 种网络安全机制:加密、数字签名、数据完整性、认证、访问控制、路由控制、伪装业务流和公证。

重要的网络安全手段有身份认证、访问控制、数据加密、数据完整性保护、数字签名、入侵检测等。

(3) 网络管理系统的保护功能。网络管理系统是网络的中枢,大量的关键数据,如用户口令、计费数据、路由数据、系统恢复和重启规程等,都存放在这里。因此网络管理系统是安全管理的重点对象,要采用高度可靠的安全措施对其进行保护。每个安全管理系统首先要提供对网络管理系统自身的保护功能。

5. 计费管理

计费管理系统对网络资源的使用情况进行收集、解释和处理,提出计费报告,包括计费统计、账单通知和会计处理等,为网络资源的使用核算成本和提供收费依据。但这并不是惟一的目的,计费管理还要进行网络资源利用率的统计和网络的成本效率核算。这些网络资源有:网络服务、用户数据的传输(例如数据的传输量)、网络应用(例如对服务器的使用)等。在此基础上,对用户的行为进行了解、分析与控制。

在计费管理中,首先要根据各类服务的成本、供需关系等因素制定资费政策,资费政策还包括根据业务情况制定的折扣率。其次,要收集计费数据(如使用的网络服务、占用时间、通信距离、通信地点等)计算服务费用。

(1) 计费管理的主要功能。

- 计算网络建设及运营成本。主要成本包括网络设备器材成本、网络服务成本、人工费用等。
- 统计网络及其所包含的资源的利用率。为确定各种业务、各种时间段的计费标准提供依据。
- 联机收集计费数据。这是向用户收取网络服务费用的根据。
- 计算用户应支付的网络服务费用。
- 账单管理。保存收费账单及必要的原始数据,以备用户查询和质疑。

(2) 计费管理功能模块。

- 服务事件监测功能模块。负责从管理信息流中捕捉用户使用网络服务的事件。将监测到的事件存入日志供用户查询,同时将有关信息送至资费管理模块计算费用。此外,还要对计费事件的合法性进行判断,如发现错误,则自动产生计费故障事件,向故障管理功能通报。
- 资费管理服务功能模块。按照资费政策计算为用户提供的网络服务应收取的费用。资费政策需要根据技术进步和业务状况不断进行调整。同时还要根据服务的时间日期以及服务性质制定折扣率。

- 服务管理功能模块。根据资费管理功能模块的控制信息，限制用户可使用的业务种类，例如是否有权拨打长途电话，是否有权使用特殊服务等。
- 计费控制功能模块。负责管理用户账号、调整费率以及制定服务管理规则等。计费控制功能由操作员进行操作。

故障管理、配置管理、性能管理、安全管理和计费管理5大管理功能协同作用，共同完成网络管理系统的任务，使网络系统高效、安全地运行。

10.1.3 网络管理系统的要素

现代计算机网络管理系统（NMS）主要由4个要素组成：管理员、若干被管的代理（Agent）、管理信息数据库（MIB）和一种公共网络管理协议。其中，网络管理协议是最重要的部分，它定义了网络管理主机与被管代理间的通信方法。网络管理系统的要素如图10-1所示。

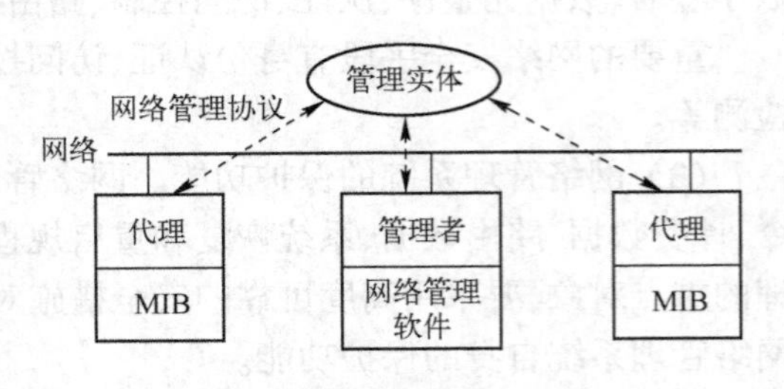

图10-1 网络管理系统的要素

网络管理员在网络管理软件的支持下完成管理整个网络的工作。管理代理定期收集设备信息，将这些信息存入有关管理信息数据库中，并通过某种网络管理协议向网络管理系统中的各种管理实体提供相应的数据。这些数据用于确定网络设备、部分或整个网络运行的状态是否正常。管理员应该定期查询管理代理收集到的有关主机运转状态、配置及性能等信息。

在TCP/IP的早期开发中，网络管理问题并未得到太大的重视。直到20世纪70年代，还一直没有网络管理协议，只有互连网络控制信息协议（ICMP）可以作为网络管理的协议。ICMP提供了从路由器或其他主机向主机传输控制信息的方法，可用于所有支持IP的设备。从网络管理的观点来看，ICMP最有用的特征是回声（Echo）和回声应答（Echo Reply）消息对，这个消息对为测试网络延迟特性提供了机制。与IP报头选项结合，这些ICMP消息可用来开发一些简单有效的管理工具。典型的例子是广泛应用的分组互联网络探索（Ping）程序。利用ICMP加上另外的选项，如请求间隔和一个请求的发送次数，Ping能够完成多种功能。包括确定一个物理网络设备能否寻址、验证一个网络能否寻址、验证一台主机上的服务器操作等。

到了20世纪80年代后期，当Internet的规模呈指数型增长时，需要开发比Ping功能更强并易于普通网络管理人员学习和使用的标准协议。1987年11月IETF发布了简单网关监控协议（SGMP，Simple Gateway Monitoring Protocol），成为提供专用网络管理工具的起点。SGMP提供了一个直接监控网关的方法。随着对通用网络管理工具需求的增长，出现了3个有影响的方法。

（1）高层实体管理系统工程（HEMS，High-level Entity Management System）：它是主机监控协议（HMP）的一般化。

（2）简单网络管理协议（SNMP），SGMP的升级版。

（3）基于TCP/IP的公共管理信息协议（CMIP，Common Management Information Protocol）/CMOT（Common Management Over TCP/IP），最大限度地与OSI标准的CMIP、服务以及数据库结构保持一致。

CMIP网络管理体系结构对系统模型、信息模型和通信协议几个方面提出了比较完备和理想的解决方案，为其他网络管理体系结构建立了理想参考标准。前面介绍的网络管理的主要内容就是 OSI 的方案，它虽然功能详尽，可实现起来过于复杂，在实际应用中没有得到太多厂家的支持，而作为网络管理的思想却一直对网络管理技术的发展起着推动作用。

1988 年，互联网络活动会议 IAB（Internet Activities Board）确定了将 SNMP 作为近期解决方案进一步开发，而把 CMOT 作为远期解决方案的策略。为了强化这一策略，IAB 要求 SNMP 和 CMOT 使用相同的被管对象数据库，即在任何主机、路由器、网桥以及其他管理设备中，两个协议都以相同的格式使用相同的监控变量。因此，两个协议有一个公共的管理信息结构（SMI）和一个管理信息数据库（MIB）。

但是，人们很快发现这两个协议在对象级的兼容是不现实的。在 OSI 的网络管理中，被管对象是很成熟的，它具有属性、相关的过程以及其他一些与面向对象有关的复杂的特性。而 SNMP 为了保持简单性，没有定义这样复杂的概念。实际上，SNMP 的对象在面向对象的概念下根本就不能称为对象，它们只是带有一些如数据类型、读写特性等基本特性的变量。因此 IAB 最终放松了公共 SMI/MIB 的条件，并允许 SNMP 独立于 CMOT 发展。

从对 OSI 的兼容性的束缚中解脱后，SNMP 得到了迅速的发展，很快被众多的厂商所支持并在互联网络中活跃起来。而且，普通用户也选择了 SNMP 作为标准的管理协议。

10.2 SNMP 网络管理模型

SNMP 作为一种网络管理协议，使网络设备彼此可以交换管理信息，使网络管理员能够了解网络的性能、定位和解决网络故障，进行网络规划。SNMP 的体系结构分为 SNMP 管理（SNMP Manager）和 SNMP 代理（SNMP Agent），每一个支持 SNMP 的网络设备中都包括一个代理，此代理随时记录网络设备的各种情况，网络管理程序再通过 SNMP 通信协议查询或修改代理所记录的信息。

SNMP 的网络管理模型由 3 个关键元素组成：

- 被管理的设备（网元）。
- 代理（Agent）。
- 网络管理系统（NMS，Network-Management System）。

1. 网元

网元是网络中包括 SNMP 代理的网络节点，它可以是路由器、接入服务器、交换机、网桥、Hub、主机、打印机等网络设备。网元负责收集和存储管理信息，使其可为 NMS 所用。

2. 代理（Agent）

代理是位于网元中的一个网络管理软件模块，它掌握本地的网络管理信息，并将此信息转换为 SNMP 兼容的形式，在 NMS 发出请求时做出响应。有网络管理代理的设备可以是 UNIX 工作站、网络打印机，也可以是其他的网络设备。管理代理软件可以获得本地设备的运转状态、设备特性、系统配置等相关信息。管理代理软件就像是每个被管理设备的信息经纪人，它们完成网络管理员布置的采集信息的任务。管理代理软件所起的作用是，充当管理系统与管理代理软件驻留设备之间的中介，通过控制设备的管理信息数据库中的信息来管理该设备。管理代理软件可以把网络管理员发出的命令按照标准的网络格式进行转化，收集所需的信息，之后返回正确的响应。在某些情况下，管理员也可以通过设置某个管理信息数据库对象来命令代理进行某种操作。

路由器、交换机、集线器等许多网络设备的管理代理软件一般是由原网络设备制造商提供的,它可以作为底层系统的一部分,也可以作为可选的升级模块。设备厂商决定他们的管理代理软件可以控制哪些 MIB 对象,哪些对象可以反映管理代理软件开发者感兴趣的问题。

3. 网络管理系统(NMS,Network-Management System)

NMS 监控和管理网元,提供网络管理所需的处理和存储资源。广义的网络管理系统应该包括一个网络中的所有软硬件设备、管理信息数据库和网络管理协议,而这里的 NMS 实际上是指网络管理员与网络管理系统之间的接口。一个网络中可以存在多个 NMS。SNMP 的作用范围为域(Community),只有域内的 NMS 和管理代理之间才能进行 SNMP 协议交互,从而控制网络管理信息的流动范围。如果 NMS 要控制某个被管设备,可以发送一个命令要求被管设备改变其某个或多个变量的值。NMS 与被管设备之间的交互命令有以下 4 种:

- 读命令。NMS 通过读取由被管设备维护的各种变量来监视被管设备。
- 写命令。NMS 通过写存储在被管设备中的各种变量来控制被管设备。
- 遍历操作。NMS 用该操作确定被管设备支持哪些变量,以便在被管设备的变量表(如 IP 路由表)中收集信息。
- Traps。被管设备利用 Traps 异步地向 NMS 报告所确定的各种事件。

SNMP 的网络管理结构如图 10-2 所示。

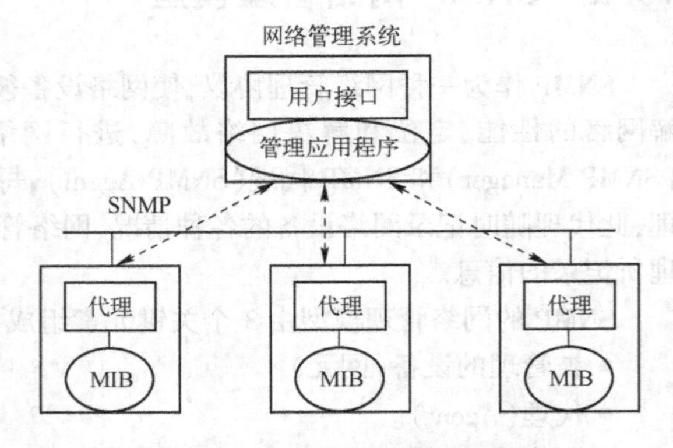

图 10-2 SNMP 的网络管理结构图

SNMP 从被管理设备中收集数据的方法有两种:一种是轮询(Polling)方法,另一种是基于中断(Interrupt-based)的方法。

SNMP 使用嵌入到网络设施中的代理软件来收集网络的通信信息和有关网络设备的统计数据。代理软件不断地收集统计数据,并把这些数据记录到一个管理信息数据库(MIB)中。网络管理员通过向代理的 MIB 发出查询命令就可以得到这些信息,这个过程就叫轮询。为了能全面地查看一天的通信流量和变化率,管理人员必须不断地轮询 SNMP 代理。这样,网络管理员可以使用 SNMP 来评价网络的运行状况,并揭示出通信的趋势,如哪一个网段接近通信负载的最大值或证实通信出错等。先进的 SNMP 网络管理工作站甚至可以通过编程来自动关闭端口或采取其他纠正措施来处理以前的网络数据。

如果只是用轮询的方法,那么网络管理工作站总是在控制之下。但这种方法的缺陷在于信息的实时性,尤其是错误的实时性。多久轮询一次、轮询时选择什么样的设备顺序都会对轮询的结果产生影响。轮询的间隔太小,会产生太多不必要的通信量;间隔太大,而且轮询时顺序不对,那么关于一些大的灾难性事件的通知又会太慢,违背了积极、主动的网络管理目的。

与之相比,当有异常事件发生时,基于中断的方法可以立即通知网络管理工作站,实时性很强。但这种方法也有缺陷。产生错误或自陷需要消耗系统资源。自陷必须转发大量的信息,那么被管理设备可能不得不消耗更多的时间和系统资源来产生自陷,这将会影响网络管理的主要功能。

以上两种方法的结合就是面向自陷的轮询方法(Trap-Directed Polling),它是执行网络管理较为有效的方法。一般来说,网络管理工作站轮询被管理设备中的代理来收集数据,并且在控制台上用数字或二维、三维图形的表示方法来显示这些数据。被管理设备中的代理可以在任何时候向网络管理工作站报告错误情况,而不需要等到管理工作站为获得这些错误情况而轮询它的时候才报告。

SNMP 管理网中每一个被管网元都包括一个 MIB,存放从被管理设备中收集到的数据,NMS 通过代理读取或设置 MIB 中的变量值,从而实现对网络资源的监视和控制。

在 MIB 中,存在着两类管理对象:标量对象和表式对象。标量对象仅定义一个对象实例,而表式对象定义了多个相关的对象实例的集合。每个对象实例惟一地对应一个实例标识。标量对象和表式对象的每个实例都是 MIB 树的叶子节点,可以被 SNMP 访问。在 MIB 结构中,每个对象实例被分配一个整数序列形式。对象标识符和对象实例标识符都是按照字典式排序的,所有的对象集合呈现出树状结构。

SNMP 为应用层协议,是 TCP/IP 协议族的一部分。它通过用户数据报协议(UDP)来操作。在分立的管理站中,管理者进程对位于管理站中心的 MIB 进行访问控制,并提供网络管理员接口。管理者进程通过 SNMP 完成网络管理。SNMP 在 UDP、IP 及有关的特殊网络协议(如 Ethernet、FDDI、X. 25)之上实现。

每个代理者也必须实现 SNMP、UDP 和 IP。另外,有一个解释 SNMP 的消息和控制代理者 MIB 的代理者进程。如图 10-3 所示为 SNMP 的协议环境。

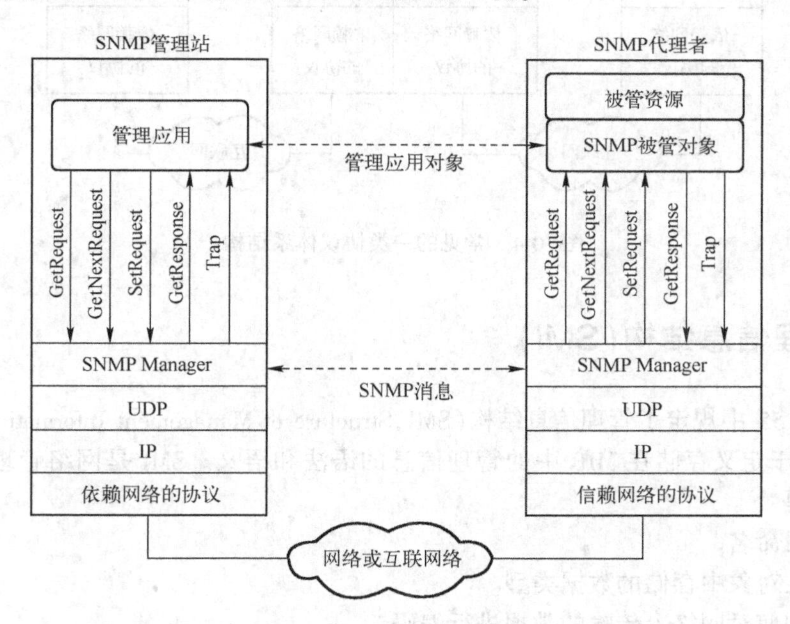

图 10-3　SNMP 的协议环境

从图中可以看到,管理站发出 3 类与管理应用有关的 SNMP 消息:GetRequest、GetNextRequest、SetRequest。这 3 类消息都由代理者用 GetResponse 消息应答,该消息被上交给管理工作站。另外,代理者可以发出 Trap 消息,向管理者报告有关 MIB 及管理资源的事件。

由于 SNMP 依赖 UDP,而 UDP 是面向无连接协议的,所以 SNMP 也是无连接型协议。

在管理站和代理者之间没有在线的连接需要维护。每次交换都是管理站和代理者之间的一个独立的传送。

SNMP需要管理站及其所有代理者支持UDP和IP。这限制了SNMP在不支持TCP/IP的设备(如网桥、调制解调器)上的应用。并且,大量的小系统(PC、工作站、可编程控制器)虽然支持TCP/IP,但不希望承担维护SNMP、代理软件和MIB的负担。为了容纳没有装载SNMP的设备,SNMP提出了代管的概念。在这个模式下,一个SNMP的代理者作为一个或多个其他设备的代管人,即SNMP代理者为托管设备(Proxied Devices)服务。

如图10-4所示为常见的一类协议体系结构。管理站向代管代理者发出对某个设备的查询。代管代理者将查询转变为该设备使用的管理协议。当代理者收到对一个查询的应答时,将这个应答转发给管理站。类似地,如果一个来自托管设备的事件通报传到代理者,代理者以陷阱消息的形式将它发给管理站。

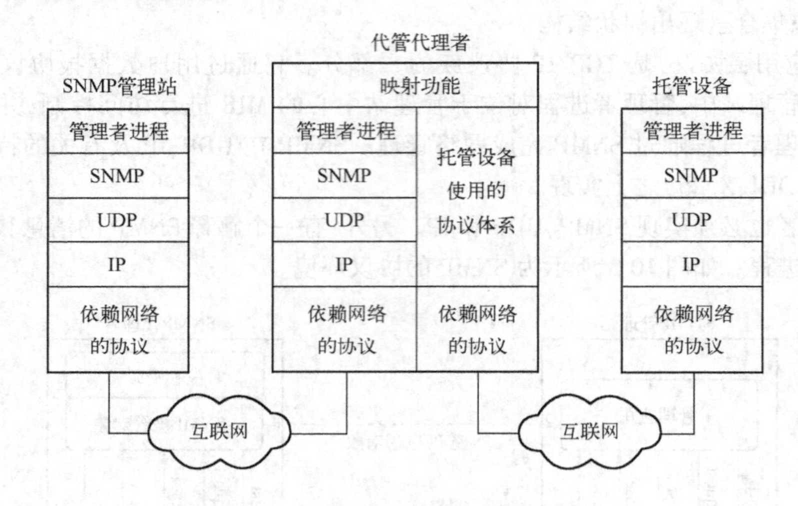

图10-4 常见的一类协议体系结构

10.3 管理信息结构(SMI)

在RFC 1155中规定了管理信息结构(SMI,Structure of Management Information)的一个基本框架。它用于定义存储在MIB中的管理信息的语法和语义。SMI是网络管理中的一个构件,它的功能是:

1) 给对象命名。

2) 定义在对象中存储的数据类型。

3) 指出如何对网络上传输的数据进行编码。

SIM的基本框架如图10-5所示。

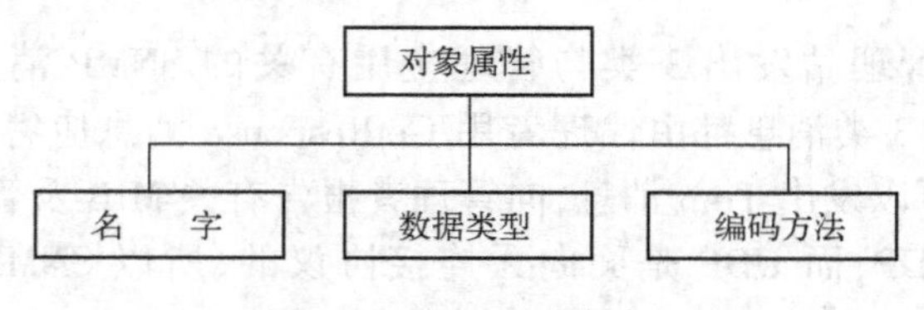

图10-5 SMI基本框架

10.3.1 名字

SMI 要求每一个被管对象(如一个路由器、一个路由器中的一个变量、一个值等)具有一个惟一的名字。为了在全局给对象命名,SMI 使用对象标识符(Object Identifier),它是基于树形结构的一个分层次的标识符,如图 10-6 所示。

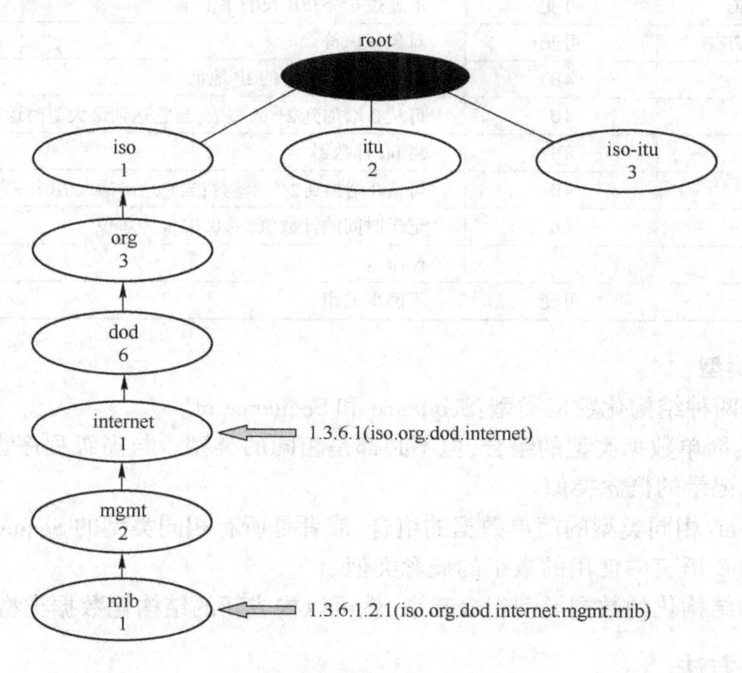

图 10-6 对象标识符

树形结构从未命名的根(Root)开始,每一个对象可以用点分隔开的整数序列定义,也可以用点分隔的文本名字序列来定义。例如,下面是同样的对象的两种不同记法:

iso. org. dod. internet. mgmt. mib <------->1. 3. 6. 1. 2. 1

所有被 SNMP 管理的对象都被赋予一个对象标识符。对象标识符永远从 1. 3. 6. 1. 2. 1 开始。

10.3.2 数据类型

要定义数据类型,SMI 使用了 ASN. 1(Abstract Syntax Notation One)。抽象语言符号,来自 OSI 的将人类可读信息编码为压缩二进制格式的机制的基本定义,但也增加了几个新的定义。也就是说,SMI 既是 ASN. 1 的一个子集,也是 ASN. 1 的一个超集。

SMI 使用两个数据类型:简单的数据类型和结构化的数据类型。

1. 简单类型

简单类型是原子数据类型。这些类型中有的取自 ASN. 1,另一些是 SMI 增加的。表 10-1 给出了一些重要的简单数据类型,其中前 5 个取自 ASN. 1,后 7 个是 SMI 定义的。

表 10-1　一些重要的简单数据类型

类　型	大　小	说　明
INTEGER	4B	$-2^{31} \sim 2^{31}-1$ 之间的整数
Integer32	4B	$-2^{31} \sim 2^{31}-1$ 之间的整数
Unsigned32	4B	$0 \sim 2^{32}-1$ 之间的无符号数
OCTET STRING	可变	不超过 65 535B 长的字节串
OBJECT IDENTIFIER	可变	对象标识符
IPAddress	4B	由 4 个字节组成的 IP 地址
Counter32	4B	可从 0 增加到 2^{32} 的整数；当它达到最大值时返回到 0
Counter64	8B	64 bit 计数器
Gauge32	4B	可从 0 增加到 2^{32} 的整数；当它达到最大值时一直保持，直到复位
Time Ticks	4B	记录时间的计数值，以 0.01 s 为单位
BITS		位串
Opaque	可变	不解释的串

2. 结构化类型

SMI 定义了两种结构化数据类型：Sequence 和 Sequence of。

- Sequence：简单数据类型的组合，但不必都是相同的类型。与高级程序设计语言中使用的结构或记录的概念类似。
- Sequence of：相同类型的简单数据的组合，或者是所有相同类型的 Sequence 数据类型的组合。与 C 语言中使用的数组的概念类似。

把简单的和结构化的数据类型组合起来，就可以构成新的结构化数据类型。

10.3.3 编码方法

SMI 采用的编码标准是基本编码规则 BER（Basic Encoding Rules），BER 指明了每一块数据都要被编码成三元组格式：标记、长度和值，结构如图 10-7 所示。

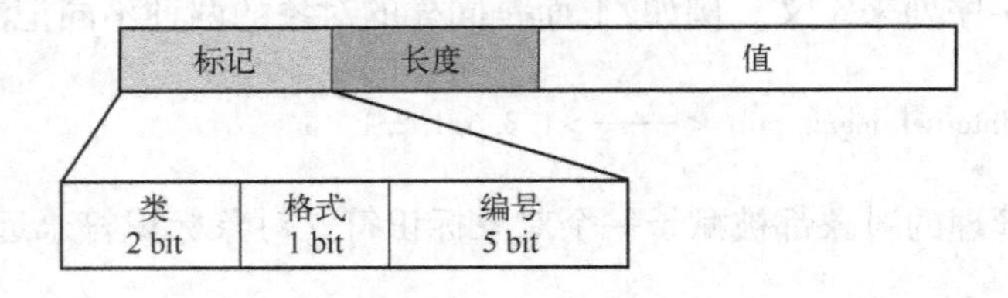

图 10-7　SMI 编码

1. 标记（Tag）：定义数据类型，占 8 bit，由 3 个子字段构成：类（class，占 2 bit）、格式（format，占 1 bit）和编号（number，占 5 bit）。

类子字段定义数据的作用域（Scope），共定义了 4 类：

- 通用类（00）。
- 应用类（01）。
- 特定上下文类（10）。
- 专用类（11）。

其中，通用数据类型来自 ASN.1，应用数据类型是由 SMI 增加的。有 5 种特定上下文数据类型，它们的意义随着协议的不同而不同。专用数据类型是特定厂商使用的。

格式子字段指出数据是简单的(0)还是结构化的(1)。

编号子字段将简单的或结构化的数据进一步划分为一些子组(Subgroup)。

数据类型的代码如表10-2所示。

表10-2　数据类型的代码

数据类型	类	格式	编号	标记(二进制)	标记(十六进制)
INTEGER	00	0	00010	00000010	02
OCTET STRING	00	0	00100	00000100	04
OBJECT IDENTIFIER	00	0	00110	00000110	06
NULL	00	0	00101	00000101	05
Sequence, Sequence of	00	1	10000	00110000	30
IPAddress	01	0	00000	01000000	40
Counter	01	0	00001	01000001	41
Gauge	01	0	00010	01000010	42
TimeTicks	01	0	00011	01000011	43
Opaque	01	0	00100	01000100	44

2. 长度(Length)：长度字段是一个或多个字节。若它是一个字节，则最高位必须为0，其余的7 bit定义数据长度；若大于一个字节，则最高位必须为1，第一个字节的其余位定义长度字段的字节数。

3. 值(Value)：值字段按照在BER中定义的规则把数据的值进行编码。

10.4　管理信息数据库(MIB)

管理信息数据库(MIB)存储了能够被管理进程查询和设置的信息。MIB给出了一个网络中所有可能的被管理对象的集合的数据结构。SNMP的管理信息库数据采用和域名系统(DNS)相似的树形结构，它的根在最上面，根没有名字。如图10-8所示是管理信息数据库的一部分，它又被称为对象命名树(Object Naming Tree)。

对象命名树的顶级对象有3个，即ISO、ITU-T和这两个组织的联合体(Joint-ISO-ITU-T)。

在ISO的下面有4个结点，其中的一个(标号3)是被标识的组织。在其下面有一个美国国防部(Department of Defense)的子树(标号是6)，再下面就是Internet(标号是1)。在只讨论Internet中的对象时，可只画出Internet以下的子树(图中带阴影的虚线方框)，并在Internet结点旁边标注上{1.3.6.1}即可。

在Internet结点下面的第2个结点是mgmt(管理)，标号是2。再下面是管理信息库，原先的结点名是MIB。1991年定义了新版本的MIB-II，故结点名现改为MIB-2，其标识为{1.3.6.1.2.1}或{Internet(1).2.1}。这种标识就是对象标识符。

最初，MIB将其所管理的信息分为8个类别，见表10-3。现在的MIB-2所包含的信息类别已超过40个。

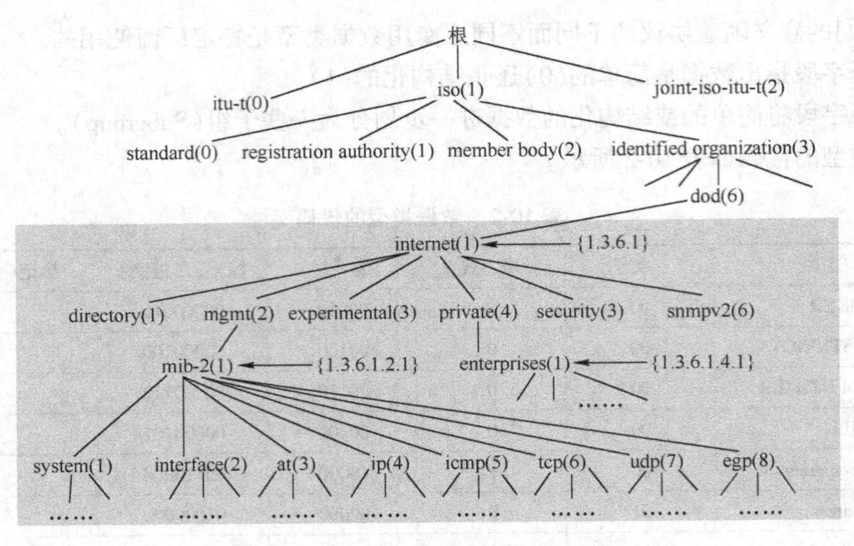

图 10-8　管理信息库的对象命名举例

表 10-3　最初的结点 MIB 管理的信息类别

类　别	标　号	所包含的信息
System	(1)	主机或路由器的操作系统
interfaces	(2)	各种网络接口及它们的测定通信量
address translation	(3)	地址转换(例如 ARP 映射)
ip	(4)	Internet 软件(IP 分组统计)
icmp	(5)	ICMP 软件(已收到 ICMP 消息的统计)
tcp	(6)	TCP 软件(算法、参数和统计)
udp	(7)	UDP 软件(UDP 通信量统计)
egp	(8)	EGP 软件(外部网关协议通信量统计)

应当指出,MIB 的定义与具体的网络管理协议无关,这对厂商和用户都有利。厂商可以在产品(如路由器)中包含 SNMP 代理软件,并保证在定义新的 MIB 项目后该软件仍遵守标准。用户可以使用同一网络管理客户软件来管理具有不同版本的 MIB 的多个路由器。当然,一个没有新的 MIB 项目的路由器不能提供这些项目的信息。

这里要提一下 MIB 中的对象{1. 3. 6. 1. 4. 1},即 enterprises(企业),其所属结点数已超过 3 000。例如 IBM 为{1. 3. 6. 1. 4. 1. 2},Cisco 为{1. 3. 6. 1. 4. 1. 9},Novell 为{1. 3. 6. 1. 4. 1. 23}等。

10. 5　简单网络管理协议(SNMP)

10. 5. 1　报文格式

SNMP 规定了 5 种协议数据单元(PDU),也就是 SNMP 报文,用来在管理进程和代理之间进行交换。

- get-request 操作：从代理进程处提取一个或多个参数值。
- get-next-request 操作：从代理进程处提取紧跟当前参数值的下一个参数值。
- set-request 操作：设置代理进程一个或多个参数值。
- get-response 操作：返回一个或多个参数值。这个操作是由代理进程发出的，它是前面 3 种操作的响应操作。
- trap 操作：代理进程主动发出的报文，通知管理进程有某些事情发生。

前 3 种操作是由管理进程向代理进程发出的，后两个操作是代理进程发给管理进程的，为了简化起见，前面 3 个操作下文叫做 get、get-next 和 set 操作。图 10-9 描述了 SNMP 的这 5 种报文操作。注意，在代理进程端使用熟知端口 161 来接收 get 或 set 报文，而在管理进程端使用熟知端口 162 来接收 trap 报文。

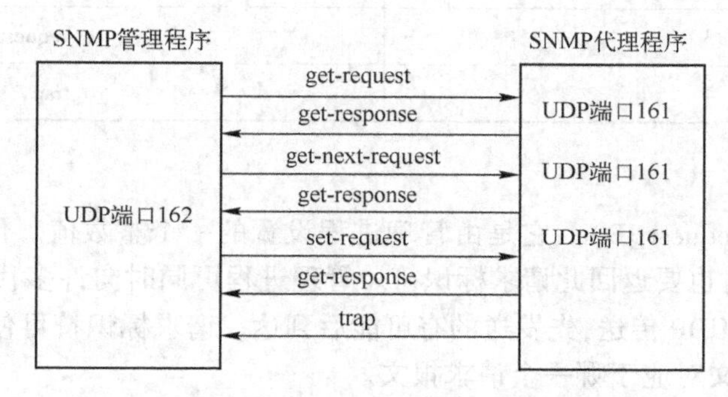

图 10-9　SNMP 的 5 种报文操作

如图 10-10 所示是封装成 UDP 数据报的 5 种操作的 SNMP 报文格式。可见一个 SNMP 报文共由 3 个部分组成，即公共 SNMP 首部、get/set 首部、trap 首部和变量绑定。

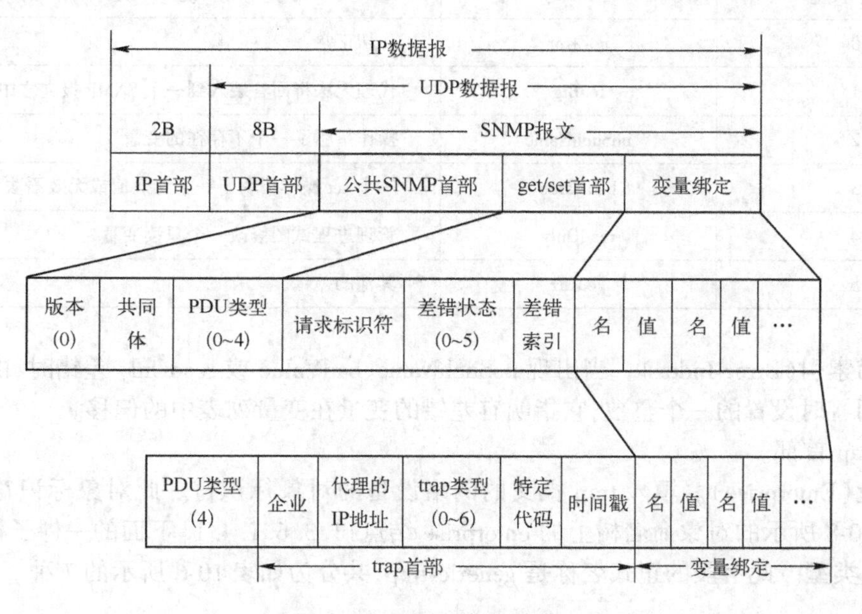

图 10-10　SNMP 报文格式

(1) 公共 SNMP 首部，共有 3 个字段。

• 版本。写入版本字段的值是版本号减 1，对于 SNMP（即 SNMPv1）则应写入 0。

• 共同体（Community）。共同体就是一个字符串，作为管理进程和代理进程之间的明文口令，常用的是 6 个字符“public”。

• PDU 类型。根据 PDU 的类型，填入 0 ~ 4 中的一个数字，其对应关系如表 10-4 所示。

表 10-4　PDU 类型

PDU 类型	名　称
0	get-request
1	get-next-request
2	get-response
3	set-request
4	trap

(2) get/set 首部。

• 请求标识符（Request ID）。它是由管理进程设置的一个整数值。代理进程在发送 get-response 报文时也要返回此请求标识符。管理进程可同时向许多代理发出 get 报文，这些报文都使用 UDP 传送，先发送的有可能后到达。请求标识符可使管理进程能够识别返回的响应报文对应于哪一个请求报文。

• 差错状态（Error Status）。由代理进程回答时填入 0 ~ 5 中的一个数字，见表 10-5。

表 10-5　差错状态描述

差错状态	名　字	说　明
0	noError	一切正常
1	tooBig	代理无法将回答装入到一个 SNMP 报文之中
2	noSuchName	操作指明了一个不存在的变量
3	badValue	一个 set 操作指明了一个无效值或无效语法
4	readOnly	管理进程试图修改一个只读变量
5	genErr	其他的差错

• 差错索引（Error Index）。当出现 noSuchName、badValue 或 readOnly 差错时，由代理进程在回答时设置的一个整数，它指明有差错的变量在变量列表中的偏移。

(3) trap 首部。

• 企业（Enterprise）。填入 trap 报文的网络设备的对象标识符。此对象标识符肯定在如图 10-8 所示的对象命名树上的 enterprise 结点{1. 3. 6. 1. 4. 1}下面的一棵子树上。

• trap 类型。此字段的正式名称是 generic-trap，共分为如表 10-6 所示的 7 种。

表 10-6 trap 类型描述

trap 类型	名 字	说 明
0	coldStart	代理进行了初始化
1	warmStart	代理进行了重新初始化
2	linkDown	一个接口从工作状态变为故障状态
3	linkUp	一个接口从故障状态变为工作状态
4	authenticationFailure	从 SNMP 管理进程接收到具有一个无效共同体的报文
5	egpNeighborLoss	一个 EGP 相邻路由器变为故障状态
6	enterpriseSpecific	代理自定义的事件,需要用后面的“特定代码”来指明

当使用上述类型 2、3 和 5 时,在报文后面变量部分的第一个变量应标识响应的接口。

- 特定代码(Specific-Code)。指明代理自定义的时间(若 trap 类型为 6),否则为 0。
- 时间戳(Timestamp)。指明自代理进程初始化到 trap 报告的事件发生所经历的时间,单位为 10ms。例如时间戳为 1 908 表明在代理初始化后 19 080ms 发生了该事件。

(4) 变量绑定(Variable-Bindings)。

指明一个或多个变量的名和对应的值。在 get 或 get-next 报文中,变量的值应忽略。

10.5.2 网络管理工具

基于 OSI 标准的网络管理产品有 AT&T 的 Accumaster 和 DEC 公司的 EMA 等,HP 的 OpenView 最初也是按 OSI 标准设计的。近年来,随着 SNMP 的快速发展,SNMP 受到越来越多的网络管理软件厂商的支持,支持 SNMP 产品中最流行的是 IBM 公司的 NetView、Cabletron 公司的 Spectrum 和 HP 公司的 OpenView。除此之外,许多其他生产网络通信设备的厂家,如 Cisco、Fluke、Hughes 等,也都提供基于 SNMP 的实现方法。根据自己的特殊需要,用户有时要对已有的产品进行特殊的改造,使其具有一些新功能,这样就产生了另一类网络管理系统。这类产品如波音公司的 Boeing Computer Services、英国电信的 ONA-M 等。

著名的 Sniffer TNV(Total Network Visibility)是一套网络诊断和分析软件,它是 Sniffer Technologies 公司网络和应用管理解决方案的核心。该软件的技术基础是 Sniffer(监听)技术,这种技术通过将网络中的某一块 NIC(网络接口卡)设置为“混杂”(Promiscuous)模式,以接收来自网络的数据包。通常 NIC 只接收传输到本地主机或者广播类型的数据包,但是当 NIC 被设置为“混杂”状态时,NIC 就能够接收传输在网络上的每一个数据包,通过分析这些数据包,就可以方便地确定出不同的网络协议各有多少通信量、占主要通信协议的主机是哪一台、大多数通信的目标是哪台主机、报文发送占用多少时间、或者主机之间报文传送的间隔时间等,这些信息为网络管理员判断网络问题、管理网络区域提供了非常宝贵的信息。SnifferTNV 正是构筑在这个技术上的解决方案。因此,面对网络管理问题时,电子商务解决方案的综合提供商 Web vision 公司采用了 Sniffer Technologies 公司为企业 Web 站点提供服务和应用管理的解决方案 Sniffer Total Network Visibility(TNV),这标志着 Sniffer Technologies 公司成为电子商务安全解决方案的成功代表。

Sniffer TNV 连接 NAI 提供的广泛解决方案和服务,可以帮助用户进行管理、故障排除、优化网络的性能和可靠性,提高网络的安全系数。Totall Network Visibility(TNV)套件是当今业界支持网络拓扑结构范围最广的集成方案之一,它使得企业和服务供应商能够经济地使其网络相应的程序达到并始终处于最佳的运行状态。作为用于监控、故障解决、报表及主动管理网络有效性和性能的最可信任的方案之一,Sniffer TNV 套件能够满足电子商务网站、Internet 应用程序、语音、视频和数据信息会聚网络,以及高速交换光纤网络的全天候有效性的需求。

10.5.3 在 Windows 2000 中配置 SNMP

1. SNMP 的安装

Windows 的默认安装是没有安装 SNMP 服务的。在 Windows 2000 中,安装 SNMP 服务的操作如下:

1)打开"开始"→"设置"→"控制面板"。

2)双击"添加删除程序"项。

3)选择左侧"添加删除 Windows 组件"按钮。

4)选择"管理监视工具"项并单击"下一步"按钮。

5)根据提示放入 Windows 2000 安装盘,安装 SNMP。

2. SNMP 服务的启动与停止

启动或停止 SNMP 服务的操作如下:

1)右击"我的电脑",选择"管理"项。

2)展开"服务和应用程序",选择"服务"项。

3)从服务列表中选择 SNMP 服务条目。

4)点击右键,可以选择启动或停止服务。

另一种方法是,单击"开始"→"程序"→"管理工具"→"服务"项,双击 SNMP 服务条目,选择启动或停止服务。

3. 安全配置

SNMP 消息是以明文形式发送的。这些消息很容易被各种嗅探工具截取并直接获取通信字符串,可以捕获团体名称,以获取有关网络资源的重要信息。所以 SNMP 服务的安全性非常重要。

(1)默认情况下,Windows 2000 的 SNMP 访问密码是 public,并且允许所有主机查询 SNMP 信息。通常应该只允许个别主机查询,操作如下:

1)单击"开始"→"程序"→"管理工具"→"服务"项。

2)右击 SNMP 服务条目,选择"属性"→"安全"项。

3)设置团体名,以及只接收哪些主机的 SNMP 查询。

(2)使用 IP 安全策略加强安全。

IP 安全(IPSec)协议可用来保护 SNMP 通信。SNMP 通常采用 TCP 和 UDP 端口 161 和 162 进行通信,可以创建保护这两个端口通信的 IPSec 策略,以保护 SNMP 事务。需要在所有运行 SNMP 服务的 Windows 操作系统的计算机和 SNMP 管理站上实现这个策略。

1)创建筛选器列表。

- 单击"开始"→"程序"→"管理工具",然后单击"本地安全策略"项。
- 在本地安全设置对话框中,右键单击"IP 安全策略,在本地计算机"项,选择"管理 IP 筛选器列表和筛选器操作"项。

● 单击"管理 IP 筛选器列表"选项卡,单击"添加"按钮。可以在名称及描述中键入说明信息。

● 清除"使用添加向导"复选框,单击"添加"按钮。

● 在"源地址"框中选择"任何 IP 地址"项。在"目标地址"框中选择"我的 IP 地址"项。同时选中"镜像。匹配具有正好相反的源和目标地址的数据包"复选框。

● 单击"协议"选项卡项。在"选择协议类型"框中选择"UDP"项。在"设置 IP 协议端口"框中,选择"从此端口"项,键入 161。选择"到此端口"项,键入 161。

● 单击"确定"按钮。

用同样方法可以添加对 UDP 端口 162、TCP 端口 161 及 162 的安全设置。

2) 创建 IPSec 策略。

要创建 IPSec 策略来对 SNMP 通信强制实施 IPSec,请按以下步骤操作:

● 右键单击"IP 安全策略,在本地计算机上"项,然后选择"创建 IP 安全策略"项。

● 启动"IP 安全策略向导",单击"下一步"按钮。

● 在名称与描述框中键入说明文字,然后单击"下一步"按钮。

● 清除"激活默认响应规则"复选框,单击"下一步"按钮。

● 在"完成 IP 安全策略向导"页上,选中"编辑属性"复选框,单击"完成"按钮。

● 在"属性"对话框中,清除"添加向导"复选框,单击"添加"按钮。

● 选择"IP 筛选器列表"选项卡,单击前面制定的筛选器列表 (161/162)。

● 选择"筛选器操作"选项卡,单击"要求安全设置"项。

● 选择"身份验证方法"选项卡,可以选择默认身份验证方法或添加在新身份验证方法。

● 在"新规则 属性"对话框中,单击"确定"按钮。

● 在"新 IP 安全策略属性"对话框中,选中新筛选器列表(161/162),单击"关闭"按钮。

● 在"IP 安全策略,在本地计算机上"控制台的右窗格中,右键单击新的 SNMP 安全策略,然后单击"指派"项。新的策略就设置好了。

10.6 SNMP的发展

10.6.1 SNMPv1

20 世纪 80 年代,IETF 为了管理以爆炸速度增长的 Internet,决定采用基于 OSI 的 CMIP (Common Management Information Protocol)和 Internet 的管理协议,并对它作了修改,修改后的协议被称为 CMOT。但 CMOT 迟迟未能出台,IETF 决定把已有的 SGMP 进一步修改后,作为临时的解决方案。这个在 SGMP 基础上开发的解决方案就是著名的 SNMP,它的特点如下:

1) 简单性。SNMP 非常简单,容易实现,且成本低。

2) 可伸缩性。SNMP 可管理符合 Internet 标准的绝大部分设备。

3) 扩展性。通过定义新的"被管理对象"即 MIB(代理和管理信息数据库),可以非常方便地扩展管理能力。

4）健壮性。即使在被管理设备发生严重错误时，也不会影响管理者的正常工作。

SNMP 出台后，得到了广大用户和厂商的支持。在实践中，它确实能够管理绝大部分 Internet 互连设备。今天的数据通信产品大都支持 SNMP。

10.6.2 SNMPv2

SNMPv1 如同 TCP/IP 协议族的其他协议一样，没有考虑安全问题。为此，许多用户和厂商提出了修改 SNMPv1，增加安全模块的要求。于是，IETF 在 1992 年开始了 SNMPv2 的开发工作。它当时宣布计划中的第 2 版将有以下改进：

1）提供验证、加密和时间同步机制，提高安全性。

2）GETBULK 操作提供一次取回大量数据的能力，更有效地传递管理信息。

3）建立一个层次化管理体系。增加 Manager-to-Manager 之间的信息交换机制，从而支持分布的管理体系。

4）增加中级（子）管理者（Middle-Level Manager or Sub-Manager），分担主管理者的任务，增加远程站点的局部自主性。

1993 年，SNMPv2 成为提案标准，即 RFC 14xx 系列，此时有多个研究小组开始建造 SNMPv2 原型系统。但在实施过程中，他们发现 SUNMPv2 比原先预想的要复杂得多，失去了“简单”的特点。待开发计划结束时，IETF 把几乎所有与安全相关的内容又从 SNMPv2 中删除，从而形成了现在看到的 SNMPv2 草案标准，即 RFC 19xx 系列。总的来说，SNMPv2 的改进工作主要有以下 3 个方面：

1）支持分布式管理。

2）改进了管理信息结构。

3）增强了管理信息通信协议的能力。

SNMPv1 采用的是集中式网络管理模式。网络管理站的角色由一个主机担任。其他设备（包括代理者软件和 MIB）都由管理站监控。随着网络规模和业务负荷的增加，这种集中式的系统已经不再适应需要。管理站的负担太重，并且来自各个代理者的报告在网上产生大量的业务量。而 SNMPv2 不仅可以采用集中式的模式，也可以采用分布式模式。在分布式模式下，可以有多个顶层管理站，被称为管理服务器。每个管理服务器可以直接管理代理者。同时，管理服务器也可以委托中间管理者来监控一部分代理者。对于管理服务器，中间管理服务器又以代理者的身份提供信息和接受控制。这种体系结构分散了处理负担，减小了网络的业务量。

SNMPv2 在管理信息结构、通信协议操作方面也都作了扩充，提供了一个建立网络管理系统的框架，但网络管理应用，如故障管理、性能监测、计费等不包括在 SNMPv2 的范围内。它本质上是一个交换管理信息的协议。网络管理系统中的每个角色都维护一个与网络管理有关的 MIB。SNMPv2 的 SMI 对这些 MIB 的信息结构和数据类型进行定义。SNMPv2 提供了一些通用的 MIB，厂商或用户也可以定义自己私有的 MIB。

在网络配置中，至少应有一个系统负责整个网络的管理。这个系统就是网络管理应用驻留的地方。管理站可以设置多个，以便提供冗余或分担网络的管理责任。其他系统担任代理者角色。代理者收集本地信息并保存，以备管理者提取。这些信息不仅包括系统自身的数据，也包括网络的业务量信息。

SNMPv2 既支持高度集中化的网络管理模式,也支持分布式的网络管理模式。在分布式模式下,一些系统担任管理者和代理者两种角色,这种系统被称为中间管理者。中间管理者以代理者身份从上级管理系统接受管理信息操作命令。如果这些命令所涉及的管理信息在本地 MIB 中,则中间管理者便以代理者身份进行操作并进行应答;如果所涉及的管理信息在中间管理者的下属代理者的 MIB 中,则中间管理者先以管理者身份对下属代理者进行发布操作命令,接受响应后再以代理者身份对上级管理者进行应答。

所有这些信息交换都利用 SNMPv2 实现。与 SNMPv1 相同,SNMPv2 仍是一个简单的请求(Request)/应答(Response)型协议。

10.6.3 SNMPv3

1997 年 4 月,IETF 成立了 SNMPv3 工作组。SNMPv3 的特点是:

(1) 安全、可管理的体系结构,尽量利用现有的成果。

(2) 达到安全电子交易 SET(Secure Electronic Transaction)安全标准的要求。

(3) 尽可能简单,支持大规模网络。

(4) 定义一个长久使用的框架,尽量使之沿着标准化的目标前进,在 SNMPv3 上实现了基于 Web 的网络管理(WBM,Web-Based Management)。

安全子系统提供诸如消息的认证和隐私的安全服务。SNMPv3 采用基于用户的安全模型。安全模型指出了它所防范的威胁、服务的目标和为提供安全服务所采用的安全协议,如认证和隐私。安全协议指出为提供安全服务所采用的机制、过程和 MIB 对象。

SNMPv3 支持分布式、等级式和网式结构的网络管理,实现了对大规模网络的支持。

基于 Web 网络管理系统就是允许通过 Web 浏览器进行网络管理,这将使得大量的 Intranet 成为更加有效的通信工具。WBM 可以允许网络管理人员使用任何一种 Web 浏览器、在网络任何节点上方便迅速地配置、控制以及存取网络和它的各个部分。

WBM 有两种实现方式。第 1 种方式是代理方式,即在一个内部工作站上运行 Web 服务器(代理)。这个工作站轮流与端点设备通信,浏览器用户与代理通信,代理端点设备之间通信。第 2 种实现方式是潜入式。它将 Web 功能嵌入到网络设备中,每个设备有自己的 Web 地址,管理员可通过浏览器访问并管理该设备。在未来的 Intranet 中,基于代理与基于嵌入式的两种网络管理方案都将被应用。大型企业通过代理来进行网络监视与管理,而且代理方案也能充分管理大型机构的纯 SNMP 设备,内嵌 Web 服务器的方式对于小型办公室网络则是理想的选择。

为了降低网络管理的复杂性,减少网络管理的成本,有两个 WBM 标准,它们分别对应于上述两种实现方式,即代理式的基于 Web 的企业管理(WBEM,Web-Based Enterprise Management)标准和内嵌式的 Java 管理应用程序接口(JMAPI,Java Management Application Programming Interface)标准。

10.7 小结

SNMP 是使用 TCP/IP 协议族对互联网中的设备进行管理的协议。管理器控制和监视一组代理(通常是路由器),管理器是运行 SNMP 客户程序的主机,代理是运行 SNMP 服务器程序的路由器或主机。

SNMP 使管理任务脱离了被管设备的物理特性和下层的连网技术的制约。SNMP 包含两个重要要素：管理信息结构(SMI)和管理信息数据库(MIB)。SMI 命名对象，定义可存储在对象中的数据类型，以及对数据进行编码。SMI 的对象按照分层次的树形结构来命名。SMI 的数据类型按照抽象语法记法（ASN.1)来定义。SMI 使用基本编码规则(BER)将数据进行编码。MIB 是能够被 SNMP 管理的对象组的集合。MIB 使用字典式排序管理它的变量。

SNMP 的功能有 3 种：

1）管理器读取代理定义的对象值。

2）管理器把值存储在代理定义的对象中。

3）代理把告警报文发送给管理器。

SNMP 定义了 8 种报文类型：GetRequest、GetNextRequest、SetRequest、GetBulkRequest、Trap、InformRequest、Response 和 Report。

SNMP 在两个熟知端口 161、162 上使用 UDP 提供的服务。

10.8 练习题

1. 用网络分析工具捕捉一个 SNMP 分组，为各个字段解码。
2. 网络管理协议 SNMP 的主要特点是什么？
3. SNMP 模型的组成是怎样的？
4. 在 SNMP 中，MIB 是什么？结构如何？
5. 在 SNMP 中，代理和外部代理有何异同？
6. 使用一个网络管理工具，理解其工作过程。

第 11 章　网络安全协议

本书的最后部分讨论网络的安全问题。安全问题已经成为一个最重要的研究领域。由于安全问题涉及范围广,有一定的难度和深度,所以在本章主要只讨论几个最常用的安全协议。

11.1　网络安全属性与结构

11.1.1　网络安全及其属性

网络的安全问题涉及到国家的法律法规、安全管理和安全技术 3 个方面的内容。目前还没有一个确切的定义。可以这样认为:是为了保证系统资源的机密性、完整性和可用性,为维护正当的信息活动,以及与应用发展相适应的社会公共道德和权利,而建立和采取的技术措施和方法的总和。网络安全具有 3 个基本属性。

1. 机密性

机密性是指保证信息与信息系统不被非授权者所获取与使用,主要防范措施是密码技术。

在网络系统的各个层次上有不同的机密性及相应的防范措施。在物理层,要保证系统实体不以电磁的方式(电磁辐射、电磁泄漏)向外泄漏信息,主要的防范措施是电磁屏蔽技术、加密干扰技术等。在运行层面,要保障系统依据授权提供服务,使系统任何时候不被非授权人所使用,对黑客人侵、口令攻击、用户权限非法提升、资源非法使用等采取漏洞扫描、隔离、防火墙、访问控制、入侵检测、审计取证等防范措施,这类属性有时也称为可控性。在数据处理、传输层面,要保证数据在传输、存储过程中不被非法获取、解析,主要防范措施是数据加密技术。

2. 完整性

完整性是指信息是真实可信的,其发布者不被冒充,来源不被伪造,内容不被篡改,主要防范措施是校验与认证技术。要保证数据在传输、存储等过程中不被非法修改,防范措施是对数据的截获、篡改与再送采取完整性标识的生成与检验技术。要保证数据的发送源头不被伪造,对冒充信息发布者的身份、虚假信息发布来源采取身份认证技术、路由认证技术,这类属性也可称为真实性。

3. 可用性

可用性是指保证信息与信息系统可被授权人正常使用,主要防范措施是确保信息与信息系统处于一个可靠的运行状态之下。

在物理层,要保证信息系统在恶劣的工作环境下能正常运行,主要防范措施是对电磁炸弹、信号插入采取抗干扰技术、加固技术等。在运行层面,要保证系统时刻能为授权人提供服务,对网络阻塞、系统资源超负荷消耗、病毒、黑客等导致系统崩溃或宕机等情况采取过载保护、防范拒绝服务攻击、生存技术等防范措施。保证系统的可用性,使得发布者无法否认所发布的信息内容,接收者无法否认所接收的信息内容,对数据抵赖采取数字签名防范措施,这类属性也称为抗否认性。

从上面的分析可以看出，维护信息载体的安全与维护信息自身的安全两个方面有机密性、完整性、可用性这些重要属性。

11.1.2 网络安全层次结构

国际标准化组织在开放系统互连标准中定义了可分为7个层次的网络参考模型，它们是物理层、数据链路层、网络层、传输层、会话层、表示层和应用层。不同的网络层次之间的功能虽然有一定的交叉，但基本上是不同的。例如，数据链路层负责建立点到点通信，网络层负责路由，传输层负责建立端到端的通信信道。从安全角度来看，各层能提供一定的安全手段，针对不同层的安全措施是不同的。

要对网络安全服务所属的协议层次进行分析，一个单独的层次无法提供全部的安全服务，每个层次都能做出自己的贡献。

在物理层，可以在通信线路上采用某些技术使得搭线偷听变得不可能或者容易被检测出来。

在数据链路层，点对点的链路可以采用通信保密机进行加密和解密，当信息离开一台计算机时进行加密，而进入另外一台计算机时进行解密。所有的细节可以全部由底层硬件实现，高层根本无法察觉。但是这种方案无法适应需要经过多个路由器的通信信道，因为在每个路由器上都需要进行加密和解密，在这些路由器上会出现潜在的安全隐患，在开放网络环境中并不能保障每个路由器都是安全的。当然，链路加密无论在什么时候都是很容易而且是有效的，也被经常使用，但是在Internet环境中并不完全适用。

在网络层，可以使用安全协议、防火墙技术处理信息在内、外网络边界的流动，确定来自哪些地址的信息可以或者禁止访问哪些目的地址的主机。

在传输层，这个连接可以被端到端地加密，也就是进程到进程间的加密。虽然这些解决方案都有一定的作用，并且有很多人正在试图提高这些技术，但是他们都不能提出一种充分通用的办法来解决身份认证和不可否认问题。这些问题必须要在应用层解决。

应用层的安全主要是针对用户身份进行认证并且建立起安全的通信信道。有很多针对具体应用的安全方案，它们能够有效地解决诸如电子邮件、HTTP等特定应用的安全问题，能够提供包括身份认证、不可否认、数据保密、数据完整性检查乃至访问控制等功能。但是在应用层并没有一个统一的安全方案，通用安全服务GSS-API的出现试图将安全服务进行抽象，为上层应用提供通用接口。在GSS-API接口下可以采用各种不同的安全机制来实现这些服务。

总结前面的讨论，可以用图11-1来表示网络安全的层次结构。

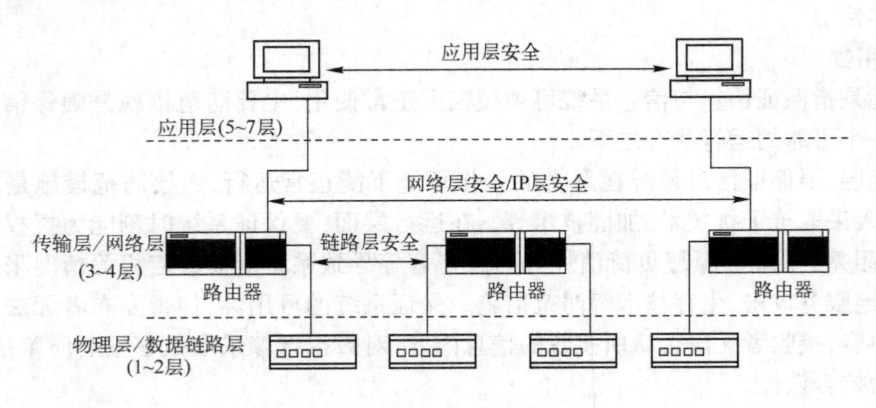

图11-1　网络安全的层次结构

11.2 网络层的安全(IPSec)

在网络层实施安全措施是十分复杂的,尤其在必须支持各种网络设备的情况下。在 TCP/IP 中,IP 层不但要为用户应用程序提供服务,还要为其他协议提供服务,如 OSPF、ICMP 和 IGMP 等。

随着接入 Internet 的用户日益增多,网络上的安全问题显得越来越重要。特别是支撑 Internet 的基础 TCP/IP 在设计之初没有充分考虑其安全性,Internet 经常会发生遭受黑客攻击之类的事件。事实证明,人们对这一问题的关注是不无道理的。根据 CNCERT/CC 国家计算机网络应急技术处理协调中心在 2006 年 3 月份的报告,在国内 3 月份共发生了 1 218 件安全事件,其中 1 117 件是网页被篡改,77 件为网络假冒,其他 24 件。为了加强 Internet 的安全性,从 1995 年开始,IETF 就着手研究制定一套用于保护 IP 通信的安全协议(IP Security),即 IPSec。

IPSec 产生于 IPv6 的制定之中,用于提供 IP 层的安全性。由于所有支持 TCP/IP 的主机进行通信时,都要经过 IP 层的处理,所以提供了 IP 层的安全性就相当于为整个网络提供了安全通信的基础。鉴于 IPv4 的应用仍然很广泛,所以后来在 IPSec 的制定中也增添了对 IPv4 的支持。

最初的一组有关 IPSec 的标准由 IETF 在 1995 年制定,但由于其中存在一些未解决的问题,从 1997 年开始 IETF 又开展了新一轮的 IPSec 的制定工作。截止至 1998 年 11 月,主要协议基本制定完成。不过这组新的协议仍然存在一些问题 IETF 还会进行下一轮 IPSec 的修订工作。

11.2.1 IPSec 基本工作原理

IPSec 的工作原理类似于包过滤防火墙,可以看作是对包过滤防火墙的一种扩展,如图 11-2所示。当接收到一个 IP 数据包时,包过滤防火墙使用其头部在一个规则表中进行匹配。当找到一个相匹配的规则时,包过滤防火墙就按照该规则制定的方法对接收到的 IP 数据包进行处理。这里的处理工作只有两种:丢弃或转发。

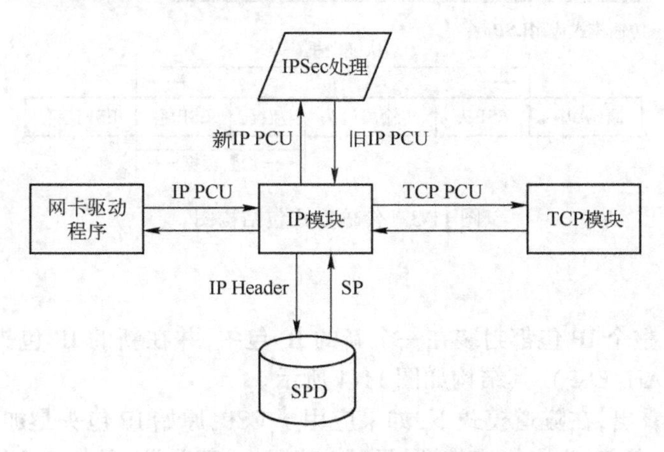

图 11-2　IPSec 工作原理示意图

IPSec 通过查询安全策略数据库(SPD,Security Po1icy Database)决定对接收到的 IP 数据包的处理。IPSec 不同于包过滤防火墙的是对 IP 数据包的处理方法除了丢弃和直接转发(绕过 IPSec)外,还有一种,即进行 IPSec 处理。正是这个新增添的处理方法提供了比包过滤防火墙更进一步的网络安全性。

进行 IPSec 处理意味着对 IP 数据包进行加密和认证。包过滤防火墙只能控制来自或去往某个站点的 IP 数据包的通过,可以拒绝来自某个外部站点的 IP 数据包访问内部某些站点,也可以拒绝某个内部站点对某些外部站点的访问。但是包过滤防火墙不能保证自内部网络发送出去的数据包不被截取,也不能保证进入内部网络的数据包未经过篡改。只有在对 IP 数据包实施了加密和认证后,才能保证在外部网络传输的数据包的机密性、真实性和完整性,通过 Internet 进行安全的通信才成为可能。

IPSec 既可以只对 IP 数据包进行加密,或只进行认证,也可以同时实施二者。但无论是进行加密还是进行认证,IPSec 都有两种工作模式,一种是与前一节提到的协议工作方式类似的隧道模式,另一种是传输模式。

IPSec 有两种工作方式:传输方式(Transport Mode)和隧道模式(Tunnel Mode)。验证头(AH,Authentication Header)和封装安全载荷(ESP,Encapsulating Security Payload)均可应用于这两种方式。传输方式通常应用于主机之间端对端通信,该方式要求主机支持 IPSec。隧道方式应用于网关模式中,即在主机的网关(防火墙、路由器)上加载 IPSec,这个网关就同时升级为安全网关(SG,Security Gateway)。

(1) 传输方式。

传输模式主要为上层协议提供保护,AH 和(或)ESP 包头插入到 IP 包头和运输层协议包头之间,其包结构如图 11-3 所示。显然传输模式下 ESP 并没有对 IP 包头加密处理。源、目的 IP 地址内容是可见的,而 AH 认证的是整个 IP 头,完整性保护强于 ESP。

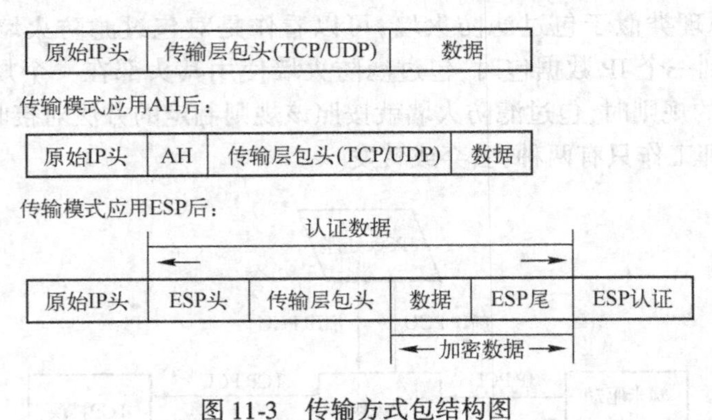

图 11-3 传输方式包结构图

(2) 隧道方式。

在隧道方式下,整个 IP 包都封装在一个新的 IP 包中,并在新的 IP 包头和原来的 IP 包头之间插入 IPSec 头(AH/ESP),其结构如图 11-4 所示。

从图 11-4 可以看出,在隧道模式下,如果应用了 ESP,原始 IP 包头是加密的,真正的源、目的 IP 地址是隐藏的,新 IP 头中指定的源、目的 IP 地址一般是源、目的安全网关的地址。

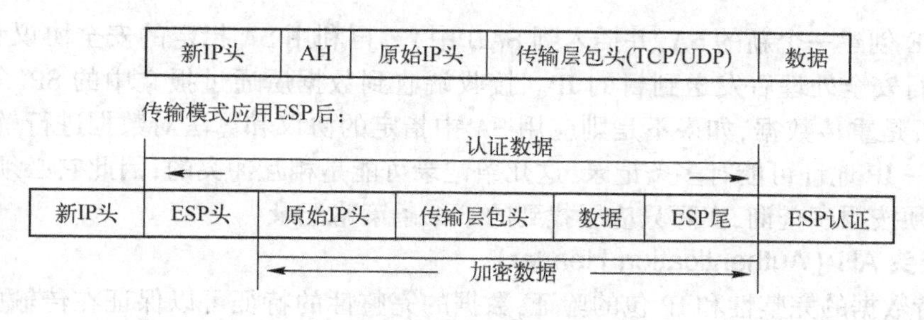

图 11-4　隧道方式包头结构

11.2.2　IPSec 的实现

IPSec 协议文档中提供了 3 种具体的实现方案，将 IPSec 在主机、路由器/防火墙（安全网关）或两者中同时实施和部署。不管用何种方式实现，它对于上层协议和应用都是透明的。

（1）与操作系统集成实施。把 IPSec 当作网络层的一部分来实现。这种方式需要访问 IP 源码，利用 IP 层的服务来构建 IP 报头。

（2）BITS 方式。利用堆栈中的块（BITS，Bump-In-The-Stack）实现。修改通信协议栈，把 IPSec 插入 IP 协议栈和链路层之间。这种方式不需要处理 IP 源代码，适用于对原有系统的升级改造，通常用在主机方式中。

（3）BITW 方式。利用线缆中的块（BITW，Bump-In-The-Wire）实现。把 IPSec 作为一个插件，在一个直接接入路由器或主机的设备中实现。当用于支持一台主机时，与 BITS 实现非常相似，但在支持路由器或防火墙时，它必须起到一个安全网关的作用。

1. IPSec 的体系结构

IETF 的 IPSec 工作组定义了 12 个 RFC，IPSec 是一系列规范的集合，由安全联盟（SA，Security Association），安全协议包括认证头（AH，Authentication Header）、封装安全载荷（ESP，Encapsulating Security Payload，）、密钥管理（IKE，Internet Key Management）认证和加密算法构成一个完整的安全体系，结构如图 11-5 所示。

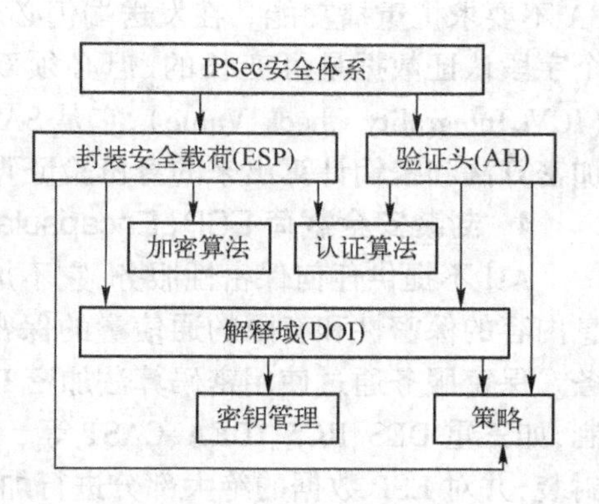

图 11-5　IPSec 体系结构图

2. 安全联盟 SA（Security Association）

安全联盟是 IPSec 的基础，它决定通信中采用的 IPSec 安全协议、散列方式、加密算法和密钥等安全参数，通常用一个三元组（安全参数索引、目的 IP 地址和安全协议）惟一表示。SA 总是成对出现的，对等存在于通信实体的两端，是通信双方协商的结果。SA 存放在安全联盟数据库（SAD，Security Association Database）中，另外，IPSec 环境中还维护一个安全策略数据库（SPD，Security Policy Database）。每个应用 IPSec 的网络接口都有 SAD 和 SPD 各一对，协同处理进、出的 IP 包。一条 SAD 数据库记录对应一个 SA。每条 SPD 记录描述了一种安全策略，指定了数据包处理动作（丢弃、旁路或应用）。发送数据时，根据目的 IP 地址等参数先从 SPD 中得到相应的策略记录，当记录的动作为“应用”时，根据记录中的 SA 指针从 SAD 中取得对应的 SA（若不存在，则需要调用 IKE 创建一个新的 SA,并插入到 SAD 中)。再利用 SA 指定的安全协议和认证加密算法对包进行安全处理后发送到目的 IP。接收端收到数据后通过报文中的 SPI 等参数找到 SA,检查是否是重传数据,如果不是则应用 SA 中指定的协议和算法对数据进行解密和验证。SPD 对于同一 IP 地址可能有多条记录,这几条记录可能是相互冲突的,因此它必须是排序的,查找时也必须按顺序查询,实际只应用找到的第 1 条策略记录。

3. 认证头 AH (Authentication Header)

AH 支持数据的完整性和 IP 包的验证,数据的完整性的特征可以保证在传输中不可能发生未检测的修改。身份验证功能使末端系统或网络设备可以验证用户或应用程序。并根据需要过滤通信量。它还可以防止在 Internet 上的地址欺骗攻击。此外,AH 还能阻止在该区域的重复攻击。AH 插入到 IP 包头和传输层包头之间,格式如图 11-6 所示。

0	7	15
下一个报头(Next Header)	有效载荷长度(Payload Len)	保留
安全参数索引(SPI,Security Parameters Index)		
系列号(SN,Sequence Number Field)		
认证数据(AD,Authentication Data)		

图 11-6 AH 格式

其中,下一个报头字段(8 bit)标识紧跟报头类型。有效载荷属性字段(8 bit)指明整个 AH 的长度。SPI 字段(32 bit)是一个随机值,与外部目的 IP 地址一起,用于指定 SA。系列号字段(32 bit)标明当前 IP 包在整个数据包系列中的位置,这个字段是强制的,它提供了抗重播功能,在 SA 创建时初始化为 0,然后依次递增,达到 232 时则重新创建 SA。即使某个特定的 SA 不要求抗重播功能。在发送端仍必须填写,只在接收端不进行重播检查。AH 的最后的一个字段认证数据是可变长的,但必须双字对齐,其缺省长度为 96 bit,为包的完整性验证值(ICV,Integrality Check Value),它是 SA 指定的单向散列算法(One2Way Hash Algorithm)、对称加密算法和密钥计算出来的身份验证码的删节。

4. 封装安全载荷 ESP(Encapsulating Security Payload)

AH 不提供任何保密性服务,它不加密所保护的数据包。保密性服务由 ESP 提供:包括消息内容的保密性和有限的通信量的保密性。作为可选的功能,ESP 也可以提供 AH 的验证服务。保密服务通过使用密码算法加密 IP 数据包的相关部分来实现,密码算法使用对称密码体制,如三重 DES、RC5、IDEA、CAST 等。ESP 的基本思路是对整个 IP 数据包或运输层数据进行封装,并对 ESP 数据的绝大部分进行加密,其包头格式如图 11-7 所示。

安全参数索引(SPI,Security Parameters Index)		
系列号(SN,Sequence Number Field)		
有效载荷长度(Payload Len)		
填充		
	填充长度(Pad Len)	下一个报头(Next Header)
认证数据(AD,Authentication Data)		

图 11-7 ESP 包头格式

在 ESP 中，有的加密算法要求明文是某些字节的整数倍。所以 ESP 比 AH 多了一个长度为 0～255B 的填充字段。这个字段也用于保证密文的双字对齐，同时它还隐藏了有效载荷的真正长度，从而为传输流量提供了一定的机密保护，但这个字段也增加了传输度量。

5. 密钥交换 IKE(Internet Key Exchange)

进行 IPSec 通信前必须先在通信双方建立 SA，IKE 用于动态建立 SA(IPSec 要求实现必须提供手工创建 SA，目的是保证协议的互操作性)。IKE 是一种混合型协议，它沿用了 ISAKMP(Internet Security Association and Key Management Protocol)的框架、Oakley 的模式以及 SKEME(Secure Key Exchange Mechanism)的共享和密钥更新技术，组合成自己的验证加密材料生成技术和协商共享策略。IKE 使用了 ISAKMP 两阶段协商机制。在第一阶段，通信各方彼此间建立一个已通过身份验证和安全保护的通道，即建立 ISAKMP SA。在第二阶段，利用第一阶段创建的 SA，为 IPSec 协商具体的 SA。第一阶段，IKE 采用"主模式"(Main Mode)交换提供身份保护。而在"野蛮模式"(Aggressive Mode)下应答次数相对较少，而且如果采用公开密钥加密算法，"野蛮模式"也可以提供身份保护。第二阶段，IKE 定义了一种快速模式交换。协商创建一个用于通信的 SA，并完成密钥交换。一个第一阶段可以创建多个第二阶段。一个第二阶段可以创建多个 SA。应用这种优化机制，每个 SA 建立过程至少减少一次交换和一次 Diffie Hellman(DH)求幂操作。ISAKMP 是框架性的，IPSec 解释域(DOI，Domain of Interpretation)对它进行了实例化处理，定义了标志的命名、载荷的解释等。IKE 也是目前 ISAKMP 的惟一实例。

6. 加密和认证算法

高强度的加密和认证算法是 IPSec 实现安全性能的基础。IPSec 规定可以使用各种加密算法，由通信双方事前协商。但所有 IPSec 实现都必须支持 DES。由于 DES 强度不够，而不对称算法效率往往又较低，3DES 和 AES(高级加密标准)等低开销高强度算法成为 IPSec 实现的趋势。IPSec 用 HMAC 作为认证散列算法，用于计算 AH 和 ESP 的完整性校验值(ICV，Integrity Check Value)。通信双方运用相同的算法和密钥对数据内容进行散列，结果一致则认为数据包是可信的。只要双方协商好，散列算法也可以是任意的，IPSec 中定义了 HMAC-SHA-1(Secure Hash Algorithm Version 1)和 MHAC-MD5(Message Digest Version 5)作为默认算法。

IPSec 定义了一套用于认证、保护机密性和完整性的标准协议。它为上层协议提供了一个透明的端到端安全通道，其实现与应用不需要修改应用程序或者上层协议。它支持一系列加密和散列算法，具有较好的扩展性和互操作性。但 IPSec 也存在一些缺点，如客户/服务器模式下实现需要公钥来完成。IPSec 需要已知范围的 IP 地址或固定范围的 IP 地址，因此在动态分配 IP 地址时不太适合于 IPSec。

11.2.3 Windows XP 环境下 IPSec 基本配置步骤

Windows XP 环境下 IPSec 的基本配置步骤如下。

(1) 打开 IPSec 配置对话框。

选择"开始"→"程序"→"管理工具"→"本地安全策略"菜单，打开"本地安全设置"对话框。单击选择"IP 安全策略：在本地计算机"项，如图 11-8 所示。

最初的窗口显示 3 种预定义的策略项：客户端、服务器和安全服务器。在每个预定义的策略的描述中详细解释了该策略的操作原则。如果想要修改系统预定义的策略细节，可以右键单击相应的策略并选择"属性"项进行修改。

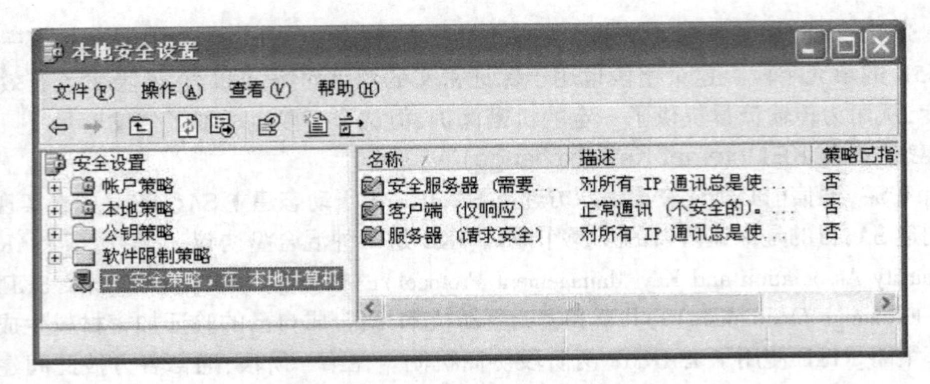

图 11-8 “本地安全设置”对话框

下面,通过新建一个策略对各种策略的属性进行介绍。

(2) 右键单击“IP 安全策略,在本地机器”项,选择“创建 IP 安全策略”项,打开“IP 安全策略向导”对话框。单击“下一步”按钮继续。如图 11-9、图 11-10 所示。

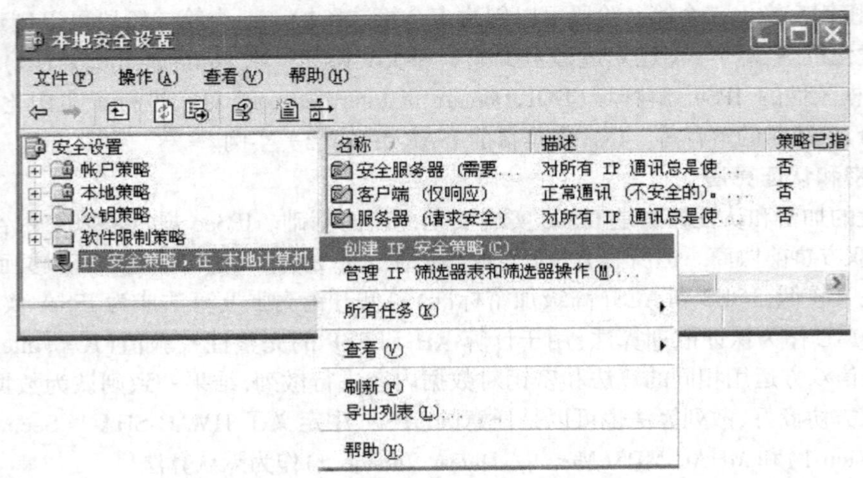

图 11-9 安全策略向导

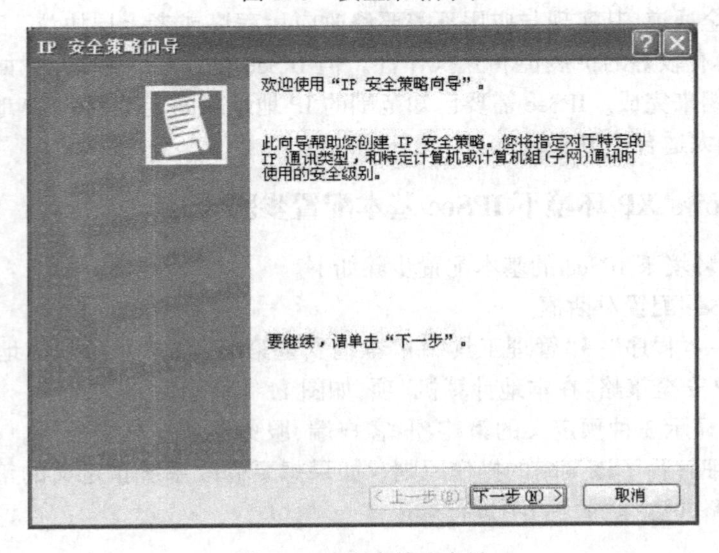

图 11-10 安全策略向导

(3) 在弹出的对话框中为新的 IP 安全策略命名并填写策略描述，如图 11-11 所示。

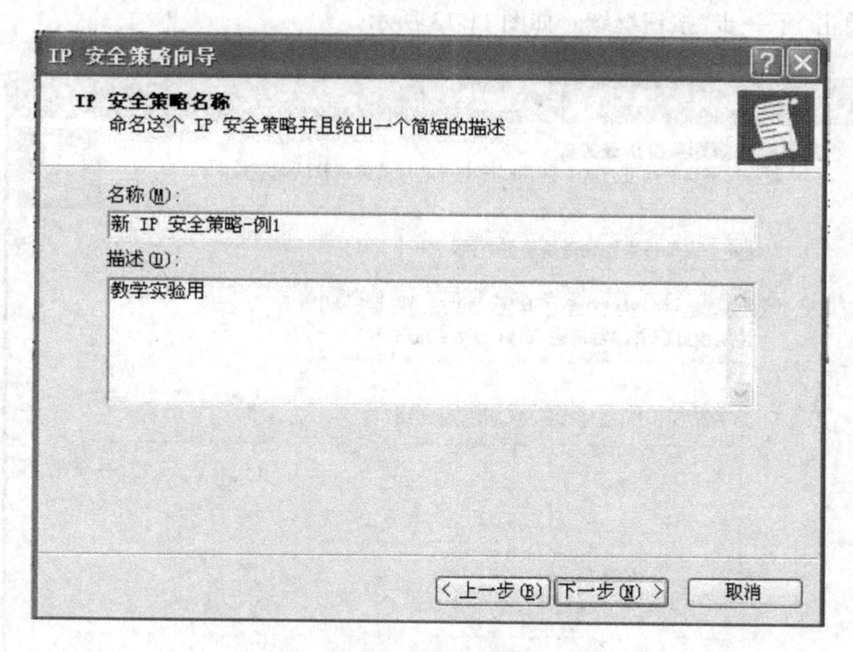

图 11-11 “安全策略名称”对话框

(4) 单击“下一步”按钮，选择对话框中的“激活默认响应规则”复选项，之后单击“下一步”按钮。如图 11-12 所示。

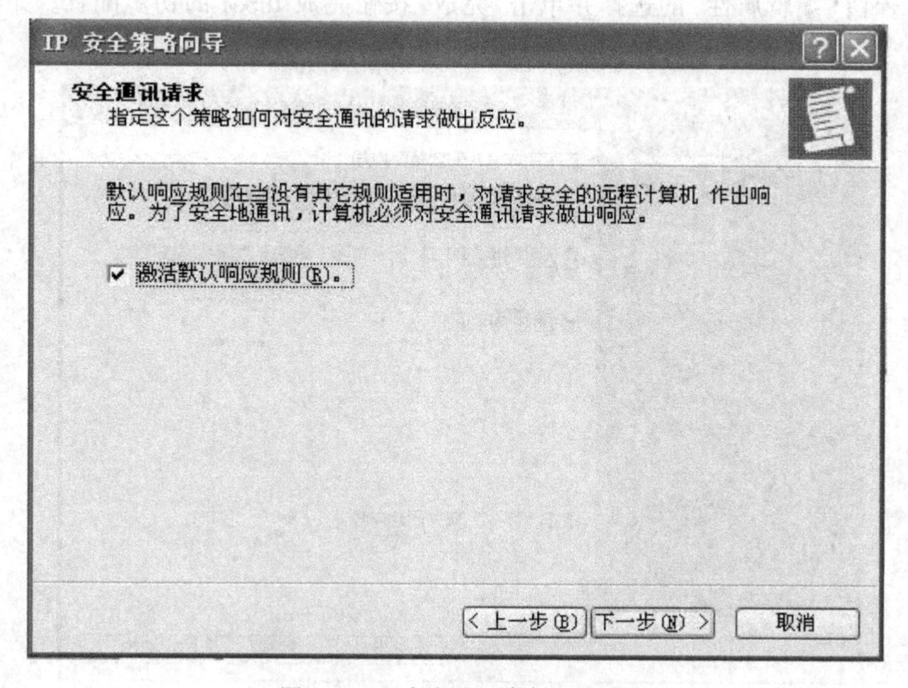

图 11-12 “安全通讯请求”对话框

（5）接受默认的“Active Directory 默认值(Kerberos V5 协议)”选项作为默认的初始身份验证方法,单击“下一步”按钮继续。如图 11-13 所示。

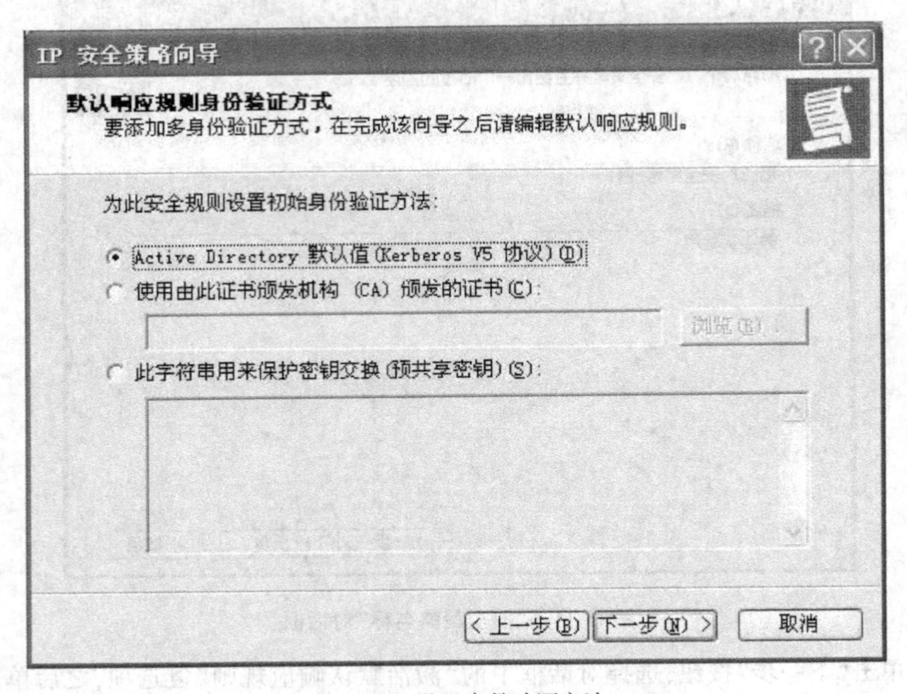

图 11-13　设置身份验证方法

（6）保留“编辑属性”的选择并单击“完成”按钮完成 IPSec 的初步配置。如图 11-14 所示。

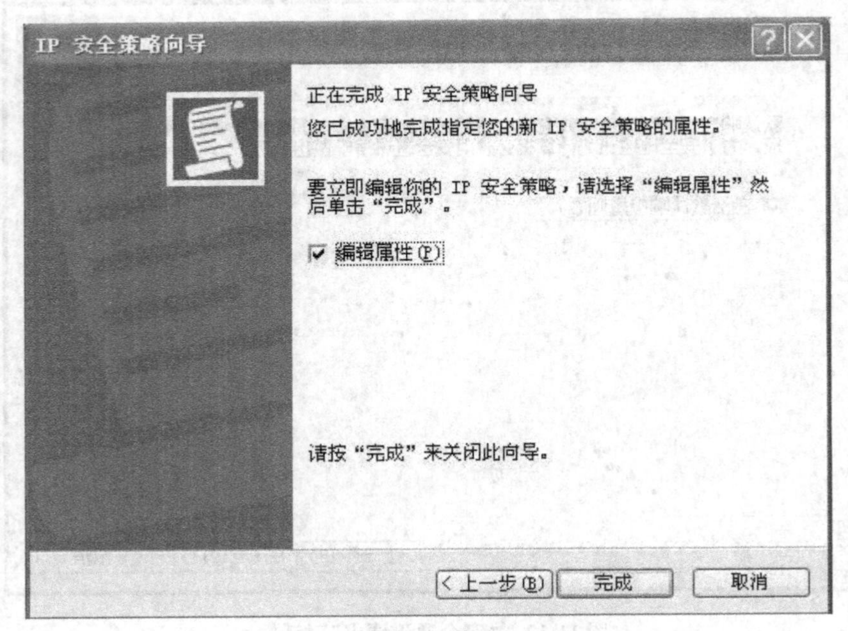

图 11-14　完成 IP 安全策略向导

（7）完成初步配置后，将弹出“新 IP 安全策略属性”对话框。如图 11-15 所示。

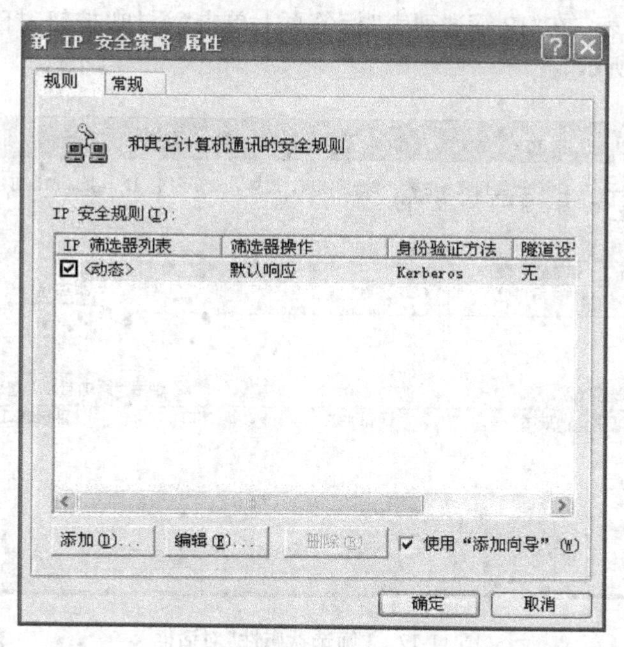

图 11-15　IP 安全策略属性对话框

接下来需要添加用户自己定义的“IP 安全规则”。在不选择“使用‘添加向导”选项的情况下单击“添加”按钮，出现如图 11-16 所示的“新规则属性”对话框。

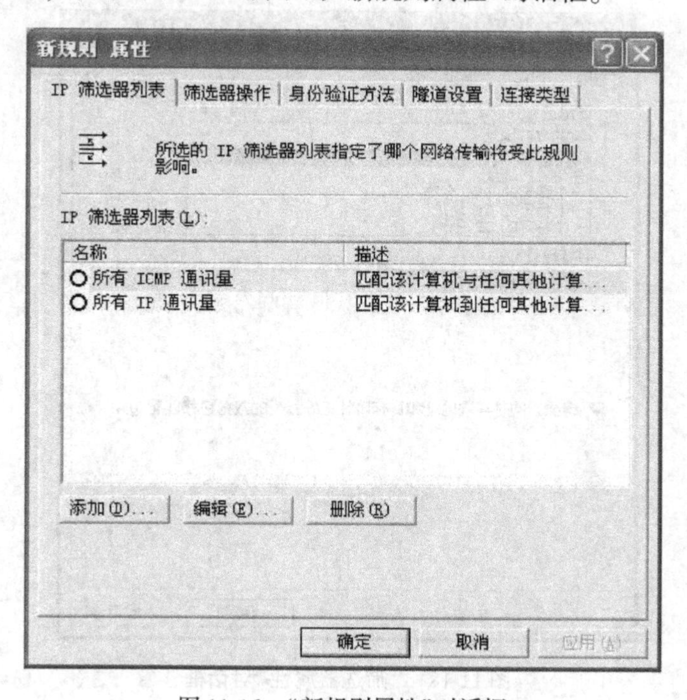

图 11-16　“新规则属性”对话框

在这里可以对新规则的各项属性进行设置。其中包括：

(1) IP筛选器列表。在“IP筛选列表”标签页上单击“添加”按钮，打开“IP筛选器列表”对话框。如图11-17所示。

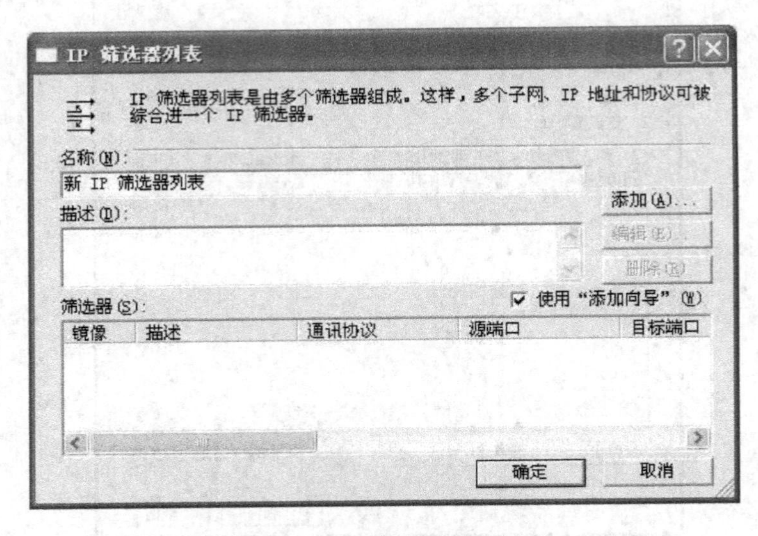

图11-17 “筛选器属性”对话框

输入新IP筛选器列表的名称和描述信息，并在不选择“使用添加向导”选项的情况下单击“添加”按钮，弹出“筛选器属性”对话框，如图11-18所示，包含3个标签页。

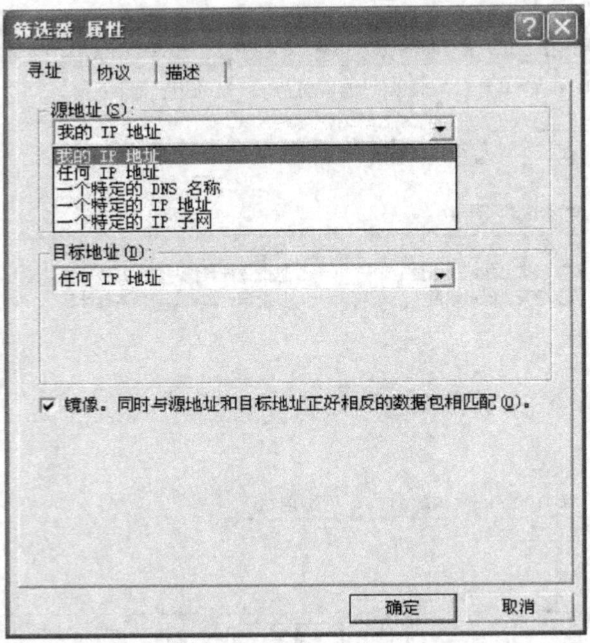

图11-18 “筛选器属性”对话框

1）“寻址”标签页：可以对IP数据流的源地址和目标地址进行规定，如图11-16所示。

2）“协议”标签页：可以对数据流所使用的协议进行规定，如果选择了“TCP”或“UDP”项就可以对源端和目的端使用的端口号作出规定，如图11-19所示。

3）“描述”标签页：对新筛选器作出简单描述。

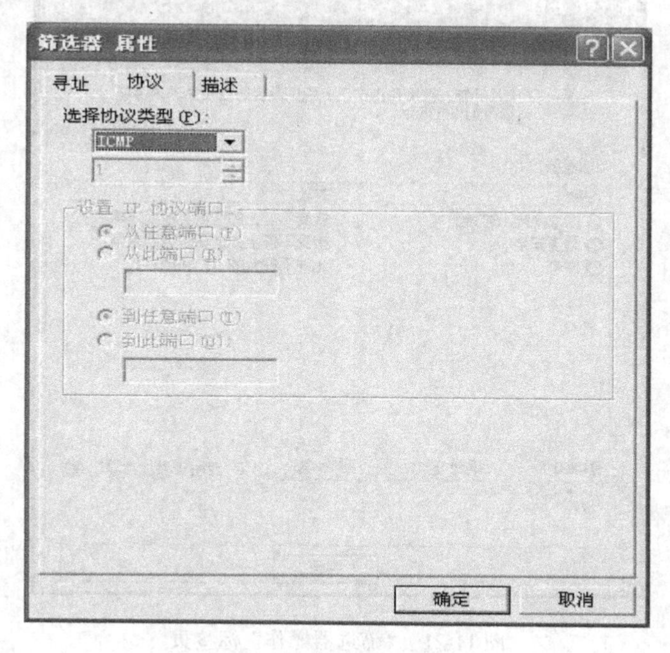

图11-19 “协议”标签页

在完成对“筛选器属性”对话框的设置后，要确保选中新设置的IP筛选器，如图11-20所示。

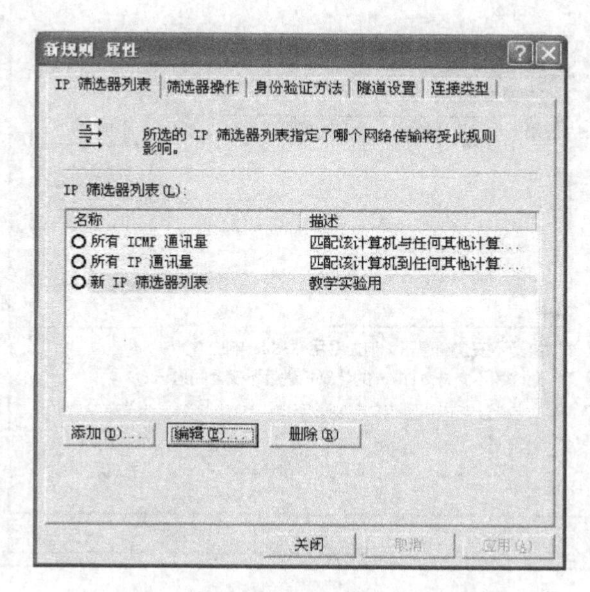

图11-20 确保选中新设置的IP筛选器

（2）筛选器操作。“筛选器操作”标签页是整个 IPSec 设置的关键。它将对符合 IP 筛选器所设规则的数据流进行相应处理。如图 11-21 所示。在不选择“使用‘添加向导”选项的情况下单击“添加”按钮。出现如图 11-22 所示的“新筛选器操作属性”对话框。

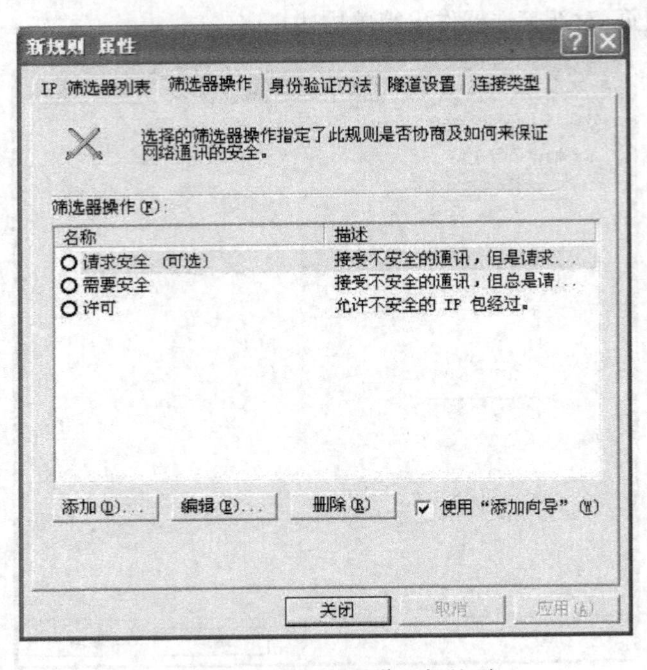

图 11-21 “筛选器操作”标签页

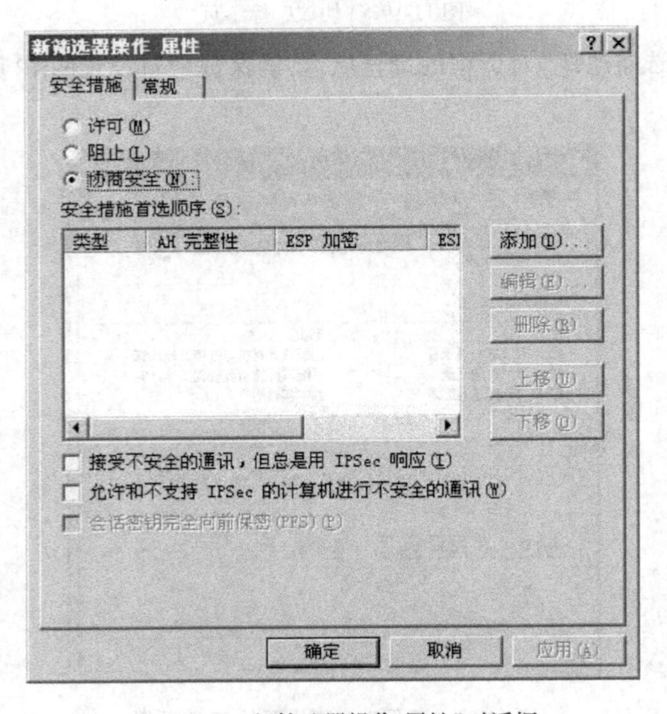

图 11-22 “新筛选器操作 属性”对话框

在这里可以对新筛选器操作的细节进行设置。其中,可以选择“许可”或“阻止”单选项对符合 IP 筛选器所设规则的数据流进行过滤。可以发现,实际上这就简单地实现了一个普通防火墙的功能。除此之外,如果选择“协商安全”单选项还可以对允许的通信进行进一步的安全设置。可以单击“添加”按钮来添加相应的安全措施,如图 11-23 所示。

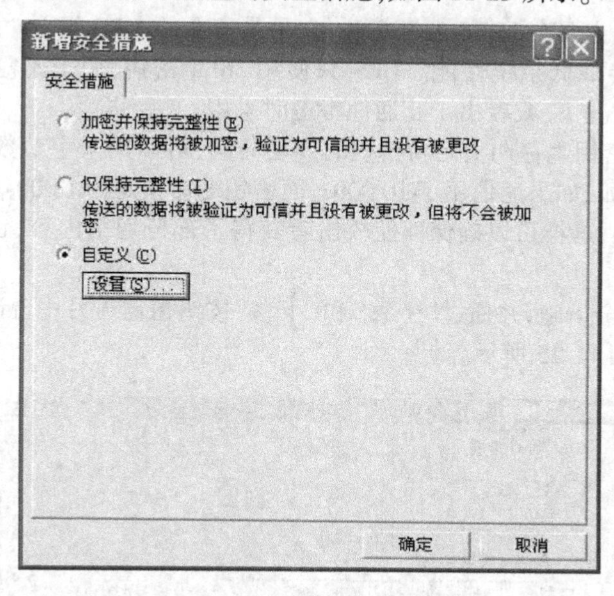

图 11-23 “新增安全措施”对话框

可添加的安全措施包括:

1)“加密并保持完整性”:选择以最高的安全级别来保护数据。使用“封装安全措施负载量”(ESP) 来实现机密性(数据加密)、身份验证、防止重发和完整性,以适合高的安全级别。

2)“仅保持完整性”:使用验证报头(AH)协议来实现完整性、防止重发和身份验证,以适合安全计划需要的标准的安全级别。AH 提供 IP 报头和数据的完整性,但是不加密数据。

3)“自定义”:如果需要加密和地址完整性、更强大的算法或密钥寿命,则可以指定自定义的安全措施。如图 11-24 所示,其中包括:

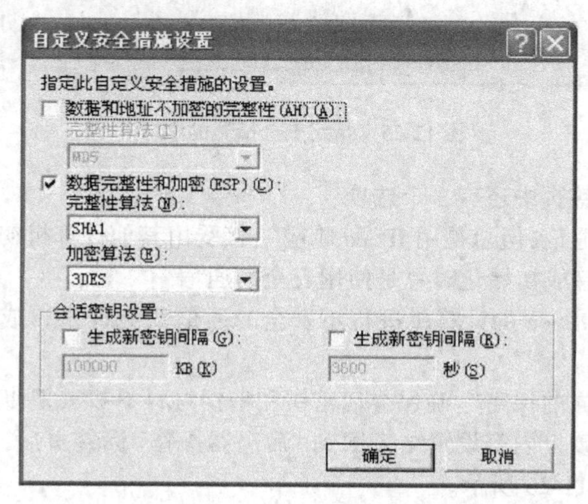

图 11-24 “自定义安全措施设置”对话框

- 数据和地址不加密的完整性(AH)算法:主要有两种,一种是消息摘要 5 算法(MD5),产生 128bit 的密钥。另一种是安全散列算法(SHA1),产生 160bit 的密钥。密钥越长越安全。
- 数据完整性算法: MD5 或 SHA1。
- 数据加密算法:主要有 3DES 加密算法,它是最安全的 DES 组合。3DES 每个数据块处理 3 次,因此会降低系统性能。DES 只使用 56bit 密钥,用于不需要很高的安全性和 3DES 开销的情况下,或者出于互通性考虑时采用。
- 密钥生存期:密钥生存期决定新密钥的产生时间,可以用千字节数或(和)秒数指定密钥生存期。例如,如果通信用了 10 000s,而密钥寿命指定为 1 000s,将会产生 10 个密钥来完成该传送。这样可以确保即使攻击者获得了部分通信内容,也无法获得整个通信内容。

可以添加多个安全措施,并通过"上移"和"下移"按钮指定与另一台计算机协商时采取的安全措施的顺序,如图 11-25 所示。

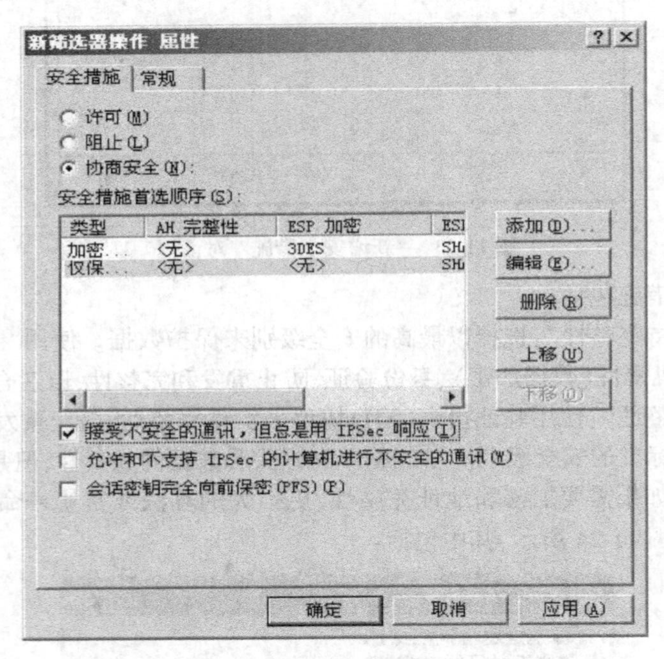

图 11-25　指定安全措施的顺序

在"安全措施"标签页中还有 3 个选项:

- "接受不安全的通信,但总是用 IPSec 响应":接受由其他计算机初始化的不受保护的通信,但在本机应答或初始化时总是使用安全的通信。
- "允许和不支持 IPSec 的计算机进行不安全的通信":允许来自或到其他计算机的不受保护的通信。
- "会话密钥完全向前保密":确保会话密钥和密钥材料不被重复使用。

需要注意的是,当以上内容设置结束回到"筛选器操作"标签页后,必须选中刚才添加的新筛选器操作项,如图 11-26 所示。

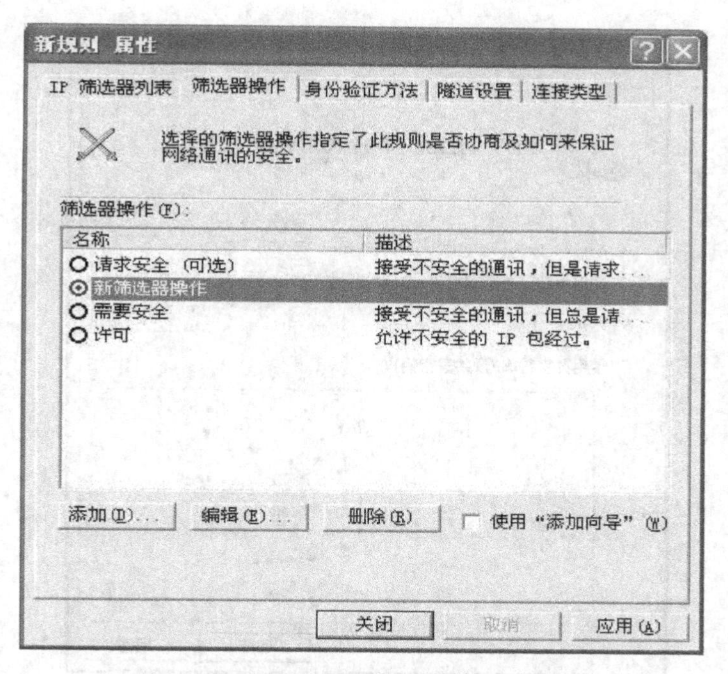

图 11-26　确保选中新添加的筛选器操作项

（3）身份验证方法。

身份验证方法定义向每一位用户保证其他计算机或用户的身份的方法。对话框如图11-27所示。每一种身份验证方法提供必要的手段来保证身份的正确和安全。Windows XP 支持3 种身份验证方法：使用 Kerberos V5 协议、使用证书和使用预共享的密钥，如图 11-28 所示。

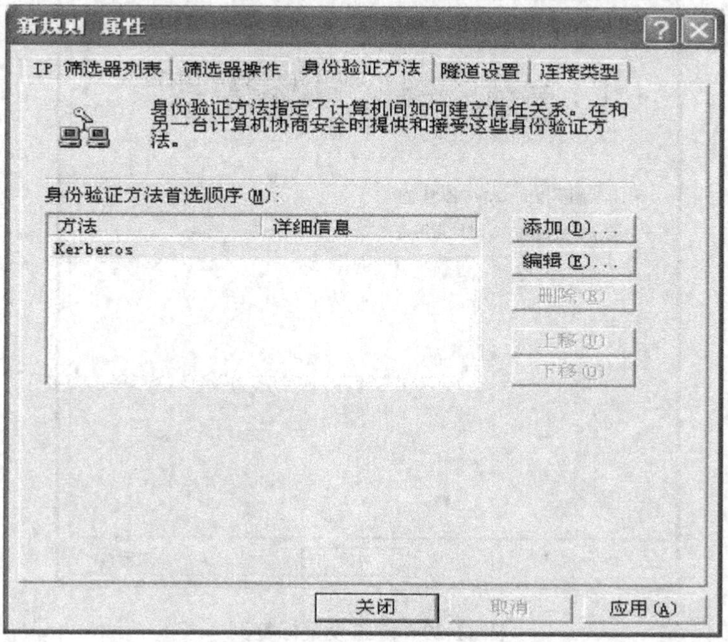

图 11-27　“身份验证方法”标签页

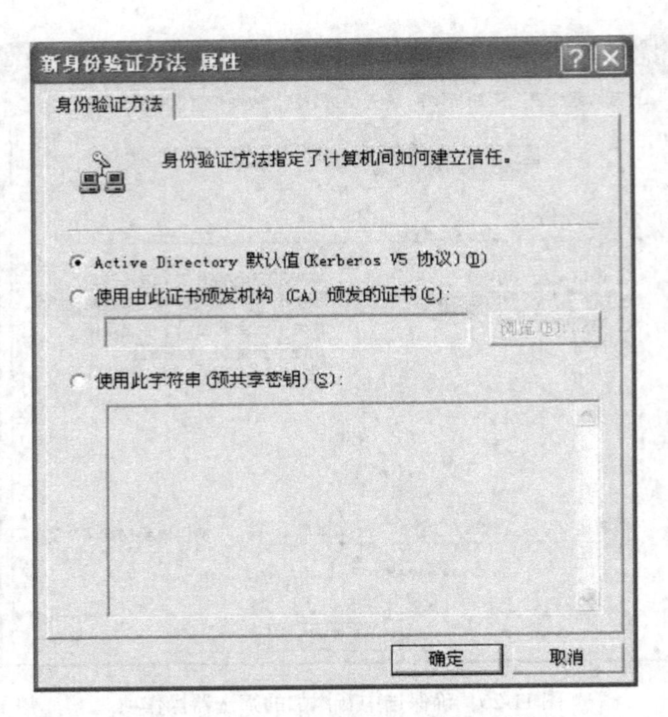

图 11-28 “新身份验证方法属性”对话框

(4) 隧道设置。

如图 11-29 所示，当只与特定的计算机通信并知道该计算机的 IP 地址时，选择“隧道终点由此 IP 地址指定”单选项并输入目标计算机的 IP 地址。

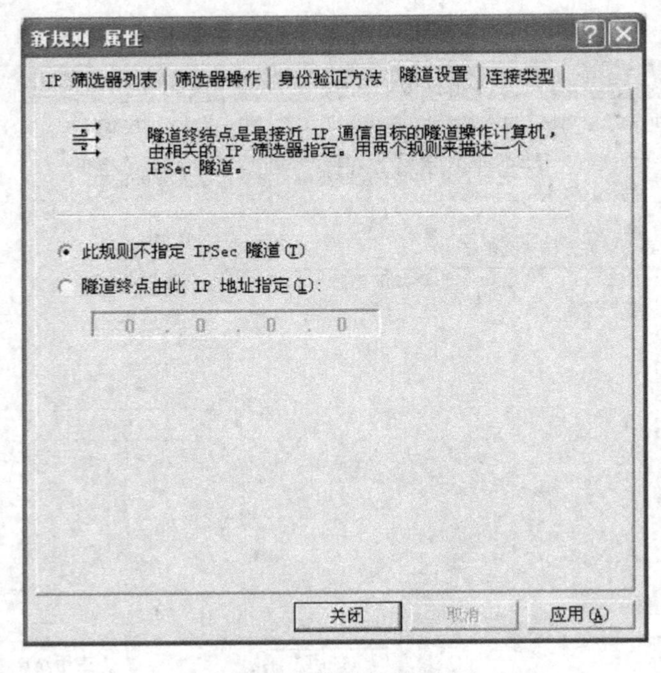

图 11-29 隧道设置标签页

(5) 连接类型。

为每一个规则指定的连接类型可以决定计算机的连接(网卡或调制解调器)是否接受 IP-Sec 策略的影响。每一个规则拥有一种连接类型,此类型指定规则是否应用到 LAN 连接、远程访问连接或所有的网络连接上。如图 11-30 所示。

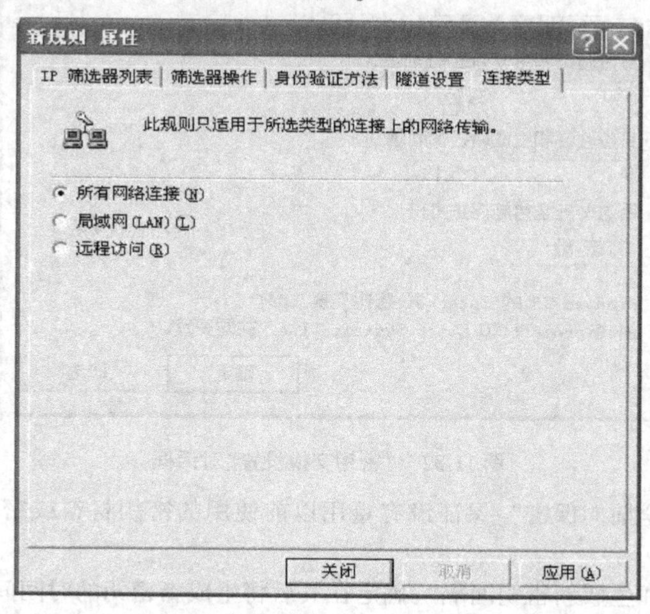

图 11-30 “连接类型”标签页

新创建的 IP 安全策略的属性对话框中还有一个“常规”标签页,如图 11-31 所示。在这里可以输入新 IP 安全策略的名称和描述,还可以更改“检查策略更改时间”项的值(该值为因该策略的变化而对 Active Directory 进行轮询的时间间隔)。

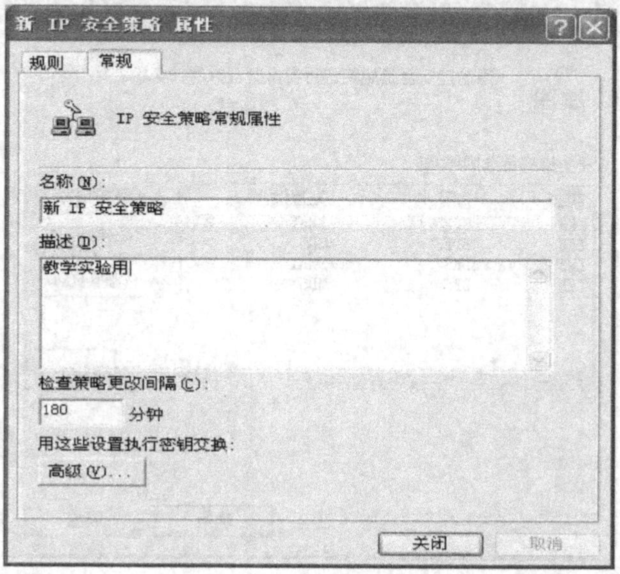

图 11-31 “常规”标签页

此外，还可单击"高级"按钮，在打开的"密钥交换设置"对话框中对密钥交换进行高级设置，如图 11-32 所示。其中：

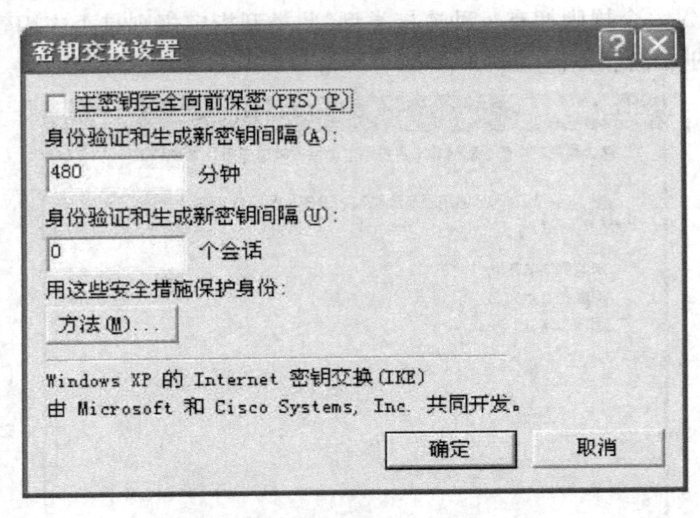

图 11-32 "密钥交换设置"对话框

1）"主密钥完全前向保密"：保证没有重用以前使用的密钥材料或密钥来生成其他主密钥。

2）"身份验证和生成新密钥间隔"：确定在其后将生成新密钥的时间间隔。

3）"身份验证和生成新密钥间隔"：限制主密钥可以被当作会话密钥的密钥材料而重复使用的次数。如果已经启用了"主密钥完全前向保密"，则会忽略该参数。

4）保护身份的方法：单击"方法"按钮，在弹出的"密钥交换安全措施"对话框中可以对安全措施首选顺序以及 IKE 安全算法细节作出选择，如图 11-33 所示。其中包括：

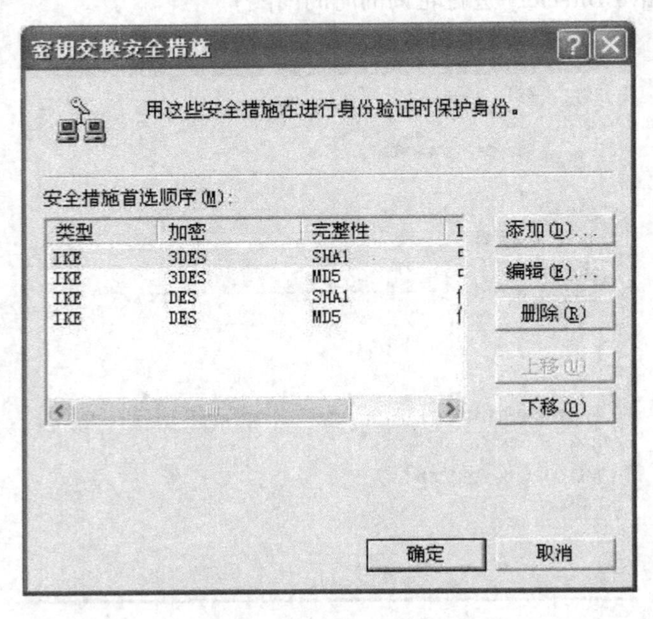

图 11-33 "密钥交换安全措施"对话框

- 完整性算法:MD5 或 SHA1。
- 加密算法:3DES 或 DES。
- Diffie-Hellman 小组:选择作为将来密钥基础的“Diffie-Hellman 小组”。其中,使用“低”(Diffie-Hellman 小组 1)来为 96 bit 的密钥提供密钥材料。使用“中”(Diffie-Hellman 小组 2)来为 128 bit 的密钥(更强)提供密钥材料。

最后,需要在新建立的 IP 安全策略上单击鼠标右键并选择“指派”项使该 IP 安全策略启用,如图 11-34 所示。注意,一次只能指派一种策略。

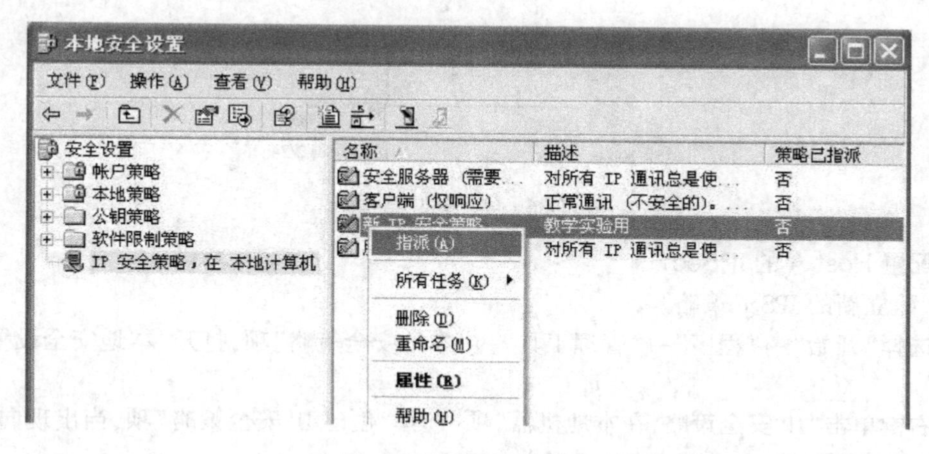

图 11-34 指派一种策略

在使用过程中,可以对 IP 安全策略进行管理。通过右键单击“IP 安全策略,在本地机器”项,选择“管理 IP 筛选器表”和“管理筛选器操作”项可以对已制定的 IP 安全策略进行修改,如图 1-35 所示。

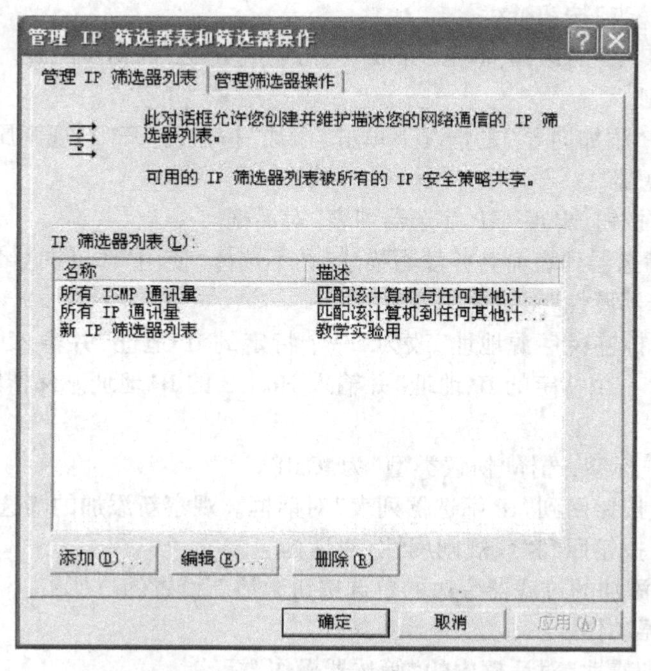

图 11-35 “管理 IP 筛选器表和筛选器操作”对话框

11.2.4 Windows XP 环境下 IPSec 实验

下面以实验的形式对前面介绍的 IPSec 理论进行检验。通过实验可以深入理解 IPSec 的实现原理，验证 IPSec 相关理论，掌握 IPSec 的配置及诊断技巧和方法。

1. 准备工作

准备两台运行 Windows 2000 Server 操作系统的服务器，并按图 11-36 所示进行连接，配置相应 IP 地址。

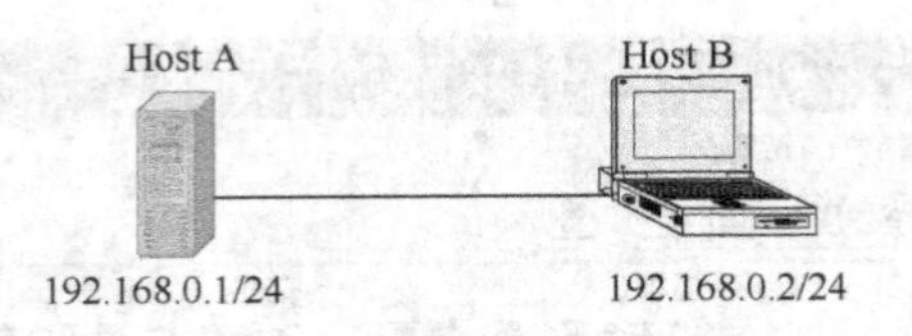

图 11-36 实验拓扑结构图

2. 配置 Host A 的 IPSec

（1）建立新的 IPSec 策略。

1）选择"开始"→"程序"→"管理工具"→"本地安全策略"项，打开"本地安全设置"对话框。

2）右键单击"IP 安全策略，在本地机器"项，选择"创建 IP 安全策略"项，当出现向导时单击"下一步"按钮继续。

3）为新的 IP 安全策略命名并填写策略描述，单击"下一步"按钮继续。

4）通过选择"激活默认响应规则"复选框接受默认值，单击"下一步"按钮继续。

5）接受默认的"Active Directory 默认值（Kerberos V5 协议）"选项作为默认响应规则身份验证方法，单击"下一步"按钮继续。

6）保留"编辑属性"的选择，单击"完成"按钮完成 IPSec 的初步配置。

（2）添加新规则。

在不选择"使用'添加向导"的情况下单击"添加"按钮，打开"新规则属性"对话框。

（3）添加新过滤器。

1）单击"添加"按钮，出现 "IP 筛选器列表"对话框。

2）为新的 IP 筛选器列表命名并填写描述，在不选择"使用'添加向导"的情况下单击"添加"按钮，出现"筛选器属性"对话框。

3）单击"寻址"标签，将"源地址"改为"一个特定的 IP 地址"并输入 Host A 的 IP 地址。将"目标地址"改为"一个特定的 IP 地址"并输入 Host B 的 IP 地址。保留默认选择"镜像"复选框。

4）单击"协议" 标签，选择"协议类型"为 ICMP。

5）单击"确定"按钮回到"IP 筛选器列表"对话框。观察新添加的筛选器列表。

6）单击"关闭"按钮回到"新规则属性"对话框。

7）通过单击新添加的过滤器旁边的单选按钮激活新设置的过滤器。

（4）规定过滤器动作。

1）单击"新规则属性"对话框中的"筛选器操作"标签。

2）在不选择“使用‘添加向导“的情况下单击”添加“按钮，打开“新筛选器操作属性”对话框。

3）选择“协商安全”单选框。

4）单击“添加”按钮选择安全方法。

5）选择“中(AH)”项，单击“确定”按钮回到“新筛选器操作属性”对话框。

6）单击“关闭”按钮回到“新规则属性”对话框。

7）确保不选择“允许和不支持 IPSec 的计算机进行不安全的通信”项，单击“确定”按钮回到“筛选器操作”对话框。

8）通过单击新添加的筛选器操作旁边的单选按钮激活新设置的筛选器操作。

（5）设置身份验证方法。

1）单击“新规则属性”对话框中的“身份验证方法”标签。

2）单击“添加”按钮，打开“新身份验证方法属性”对话框。

3）选择“此字串用来保护密钥交换(预共享密钥)”单选框，并输入预共享密钥子串“ABC”。

4）单击“确定”按钮回到“身份验证方法”标签。

5）单击“上移”按钮使“预先共享的密钥”成为首选。

（6）设置“隧道设置”。

1）单击“新规则属性”对话框中的“隧道设置”标签。

2）选择“此规则不指定 IPSec 隧道”。

（7）设置“连接类型”。

1）单击“新规则属性”对话框中的“连接类型”标签。

2）选择“所有网络连接”单选项。

3）单击“确定”按钮回到“新 IP 安全策略属性”对话框。

4）单击“关闭”按钮关闭“新 IP 安全策略属性”对话框回到“本地安全策略”设置。

3. 配置 Host B 的 IPSec

仿照前面对 Host A 的配置对 Host B 的 IPSec 进行配置。

4. 测试 IPSec

（1）不激活 Host A、Host B 的 IPSec 进行测试。

1）确保不激活 Host A、Host B 的 IPSec。

2）在 Host A 执行命令“PING 192.168.0.2”，注意观察屏幕提示。

3）在 Host B 执行命令“PING 192.168.0.1”，注意观察屏幕提示。

（2）激活一方的 IPSec 进行测试。

1）在 Host A 新建立的 IP 安全策略上单击鼠标右键并选择“指派”菜单项，激活该 IP 安全策略。

2）在 Host A 执行命令“PING 192.168.0.2”，注意观察屏幕提示。

3）在 Host B 执行命令“PING 192.168.0.1”，注意观察屏幕提示。

（3）激活双方的 IPSec 进行测试。

1）在 Host A 执行命令“PING 192.168.0.2 -t”，注意观察屏幕提示。

2）在 Host B 新建立的 IP 安全策略上单击鼠标右键并选择“指派”菜单项，激活该 IP 安全策略。

3）观察 Host A 和 Host B 间的安全协商过程。

11.3 传输层安全协议 SSL

SSL(Security Socket Layer)是 Netscape 公司开发的网络安全协议,它的主要目的就是为网络通信应用进程间提供一个安全通道。传输层与网络层、应用层相比,安全问题更加复杂,但从传输层协议本身着手解决安全问题的难度很大,在本节讨论 SSL 协议:它将新的层“粘入”到 IP 层与 TCP 层之间,为传输层提供安全。现在,SSL 协议已经被广泛地应用于 Internet 之中。

11.3.1 SSL 主要特性

SSL 2.0 是 Netscape 公司在 1995 年提出的,很快就成为了一个事实上的标准,并为众多的厂商所采用。1996 年,Netscape 公司发布了 SSL 3.0,该版本增加了对除了 RSA 算法之外的其他算法的支持和一些安全特性,并且修改了前一个版本中的一些小问题,相比 SSL 2.0 更加成熟和稳定。1999 年 1 月 IETF 发布了基于 SSL 协议的 TLS 1.0(Transport Layer Security)版本,从技术上讲,TLS1.0 与 SSL3.0 的差别非常微小,Netscape 公司宣布支持该开放的标准。

SSL 协议的优点是它与应用层协议无关,一个高层的协议可以透明地位于 SSL 协议层的上方。SSL 协议提供的安全连接具有以下几个基本特性:

(1) 连接是安全的,在初始化握手结束后,SSL 使用加密方法来协商一个秘密的密钥,数据加密使用对称密钥技术,如 DES、RC4 等。

(2) 可以通过非对称(公钥)加密技术,如 RSA、DSA 等认证对方的身份。

(3) 连接是可靠的。传输的数据包含有数据完整性的校验码,使用安全的哈希函数,如 SHA、MD5 等,计算校验码。

11.3.2 SSL 结构模型

SSL 协议是一个分层的协议,由两层组成,其层次结构如图 11-37 所示。SSL 协议的低层是 SSL 记录层协议(SSL Record Protocol),它基于可靠的传输层协议(如 TCP 协议),用于封装各种高层协议。SSL 协议的高层协议主要包括 SSL 握手协议(SSL Handshake Protocol)、改变加密约定协议(Change Cipher Spec Protocol)和警报协议(Alert Protocol)等。它允许服务端和客户端互相认证,并在应用层协议传送数据之前协商出一个加密算法和会话密钥,SSL 握手协议是 SSL 协议的核心。

HTTP	FTP	……
SSL 握手协议	SSL 改变加密约定协议	SSL 警报协议
SSL 记录层协议		
TCP 层		
IP 层		
底层协议		

图 11-37 SSL 协议的层次结构模型

1. SSL 记录层协议

SSL 记录层协议为 SSL 连接提供保密性业务和消息完整性业务。保密性业务就是通信双方通过 SSL 握手协议建立一个共享密钥，用于对 SSL 负载的单钥加密。消息完整性业务就是通过 SSL 握手协议建立一个用于计算消息校验码(MAC)的共享密钥来实现。

记录层报文格式如图 11-38 所示，各字段含义如下：

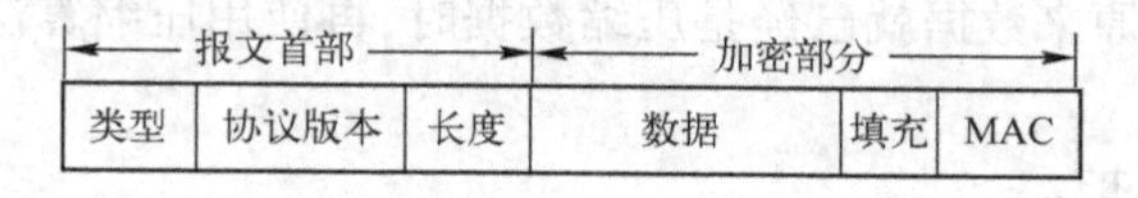

图 11-38 报文格式

- 类型(8 bit)：标明记录协议封装的上层协议类型，包括修改密码协议、告警协议、握手协议和应用数据。
- 版本(16 bit)：标明当前使用的 SSL 协议版本。当前主要使用的是 SSL 3.0。
- 长度(16 bit)：封装数据的长度，最长为 16KB。
- 数据：根据商定的加密算法加密的上层数据。最大长度 16KB。
- 填充：根据加密要求填充长度。
- MAC：根据商定的完整性鉴别算法和数据明文算出，也需要加密。

SSL 记录层协议的整个执行过程如图 11-39 所示。

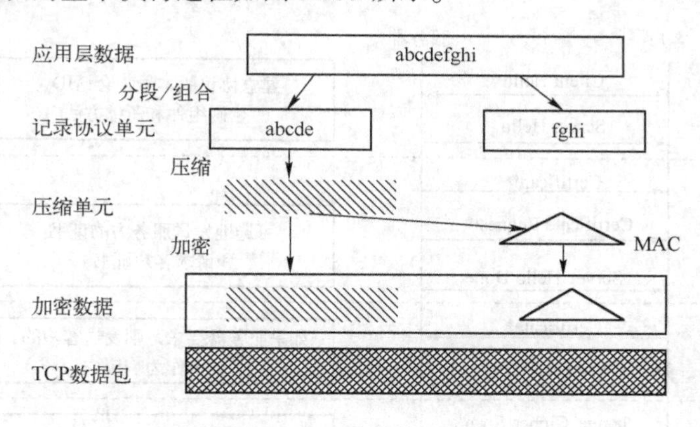

图 11-39 SSL 的数据流图

SSL 将被发送的数据 abcdefghi 分为可供处理的数据段 abcde 和 fghi，然后对这些数据进行压缩、加密后交给下一层网络传输协议处理。对接收到的数据，处理过程与上述过程相反，即解密、验证、解压缩、拼装，然后发送到更高层。在这个过程中它没有必要解释这些数据的实际意义，并且这些数据可以是任意长度的非空数据块。下面分阶段详细叙述 SSL 的工作过程。

(1) 分段。

SSL 记录层把 SSL 高层送来的数据切分成以 16K(2^{14})B 大小为单位的 SSL 明文记录块，最后一块可能不足 16KB。在记录层中，并不保留上层协议的消息边界，也就是说，同一内容类型的多个上层消息可以被连接起来，封装在同一个 SSL 明文记录块中。不同类型的消息内容还是会被分离处理,应用层数据的传输优先级一般比其他类型的优先级低。

(2) 记录块的压缩和解压缩。

对被切分后的记录块使用当前会话状态中定义的压缩算法来进行压缩。一般来说,都会有一个压缩算法被激活,初始化时默认被设置成空算法,即不使用数据压缩功能。压缩算法将SSL明文记录转化为SSL压缩记录。使用的压缩必须是无损压缩,而且不能使压缩后数据长度增加超过1 024B(在原来数据就已经是压缩数据时,再使用压缩算法就可能因添加了压缩信息而增大)。

(3) 记录负载的保护。

所有的记录都会用当前的密码约定中定义的加密算法和MAC算法来保护。通常都会有一个激活的加密约定,但是在初始化时,加密约定被定义为空,这意味着并不提供任何的安全保护。

一旦握手成功,通信双方就共享一个会话密钥,这个会话密钥用来加密记录,并计算它们的MAC。加密算法和MAC函数把SSL压缩记录转换成SSL密文并记录;解密算法则进行反向处理。传送还包括一个序列号,用于监测数据的丢失、改变或增加的信息。

2. SSL握手协议

握手协议在SSL记录层之上,它产生会话状态的密码参数。当SSL客户端和服务器开始通信时,他们协商一个协议版本、选择密码算法、对彼此进行验证、使用公开密钥加密技术产生共享密码。这些过程在握手协议中进行,其过程如图11-40所示:

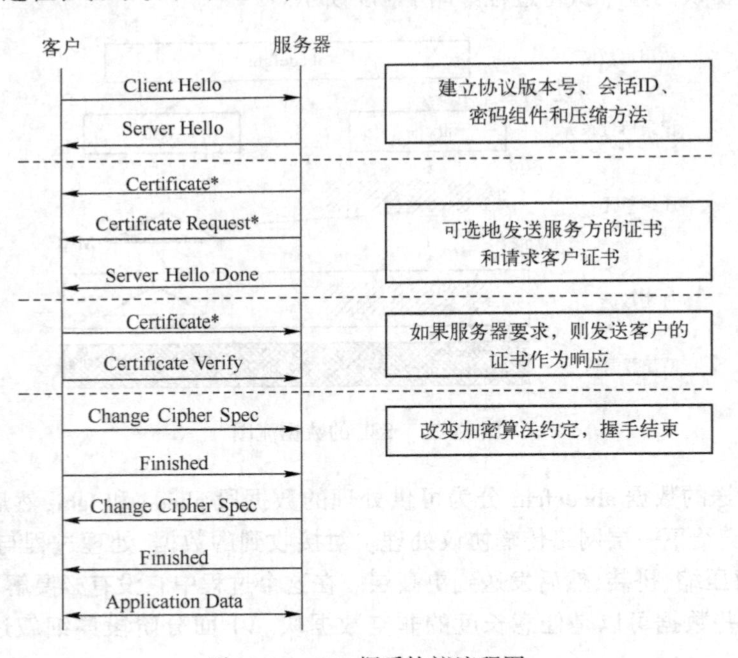

图11-40　SSL握手协议流程图

在客户发送Client Hello信息后,对应的服务器回应Server Hello信息,否则产生一个致命错误,导致连接的失败。Client Hello和Server Hello用于在客户和服务器之间建立安全增强功能,并建立协议版本号、会话标识符、密码组和压缩方法。此外,产生和交换两组随机值:

Client Hello. random 和 Server Hello. random。

在 Hello 信息之后，如果需要被确认，服务器将发送其证书信息。如果服务器被确认，并且适合于所选择的密码组，就需要对客户请求证书信息。

随后，服务器将发送 Server Hello Done 信息，表示握手阶段的 Hello 信息部分已经完成，服务器将等待客户响应。

如果服务器已发送了一个证书请求（Certificate Request）信息，客户可回应证书信息或无证书（No Certificate）警告。然后发送 Client Key Exchange 信息，信息的内容取决于在 Client Hello 和 Server Hello 之间选定的公开密钥算法。如果客户发送一个带有签名能力的证书，服务器发送一个数字签名的 Certificate Verify 信息用于检验这个证书。

这时，客户端发送一个 Change Cipher Spec 信息，将 Pending Cipher Spec（待决密码参数）复制到 Current Cipher Spec（当前密码参数）。然后客户立即在新的算法、密钥和密码下发送结束（Finished）信息。对应地，如果服务器发送自己的 Change Cipher Spec 信息，并将 Pending Cipher Spec 复制到 Current Cipher Spec，然后在新的算法、密钥和密码下发送结束（Finished）信息。这一时刻，握手结束，客户和服务器可以开始交换其应用层数据。

下面对握手类型（Handshake Type）作一下介绍。

（1）Hello Request。

表示请求问候。服务器可在任何时候发送该信息，如果客户正在一次会话中或者不想重新开始会话，可以忽略这条信息。如果服务器发送了 Hello Request，而客户没有发送 Client Hello，那么就发生致命错误，服务器关闭和客户的连接。

（2）Client Hello。

表示客户问候。当客户第一次连接到服务器时，应将 Client Hello 作为第 1 条信息发给服务器。Client Hello 包含了客户支持的所有压缩算法，如果服务器均不支持，则本次会话失败。

（3）Server Hello。

表示服务器问候。Server Hello 信息的结构类似 Client Hello，它是服务器对客户的 Client Hello 信息的回复。

（4）Server Certificate。

表示服务器证书。如果要求验证服务器，则服务器立刻在 Server Hello 信息后发送其证书（Certificate）。Certificate 的类型必须适合密钥交换算法，通常为 X. 509 v3 Certificate 或改进的 X. 509 Certificate。

（5）Certificate Request。

表示证书请求，要求客户回应证书信息或无证书警告。

（6）Server Hello Done。

表示服务器问候结束。服务器发出该信息表明 Server Hello 结束，然后等待客户响应。客户收到该信息后检查服务器提供的证书是否有效，以及服务器的 Hello 参数是否可接受。

（7）Client Certificate。

表示客户证书。该信息是客户收到服务器的 Server Hello Done 后可以发送的第 1 条信息。只有当服务器请求证书时才需发此信息。如果客户端没有合适的证书，则发送“没有证书”的警告信息，如果服务器要求有“客户验证”，则收到警告后宣布握手失败。

(8) Client Key Exchange。

用于客户密钥交换。信息的选择取决于采用何种公开密钥算法。

(9) Certificate Verify。

用于证书检查。该信息用于提供客户证书的验证。它仅在具有签名能力的客户证书之后发送。

(10) Finished

表示发送结束。该信息在 Change Cipher Spec 之后发送,以证明密钥交换和验证的过程已顺利完成。发送方在发出 Finished 信息后可立即开始传送加密数据,收方在收到 Finished 信息后必须检查其内容是否正确。

3. 改变加密约定协议

改变加密约定协议是为了使密码策略能得到及时的通知。该协议只有一个消息(是一个字节的数值),传输过程中使用当前的加密约定来加密和压缩,而不是改变后的加密约定。

客户和服务器都可能会发出改变加密约定消息,通知接收方后面发送的记录应使用刚刚协商的加密约定来保护。客户在发送握手密钥交换和证书检验消息(如果需要)后发送改变加密约定消息;服务器则在成功处理从客户接收到的密钥交换消息后发送。一个意外的改变加密约定消息将导致一个 Unexpected Message 警报。当恢复之前的会话时,改变加密约定消息将在问候消息后发送。

4. 警报协议

警报协议是 SSL 记录层支持的协议之一。警报消息传送该消息的严重程度和该警报的描述。警报消息的致命程度会导致连接立即终止。在这种情况下,同一会话的其他连接可能还将继续,但必须使会话的标识符失效,以防止失败的会话还继续建立新的连接。与其他消息一样,警报消息也经过加密和压缩,使用当前连接状态的约定。

(1) 关闭警报。

为了防止截断攻击(Truncation Attack),客户和服务器必须都知道连接已经结束了。任何一方都可以发起关闭连接,发送 Close Notifv 警报消息,在关闭警报之后收到的数据都会被忽略。

(2) 错误警报。

SSL 握手协议中的错误处理很简单:当检测到错误时,检测的这一方就发送一个消息给另一方,传输或接收到一个致命警报消息,双方马上关闭连接,要求服务器和客户都清除会话标识、密钥以及与失败连接有关的秘密。错误警报包括:意外消息警报、记录 MAC 错误警报、解压失败警报、握手失败警报、缺少证书警报、已破坏证书警报、不支持格式证书警报、证书已作废警报、证书失效警报、不明证书发行者警报以及非法参数警报。

11.3.3 如何在服务器上配置 SSL

如果想生成自己的证书,则必须能够访问某个证书颁发机构(CA),如 Microsoft 证书服务。如果不希望生成自己的证书,则必须决定将向哪个商业证书颁发机构申请 SSL 证书。大多数证书颁发机构会就此服务收费。

SSL 是一套提供身份验证、保密性和数据完整性的加密技术。SSL 常用来在 Web 浏览器和 Web 服务器之间建立安全通信通道。它也可以在客户端应用程序和 Web 服务之间使用。为支持 SSL 通信,必须为 Web 服务器配置 SSL 证书。下面介绍如何获取 SSL 证书,以及如何配置 Microsoft Internet 信息服务(IIS),以便支持 Web 浏览器和其他客户端应用程序之间使用 SSL 安全地进行通信。

1. 生成证书申请

此过程创建一个新的证书申请,此申请可发送到证书颁发机构(CA)进行处理。如果成功,CA 将发回一个包含有效证书的文件。

(1) 启动 IIS 管理控制台(MMC)。

(2) 展开 Web 服务器名,选择要安装证书的 Web 站点。

(3) 右键单击该 Web 站点,然后单击“属性”项。

(4) 单击“目录安全性”选项卡。

(5) 单击“安全通信”中的“服务器证书”按钮,启动 Web 服务器证书向导。

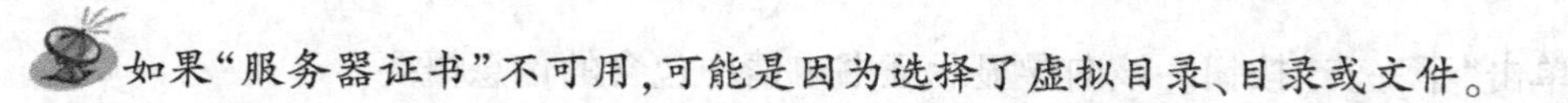

如果“服务器证书”不可用,可能是因为选择了虚拟目录、目录或文件。

2. 选择 Web 站点

(1) 单击“下一步”按钮跳过欢迎对话框。

(2) 单击“创建一个新证书”按钮,然后单击“下一步”按钮。

(3) 该对话框有以下两个选项:

- “现在准备申请,但稍后发送”:该选项总是可用的。
- “立即将申请发送到在线证书颁发机构”:仅当 Web 服务器可以在配置为颁发 Web 服务器证书的 Windows 2003 域中访问一个或多个 Microsoft 证书服务器时,该选项才可用。在后面的申请过程中,有机会从列表中选择将申请发送到的颁发机构。

(4) 单击“现在准备申请,但稍后发送”项,然后单击“下一步”按钮。

(5) 在“名称”字段中键入证书的描述性名称,在“位长”字段中键入密钥的位长,然后单击“下一步”按钮;向导使用当前 Web 站点名称作为默认名称。它不在证书中使用,但作为友好名称以助于管理员识别。

(6) 在“组织”字段中键入组织名称(例如 Contoso),在“组织单位”字段中键入组织单位(例如“销售部”),然后单击“下一步”按钮。

这些信息将放在证书申请中,因此应确保它的正确性。CA 将验证这些信息并将其放在证书中。浏览 Web 站点的用户需要查看这些信息,以便决定是否接受该证书。

(7) 在“公用名”字段中,键入站点的公用名,然后单击“下一步”按钮。

公用名是证书最后的最重要信息之一。它是 Web 站点的 DNS 名称(即用户在浏览站点时键入的名称)。如果证书名称与站点名称不匹配,当用户浏览到该站点时,将报告证书问题。

如果站点在 Web 上并且被命名为 www.contoso.com,这就是应当指定的公用名。

如果站点是内部站点,并且用户是通过计算机名称浏览的,请输入计算机的 NetBIOS 或 DNS 名称。

(8) 在“国家/地区”、“州/省”和“城市/县市”等字段中输入正确的信息，然后单击“下一步”按钮。

(9) 输入证书申请的文件名。该文件包含类似下面这样的信息。

-----BEGIN NEW CERTIFICATE REQUEST-----
MIIDZjCCAs8CAQAwgYoxNjA0BgNVBAMTLW1penJvY2tsYXB0b3Aubm9ydGhhbWVy..
-----END NEW CERTIFICATE REQUEST-----

这是证书申请的 Base 64 编码表示形式。申请中包含输入到向导中的信息，还包括公钥和私钥签名的信息。

将此申请文件发送到 CA。然后 CA 会使用证书申请中的公钥信息验证私钥签名的信息。CA 也验证申请中提供的信息。

将申请提交到 CA 后，CA 将在一个文件中发回证书。然后应当重新启动 Web 服务器证书向导。

(10) 单击“下一步”按钮。该向导显示证书申请中包含的信息概要。

(11)单击“下一步”按钮，然后单击“完成”按钮完成申请过程。

证书申请现在就可以发送到 CA 进行验证和处理了。当从 CA 收到证书响应以后，可以再次使用 IIS 证书向导，在 Web 服务器上继续安装证书。

3. 提交证书申请

此过程使用 Microsoft 证书服务提交在前面的过程中生成的证书申请。

(1) 使用“记事本”打开在前面的过程中生成的证书文件，将它的整个内容复制到剪贴板。

(2) 启动 Internet Explorer，连接到 http://hostname/CertSrv，其中 hostname 是运行 Microsoft 证书服务的计算机的名称。

(3) 单击“申请一个证书”项，然后单击“下一步”按钮。

(4) 在“选择申请类型”页中，单击“高级申请”项，然后单击“下一步”按钮。

(5) 在“高级证书申请”页中，单击“使用 Base64 编码的 PKCS#10 文件提交证书申请”项，然后单击“下一步”按钮。

(6) 在“提交一个保存的申请”页中，单击“Base64 编码的证书申请(PKCS #10 或 #7)”文本框，按住〈CTRL + V〉组合键，粘贴先前复制到剪贴板上的证书申请。

(7) 在“证书模板”组合框中，单击“Web 服务器”项。

(8) 单击“提交”按钮。

(9) 关闭 Internet Explorer。

4. 颁发证书

(1) 从“管理工具”程序组中启动“证书颁发机构”工具。

(2) 展开证书颁发机构，然后选择“挂起的申请”文件夹。

(3) 选择刚才提交的证书申请。

(4) 在“操作”菜单中，指向“所有任务”，然后单击“颁发”项。

(5) 确认该证书显示在“颁发的证书”文件夹中，然后双击查看它。

(6) 在“详细信息”选项卡中，单击“复制到文件”按钮，将证书保存为 Base-64 编码的 X.509 证书。

(7) 关闭证书的属性窗口。

(8) 关闭“证书颁发机构”工具。

5. 在 Web 服务器上安装证书

(1) 如果 Internet 信息服务尚未运行,则启动它。

(2) 展开服务器名称,选择要安装证书的 Web 站点。

(3) 右键单击该 Web 站点,然后单击“属性”项。

(4) 单击“目录安全性”选项卡。

(5) 单击“服务器证书”按钮启动 Web 服务器证书向导。

(6) 选择“处理挂起的申请并安装证书”项,然后单击“下一步”按钮。

(7) 输入包含 CA 响应的文件的路径和文件名,然后单击“下一步”按钮。

(8) 检查证书概述,单击“下一步”,然后单击“完成”按钮。

6. 将资源配置为要求 SSL 访问

此过程使用 Internet 服务管理器,将虚拟目录配置为要求 SSL 访问。可以为特定的文件、目录或虚拟目录要求使用 SSL。客户必须使用 HTTPS 访问所有这类资源。

(1) 如果 Internet 信息服务尚未运行,则启动它。

(2) 展开服务器名称和 Web 站点(必须是已安装证书的 Web 站点)。

(3) 右键单击某个虚拟目录,然后单击“属性”项。

(4) 选择“目录安全性”选项卡。

(5) 单击“安全通信”下的“编辑”按钮。

(6) 选择“要求安全通道(SSL)”项。

客户必须使用 HTTPS 浏览此虚拟目录。

(7) 单击“确定”按钮,然后再次单击“确定”按钮关闭“属性”对话框。

(8) 关闭 Internet 信息服务。

11.4 应用层安全协议(PGP)

在现代社会里,电子邮件和网络上的文件传输已经成为工作和生活的一部分。邮件的安全问题日益突出,大家都知道在 Internet 上传输的数据是不加密的。如果自己不保护自己的信息,其他人就会轻易获得你的隐私。还有一个问题就是信息认证,如何让收信人确信邮件没有被其他人篡改,所收到的信件如何能确定发信人呢?

应用层安全的实现更加简单可行,特别是当因特网通信只涉及到双方时,如 E-mail。发送方和接受方可以就使用相同的协议和任何他们想使用的安全服务取得共识,本节讨论一个在应用层提供的安全的协议——PGP(Pretty Good Privacy)。

PGP 是一个基于 RSA(Rivest Shamir Adleman)公钥加密体系的加密软件。主要可以用它对邮件进行加密以防止非授权者访问,还能通过 RSA 算法实现数字签名防止否认,而且事先并不需要任何保密的渠道用来传递密钥。其次,PGP 可以用来加密文件,还可以用 PGP 代替 Unicode 生成 Radix64 格式(就是 MIME 的 Base64 格式)的编码文件。

PGP 的创始人是美国的 Philip R. Zimmermann,他创造性地把 RSA 公钥体系的方便性和传统加密体系的高速度结合起来,并在数字签名和密钥认证管理机制上进行了巧妙的设计。

因此PGP是近几年来很受欢迎的加/解密邮件和文件的程序,它提供对数据进行签名的服务,能够帮助接收者验证发送者的身份。总地来说,通过对消息进行加密和签名,接收者能够确认发送者并验证消息在传输过程中是否被篡改。和便宜的商业版本一样,PGP的共享版本也发行了多年。这是应用最广泛的程序之一,很多个人和商业团体都经常用它实现数据和电子邮件的保密性,并且很快就成为了安全电子邮件的标准。

11.4.1 PGP的工作原理

PGP是一种基于Internet的保密电子邮件系统。它能够提供邮件加密、数字签名、认证、数据压缩和密钥管理等功能。由于它功能强大、使用方便,所以在Windows,UNIX和Machintosh平台上得到广泛应用。

PGP采用ZIP压缩算法对邮件数据进行压缩，采用IDEA对压缩后的数据进行加密，采用MD5 Hash函数对邮件数据进行散列处理，采用RSA对邮件数据的Hash值进行数据签名，采用支持公钥证书的密钥管理。为了安全，PGP采用了先签名后加密的数字签名方案。

PGP巧妙地将公钥密码RSA和传统密码IDEA结合起来,兼顾了安全和效率。支持公钥证书的密钥管理使PGP系统更安全方便。PGP还具有相当的灵活性,对于传统密码支持IDEA和3DES,公钥密码支持RSA和Diffie-Hellman密钥协议,Hash函数支持MD5和SHA。这些明显的技术特色使PGP成为Internet环境最著名的保密电子邮件系统。

PGP采用1 024 bit的RSA,128 bit的IDEA密钥、128 bit的MD5,Diffie-Hellman密钥协议、公钥证书,因此PGP是安全的。如果采用160 bit的SHA,PGP将更安全。

PGP是标准公钥加密算法程序的一个变种。在公钥加密中,用户利用加密程序生成一对密钥,公钥可以自由地发布给其他用户,私钥只能由生成者保存。如果其他人希望发送加密的信息给某个用户,那么就用该用户的公钥对信息加密。算法的设计保证了只有私钥才能够解密消息,所以只有该用户能够解密消息。公钥算法也称为非对称算法,它的计算速度很慢。只使用一个密钥的对称加密算法通常比较快。正因为这样,PGP采用了这样的设计方式:PGP用对称加密算法加密要发送的消息。接着用目标接收者的公钥加密用于加密消息的密钥,然后把已经加密的密钥和消息发送出去,接收者首先用自己的私钥解密对称密钥,然后用解密的密钥对其余消息进行解密。

PGP可以采用两种不同的公钥算法——RSA和Diffie-Hellman。RSA版本采用IDEA算法生成非常简短的对称密钥，用于对消息进行加密，然后用RSA算法加密简短的IDEA密钥。Diffie-Hellman版本采用CASI算法加密消息，然后用Diffie-Hellman算法加密CASI密钥。

为了生成数字签名,PGP利用了公钥加密算法的另一个特性,即通常发送者用接收者的公钥加密,在另一端接收者用自己的私钥解密。可以把这个过程反过来,发送者用自己的私钥加密消息,接收者用发送者的公钥解密消息。因为只有发送者拥有自己的私钥,如果接收者能够用声称发送者的公钥解开消息,那么说明消息是由该发送者发送的。PGP完成这些任务的方法是根据用户名和其他签名信息生成散列值,用仅有发送者知道的私钥加密这个散列值。接收者用对大家公开的发送者的公钥解密散列值。如果解密后的散列值和发送过来的消息的散列值相同,那么接收者就可以确定消息来自该发送者。

一般PGP版本都有一个与其他通用电子邮件程序(如Outlook)协调工作的用户接口。如果想让别人给自己发送加密消息,需要把由 PGP 公钥程序生成的公钥注册到 PGP 公钥服务器。

另一个可选的方案是把自己的公钥发送给要发送加密信息的人,或者把公钥发布到别人可以下载的地方,如自己的主页。

PGP 的发送过程,如图 11-41 所示:

(1) 邮件数据 M 经 MD5 进行散列处理,形成数据的摘要。

(2) 用发送者的 RSA 私钥对摘要进行数字签名,以确保真实性。

(3) 将邮件数据与数字签名拼接:数据在前,签名在后。

(4) 用 ZIP 对拼接后的数据进行压缩,以便于存储和传输。

(5) 用 IDEA 对压缩后的数据进行加密,密钥为 K,以确保秘密性。

(6) 用接收者的 RSA 公钥 K,加密 IDEA 的密钥 K。

(7) 将经 RSA 加密的 IDEA 密钥与经 IDEA 加密的数据拼接:数据在前,密钥在后。

(8) 将加密数据进行 Base 64 变化,变化成 ASCII 码。因为许多 E-Mail 系统只支持 ASCII 码数据。

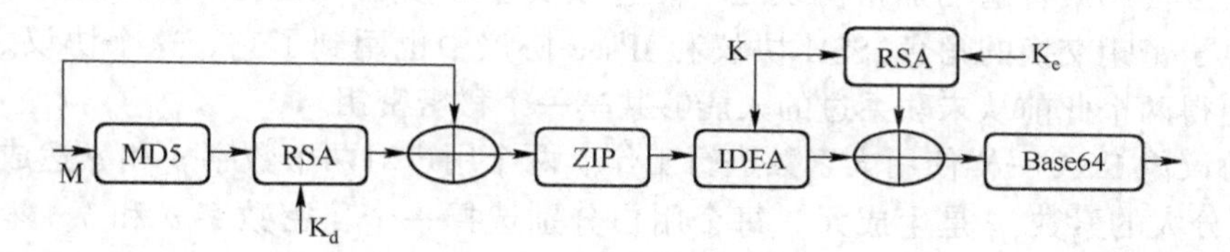

图 11-41 PGP 的发送过程

1. RSA

RSA 是最早发明的公钥密码系统之一。它既能用于加密,也能用于数字签名。RSA 是以它的发明者 Ron Rivcst、Adi Shamir 和 Lconard Adleman 的名字命名的,于 1977 年首次发布。

RSA 算法使用两个非常大的素数的乘积,并基于对如此大的数字进行因子分解困难性的工作原理。简单地说就是找两个很大的素数,一个公开给世界,称为公钥(Public Key),一个不告诉任何人,称为私钥(Secret Key 或 Private Key)。这两个密钥是互补的,也就是说用公钥加密的密文可以用私钥解密,反过来也一样。

RSA 算法如下:

1) 随机地选择两个大素数,最好选用长度在 100 ~ 200 位之间的素数,两个素数的长度要相等。将这两个素数用 p 和 q 表示。

2) 计算 $n = pq$,将 n 公开。

3) 计算 $\&(n) = (p-1)(q-1)$,对 $\&(n)$ 保密。

4) 随机的选取一个正整数 e,$1 < e < \&(n)$ 且 $(e, \&(n)) = 1$,将 e 公开。

5) 根据 $ed = 1 \bmod \&(n)$,求出 d,并对 d 保密。

6) 加密运算:$C = M^e \bmod n$。

7) 加密运算:$M = C^d \bmod n$。

由以上算法可知,RSA 密码的公开加密密钥 $K_e = <n, e>$,而保密的解密密钥 $K_d = <p, q, d, \&(n)>$。

算法中的 $\&(n)$ 是一个数论函数，称为欧拉(Euler)函数。$\&(n)$ 表示在比 n 小于的正整数中与 n 互素的数的个数。例如，$\&(6)=2$，因为在1,2,3,4,5中与6互素的数只有1,5两个数。若 p 和 q 为素数，且 $n=pq$，则 $\&(n)=(p-1)(q-1)$。

这是一个简单的函数，但它的安全性经受住了长达20多年的分析检验。考虑一下RSA的安全效力和拥有两个密钥的能力，为什么还要有对称加密算法呢？答案是速度。RSA算法的速度远远慢于DES算法的速度。

RSA可用于一般的加密和数字签名。典型的做法是把RSA和其他公钥系统与对称密钥密码联合起来使用。较慢的公钥协议可用于密钥交换，然后再用较快的对称密钥协议进行通信，这个过程称为电子密钥交换(Electronic Key Exchange)。

由于RSA的安全性基于大数因子分解困难性的假设，它的主要弱点就存在于协议的实现。RSA过去一直是一项专利，但是它已经成为一项事实上的标准很多年了。

2. Diffie Hellman 密钥交换协议

Diffie Hellman 密钥交换协议是由 Whitfield Diffie 和 Martin Hellman 在1976年提出的。这个协议是当今使用最普遍的加密协议之一。它在安全套接层(SSL，Securc Socket Layer)协议中扮演着电子密钥交换的角色，SSH协议和IPsec协议中也用到了它。这个协议之所以重要是因为他使得两个此前从未联系过的人能够共享一个秘密密钥。

这个协议像RSA一样使用大素数进行工作。两个用户对两个数字 p 和 g 达成协议，其中 p 是一个充分大的素数，g 是生成元。每个用户分别选择一个秘密数字 a 和 b。然后，各自计算自己的公开数字：

用户1：$X = g^a \bmod p$，X是公开数字。

用户2：$Y = g^b \bmod p$，Y是公开数字。

接着，用户彼此交换公开数字。用户1就知道了 p、g、a、X、Y。

用户1计算 $K_a = Y^a \bmod p$。

用户2计算 $K_b = X^b \bmod p$。

由于 $K_a = K_b = K$，现在两个用户就都知道了新的共享秘钥K。

上述只是基本的 Diffie Hellman 算法，还有对它进行加强的方法。尽管如此，这个算法还是得到了广泛地运用，它的有效性基于它所保护的对象的特性，它所保护的只是一个临时自动产生的密钥，这个密钥只在单独一次通信期间有效。

3. 数字签名

假设甲方要寄信给乙方，他们互相知道对方的公钥。甲方就用乙方的公钥加密邮件寄出，乙方收到后就可以用自己的私钥解密出甲方的原文。由于没有别人知道乙方的私钥，所以即使是甲方本人也无法解密那封信，这就解决了信件保密的问题。另一方面，由于每个人都知道乙方的公钥，他们都可以给乙方发信，那么乙方如何确认是不是甲方的来信呢？解决的方法之一就是采用数字签名技术。

在阐述数字签名技术之前，首先说明一下什么是“邮件文摘”(Message Digest)。简单地讲，邮件文摘就是对一封邮件用某种算法计算出一个能体现这封邮件“精华”的数来，一旦邮件有任何改变，这个数都会变化，那么这个数加上作者的名字(实际上在作者的密钥里)还有日期等，就可以作为一个签名了。确切地说，PGP是用一个128 bit的二进制数作为“邮件文摘”的，用来产生它的算法叫 MD5(Message Digest 5),MD5 的提出者是 Ron Rivest。PGP 中使用的代码是由 Colin Plumb 编写的,MD5 本身是公用软件。所以 PGP 的法律条款中没有提到它。MD5 是一种单向散列算法,很难找到一份替代的邮件而与原件具有一样的“精华”。

下面谈谈数字签名的作用。例如,甲方用自己的私钥将上述 128 bit 的“精华”加密并附加在邮件上,再用乙方的公钥将整个邮件加密。这样,这份密文被乙方收到以后,乙方用自己的私钥将邮件解密,得到甲方的原文和签名,乙方的 PGP 也从原文计算出一个 128 bit 的“精华”来,再与用甲方的公钥解密签名得到的数比较,如果符合就说明这份邮件确实是甲方寄来的。这样,保密性和认证性都得到了满足。

PGP 还可以只签名而不加密,这适用于公开发表声明的场合。声明人为了证实自己的身份,可以用自己的私钥签名。这样就可以让收件人能确认发信人的身份,也可以防止发信人抵赖自己的声明。这一点在商业领域有很大的应用前景,它可以防止发信人抵赖和信件被途中篡改。

(1) 利用 RSA 密码实现数字签名。

设 M 为明文,$K_{eA} = <e,n>$ 是 A 的公开密钥,$K_{dA} = <d,p,q,\&(n)>$ 是 A 的保密的私钥。则 A 对 M 的签名过程是:

$$S_A = D(M, K_{dA}) = M^d \bmod n$$

S_A 便是 A 对 M 的签名。

验证签名的过程是:

$$E(S_A, K_{eA}) = M^{de} \bmod \ = M$$

设 A 是发送方,B 是接收方,如果要同时确保数据的保密性和真实性,则可以采用先签名后加密的方案:

1) A 对 M 签名:$S_A = D(M, K_{dA}) = M^d \bmod n$。

2) A 对签名加密:$E(S_A, K_{eB})$。

3) A 将 $E(S_A, K_{eB})$ 发送给 B。

(2) 对 RSA 数字签名的攻击。

RSA 的数字签名很简单,但要实际应用还要注意许多问题。

1) 一般攻击。

RSA 密码的加密运算和解密运算具有相同的形式,都是模幂运算。设 e 和 n 是用户 A 的公开密钥,所以任何人都可以获得并使用 e 和 n。攻击者首先随意选择一个数据 Y,并用 A 的公开密钥计算 $X = Y^e \bmod n$,于是便可以用 Y 伪造 A 的签名。因为 X 是 A 对 Y 的一个有效签名。

实际上,这种攻击的成功率是不高的。因为对于随意选择的 Y,通过加密运算后得到的 X 具有正确语义的概率是很小的。

可以通过认真设计数据格式或采用 Hash 函数与数字签名相结合的方法阻止这种攻击。

2) 利用已有的签名进行攻击。

假设攻击者想要伪造 A 对 M_3 的签名,他很容易找到另外两个数据 M_1 和 M_2,使得

$$M_3 = M_1 M_2 \bmod n$$

他设法让 A 分别对 M_1 和 M_2 进行签名：

$$S_1 = M_1^d \bmod n$$
$$S_2 = M_2^d \bmod n$$

攻击者就可以用 S_1 和 S_2 计算出 A 对 M_3 的签名 S_3

$$(S_1 S_2) \bmod n = (M_1^d M_2^d) \bmod n = M_3^d \bmod n = S_3$$

对付这种攻击的方法是用户不要轻易地对其他人提供的随机数据进行签名。更有效的方法是不直接对数据签名，而是对数据的 Hash 值签名。

11.4.2 PGP 的密钥管理

那为什么说 PGP 是 RSA 和传统加密方法结合的算法呢？因为 RSA 算法计算量极大，速度慢，不适合加密大量数据，实际上 PGP 在加密时并不采用 RSA 算法，而是采用了一种叫 IDEA 的传统加密算法。

由于 IDEA 的加、解密速度比 RSA 算法快得多，所以 PGP 实际上是随机生成一个密钥（每次加密不同），然后用 IDEA 算法对明文加密，再用 RSA 算法对该密钥加密。这样，收件人同样是用 RSA 解密出这个随机密钥，再用 IDEA 解密邮件本身。这样的链式加密方法就做到了既有 RSA 体系的保密性，又有 IDEA 算法的快捷性。下面介绍一下 PGP 的密钥管理。

一个成熟的加密体系必然要有一个完备的密钥管理机制相配套。公钥体制的提出就是为了解决传统加密体系中密钥分配保密难度大的问题。比如网络黑客们常用的手段之一就是"监听"，如果密钥通过网络传送就可能被监听到，那就太危险了。举个例子，在 Novell Netware 的老版本中，用户的密码就是以明文在线路中传输的，这样，监听者就可以轻易获得他人的密码。后来在 Netware 4.1 中，数据包头的用户密码采用了加密技术。对 PGP 来说，公钥本来就要公开，没有防监听的必要。但在公钥的发布过程中仍然存在安全性问题，例如公钥被篡改（Public Key Tampering），这可能是公钥密码体系中最大的漏洞，因为大多数用户并不能很快发现这一点。PGP 是如何防止这种情况发生的呢？

假设甲方想给乙方发一封信，那么甲方必须有乙方的公钥。甲方从 BBS 上下载了乙方的公钥，并用它加密了信件，用 BBS 的 E-mail 功能发给了乙方。不幸地是，甲方和乙方都不知道，丙方潜入 BBS，把他自己用乙方的名字生成的密钥对 BBS 上的公钥替换了乙方的公钥。那甲方用来发信的公钥就不是乙方的而是丙方的，一切看来都很正常，因为甲方拿到的公钥的用户名是"乙方"。于是丙方就可以用他手中的私钥来解密甲方发给乙方的信，甚至他还可以用乙方真正的公钥来转发甲方给乙方的信，这样谁都不会起疑心，丙方如果想改动甲方给乙方的信也没问题。更有甚者，丙方还可以伪造乙方的签名给甲方或其他人发信，因为甲方手中的公钥是伪造的，甲方会以为真是乙方的来信。

防止这种情况出现的最好办法是避免让任何人有机会篡改公钥，比如甲方直接从乙方手中得到他的公钥，然而当他在千里之外或无法见到时，这是很困难的。PGP 采用了一种公钥介绍机制来解决公钥安全的问题。

举例来说，如果你和 Alice 有一个共同的朋友 David，而 David 知道他手中的 Alice 的公钥是正确的(关于如何认证公钥,PGP 还有一种方法,后面会谈到,这里假设 David 已经和 Alice 认证过她的公钥)。这样 David 可以用他自己的私钥在 Alice 的公钥上签名(就是用上面讲的签名方法),表示他担保这个公钥属于 Alice。当然,你需要用 David 的公钥来校验他给你的 Alice 的公钥,同样 David 也可以向 Alice 认证你的公钥,这样 David 就成为你和 Alice 之间的"介绍人"。这样 Alice 或 David 就可以放心地把 David 签过字的 Alice 的公钥上传到 BBS 上让你去拿,没人可能去篡改它而不被你发现,即使是 BBS 的管理员。这就是从公共渠道传递公钥的安全手段。

有人会问:那怎么安全地得到 David 的公钥呢?这不是一个先有鸡还是先有蛋的问题吗?确实有可能你拿到的 David 的公钥也是假的,但这就要求这个捣蛋者参与整个过程,他必须对你们 3 人都很熟悉,还要策划很久,这一般不可能。当然,PGP 对这种可能也有预防的建议,那就是由一个大家普遍信任的人或机构担当这个角色。他被称为"密钥侍者"或"认证权威",每个由他签字的公钥都被认为是真的,这样大家只要有一份他的公钥就行了,认证这个人的公钥是方便的,因为他广泛提供这个服务,假冒他的公钥是很困难的,因为他的公钥流传广泛。这样的"权威"适合由非个人控制的组织或政府机构充当,现在已经有等级认证制度的机构存在。

对于那些非常分散的人们,PGP 更赞成使用私人方式的密钥转介方式,因为这种方式更能反映出人们自然的社会交往,而且人们也能自由地选择信任的人来介绍,和不认识的人们见面一样。每个公钥有至少一个"用户名"(User ID),请尽量用自己的全名,最好再加上本人的 E-mail 地址,以免混淆。

必须遵循的一条规则是,在使用任何一个公钥之前,一定要首先认证它。

下面介绍如何通过电话认证密钥。每个密钥有它们自己的标识(Key ID),Key ID 是一个 8 位十六进制数,两个密钥具有相同 Key ID 的可能性是几十亿分之一,而且 PGP 还提供了一种更可靠的标识密钥的方法:"密钥指纹"(Keys Fingerprint)。每个密钥对应一串数字(16 个 8 位十六进制数),这个数字重复的可能性就更微乎其微了。而且任何人无法指定生成一个具有某个指纹的密钥,密钥是随机生成的,从指纹也无法反推出密钥来。这样你拿到某人的公钥后就可以和他在电话上核对这个指纹,从而认证他的公钥。如果你无法和 Alice 通电话的话,你可以和 David 通电话认证 David 的公钥,从而通过 David 认证 Alice 的公钥,这就是直接认证和间接介绍的结合。

这样又引出一种方法,就是把具有不同人签名的自己的公钥收集在一起,发送到公共场合,这样可以希望大部分人至少认识其中一个人,从而间接认证了你的公钥。同样,你对朋友的公钥签名后应该寄回给他,这样就可以让他通过你被你的其他朋友认证。PGP 会自动为你找出你拿到的公钥中有哪些是你的朋友介绍来的,哪些是你朋友的朋友介绍来的,哪些则是朋友的朋友的朋友介绍的……它会帮你把它们分为不同的信任级别,让你参考以决定对它们的信任程度。你可以指定某人有几层转介公钥的能力,这种能力是随着认证的传递而递减的。

转介认证机制具有传递性,这是个有趣的问题。PGP 的作者 Phil Zimmermann 有句话,其大意是:信赖不具有传递性;我有个我相信决不撒谎的朋友,可是他是个认定别人不撒谎的人,可很显然我并不认为所有人决不撒谎。

关于公钥的安全性问题是 PGP 安全的核心,和传统单密钥体系一样,私钥的保密也是决定性的。相对公钥而言,私钥不存在被篡改的问题,但存在泄露的问题。RSA 的私钥是很长的一个数字,用户不可能将它记住,PGP 的办法是让用户为随机生成的 RSA 私钥指定一个口令(Pass Phase)。只有给出口令才能将私钥释放出来使用,用口令加密私钥的方法其保密程度和 PGP 本身是一样的。所以私钥的安全性问题实际上首先是对用户口令的保密。当然私钥文件本身失密也很危险,因为破译者所需要的只是用穷举法试探出你的口令,虽说很困难,但毕竟是损失了一层安全性。在这里只用简单地记住一点,要像任何隐私一样保护你的私钥,不要让任何人有机会接触到它。

PGP 在安全性问题上的精心考虑体现在 PGP 的各个环节。比如每次加密的实际密钥是个随机数,大家都知道计算机是无法产生真正的随机数的。PGP 程序对随机数的产生是很审慎的,关键的随机数像 RSA 密钥的产生是从用户敲键盘的时间间隔上取得随机数种子的。对于磁盘上的 randseed. bin 文件采用的是和邮件同样强度的加密。这有效地防止了他人从你的 randseed. bin 文件中分析出你的加密实际密钥的规律来。

11.4.3 PGP 的使用

许多年来,美国政府一直禁止 PGP 技术出口。然而现在,利用 PGP 加密的电子邮件可以和美国之外的大多数用户交流,全世界有很多站点提供 PGP 软件。当然,相互发送 PGP 加密邮件的通信双方都需要拥有有效的 PGP 软件。有意思的是,PGP 的国际版本和美国国内版本一样安全,而通常其他的加密产品却往往做不到这一点,需要注意的是,免费的 PGP 版本是不允许用于实现商业目的的。

1. 安装过程

PGP 的安装很简单,和平时软件安装一样,只须一步步执行完即可完成。在如图 11-42 所示的画面中可以选择要安装的组件。PGP 在安装过程中找到符合相关的应用程序(已经安装上去的会自动勾选),若未勾选则表示该程序尚未安装,可以通过勾选选择希望安装的应用程序,例如 PGPmail for ICQ 组件。本例已经安装了 MS Outlook 与 MS Outlook Express。

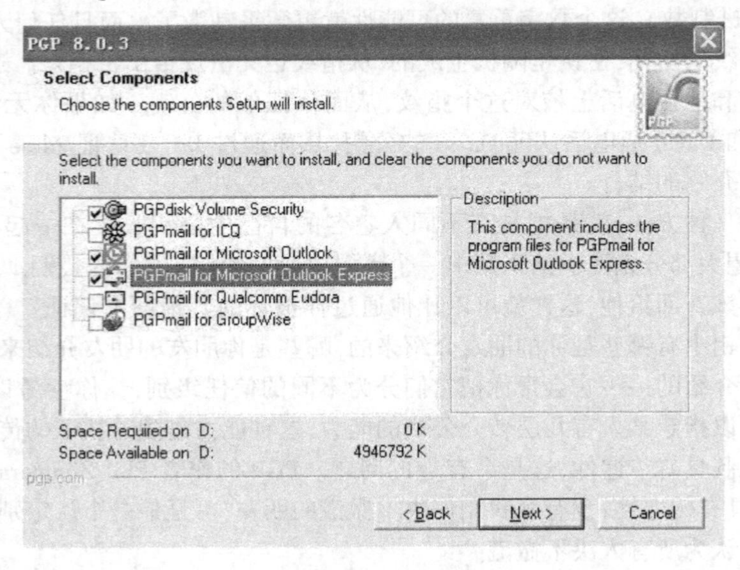

图 11-42　选择组件

2. 生成密钥

使用PGP之前,首先需要生成一对密钥,这一对密钥其实是同时生成的,其中的一个称之为公钥,可以把它发送给朋友们,让他们用这个公钥来加密文件,另一个称之为私钥,这个密钥由你保存,并可用这个密钥来解开加密的文件的。

打开“开始”→“PGP”→“PGP KEYS”程序,可看到如图11-43所示的画面。点击图标或者选择“Keys”→“New key”菜单项开始生成密钥。PGP有一个很好的密钥生成向导,只要跟着它一步一步做下去就可以生成密钥。

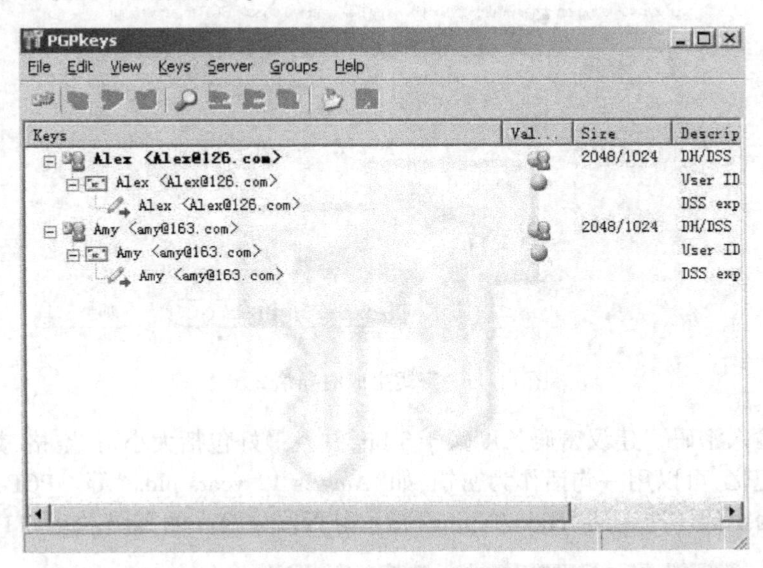

图11-43 PGP KEYS运行界面

(1) PGP会提示这个向导的目的是生成一对密钥,你可以用它来加密文件或对数字文件进行签名,如图11-44所示。点击“下一步”按钮。

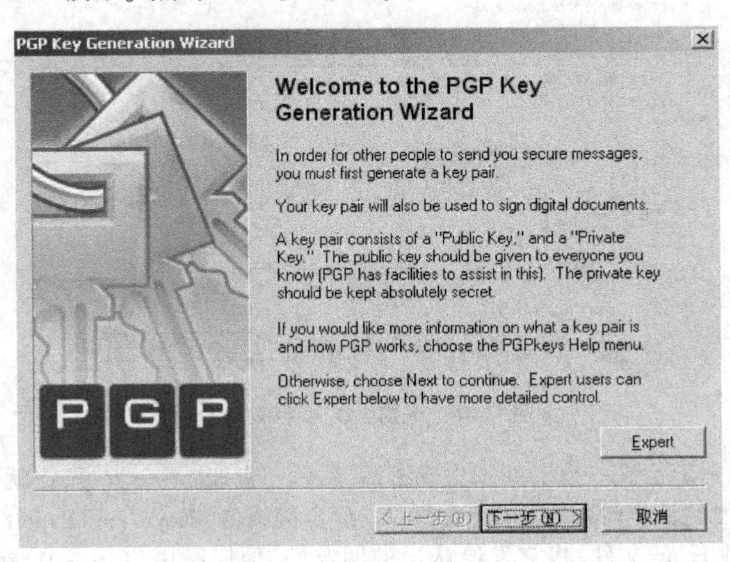

图11-44 密钥生成向导第1步

(2) PGP 会要求你输入全名和邮件地址。虽然真实的姓名不是必须的,但是输入一个你的朋友看得懂的名字会使他们在加密时很快找到想要的密钥,如图 11-45 所示。

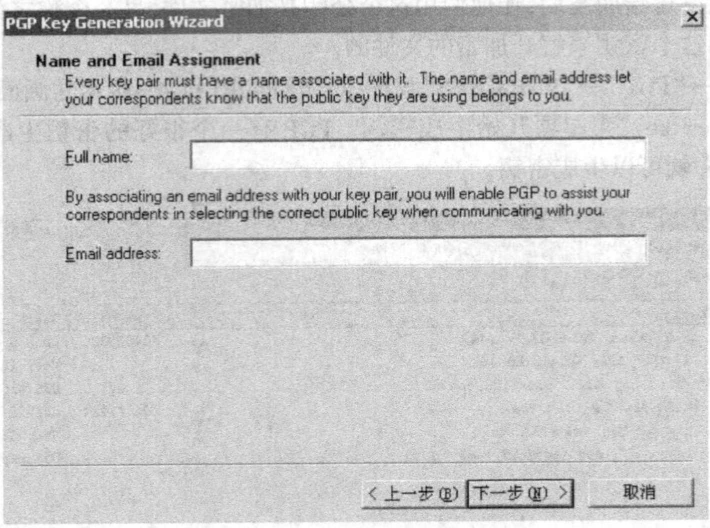

图 11-45　密钥生成向导第 2 步

(3) 重复输入密码。建议密码长度大于 8 bit,并且最好包括大小写、空格、数字、标点符号等。为了方便记忆,可以用一句话作为密钥,如“Amy is 12 years old.”等。PGP 最大的优点是支持用汉字作为密码。边上的“Hide Typing”指示是否回显输入的密码,如图 11-46 所示。

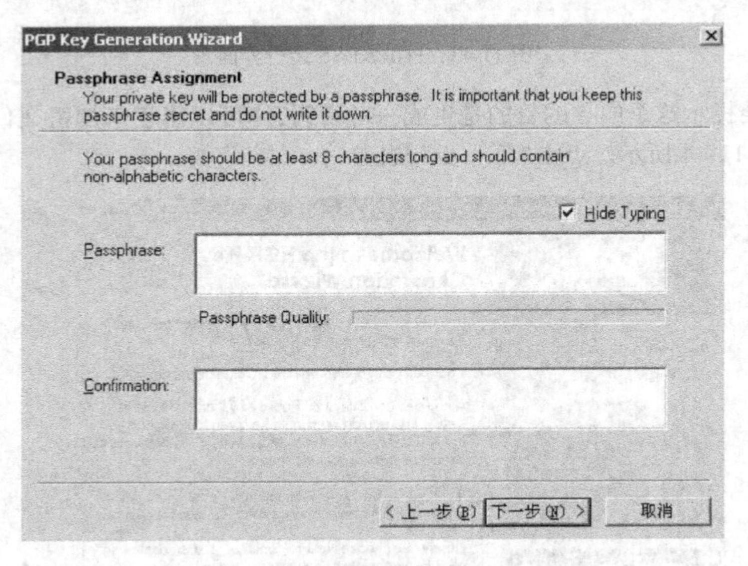

图 11-46　密钥生成向导第 3 步

(4) 接下来,PGP 会花一点时间来生成密钥,然后一直按“下一步”按钮就可以完成。

(5) 把公钥发给认识的朋友。用〈Ctrl + E〉组合键或者“Keys”→“Export”将密钥导出存成扩展名为 asc 或 txt 的文件,将它发给认识的朋友们,他们则用〈Ctrl + M〉组合键或者选择

"Keys"→"Import"菜单项导入。

3. 加密解密过程

对文件加密的过程非常简单,只需要选中该文件,然后点击右键菜单中的"PGP"的→"Encrypt"项,会弹出一个对话框让用户选择要用的密钥,双击使它加到下面的 Recipients 框中即可,如图 11-47 所示。

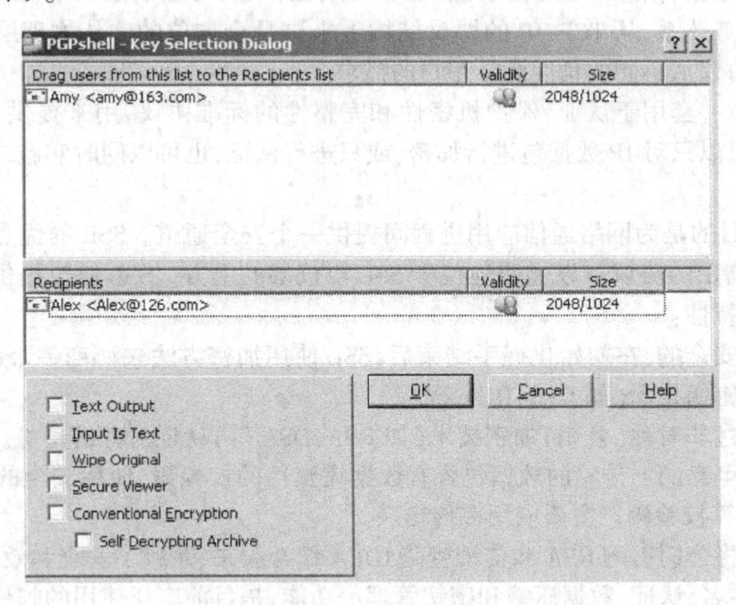

图 11-47 文件加密界面

解密时双击扩展名为 pgp 的文件或选中并点击右键菜单中的"PGP"→"Decrypt"项,在如图 11-48 所示对话框的下框中输入密码即可。

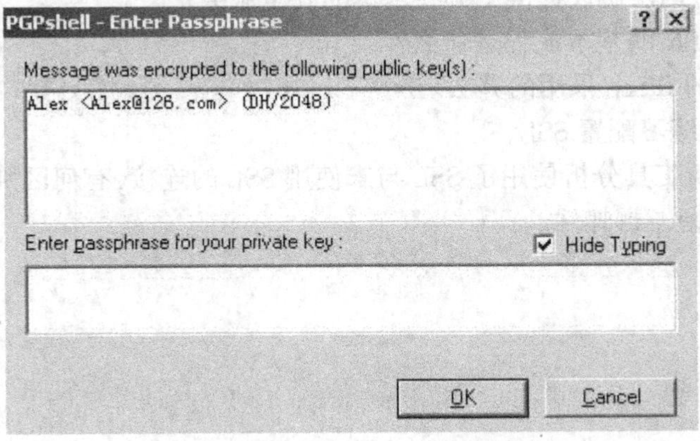

图 11-48 文件解密界面

如果要在 Outlook Express 或者 Outlook 中直接对邮件进行加密,可在写新邮件时点击工具栏中的"PGP Encrypt"图标,当邮件写完发送时,PGP 软件会弹出如上所示对话框请用户选择密钥,同上操作即可。

11.5 本章小结

网络安全问题是目前业界讨论的热门话题之一。本章主要介绍了几个与此相关的协议。涉及到安全的问题是:信息的机密性、完整性和可用性,以及可鉴别性和不可否认性。如何保障信息安全的服务体系,从TCP/IP的协议结构上来讲是全方位的。从物理层、IP层、TCP层到应用层,安全协议从不同的角度满足用户的需求。

IPSec定义了一套用于认证、保护机密性和完整性的标准协议,用来提供Internet分组的安全。IPSec既可以只对IP数据包进行加密,或只进行认证,也可以同时实施二者。主要应用在网络层。

SSL的主要目的是为网络通信应用进程间提供一个安全通道。SSL的优点是它与应用层协议无关,一个高层的协议可以透明地位于SSL协议层的上方。SSL协议提供的安全连接具有以下几个基本特性:

(1) 连接是安全的,在初始化握手结束后,SSL使用加密方法来协商一个秘密的密钥,数据加密使用对称密钥技术(如DES,RC4等)。

(2) 可以通过非对称(公钥)加密技术(如RSA,DSA等)认证对方的身份。

(3) 连接是可靠的。传输的数据包含有数据完整性的校验码,使用安全的Hash函数(如SHA、MD5等)计算校验码。主要应用在传输层。

PGP巧妙地将公钥密码RSA和传统密码IDEA结合起来,兼顾了安全和效率,它能够提供邮件加密、数字签名、认证、数据压缩和密钥管理等功能,是目前广泛使用的邮件安全协议。

11.6 练习题

1. SSL协议为应用层协议提供了哪些基本的安全服务?
2. IPSec实现VPN的基本流程是什么?
3. 查看所使用的IPSec采用的算法。
4. 在服务器上,练习配置SSL。
5. 利用网络分析工具分析使用了SSL与未使用SSL的连接,有何区别?
6. 使用PGP加密一封邮件。

参考文献

[1] Behrouz A Forouzan, Sophia Chung Fegan. TCP/IP Protocol Suite[M]. 2nd ed. McGraw-Hill, 2003.

[2] W Richard Stevens. TCP/IP Illustrated Volume 1: The Protocols[M]. Addison Wesley Longman, 1994.

[3] Behrouz A Forouzan. Data Communications and Networking[M]. 3rd ed. McGraw-Hill, 2004.

[4] Andrew S Tanenbaum. Computer Networks[M]. 4th ed. Pearson Education, 2003.

[5] James F Kurose, Keith W Ross. Computer Networking: A Top-Down Approach Featuring the Internet [M]. 3rd ed. Pearson Education, 2005.

[6] 谢希仁. 计算机网络[M]. 4 版, 北京: 电子工业出版社, 2003.

[7] 高传善, 毛迪林, 曹袖. 数据通信与计算机网络[M]. 2 版. 北京: 高等教育出版社, 2004.

[8] Joseph Davies. 理解 IPv6[M]. 张晓彤, 晏国晟, 曾庆峰, 译. 北京: 清华大学出版社, 2004.

[9] Behrouz A Forouzan, Sohpia Chung Fegan. TCP/IP 协议族[M]. 2 版. 谢希仁译. 北京: 清华大学出版社, 2003.

[10] Douglas E Comer. 用 TCP/IP 进行网际互联: 第一卷原理、协议与结构[M]. 4 版. 林瑶, 蒋慧, 杜蔚轩, 等译. 北京: 电子工业出版社, 2001.

[11] W Richard Stevens. TCP/IP 详解: 卷 1 协议[M]. 范建华, 胥光辉, 张涛, 等译. 北京: 机械工业出版社, 2000.

[12] Larry L Peterson, Bruce S Davie. 计算机网络[M]. 叶新铭, 贾波, 吴承勇, 等译. 北京: 机械工业出版社, 2001.

[13] Mark McGregor. 思科网络技术学院教程(第一、二学期)[M]. 2nd ed. 韩江, 黄海, 译. 北京: 人民邮电出版社, 2002.

[14] 思科网络技术学院教程(第三、四学期)[M]. 2nd ed. 韩江, 黄海, 卫星, 译. 北京: 人民邮电出版社, 2002.

[15] Mark McGregor. CCNP 思科网络技术学院教程(第五学期)[M]. 李逢天, 张帆, 程实, 译. 北京: 人民邮电出版社, 2001.

[16] 白建军, 钟读杭, 朱培栋, 等. Internet 路由结构分析[M]. 北京: 人民邮电出版社, 2002.

[17] 史忠植. 高级计算机网络[M]. 北京: 电子工业出版社, 2002.

[18] Tim Parkr, Mark Sportack. TCP/IP 技术大全[M]. 前导工作室, 译. 北京: 机械工业出版社, 2000.

[19] 蔡皖东. 计算机网络[M]. 西安: 西安电子科技大学出版社, 2000.

[20] 李津生, 洪佩琳. 下一代 Internet 的网络技术[M]. 北京: 人民邮电出版社, 2001.

[21] Douglas E Comer. 计算机网络与因特网[M]. 徐良贤, 唐英, 王勋, 等译. 北京: 机械工业出版社, 2000.

[22] 张云勇, 刘韵洁, 张智江. 基于 IPv6 的下一代互联网[M]. 北京: 电子工业出版社, 2004.

[23] 王全民, 柴实生, 李丽珍. 计算机网络教程[M]. 北京: 科学出版社, 2001.

[24] Behrouz A Forouzan. 数据通信与协议[M]. 王嘉祯, 译. 北京: 机械工业出版社, 2005.

重 要 网 址

[1] 国际标准化组织(ISO):http://www.iso.org.

[2] 国际电信联盟(ITU):http://www.itu.int/ITU-T.

[3] 电气与电子工程师协会(IEEE):http://www.ieee.org.

[4] IEEE 标准:http://standards.ieee.org/cgi-bin/staffmail.

[5] 因特网体系结构委员会(IAB):http://www.iab.org.

[6] 因特网工程部(IETF):http://www.ietf.org.

[7] 因特网研究部(IRTF):http://www.irtf.org.

[8] 下载 RFC 文档:http://www.ietf.org/rfc.html.

[9] 因特网的域名、IP 地址以及号码的管理:http://www.iana.org、http://www.gtld-mou.org 和 http://www.icann.org.

[10] 下一代因特网:http://www.internet2.edu 和 http://www.6bone.net.